建设工程

典型案例与实务精要

袁海兵 李妃 乃露莹 / 著

TYPICAL CASES AND
PRACTICAL ESSENTIALS OF
CONSTRUCTION PROJECTS

法律出版社 | LAW PRESS

北京

图书在版编目（CIP）数据

建设工程典型案例与实务精要 / 袁海兵，李妃，乃露莹著. -- 北京：法律出版社，2025. -- ISBN 978-7-5244-0011-0

Ⅰ.TU

中国国家版本馆CIP数据核字第2025KJ6136号

| 建设工程典型案例与实务精要
JIANSHE GONGCHENG DIANXING ANLI
YU SHIWU JINGYAO | 袁海兵　李　妃　乃露莹　著 | 责任编辑　慕雪丹　章　雯
装帧设计　鲍龙卉 |

出版发行	法律出版社	开本	710毫米×1000毫米　1/16
编辑统筹	法商出版分社	印张	26　　字数　450千
责任校对	赵明霞	版本	2025年5月第1版
责任印制	胡晓雅	印次	2025年5月第1次印刷
经　　销	新华书店	印刷	天津嘉恒印务有限公司

地址：北京市丰台区莲花池西里7号（100073）
网址：www.lawpress.com.cn　　　　　　　销售电话：010-83938349
投稿邮箱：info@lawpress.com.cn　　　　 客服电话：010-83938350
举报盗版邮箱：jbwq@lawpress.com.cn　　咨询电话：010-63939796
版权所有·侵权必究

书号：ISBN 978-7-5244-0011-0　　　　　　定价：98.00元

凡购买本社图书，如有印装错误，我社负责退换。电话：010-83938349

感谢本书撰稿参与者：

湛栩鸥　陈超进　黄义钧　杨广杰　陆碧梅
闫　凯　陈小斌　李莉萍　黄　彤

缩 略 语 表

序号	全　称	简　称
1	《中华人民共和国合同法》（已失效）	《合同法》
2	《中华人民共和国民法典》	《民法典》
3	《最高人民法院关于适用〈中华人民共和国民法典〉总则编若干问题的解释》（法释〔2022〕6号）	《民法典总则司法解释》
4	《最高人民法院关于适用〈中华人民共和国民法典〉有关担保制度的解释》（法释〔2020〕28号）	《民法典担保制度司法解释》
5	《最高人民法院关于适用〈中华人民共和国民法典〉合同编通则若干问题的解释》（法释〔2023〕13号）	《民法典合同通则司法解释》
6	《中华人民共和国民法通则》（2009修正）（已失效）	《民法通则》
7	《中华人民共和国民法总则》（已失效）	《民法总则》
8	《最高人民法院关于适用〈中华人民共和国民事诉讼法〉的解释》（2022修正）（法释〔2022〕11号）	《民事诉讼法司法解释》
9	《中华人民共和国民事诉讼法》（2023修正）	《民事诉讼法》
10	《最高人民法院关于审理建设工程施工合同纠纷案件适用法律问题的解释（一）》（法释〔2020〕25号）	《建设工程司法解释一》
11	《最高人民法院关于审理建设工程施工合同纠纷案件适用法律问题的解释》（法释〔2004〕14号，已失效）	《建设工程司法解释》
12	《最高人民法院关于审理建设工程施工合同纠纷案件适用法律问题的解释（二）》（法释〔2018〕20号，已失效）	《建设工程司法解释二》
13	《中华人民共和国刑法》（2023修正）	《刑法》

续表

序号	全　　称	简　称
14	《中华人民共和国建筑法》（2019 修正）	《建筑法》
15	《中华人民共和国招标投标法》（2017 修正）	《招标投标法》
16	《最高人民法院关于民事诉讼证据的若干规定》（2019 修正）（法释〔2019〕19 号）	《民事诉讼证据的若干规定》
17	《中华人民共和国劳动合同法》（2012 修正）	《劳动合同法》
18	《中华人民共和国劳动争议调解仲裁法》	《劳动争议调解仲裁法》
19	《中华人民共和国审计法》（2021 修正）	《审计法》
20	《中华人民共和国公司法》（2023 修订）	《公司法》
21	《中华人民共和国标准化法》（2017 修订）	《标准化法》
22	《中华人民共和国标准化法实施条例》	《标准化法实施条例》
23	《中华人民共和国仲裁法》（2017 修正）	《仲裁法》
24	《最高人民法院关于适用〈中华人民共和国仲裁法〉若干问题的解释》（2008 调整）	《仲裁法司法解释》
25	《中华人民共和国保险法》（2015 修正）	《保险法》

目　录

第一章　工程款结算与支付　001

案例1　尚未结算的情形下多层转包的实际施工人请求发、承包人承担工程款支付义务的,不予支持　003

案例2　施工单位要求实际施工人退还多领工程款的,应予支持　011

案例3　工程款支付时间约定不明的,利息从工程交付之日起算　018

案例4　合同未明确约定由具体的审计部门进行审计结算的,审计结论不能当然成为结算的依据　026

案例5　无效合同中施工单位的管理费应当按照其付出成本酌情认定　036

案例6　施工单位出借款项给实际施工人用于工程项目建设的,施工单位有权主张从应付工程款中扣除该借款　045

案例7　发包人以招标投标时综合单价编制错误为由要求调整工程价款的,不应支持　052

案例8　实际施工人无证据证明应付工程款数额,其要求施工单位或建设单位支付工程款的,不予支持　060

案例9　在以房抵债但房屋所有权尚未转移的情形下,承包人主张工程价款的,应予支持　079

第二章　工程质量、工期　089

案例10　发包人向承包人提起工期索赔,但不能证明工期延误是承包人导致的,法院不予支持　091

案例11　施工质量不合格,分包单位向施工单位主张支付工程

款的,不予支持

案例 12　工程质量虽有瑕疵但满足安全使用标准,建设单位要求施工单位拆除重建的,不予支持　　114

案例 13　建安劳保费是工程价款的组成部分,承包人有权取得　　123

案例 14　承揽人交付的成果质量不合格的,应当赔偿施工单位损失　　131

第三章　实际施工人相关问题　　141

案例 15　施工单位对实际施工人之间的投资款不承担返还义务　　143

案例 16　承揽合同纠纷,承包人不应对实际施工人的下手承担付款责任　　149

案例 17　施工单位项目部管理人员不应被认定为实际施工人　　156

案例 18　施工过程中形成的签证单应作为认定已完工程量的依据,总包单位单方面修改签证单的,不予支持　　164

案例 19　实际施工人不能举证证明总承包人拖欠其上手工程款,其要求总承包人承担责任,不予支持　　179

案例 20　施工单位非实际施工人的合同相对方也非项目发包人,无须向实际施工人承担付款义务　　188

案例 21　实际施工人的认定应当从项目资金投入、项目管理和工程款支付等情况综合认定　　195

案例 22　发包人不应扩大解释为包含转包人、违法分包人　　206

案例 23　施工单位与多层转包下的实际施工人没有合同关系,施工单位无须向实际施工人承担付款义务　　213

案例 24　施工单位与实际施工人的合伙人无合同关系,实际施工人的合伙人向施工单位主张工程款的,不予支持　　220

案例 25　施工单位付清工程款的情形下,对其下手所拖欠的工程款不承担支付义务　　227

案例 26　工程款债权尚未明确的情形下,实际施工人向发包人提起代位权诉讼的,不予支持　　233

案例 27　多层转包下的实际施工人不属于相关司法解释规定

的可以突破合同相对性的实际施工人,无权要求发包人在欠付工程款范围内承担责任　　　　　　　　　　239

案例28　代建关系下,建设单位与实际施工人之间不存在合同关系,无须对实际施工人承担付款义务　　　　246

第四章　建筑领域的用工问题　　　　　　　　　　253

案例29　分包单位承担用工主体责任,不应视为与建筑工人建立劳动关系　　　　　　　　　　　　　　　　255

案例30　施工单位授权委托第三人管理项目的,施工单位与第三人不应认定为劳动合同关系　　　　　　　265

案例31　实际施工人雇佣的建筑工人因劳务致害的,施工单位不承担赔偿责任　　　　　　　　　　　　　273

案例32　以《保障农民工工资支付条例》的规定为由,突破合同相对性要求施工单位承担责任的,法院不予支持　　287

第五章　建筑领域的买卖合同、租赁合同等纠纷案件　　293

案例33　出租人仅以施工单位为使用受益人为由要求施工单位支付租金的,法院不予支持　　　　　　　295

案例34　施工单位对实际施工人使用伪造的项目部印章所实施的行为不承担责任　　　　　　　　　　302

案例35　实际施工人用施工单位技术资料专用章订立的合同对施工单位无拘束力　　　　　　　　　　311

案例36　实际施工人使用私刻的施工单位印章与第三人签订合同,对施工单位不具备法律拘束力　　　318

案例37　连带责任的承担必须有法律明确规定或当事人约定　　327

案例38　施工单位与第三方作出共同虚假意思表示,施工单位不承担付款义务　　　　　　　　　　　336

案例39　实际施工人的雇佣人员以个人名义对外签订合同,施工单位不承担付款义务　　　　　　　　343

案例 40	实际施工人擅自以承包人的名义对外签订合同的,由实际施工人自行承担法律责任	357
案例 41	挂靠人以个人名义与第三人签订合同的,被挂靠单位不承担付款义务	363

第六章　其他　　　　　　　　　　　　　　　　　　　369

案例 42	伪造施工单位印章涉嫌经济犯罪,法院应裁定驳回起诉	371
案例 43	《承诺书》加盖施工单位分公司的印章并非备案印章,施工单位应当承担责任	376
案例 44	有相反证据足以推翻已生效裁判文书所认定的事实,该事实不能作为另案认定事实的依据	390
案例 45	挂靠经营所获取的管理费属于违法收益,不受司法保护,当事人无权诉请分配管理费	398
案例 46	各方当事人均在其各自合同中约定了仲裁条款的,不属于人民法院的主管范围,法院应裁定驳回起诉	404

第一章

工程款结算与支付

案例 1

尚未结算的情形下多层转包的实际施工人请求发、承包人承担工程款支付义务的，不予支持

【案例摘要】

施工单位中标承建案涉项目后将工程转包给 A 公司，后蒙某完成水稳层路面的施工后与 A 公司签订了结算书，并确认 A 公司尚有欠款未支付，因 A 公司未按照结算书付款，蒙某向法院起诉要求 A 公司向其支付结算款，并要求发包人、承包人对该欠款承担连带支付责任。法院认为发包人与承包人尚未完成结算，承包人与 A 公司也未进行结算，多层转包下的实际施工人蒙某不能请求在欠付工程款范围内承担支付责任。

一、案情概要

2014 年 4 月 10 日，建设单位与施工单位签订《某公路工程土建工程施工 No.1 合同段合同文件》，约定由施工单位承建案涉工程，施工范围为水泥混凝土路面（包括路基、路面、桥梁、涵洞、绿化等工程）。2015 年 3 月 2 日，施工单位将案涉工程整体转包给 A 公司，并与 A 公司签订了《工程项目内部施工承包协议》。2017 年 6 月 15 日，A 公司将案涉工程的混凝土水稳层路面工程转包给其下手实际施工人蒙某，且双方签订《劳务施工合同》，约定蒙某承包范围为某公路工程土建工程 No.1 标段路面工程施工。《劳务施工合同》签订后，蒙某进场施工。2018 年 3 月 12 日、13 日，A 公司就与其下手实际施工人蒙某进行结算并签署《蒙某施工队路面工程（水泥稳定碎石基层）结算书》《蒙某施工队路面工程（水泥混凝土面层）结算书》。直至诉讼之日，案涉工程尚未全部完工，蒙某所施工部分也未进行竣工验收。

蒙某因未足额收到工程款而提起判决 A 公司向其支付尚欠的结算款，并判

决建设单位、施工单位对该欠款承担连带支付责任。

二、代理方案

作为施工单位的代理律师，笔者结合蒙某在本案中有关要求施工单位在欠付工程款范围内承担连带支付责任的诉求，本案的核心争点在于蒙某是否属于实际施工人，A公司是否存在欠付蒙某工程款的事实，施工单位是否存在欠付A公司工程款的情形。经过与施工单位核实得知，施工单位与建设单位、转承包人A公司之间均没有进行最终结算，故无法确认是否存在欠款的事实。就已付进度款部分，施工单位已经超额向A公司支付，故蒙某要求施工单位就A公司对其存在的欠款承担连带责任没有依据，不应予以支持。拟定如下代理思路。

1.施工单位并非案涉工程的发包人，"发包人"特指项目的建设单位，蒙某不能依据《建设工程司法解释》第二十六条[①]的规定要求施工单位承担连带责任。

第一，《建设工程司法解释一》第四十三条规定："实际施工人以转包人、违法分包人为被告起诉的，人民法院应当依法受理。实际施工人以发包人为被告主张权利的，人民法院应当追加转包人或者违法分包人为本案第三人，在查明发包人欠付转包人或者违法分包人建设工程价款的数额后，判决发包人在欠付建设工程价款范围内对实际施工人承担责任。"该条规定中的"发包人"是静态的、绝对的，应严格理解为建设工程的建设单位，不包括层层转包的总承包人、转包人、违法分包人。在层层转包、违法分包的情况下，实际施工人不能突破合同相对性，向与其没有合同关系的承包人主张权利。施工单位不是严格意义上的发包人，该司法解释中"发包人"仅特指建设单位。法律赋予实际施工人向发包人直接主张工程价款的权利，是基于对农民工等弱势群体权益的保护。发包人是实际施工人劳务成果物化的最终享有者与实际受益人，而在层层转分包关系中，总承包人、转包人、违法分包人看似是工程中不可或缺的一环，实则并未直接参与工程施工，既未实际投入大量的人力、物力、财力，也非实际施工人创造工程利益的直接获得者与最终受益人，若比照发包人的身份对其设定义务，显然有违公平原则及权责一致原则。

第二，在多层转包或分包关系中，考虑到自身权益的最大化，实际施工人通常会向其上游所有的总承包人、转包人、分包人等主体主张连带付款责任。此时各

---

① 《建设工程司法解释》已失效，现行规定为《建设工程司法解释一》第四十三条。

层转包或分包人之间的法律关系仍相对独立,由于不存在直接的合同关系,总承包人、转包人、分包人对于实际施工人的信息掌握并不充分,甚至可能根本不知道实际施工人的存在,难以对实际施工人的请求权进行实质的抗辩,从而使其抗辩权遭到削弱。因此,蒙某作为 A 公司的下手,即案涉工程中路面工程部分的实际施工人,不得将总承包人、转包人、违法分包人列入发包人的范畴,更不得依据上述法律规定要求对承包人以参照发包人的主体身份进行义务设定。

第三,最高人民法院在相关裁判中也持有以上观点,认为施工单位并不是《建设工程司法解释一》第四十三条规定中的"发包人",下手实际施工人不能要求施工单位在欠付范围内承担付款责任。如最高人民法院在(2020)最高法民终287 号案中认为:"利贞公司作为发包方,其提供的已付及代付工程款支付凭证均无载明对应案涉工程,实际上由于案涉工程仅为项目工程的一部分,且存在项目工程的其他工程与案涉工程同时施工及同时段支付工程进度款的事实,客观上无法查清利贞公司已付款项所对应的具体施工工程。因此,根据整体项目工程欠款情况,利贞公司应对建穗公司、郭某某拖欠李某某、潘某的工程款及利息承担连带清偿责任。旭生公司并非案涉工程的发包人,建穗公司、郭某某亦未以旭生公司的名义与李某某、潘某签订合同,故李某某、潘某主张旭生公司对建穗公司、郭某某拖欠的工程款及利息承担连带责任缺乏事实和法律依据,不予支持。"最高人民法院在(2018)最高法民申1808 号案中认为:"本案建工四公司为谢某某违法转包前一手的违法分包人,系建设工程施工合同的承包人而非发包人,故王某要求依据司法解释的前述规定判令建工四公司承担连带责任缺乏依据,原审判决并无不当。"最高人民法院在(2016)最高法民再31 号案中认为:"案涉工程的发包人是诚投公司。八建公司、余某某、代某某是承包人和违法转包人,不属上述司法解释规定的发包人。故蒲某主张八建公司、余某某因违法转包而在欠付工程款范围内承担连带责任,不符合法律规定,应不予支持。"

因此,施工单位仅仅是项目的承包人,并非"发包人",蒙某以《建设工程司法解释一》第四十三条的规定要求施工单位承担连带付款责任没有依据。

2. 因项目未竣工也未进行最终结算,就已完成施工的内容,建设单位已向施工单位支付了工程进度款,承包人施工单位也已经超额向其下手转承包人 A 公司支付工程款,不存在欠付 A 公司任何款项的事实。

根据《建设工程司法解释一》第四十三条的规定,发包人向实际施工人承担责任的前提是其欠付转包人或者违法分包人工程价款。该规定是从实质公平的角度出发，实际施工人向发包人主张权利后，发包人、转包人或者违法分包人以及实际施工人之间的连环债务相应消灭，且发包人对实际施工人承担责任以其欠付的建设工程价款为限。

退一步而言，即便要将《建设工程司法解释一》第四十三条中所规定的"发包人"扩大解释至包含总承包人的施工单位在内，施工单位在本案中也已经充分举证证实，截至诉讼之日，施工单位累计收到建设单位支付的工程进度款合计3425万元，已累计支付给A公司的工程进度款累计3858万元，已超额支付工程进度款，即施工单位不存在欠付A公司任何款项的事实。即使蒙某能进一步证实A公司对其仍有欠款，其要求施工单位在对A公司欠款的范围内承担连带责任也没有事实依据。

并且，案涉项目仍在施工过程中，建设单位与施工单位，施工单位与其下手A公司之间均未进行最终结算，法律关系之间无法确认是否存在欠付工程款以及欠付款金额等事实。

如上所述，因案涉项目未结算无法查清是否存在欠付的工程款，也无法确认具体数额，实际施工人与发包人或者承包人之间的权利义务并不明确，故实际施工人向发包人以及承包人主张在欠付工程款范围内承担责任的条件不成就。

最高人民法院在(2019)最高法民终92号案中认为："榆平建管处在本案中应否承担付款责任。《建设工程司法解释》第二十六条第二款规定，实际施工人以发包人为被告主张权利的，人民法院可以追加转包人或者违法分包人为本案当事人。发包人只在欠付工程价款范围内对实际施工人承担责任。《建设工程司法解释二》第二十四条①规定，实际施工人以发包人为被告主张权利的，人民法院应当追加转包人或者违法分包人为本案第三人，在查明发包人欠付转包人或者违法分包人建设工程价款的数额后，判决发包人在欠付建设工程价款范围内对实际施工人承担责任。本案中，因榆平建管处与驻马店公路公司尚未结算，是否欠付工程款，欠付多少工程款尚不清楚，本案尚不具备判决榆平建管处在欠付建设工程价款范围内承担向王某某、韩某某支付工程款的条件。王某某、韩某某对榆平建管处与驻马店公路公司之间尚未结算不持异议，王某某、韩某某亦未举证证明

---

① 《建设工程司法解释二》已失效，现行规定为《建设工程司法解释一》第四十三条。

榆平建管处欠付驻马店公路公司工程款具体数额,一审法院由此未判决榆平建管处在本案中承担责任,并无不当。综上,王某某、韩某某的上诉请求不能成立,应予驳回。"

最高人民法院在(2021)最高法民终339号案中认为:"李某某、崔某某主张中发源公司应在欠付工程款范围内承担责任。根据《建设工程司法解释》规定,发包人向实际施工人承担责任的前提是其欠付转包人或者违法分包人工程价款。该规定是从实质公平的角度出发,实际施工人向发包人主张权利后,发包人、转包人或者违法分包人以及实际施工人之间的连环债务相应消灭,且发包人对实际施工人承担责任以其欠付的建设工程价款为限。本案中,案涉时代广场并未完工,中发源公司与黄瓦台公司亦未进行结算,仅能确定黄瓦台公司、黄瓦台青海分公司欠付李某某、崔某某工程款的事实。中发源公司是否欠付黄瓦台公司、黄瓦台青海分公司工程款,欠付工程款的数额等事实因未结算无法查清,实际施工人与发包人之间的权利义务并不明确,故李某某、崔某某向中发源公司主张其在欠付工程款范围内承担责任的条件不成就。李某某、崔某某的该项上诉理由不能成立,本院不予支持。"

最高人民法院在(2021)最高法民申6156号案中认为:"港区国有资产公司与华中国电公司之间尚未进行结算,在本案二审审理过程中,港区国有资产公司与华中国电公司均明确表示港区国有资产公司已经按照双方之间合同约定支付了进度款,故港区国有资产公司是否欠付华中国电公司工程款及欠付多少尚无法确定。同时,二审判决已载明待港区国有资产公司与华中国电公司实际结算后,如存在港区国有资产公司欠付的情形,河南鼎泰公司可另行主张权利。故河南鼎泰公司该点申请再审的理由不能成立。"

最高人民法院在(2021)最高法民申4930号案中认为:"建设工程施工合同纠纷案件中,判决发包人在欠付建设工程价款范围内对实际施工人承担责任,应以查明发包人欠付转包人或者违法分包人工程款数额为前提。本案中,根据原审查明的事实,截至原审法院作出判决时,南江土储中心与朝阳公司并未就案涉工程进行结算,南江土储中心所欠朝阳公司的工程款数额尚不确定。在此情形下,原审法院判决南江土储中心承担本案支付责任,属于认定基本事实不清。"

综上所述,由于建设单位与施工单位、施工单位与其下手A公司之间均确认案涉项目工程尚未完工验收,故尚未进行结算,不能认定发包人、承包人存在欠付工程款的情形，故 A 公司的下手蒙某作为路面工程部分的实际施工人请求建设单位、施工单位在欠款范围内承担连带责任没有依据，法院依法应予以驳回。

三、法院判决

原告蒙某作为个人，不具备承包公路工程的建筑企业资质，根据《建设工程司法解释》第一条①"建设工程施工合同具有下列情形之一的，应当根据合同法第五十二条第（五）项的规定，认定无效：（一）承包人未取得建筑施工企业资质或者超越资质等级的……"之规定，其与被告 A 公司签订的《劳务施工合同》虽然是双方当事人真实意思表示，但违反了法律强制性规定，应为无效合同。无效合同自始无效，但原告蒙某作为实际施工人，在签订《劳务施工合同》后组织工人进场施工，现已完成部分工程量。施工过程中被告 A 公司中止了与原告蒙某之间的承包关系，该工程现已另外分包给其他人进行施工，被告 A 公司对蒙某已完成工程部分未提出质量异议，并与蒙某于 2018 年 3 月 12 日、13 日签订《蒙某施工队路面工程（水泥稳定碎石基层）结算书》《蒙某施工队路面工程（水泥混凝土面层）结算书》，该两份结算书虽无 A 公司的盖章，但黄某作为 A 公司法定代表人在结算单上签字，黄某的职务行为应当视为被告 A 公司的行为。参照《建设工程司法解释》第十三条②、第十四条③之规定，法院认为原告蒙某对其实际施工的工程量享有主张工程款的权利。根据结算书所载明，被告 A 公司应当支付原告蒙某已完成工程量的工程款 402053 元，现尚余 152053 元未予支付，故蒙某主张被告 A 公司支付尚未支付的工程款 152053 元于法有据，予以支持。因案涉公路工程第

---

① 本书"法院判决"部分引用的规定均为裁判时生效的规定。《建设工程司法解释》已失效，现行规定为《建设工程司法解释一》第一条第一款："建设工程施工合同具有下列情形之一的，应当依据民法典第一百五十三条第一款的规定，认定无效：（一）承包人未取得建筑业企业资质或者超越资质等级的；（二）没有资质的实际施工人借用有资质的建筑施工企业名义的；（三）建设工程必须进行招标而未招标或者中标无效的。"

② 《建设工程司法解释》已失效，现行规定为《建设工程司法解释一》第十四条："建设工程未经竣工验收，发包人擅自使用后，又以使用部分质量不符合约定为由主张权利的，人民法院不予支持；但是承包人应当在建设工程的合理使用寿命内对地基基础工程和主体结构质量承担民事责任。"

③ 《建设工程司法解释》已失效，现行规定为《建设工程司法解释一》第九条："当事人对建设工程实际竣工日期有争议的，人民法院应当分别按照以下情形予以认定：（一）建设工程经竣工验收合格的，以竣工验收合格之日为竣工日期；（二）承包人已经提交竣工验收报告，发包人拖延验收的，以承包人提交验收报告之日为竣工日期；（三）建设工程未经竣工验收，发包人擅自使用的，以转移占有建设工程之日为竣工日期。"

No.1 段工程尚未完工并竣工验收,发包方与施工单位、施工单位与 A 公司均未对工程进行结算,无法确定发包人、施工单位是否对案涉工程有欠付工程款,故原告蒙某主张发包人、施工单位在欠付工程款范围内承担连带偿还责任无事实依据,不予支持。

四、律师评析

因多层转包、违法分包的情形常见于建设工程领域,而《建设工程司法解释一》又赋予实际施工人突破合同相对性的权利,故基于多次转包或者违法分包的情形,实际施工人在自身利益最大化的考量下,通常会将转包、违法分包链条上的包括施工单位在内的所有主体一并起诉。针对此种情况,笔者提供如下思路,期望能帮助施工单位更好应对实际施工人的权利主张。

(一)程序性抗辩思路

《仲裁法》第五条规定:"当事人达成仲裁协议,一方向人民法院起诉的,人民法院不予受理,但仲裁协议无效的除外。"第二十六条规定:"当事人达成仲裁协议,一方向人民法院起诉未声明有仲裁协议,人民法院受理后,另一方在首次开庭前提交仲裁协议的,人民法院应当驳回起诉,但仲裁协议无效的除外;另一方在首次开庭前未对人民法院受理该案提出异议的,视为放弃仲裁协议,人民法院应当继续审理。"若实际施工人和与其存在合同关系的上手达成了仲裁协议,则实际施工人应当受该仲裁协议的制约,即其仅能依据仲裁协议,以其上手为被申请人,向有主管权的仲裁委员会申请仲裁。在此情形下,施工单位可提出主管权异议,实际施工人与其上手之间的仲裁协议一经认定为有效,则法院将直接驳回实际施工人的起诉。

(二)实体性抗辩思路

第一,否定实际施工人的法律地位。实际施工人是在转包、违法分包、挂靠情形中实际完成了施工义务的单位或者个人。在多层转包或者违法分包的情况下,实际施工人一般指最终投入资金、人工、材料、机械设备实际进行施工的人。司法实践中,对于在合法专业分包、劳务分包中的承包人不认定为实际施工人。此外,为完成工程而签订的承揽加工合同、买卖合同等其他合同的相对方、农民工、建筑工人、班组长、包工头、承包人的现场管理人员等均不属于实际施工人。

第二,否定施工单位的"发包人"地位。根据《建设工程司法解释一》第四十三条规定的文义解释,仅工程项目的发包人即建设单位需对实际施工人承担欠付工程款范围内的支付责任,施工单位作为总承包人,不属于发包人。

第三,以尚欠工程款数额不明确抗辩。因施工单位与其下手尚未进行结算,且施工单位已经按照合同约定支付了进度款,施工单位是否欠付工程款及欠付多少工程款尚无法确定,实际施工人与施工单位之间的权利义务并不明确,故实际施工人向施工单位主张其在欠付工程款范围内承担责任的条件不成就。

第四,以建设工程质量抗辩。《民法典》第七百九十三条第一款规定:"建设工程施工合同无效,但是建设工程经验收合格的,可以参照合同关于工程价款的约定折价补偿承包人。"因此,建设工程质量合格(含修复后验收合格)是实际施工人主张工程款的前提条件。如果实际施工人所施工的工程质量符合国家标准,即可请求发包人或者承包人支付工程款。但是,如果实际施工人请求参照建设工程施工合同约定支付工程价款,其所完成的工程质量虽然达到了国家标准,却低于合同约定的质量标准,或者超出了合同约定的工期完成工程施工,根据《建设工程司法解释一》第六条的规定,发包人或者承包人有权请求实际施工人赔偿损失,并扣减相应的工程价款[①]。

第五,以工期违约抗辩。对于工程工期迟延的责任,施工单位自然可以请求其下手承担。这种工期责任的也可以在实际施工人突破合同相对性向施工单位请求支付工程款的纠纷中。

五、案例索引

防城港市防城区人民法院民事判决书,(2019)桂0603民初1094号。

(代理律师:袁海兵、李妃)

[①] 参见谢勇、郭培培:《论实际施工人的民法保护》,载《法律适用》2021年第6期。

案例 2

施工单位要求实际施工人退还多领工程款的,应予支持

【案例摘要】

施工单位将部分劳务工程交由实际施工人完成,施工单位根据实际施工人的施工情况支付工程价款。后经核算,施工单位已多付实际施工人工程款,施工单位将实际施工人诉至法院,要求实际施工人退还多领的工程款。法院认为,在案证据确能证明施工单位超额付款,遂判决实际施工人退还超额受领的工程款。

一、案情概要

2020年1月,施工单位与实际施工人签订《钢筋施工合同》,约定由实际施工人完成某工程的钢筋施工工作,合同单价为固定单价,合同暂定总计是75万元(最终以实际结算价为准);退场前核算完成产值,支付到总完成产值的70%,其余年底全部无息支付完毕。合同签订后,实际施工人进场施工,施工单位按照约定支付进度款。2020年12月,施工单位与实际施工人共同确认工程量并完成结算。经核算,实际施工人所完成工程的总造价为93万元,施工单位已付工程款为97万元,超额支付工程款4万元。施工单位多次与实际施工人协商退还多付款项未果,遂向法院提起诉讼。

诉讼中,施工单位提交了工程量确认单、付款凭证等证据证明超额付款事实。实际施工人辩称,《钢筋施工合同》订立后,发现原图纸与实际施工图纸不符,因施工图纸的变更,所有的钢筋柱子全部加大,施工难度增加,合同单价应当相应提高。双方亦达成了提高单价的合意,施工单位支付"超额"款项,恰好是在履行双方合意变更后的合同单价,故本案不存在超付事实。法院认为,在案证据足以证

明施工单位超付工程款给实际施工人的事实,故判决实际施工人退还多领的工程款,并支付相应的资金占用利息。

二、代理方案

施工单位作为原告方,主张退还超付工程款,应对超付工程款的事实举证证明责任。笔者作为施工单位的主办律师,认为本案关键是超付工程款事实。主要从两方面着手:一方面,确定应付款(结算款)数额,即施工单位主张存在超付工程款,首先要确定应付款数额是多少,也就是确定施工单位与实际施工人的结算数额。对此,施工单位需要提供能够证明实际施工人实际完成工程造价的证据,如工程量确认单、收方单、结算单等。另一方面,确定已付款数额,包括直接支付实际施工人的款项、代实际施工人支付的款项,即施工单位需提供工程款付款证据,如银行转账回单、代付凭证等。通过上述两方面分析后,若施工单位已付工程款数额大于结算数额,则符合不当得利构成要件,即实际施工人取得利益(多收的工程款)但没有法律根据(实际施工人没有实际施工相应工程量)、施工单位有损失(多付工程款)、施工单位的损失和实际施工人取得利益之间具有因果关系,施工单位可依据不当得利的相关规定,要求实际施工人返还多受领的工程款。据此,主办律师拟定如下代理思路。

(一)经施工单位与实际施工人结算,实际施工人应得工程款为93万元

《建设工程司法解释一》第十九条规定:"当事人对建设工程的计价标准或者计价方法有约定的,按照约定结算工程价款。因设计变更导致建设工程的工程量或者质量标准发生变化,当事人对该部分工程价款不能协商一致的,可以参照签订建设工程施工合同时当地建设行政主管部门发布的计价方法或者计价标准结算工程价款。建设工程施工合同有效,但建设工程经竣工验收不合格的,依照民法典第五百七十七条①规定处理。"

本案中,施工单位与实际施工人已依据合同约定的计价方法或者计价标准结算工程价款完成结算,双方共同签认《钢筋工作量确认单》,确定了实际施工人的已完工程量,并根据双方签订的《钢筋施工合同》中约定的固定单价最终确定结算工程价款为93万元。该结算数额是施工单位与实际施工人双方的真

---

① 《民法典》第五百七十七条规定:"当事人一方不履行合同义务或者履行合同义务不符合约定的,应当承担继续履行、采取补救措施或者赔偿损失等违约责任。"

实意思表示,且符合合同中结算工程价款的约定,并体现了实际施工人完成的总产值。

同时,根据《钢筋施工合同》约定,在2020年3月底实际施工人进行第一次进度计量,实际施工人向施工单位提供完成的合格工程量,施工单位审核完成的产值,并支付相应生活费资金,以后每月按第一次的方式进行计量。退场前核算完成产值,支付到总完成产值的70%,年前支付90%,其余第二年年底全部无息支付完。据此约定可知,施工单位与实际施工人在订立合同时,明确表示了实际施工人所取得工程款根据"总完成产值"计付的意思表示:一方面,施工单位是基于"总完成产值"向实际施工人按比例支付工程款;另一方面,除双方另有约定外,实际施工人仅有权在"总完成产值"的范围内受领相关工程款。

因此,施工单位与实际施工人结算确认的结算数额93万元是实际施工人应取的工程价款,也是实际施工人完成的总产值。实际施工人取得的工程款应以该93万元为限。

(二)实际施工人已自认施工单位已付工程款数额为97万元

《民事诉讼证据的若干规定》第三条规定:"在诉讼过程中,一方当事人陈述的于己不利的事实,或者对于己不利的事实明确表示承认的,另一方当事人无需举证证明。在证据交换、询问、调查过程中,或者在起诉状、答辩状、代理词等书面材料中,当事人明确承认于己不利的事实的,适用前款规定。"

本案中,实际施工人在庭审中已经明确认可施工单位已付工程款的数额为97万元,构成自认。同时,对此事实,施工单位已提供相应的付款凭证充分证明。故实际施工人实际收取的工程款数额为97万元,存在超出其应取工程数额领取工程款的情形,多领取工程款的数额为4万元(已付款97万元 − 应得款93万元)。

(三)实际施工人多领取工程款属于不当得利,应当返还多领取工程款

《民法典》第九百八十五条规定:"得利人没有法律根据取得不当利益的,受损失的人可以请求得利人返还取得的利益,但是有下列情形之一的除外:(一)为履行道德义务进行的给付;(二)债务到期之前的清偿;(三)明知无给付义务而进行的债务清偿。"

由上述法律规定可知,不当得利的构成要件为:第一,实际施工人取得利益但没有法律根据;第二,施工单位受有损失;第三,施工单位的损失和实际施工人取

得利益之间具有因果关系。本案中,实际施工人多收取工程款的行为构成不当得利。

就实际施工人取得利益但没有法律根据的构成要件,本案符合该构成要件。如上文所述,实际施工人实际完成的总产值即实际施工人与施工单位结算的数额93万元,而现实际施工人已超出其实际完成的总产值累计受领4万元工程款。对于该超领的4万元工程款,实际施工人没有完成相对应的工程产值,但却取得了4万元。实际施工人超额受领的该4万元工程款既缺乏相关合同依据,也没有法律规定。故实际施工人取得利益(多收4万元工程款)没有法律根据(实际施工人没有实际施工相应工程量)。

就施工单位受有损失的构成要件,本案符合该构成要件。实际施工人应得的工程款仅为93万元,而施工单位累计支付了97万元给实际施工人。施工单位超付了4万元工程款,也没有取得4万元工程款相应的工程量,事实上造成施工单位遭受经济损失,法律上亦使施工单位需负担更多义务。故施工单位受有损失自不待言。

就施工单位的损失和实际施工人取得利益之间具有因果关系的构成要件,本案符合该构成要件。施工单位多付的4万元工程款(损失)与实际施工人多领工程款4万元(得利)之间是相互对应的,两者存在因果关系。

综上,实际施工人多领取4万元工程款构成不当得利,依法应当将多领取的工程款返还施工单位。

(四)实际施工人多收取工程款的行为造成施工单位损失,应当支付施工单位相应损失(利息)

《民法典》第九百八十七条规定:"得利人知道或者应当知道取得的利益没有法律根据的,受损失的人可以请求得利人返还其取得的利益并依法赔偿损失。"本案中,实际施工人没有法律依据收取了4万元工程款,造成了施工单位资金占用损失,该损失实际为法定孳息,故施工单位有权要求实际施工人在返还多收取的工程款的同时赔偿损失,即支付相应的利息。

三、法院判决

法院认为,实际施工人系自然人,并不具有相应的建设工程资质,故施工单位与实际施工人签订的《钢筋施工合同》关于劳务分包的约定是无效的,但其余约定仍为合法有效。双方对实际施工人所做的工程量均予以认可,法院依法采信。

实际施工人主张合同单价已经变更,但未有证据予以证明,故法院不予采信。施工单位根据涉案合同单价计算得出的案涉工程款93万元有合同依据。双方均认可施工单位已支付97万元给实际施工人,法院予以确认。故实际施工人应退还的款项为4万元。关于利息。施工单位主张从起诉之日起,按全国银行间同业拆借中心公布的贷款市场报价利率计算逾期返还利息,也就是超付工程款资金占用利息,合法有据。法院判决实际施工人退还施工单位超付工程款4万元,并支付相应的资金占用利息。

四、律师评析

实践中,发包人和承包人对建设工程价款支付方式比较常见的约定是:发包人按每月现场实际施工进度向承包人支付一定比例的进度款;竣工验收后,经竣工结算,发包人扣除质量保证金后支付承包人剩余全部工程款。目前实务中普遍出现的是发包人欠付承包人工程款、承包人需垫资施工的情形,较少出现发包人超付承包人工程款的情形,但超付工程款现象仍然存在。在处理此类纠纷时,应当重点关注以下方面。

(一)请求返还超付的工程款属于不当得利纠纷还是建设工程施工合同纠纷

1. 从理论上而言,如果发包人超额支付了工程款,则此情形符合不当得利构成要件,即承包人取得利益但没有法律根据、发包人受有损失、发包人的损失和承包人取得利益之间具有因果关系。发包人完全可以依据不当得利的请求权基础提起诉讼。故此类纠纷应当属于不当得利纠纷。

2. 实践中,法院有可能将此类纠纷列为建设工程施工合同纠纷。其主要理由如下:发包人和承包人通常对是否超额支付工程款有争议,法院一般需要通过对双方基础法律关系(建设工程施工合同法律关系)涉及的事实进行审理,才能对发包人是否超付工程款进行认定。另外,实务中发包人和承包人一般不仅仅有超付工程款这一项纠纷,而是随着质量、工期等其他建设工程施工合同纠纷,当事人一般会将所有相关纠纷一并向法院起诉。因此大多数法院仍然将此类纠纷的案由定为建设工程施工合同纠纷。

3. 从实体法上而言,不当得利纠纷或建设工程施工合同纠纷的认定并不会对案件的最终结果产生重大影响,即无论何种案由,主张多付工程款并请求返还的一方,仍需就多付工程款的事实承担举证证明责任。该事实是否得证乃案件胜败的关键因素。

请求返还多付的工程款究属何种案由,虽对实体审理不产生影响,却对诉讼程序意义重大。《民事诉讼法》第三十四条规定:"下列案件,由本条规定的人民法院专属管辖:(一)因不动产纠纷提起的诉讼,由不动产所在地人民法院管辖;(二)因港口作业中发生纠纷提起的诉讼,由港口所在地人民法院管辖;(三)因继承遗产纠纷提起的诉讼,由被继承人死亡时住所地或者主要遗产所在地人民法院管辖。"《民事诉讼法司法解释》第二十八条规定:"民事诉讼法第三十四条第一项规定的不动产纠纷是指因不动产的权利确认、分割、相邻关系等引起的物权纠纷。农村土地承包经营合同纠纷、房屋租赁合同纠纷、建设工程施工合同纠纷、政策性房屋买卖合同纠纷,按照不动产纠纷确定管辖。不动产已登记的,以不动产登记簿记载的所在地为不动产所在地;不动产未登记的,以不动产实际所在地为不动产所在地。"据此,若此类纠纷被确定为建设工程施工合同纠纷,应当由建设工程所在地的人民法院专属管辖。

(二)承包人怠于结算时,可通过诉请返还多付工程款的方式变相实现确认工程造价

在建设工程施工合同领域,多数存在的情况为发包人怠于结算,施工单位为维护其工程款,起诉发包人索要工程款并在诉讼程序中通过鉴定的方式确定案涉工程造价。然而,由于实践中施工单位的实际情况各不相同,当部分施工单位出现严重的债务危机、破产或经营停滞情况时,施工单位就已完工项目很有可能存在无人管理的情况,进而导致建设工程项目出现无人办理结算的处境。对此,作为发包人必须采取必要的措施主动发起结算。

通常而言,建设工程价款的结算,是指施工单位与建设单位之间根据双方签订合同(含补充协议)进行的工程合同价款结算。故办理建设工程合同结算,并非施工单位特权,作为发包人也可以主动要求施工单位结算。但是,由于造价结算的依据往往需要依托于施工单位提交相关竣工结算资料,仅单纯通过诉讼方式要求施工单位办理结算,即使最终获得胜诉仍存在难以执行的情况。此时,发包人将无法通过有效手段终止与承包人的债权债务关系。因此,对于施工单位怠于办理结算的,发包人可以考虑主动提起诉讼要求施工单位返还超付工程款,并在诉讼过程中通过鉴定的方式确定工程造价。

五、案例索引

南宁市良庆区人民法院民事判决书,(2021)桂0108民初6822号。

(代理律师:李妃、乃露莹)

案例 3

工程款支付时间约定不明的，利息从工程交付之日起算

【案例摘要】

建设工程施工合同中仅约定工程款"及时付款"的，属于付款时间约定不明。若建设工程已实际交付，交付之日即为付款时间，逾期付款利息应当自建设工程实际交付之日起计算。

一、案情概要

2012年2月，施工单位中标某二次装修Ⅰ标段工程，中标价为1600万元。2012年5月，施工单位将该装修工程转包给实际施工人，双方签订了一份《项目组织施工经营责任协议书》，主要内容为：实际施工人对装修工程Ⅰ标段进行组织施工风险承包，承担施工单位在本工程施工中的所有责任和义务，在扣除施工单位应留费用、交清工程所有税费的前提下，对工程总造价进行风险盈亏包干。施工单位按每次收到的工程款，扣除应扣及暂扣费用后，其余款项应及时支付给实际施工人。

《项目组织施工经营责任协议书》签订后，实际施工人进场施工。2014年7月，建设单位委托工程造价咨询公司出具了《二次装修工程（Ⅰ标段）竣工结算审核报告》，载明最终审定金额为2000万元。同月，涉案工程经竣工验收合格，并交付建设单位使用。

实际施工人完成装修施工后，未足额收到全额工程款，遂将施工单位诉至法院。诉讼中，实际施工人要求施工单位支付剩余工程价款以及相应的逾期付款利息，利息起算时间为工程交付之日。施工单位辩称，双方并未完成结算，工程价款最终数额并未确定，付款条件并未成就，故不应自工程交付之日起计算利息。法

院认为,当事人双方在《项目组织施工经营责任协议书》第 7 条约定:"甲方按每次收到的工程款,扣除应扣及暂扣费用后,其余款项应及时支付给乙方。"该条对付款时间约定不明。现建设工程已经交付建设单位使用,故根据相关法律规定,付款时间应为工程交付时间,利息应当自交付之日起计算。施工单位不服一审判决,提起上诉。二审判决维持原判。

二、代理方案

类似于实际施工人向施工单位主张工程款以及逾期付款利息的案件屡见不鲜。本案中,笔者作为实际施工人(原告)的代理人,认为应当从以下三方面着手处理。首先,需要对实际施工人的身份进行确认,即证明案涉工程是由实际施工人自主施工。其次,需要确定实际施工人应得的工程价款。在一手转包关系中,往往存在两个施工合同关系,即建设单位与施工单位之间的施工合同关系、施工单位与实际施工人之间的施工合同关系。在施工单位已经与建设单位进行结算,而未与实际施工人进行结算的情况下,实际施工人可以考虑以建设单位与施工单位的结算金额作为工程总价款的依据,在扣除相关管理费等费用后,所得数额即为实际施工人应得工程款。最后,需对付款时间进行确定。本案中,实际施工人与施工单位就付款时间的约定模糊不清,且双方事后仍不能就付款时间达成一致合意,这导致相应的利息起算时间不能确定。为此,在建设工程已经交付使用的情况下,可依据《建设工程司法解释一》第二十七条的规定,主张逾期付款利息自工程交付之日起计算。综上,主办律师拟定如下代理思路。

1. 该工程由实际施工人自主施工、自负盈亏,实际施工人有权参照《项目组织施工经营责任协议书》的约定取得案涉工程的所有工程款。

《建设工程司法解释》第二条[①]规定:"建设工程施工合同无效,但建设工程经竣工验收合格,承包人请求参照合同约定支付工程价款的,应予支持。"在《最高人民法院新建设工程施工合同司法解释(一)理解与适用》一书中,最高人民法院对实际施工人定义为:"无效合同的承包人、转承包人、违法分包合同的承包人,没有资质借用有资质的建筑施工企业的名义与他人签订建筑工程施工合同的承包人。"实际施工人的范围包括:"转包中接受转包的承包人、违法分包中接受建

---

① 《建设工程司法解释》已失效,现行规定为《建设工程司法解释一》第二十四条第一款,即当事人就同一建设工程订立的数份建设工程施工合同均无效,但建设工程质量合格,一方当事人请求参照实际履行的合同关于工程价款的约定折价补偿承包人的,人民法院应予支持。

设工程分包的分包人;借用建筑企业的资质证书承接建设工程的承包人,即挂靠人。"由此可知,实际施工人是在无效合同情形下所产生的概念,指无效建设施工合同情形下实际完成建设工程施工的单位或者个人,对工程施工最终实际投入资金、材料和劳力进行工程施工的法人、非法人企业、个人合伙、包工头等民事主体。

本案中,实际施工人对案涉工程实际投入资金、材料和劳动力完成施工,具体为:

第一,实际施工人与施工单位就案涉工程签订《项目组织施工经营责任协议书》,由实际施工人承包案涉工程,对案涉工程实行自担风险、自负盈亏。第二,实际施工人实际投入资金、材料和劳动力。案涉工程投标费用、工程意外险保费、项目工会筹备款、材料采购款、设备租赁费、农民工工资等均由实际施工人支付。第三,实际施工人参与项目工程款结算、工程款收支全过程。具体而言,实际施工人参与案涉工程竣工验收、结算、工程施工资料编制和移交,并收取案涉工程的工程款,缴纳案涉工程的税费、管理费,开具工程款发票。

综上,实际施工人已提供了施工协议、合同履行、实际资金投入、工程量、工程结算等证据,充分证实实际施工人身份,故有权参照《项目组织施工经营责任协议书》的约定取得案涉工程的工程款。

2.实际施工人与施工单位最终结算数额即为建设单位审定结算的金额2000万元,现施工单位已支付1770万元,尚欠230万元。施工单位应支付尚欠工程款及利息。

《项目组织施工经营责任协议书》第7条约定:"甲方按每次收到的工程款,扣除应扣及暂扣费用后,其余款项应及时支付给乙方。"由此可知,施工单位最终收到建设单位的工程款实际是建设单位审定结算的金额,即实际施工人与施工单位的结算数额实际是以建设单位审定结算的金额为依据。在建设单位审定结算的金额的基础上扣减合同约定应扣的费用后,剩余款项即为实际施工人与施工单位的最终结算金额。因此,虽然本案的实际施工人与施工单位未进行最终结算,但施工单位与建设单位已经进行了最终结算,建设单位已审定结算金额,并且,建设单位也已按审定的结算数额支付施工单位全部工程款。故实际施工人与施工单位的结算金额应以建设单位审定结算的金额为结算依据,并根据《建设工程司法解释一》第十九条第一款规定:"当事人对建设工程的计价标准或者计价方法有约定的,按照约定结算工程价款。"参照合同约定的计价标准或者计价方法确定最终结算的工程款数额。

本案中,根据《项目组织施工经营责任协议书》第5.1条约定:"乙方承担本工程实施过程中涉及的所有的材料、机械设备、临时设备、工人及管理人员工资、交通运输、劳动保险费、事故赔偿、税等一切直接或间接工程费用。"合同约定的应扣的费用为一切直接或间接工程费用,实际是所有案涉工程的材料、机械设备、临时设备、工人及管理人员工资、交通运输、劳动保险费、税费等费用。对于案涉工程所有的材料、机械设备、临时设备、工人及管理人员工资、交通运输、劳动保险费、税费、投标费、工会费、施工单位人员差旅费等一切工程费用,实际施工人已提供证据充分证明已实际由实际施工人另行承担。施工单位所主张应扣除的工程费用系其单方自行制作的,其提供的扣减费用明细无证据证实费用已实际支出以及实际支出数额,也无法证明与案涉工程相关联。故施工单位主张扣除的费用与案涉工程没有关联,也没有任何证据予以佐证。《民事诉讼法司法解释》第九十条规定:"当事人对自己提出的诉讼请求所依据的事实或者反驳对方诉讼请求所依据的事实,应当提供证据加以证明,但法律另有规定的除外。在作出判决前,当事人未能提供证据或者证据不足以证明其事实主张的,由负有举证证明责任的当事人承担不利的后果。"据此,施工单位应承担举证不能的不利后果。

因此,实际施工人与施工单位的结算金额即为建设单位审定结算的金额,无须扣除其他费用。现建设单位审定结算的金额为2000万元,施工单位已支付实际施工人1770万元,尚欠230万元。施工单位还应支付实际施工人230万元,同时应支付逾期支付230万元的利息。

3.本案的逾期付款利息应当自工程交付之日起计算。

《建设工程司法解释一》第二十七条规定:"利息从应付工程价款之日开始计付。当事人对付款时间没有约定或者约定不明的,下列时间视为应付款时间:(一)建设工程已实际交付的,为交付之日;(二)建设工程没有交付的,为提交竣工结算文件之日;(三)建设工程未交付,工程价款也未结算的,为当事人起诉之日。"

如前文所述,施工单位存在欠付实际施工人230万元工程款的事实,施工单位应支付相应利息。现施工单位与实际施工人签订的《项目组织施工经营责任协议书》为无效合同,且合同中约定的工程款支付时间为"甲方按每次收到的工程款,扣除应扣及暂扣费用后,其余款项应及时支付给乙方"。该约定并不明确,且该约定因合同无效也归于无效,并不能适用。因此,本案的利息起算时间应依据上述《建设工程司法解释一》第二十七条的规定确定。现本案证据已证明案涉工程于2014年7月验收合格并已经交付给建设单位使用,故应以工程交付之日作为应付工程款之日,即施工单位应当在2014年7月前全额支付实际施工人工程价款。现施工单位逾期付款,故利息应当自工程交付之日起计算。

三、法院判决

法院根据诉辩双方的意见,整理出本案的争议焦点为:(1)施工单位是否欠付实际施工人工程款;(2)逾期付款利息应否支付。

关于争议焦点一:施工单位是否欠付实际施工人工程款。法院认为,《项目组织施工经营责任协议书》的合同当事人为实际施工人和施工单位。实际施工人作为个人不具备建设工程的施工资质,依照《建设工程司法解释》第一条之规定,其与施工单位签订的《项目组织施工经营责任协议书》因违反法律强制性规定,应认定为无效。协议书虽为无效,但涉案工程已经竣工验收合格,依照《建设工程司法解释》第二条之规定,实际施工人有权要求施工单位参照《协议书》第7条"甲方按每次收到的工程款,扣除应扣及暂扣费用后,其余款项应及时支付给乙方"之约定,在扣除管理费、税费及协议约定费用后,将剩余工程款支付给实际施工人。

关于争议焦点二:逾期付款利息应否支付。法院认为,案涉《协议书》第7条虽约定施工单位按每次收到的工程款扣除应扣及暂扣费用后其余款项及时支付给实际施工人,但对于付款具体时间并未作明确约定。案涉工程施工完成后,实际施工人、施工单位未进行最终结算,案涉工程于2014年7月经业主验收合格同意移交,根据《建设工程司法解释》第十八条规定:"利息从应付工程价款之日计付。当事人对付款时间没有约定或者约定不明的,下列时间视为应付款时间:(一)建设工程已实际交付的,为交付之日;(二)建设工程没有交付的,为提交竣工结算文件之日;(三)建设工程未交付,工程价款也未结算的,为当事人起诉之日。"利息应从2014年7月起计算。

最终,法院判决支持了实际施工人的工程款以及利息诉请。

四、律师评析

在建设工程施工合同纠纷案件中,承包人向发包人主张工程欠款的同时,往往一并主张工程欠款利息。一般情况下,工程欠款的利息会受到利息起算时间、利率、合同效力等因素的影响。

(一)工程欠款利息的性质是法定孳息

在发包人欠付工程款时,发包人应当向承包人支付欠付工程价款利息。在建设工程施工合同中,工程欠款的本质是发包人欠付承包人的施工建设报酬,包括材料费、人工费、机械的消耗量及其相应的价格、管理费、利润和税金等。特别是在工程欠款数额确定的情况下,发包人与承包人的关系已经转化为与借贷本质类似的债权债务关系。在借贷关系中,欠付本金所产生的利息即法定孳息。同样地,在发包人欠付工程款的情形下,相当于欠付借款本金,由此产生利息,故发包人也应当支付利息。最高人民法院在(2017)最高法民终175号案中认为:"案涉工程于2011年11月30日竣工验收合格并交付使用,案涉两份合同均被认定无效。一方面合同约定的工程价款给付时间无法参照合同约定适用;另一方面发包人支付工程欠款利息性质为法定孳息,建设工程竣工验收合格交付发包人后,其已实际控制,有条件对诉争建设工程行使占有、使用、收益权利,故从工程竣工验收合格交付计付工程价款利息符合当事人利益平衡。江苏一建公司主张从2012年1月30日起按照中国人民银行同期贷款利率支付工程款利息,本院予以支持。"

(二)建设工程施工合同无效,工程款利息约定也无效,工程欠款利息按照同期同类贷款利率或者同期贷款市场报价利率计算

建设工程施工合同存在无效的情形时,合同中关于工程欠款利息的约定也无效,此时按照当事人对此没有约定来处理,处理的法律依据为《建设工程司法解释一》第二十六条规定:"当事人对欠付工程价款利息计付标准有约定的,按照约定处理。没有约定的,按照同期同类贷款利率或者同期贷款市场报价利率计息。"最高人民法院在(2019)最高法民再258号案中认为:"吴某某主张应按四倍利率计算欠付工程款利息,至少应按1.3倍予以支持。其与丰都一建公司签订的《建设工程内部承包合同》因其不具备相应建筑工程施工资质而无效。该合同中关于如发包方违约应按照中国农业银行同期贷款利息的四倍每月计算利息支付给吴某某的约定亦无效。根据《建设工程司法解释》第十七条'当事人对欠付工程价款利息计付标准有约定的,按照约定处理;没有约定的,按照中国人民银行发布的同期同类贷款利率计息'的规定,原审判决按照中国人民银行同期同类贷款利率计付工程款利息并无不当。"

(三)工程欠款的起算时间

《建设工程司法解释一》第二十七条规定:"利息从应付工程价款之日开始计付。当事人对付款时间没有约定或者约定不明的,下列时间视为应付款时间:(一)建设工程已实际交付的,为交付之日;(二)建设工程没有交付的,为提交竣工结算文件之日;(三)建设工程未交付,工程价款也未结算的,为当事人起诉之日。"该条明确了利息的起算时间的适用先后顺序,即工程欠款利息起算时间先后顺序为"当事人明确约定应付款之日→工程交付之日→提交竣工结算文件之日→当事人起诉之日",只有前一个时点无法确定时才可采用后一个时点,不可同时或者择一适用。

1. 以工程交付之日为利息起算时间

建设工程已实际交付的,应付款时间为工程交付之日,利息从工程交付之日起算。适用该起算时间的前提是合同对付款时间没有约定或者约定不明。在建设工程领域,所谓工程交付即发包人对建设工程有控制权,可随时对建设工程行使占有、使用、收益等权利,如实际投入使用、出租、买卖等。承包人可提供办理交付手续的相关材料,发包人官网或微信公众号发布关于开业、通车等新闻信息和通知公告的相关截图作为证明建设工程交付的证据。

2. 以提交竣工结算文件之日为利息起算时间

建设工程没有交付的,以提交竣工结算文件之日为应付款之日,利息从提交竣工结算文件之日起算。适用该起算时间的前提有两个:一是合同对付款时间没有约定或者约定不明,二是工程未交付或无法证明工程交付时间。《建设工程施工合同(示范文本)》(GF-2017-0201)通用条款第14.1条约定:"除专用合同条款另有约定外,承包人应在工程竣工验收合格后28天内向发包人和监理人提交竣工结算申请单,并提交完整的结算资料,有关竣工结算申请单的资料清单和份数等要求由合同当事人在专用合同条款中约定。除专用合同条款另有约定外,竣工结算申请单应包括以下内容:(1)竣工结算合同价格;(2)发包人已支付承包人的款项;(3)应扣留的质量保证金。已缴纳履约保证金的或提供其他工程质量担保方式的除外;(4)发包人应支付承包人的合同价款。"原则上,承包人仅需提交已依约提交完整的竣工结算文件以及载明提交竣工结算文件时间的相关资料予以证明。需要注意的是,承包人所提交的竣工结算文件应当严格依据合同约定的期限以及提交清单要求提交完整的工程竣工结算文件,如承包人分阶段提交或发包人在约定的审核结算期限内要求补充提交的,应从提交完整竣工结算文件之日起算利息。

3. 以当事人起诉之日为利息起算时间

建设工程既未交付,承包人也未提交竣工结算文件的,以当事人起诉之日为应付款之日,利息从当事人起诉之日起算。适用该起算时间的前提有三个:一是合同对付款时间没有约定或者约定不明,二是工程未交付或无法证明工程交付时间,三是承包人未提交竣工结算文件或无法证明提交竣工结算文件时间。除此之外,还有一个隐含的前提,即合同约定的工程款结算和支付条件难以成就或无法成就,难以确定应付工程款数额和应付工程款之日。在当事人向司法机关提起诉讼主张权利后,法院将会经过审理最终确定工程款数额,并认定发包人存在欠付承包人工程款的事实,此时发包人应当在法院介入确定最终工程款数额之日(起诉之日)支付承包人工程款,并从该起诉之日起支付利息。

(四)工程欠款利息和工程欠款违约金

实践中,工程欠款利息和工程欠款违约金能否同时主张尚有争议。

肯定说认为,发包人应当向承包人支付的工程欠款利息的性质,应当认定为法定孳息,而不是一种违约赔偿责任方式。违约金是一种违约赔偿责任方式,具有惩罚性。如施工合同中明确约定欠付工程款应支付违约金和利息,该约定系发包人与承包人的真实意思表示,应遵循私法自治原则,给予尊重和适用。

否定说认为,利息和违约金均具有补偿性、惩罚性,均用于弥补守约方因违约方的违约行为造成的损失。更多时候,承包人因发包人逾期付款的违约行为所造成的损失是法定孳息损失,应承担的违约责任也是支付法定孳息损失,相当于利息。同时,当逾期支付工程款的违约金按照合同约定进行计算并根据承包人的实际损失在法律规定的范围内进行合理调整后,承包人主张的违约金实际上已经涵盖了承包人的利息损失。所以如同时主张将存在双重补偿、双重惩罚的情形,双方当事人利益严重失衡。

五、案例索引

南宁市中级人民法院民事判决书,(2021)桂01民终12397号。

(代理律师:袁海兵、李妃)

案例 4

合同未明确约定由具体的审计部门进行审计结算的，审计结论不能当然成为结算的依据

【案例摘要】

施工单位中标承建某区防洪治理工程1标工程，并与建设单位签订《施工承包合同》，约定工程竣工结算并经审定后，扣除工程质量保修金，其余部分支付给施工单位。专用条款还约定，建设单位委托审计部门审核，审核完毕后由监理人向施工单位出具经建设单位签认的竣工付款证书，审核完毕后可付款。施工单位与实际施工人张某签订《劳务协议书》，约定由实际施工人包工包料对案涉工程项目进行施工，张某履行该协议约定的条款并按质、按量、按期完成劳务施工项目后，有要求发包人支付工程进度款的权利。案涉工程竣工验收合格并交付使用后，建设单位委托第三方进行结算审核，建设单位、施工单位及监理单位三方共同盖章确认工程总造价为5661703.42元。后张某因未足额收取工程款以建设单位、施工单位为共同被告提起诉讼，诉中建设单位认为项目尚未结算未达到支付条件，竣工结算应移送政府审计部门进行审计。法院认为，政府审计部门的审计只是一种行政监督行为，与涉案工程的结算分属不同性质的法律关系范畴，合同中没有约定明确而具体的审计部门且政府审计部门亦未在合理期限内出具审计结论，故政府审计结论不能当然成为本案结算的依据。

一、案情概要

2012年10月12日，施工单位中标承建某区防洪治理工程1标段后与建设单位签订《施工承包合同》。结算条款中约定，工程竣工结算并经审定后，扣除工程质量保修金后（施工结算价格的5%），其余部分支付给乙方（承包人）。

2012年11月10日，施工单位与实际施工人张某签订《劳务协议书》，约定由

实际施工人张某挂靠施工单位对案涉工程进行施工,张某履行该协议约定的条款并按质、按量、按期完成施工后,有要求业主方支付工程进度款的权利。双方还结算价款提取4%作为该项目管理费,按比例在每次收到业主支付的工程款中扣除,管理费用的提取总额以最终结算价为准。

签订上述协议书后,实际施工人张某以施工单位的名义进场施工。2014年10月,实际施工人张某完成K0+300米至K1+350米处的工程量,剩余工程由施工单位完成。

2017年12月11日,案涉工程已完工经验收合格,且已交付使用。

2019年3月15日,建设单位委托第三方就案涉工程进行结算审核。审核结果出具后,建设单位、施工单位、监理单位三方共同盖章确认结算,最终工程总造价为5661703.42元。

实际施工人张某以仅收到施工单位支付的工程款3874800元,仍有剩余工程款1786903.42元未支付为由向法院提起诉讼,要求建设单位、施工单位支付剩余工程款及相应逾期利息。诉中,建设单位抗辩称,案涉工程尚未进行审计未达到付款条件,应当将本案移送审计。

一审法院认为,审计部门的审计只是一种行政监督行为,与案涉工程的结算分属不同性质的法律关系范畴,故审计结论不能当然成为本案结算的依据。二审法院认为,施工单位与张某签订的《劳务协议书》中,没有约定工程造价应以审计结算为准,因此,建设单位上诉主张案涉工程总造价应以审计结算为准没有合同依据和法律依据。

二、代理方案

笔者接受实际施工人张某的委托,向建设单位、施工单位追索工程款。现项目已经竣工验收并交付使用,且建设单位已经实际委托第三方进行审核结算,结算汇总后建设单位、施工单位、监理单位均一致盖章确认,且施工单位与实际施工人之间的协议中也表达了以建设单位、施工单位之间的结算的意思表示,故实际施工人主张工程款条件已成就。关于建设单位提出以审计结论作为结算依据的问题,笔者认为,建设单位与施工单位的施工合同中并没有约定明确而具体的审计部门,也没有约定最终的结算金额以审计结论为准,故不应以审计结果作为结算依据。具体代理方案如下。

1.施工合同中并未明确约定以具体的行政审计部门作出的审计结果作为结

算依据，建设单位无权以未经行政审计部门作出审计结论而主张工程价款的支付条件未成就。

《施工承包合同》专用条款第十条约定："按工程进度支付工程款，每期支付金额为承包方申请工程进度款的80%；在竣工验收之前，所有甲方支付乙方工程款总额不得超过承包金额的80%；至竣工验收并达到合格标准时付至合同价格的90%，保留金为合同价格的10%；工程竣工结算并经审定后，保留金扣除工程质量保修金后（施工结算价格的5%），其余部分支付给乙方。"该条表明建设单位与施工单位的合同中对于工程结算的约定是工程竣工结算并经审定后即可支付结算款，并没有具体明确约定以哪一个审计部门的审定作为结算依据，也未明确必须经行政审计。合同中约定的"审定"并不等于"行政审计"。

根据《审计法》的规定，国家审计机关对工程建设单位进行审计是一种行政监督行为，审计人与被审计人之间因国家审计发生的法律关系与本案当事人之间的民事法律关系性质不同。因此，在民事合同中，当事人把接受行政审计作为确定民事法律关系依据的约定，应当具体明确，而不能通过解释推定的方式，认为合同签订时，当事人已经同意接受国家机关的审计行为对民事法律关系的介入。

2. 发承包双方以及承包人与实际施工人之间就案涉项目已经达成一致意见的结算，应当以该结算作为案涉项目的工程造价的确定依据。

《施工承包合同》专用条款第十条约定："……工程竣工结算并经审定后，保留金扣除工程质量保修金后（施工结算价格的5%），其余部分支付给乙方。"第十三条约定，"本合同工程的保修期为1年"。案涉工程于2017年12月已验收合格交付使用，至今已超过合同约定的1年保修期，故工程款应按约全额支付，即实际施工人张某有权主张全额工程款。

2019年3月15日，建设单位、施工单位、监理单位对涉案工程价款的结算达成了一致意见，确认案涉工程价款为5661703.42元。且承包人与实际施工人张某之间亦约定其双方之间的结算价即为发包人与承包人之间的结算价，故案涉工程各方当事人之间均已达成一致结算意见，应直接以发承包双方的结算价作为认定案涉工程的总造价，无须进行审计。

退一步而言，即便合同有约定将审计结论作为结算依据的，案涉项目自2017年竣工验收交付使用至诉讼之日已长达4年之久，也远远超过了合理审计期限。再退一步而言，如果发包人将案涉项目移交审计部门进行审计后，又与承包人达成结算协议的,应当以双方达成的结算协议金额为准。对此,最高人民法院在给河南省高级人民法院的回复中已经予以明确。《最高人民法院关于建设工程承包合同案件中双方当事人已确认的工程决算价款与审计部门审计的工程决算价款不一致时如何适用法律问题的电话答复意见》(2001年4月2日,〔2001〕民一他字第2号)中最高人民法院复函河南省高级人民法院:"你院'关于建设工程承包合同案件中双方当事人已确认的工程决算价款与审计部门审计的工程决算价款不一致时如何适用法律问题的请示'收悉。经研究认为,审计是国家对建设单位的一种行政监督,不影响建设单位与承建单位的合同效力。建设工程承包合同案件应以当事人的约定作为法院判决的依据。只有在合同明确约定以审计结论作为结算依据或者合同约定不明确、合同约定无效的情况下,才能将审计结论作为判决的依据。"

3. 既有的最高人民法院公报案例及其他类案均认为,除非施工合同或分包合同明确约定以行政审计作为结算依据,否则发包人不得以行政审计机关作出的审计结论作为工程价款结算。

"最终结算价格按照发包人审计/审核/审定为准",未就审计主体进行明确的不能当然推定审计主体为"行政机关",也不能当然认为当事人已经就"将行政审结论作为工程结算款的依据"达成明确的合意。从最高人民法院的观点及裁判要旨可知,行政审计作为一种监督手段,其审计的对象为建设单位即发包人,系行政法律关系。工程款的结算更多体现的是当事人的意思自治。二者属不同法律关系,除非施工合同或分包合同明确约定以行政审计作为结算依据,否则发包人不得以审计机关作出的审计报告、财政评审机构作出的评审结论作为工程价款结算。

最高人民法院在(2012)民提字第205号案中认为:"分包合同中对合同最终结算价约定按照业主审计为准,系因该合同属于分包合同,其工程量与工程款的最终确定,需依赖合同之外的第三人即业主的最终确认。因此,对该约定的理解,应解释为工程最终结算价须通过专业的审查途径或方式,确定结算工程款的真实合理性,该结果须经业主认可,而不应解释为须在业主接受国家审计机关审计后,依据审计结果进行结算。根据《审计法》的规定,国家审计机关的审计系对工程建设单位的一种行政监督行为,审计人与被审计人之间因国家审计发生的法律关系与本案当事人之间的民事法律关系性质不同。因此,在民事合同中,当事人对接受行政审计作为确定民事法律关系依据的约定,应当具体明确,而不能通过解释推定的方式,认为合同签订时,当事人已经同意接受国家机关的审计行为对民事法律关系的介入。因此,重庆建工集团所持分包合同约定了以国家审计机关的审计结论作为结算依据的主张,缺乏事实和法律依据,本院不予采信。"

最高人民法院在(2018)最高法民再185号案中认为:"关于案涉工程款结算条件是否成就的问题。《合同法》第二百六十九条①规定,建设工程合同是承包人进行工程建设,发包人支付价款的合同。本案中,《建设工程施工合同》为双方当事人真实意思表示,不违反法律、行政法规的强制性规定,合法有效,对双方当事人均具有法律约束力。案涉工程已于2011年9月13日通过竣工验收,并交付绵阳市中心医院使用,绵阳市中心医院应当支付相应的工程价款。根据《审计法》的规定,审计机关的审计行为是对政府预算执行情况、决算和其他财政收支情况的审计监督。相关审计部门对发包人资金使用情况的审计与承包人和发包人之间对工程款的结算属不同法律关系,不能当然地以项目支出需要审计为由,否认承包人主张工程价款的合法权益。只有在合同明确约定以审计结论作为结算依据的情况下,才能将是否经过审计作为当事人工程款结算条件。根据本院再审查明的事实,双方在《建设工程施工合同》中并未约定工程结算以绵阳市审计局审计结果为准,在其后的往来函件中,奇信公司亦只是催促尽快支付工程款,其中两份函件中提及的系恒申达公司结算审计,而非绵阳市审计局的审计。在2014年1月8日的最后一份函件中,奇信公司虽认可'待绵阳市审计局复审后多退少补',但并未认可以绵阳市审计局的审计结论作为工程款结算及支付条件。"

三、法院判决

一审法院认为,案涉工程于2017年12月11日完工验收合格,并交付使用。2019年3月15日,监理公司在结算汇总表上签字盖章,至此,建设单位、施工单位、监理对涉案工程价款的结算达成了一致意见,确认涉案工程价款为5661703.42元。本案审理过程中,施工单位认可其与建设单位之间对涉案工程的结算价款即系其与原告之间的结算价,并同意按此确认价支付工程款而无须审计。根据《施工承包合同》专用条款第十条第2点"……工程竣工结算并经审定后,保留金扣

---

① 《合同法》已失效,现行规定为《民法典》第七百八十八条:"建设工程合同是承包人进行工程建设,发包人支付价款的合同。建设工程合同包括工程勘察、设计、施工合同。"

除工程质量保修金后(施工结算价格的5%),其余部分支付给乙方",以及第十三条"本合同工程的保修期为1年"的约定,涉案工程于2017年12月已验收合格交付使用,至今已超过合同约定的1年保修期故工程款应按约全额支付。虽然在《施工承包合同》专用条款第二十三条补充条款第6点中有"委托审计部门审核"的字样,在2017年12月11日的完工验收鉴定书第三条第(三)款也有"本工程承包人初步结算资料已完成,结算金额为5684061.36元(未审计,最终结果以审计为准)"的内容。但建设单位与施工单位之间关于案涉工程价款的结算,属于平等民事主体之间的民事法律关系,对结算汇总表上列明的工程价款5661703.42元的确认,系三方的真实意思表示,也系合法的民事法律行为。审计部门的审计只是一种行政监督行为,与涉案工程的结算分属不同性质的法律关系范畴,故审计结论不能当然成为本案结算的依据。原告请求支付尚欠的工程款事实清楚,证据充分,原告及施工单位主张涉案工程价款已经明确,无须进行审计的理由成立,法院予以支持。另外,建设单位承认案涉工程已于2018年提交审计,至今已长达4年未出具审计报告,已超过了必要的合理期限,且涉案工程经验收合格实际交付使用至今已逾4年,建设单位的合同目的早已经得以实现。被告建设单位没有证据证实审计至今无果系原告或施工单位的原因造成。故建设单位辩称工程未经审计,未达付款条件的理由不能成立,不予采纳。

二审法院认为:对于案涉工程的总造价,承包人、发包人及监理公司于2019年3月签订了《结算书》,确认总造价为5661703.42元(未审计,最终结果以审计为准)。在本案诉讼过程中,承包人与实际施工人张某达成协议,确认上述工程总造价为其与实际施工人张某对案涉工程的总造价,并确认其中有50万元工程造价(含整个项目管理费等一切成本)是承包人的,没有约定工程造价应以审计结算为准,因此,发包人上诉主张案涉工程总造价应以审计结算为准没有合同依据和法律依据。至于承包人与发包人之间对工程造价的结算,不能约束承包人与实际施工人张某。

四、律师评析

根据《审计法》的规定,通过审计发现建设单位的财政收支、财务收支违反国家规定,审计机关认为对直接负责的主管人员和其他直接责任人员依法应当给予处分的,应当提出给予处分的建议;建设单位的财政收支、财务收支违反法律、行政法规的规定,构成犯罪的,依法追究刑事责任。据此,审计结果只是审计机关作出行政处理决定的依据,而不应作为当事人结算工程造价当然的依据。

(一)审计结果作为工程价款结算违反《民法典》合同编基本原则

合同是平等主体的自然人、法人、其他组织之间设立、变更、终止民事权利义务关系的协议。合同当事人的法律地位平等。依法成立的合同,对当事人具有法律约束力,在不违反法律、行政法规强制性规定的情形下,法院应当尊重当事人在合同中的真实意思表示。如果认为应当以审计报告为准确定工程造价,则违背了《民法典》合同编的精神,侵害了平等民事主体间的意思自治原则,也与自愿、平等、等价有偿的民法原则相违背。

双方当事人要不要明确以审计结果作为工程竣工结算的依据是民商事契约自由的表现,无须政府引导,或者用行政行为去干涉民事行为。《审计法》属于行政法范畴,《民法典》属于民法部门,两部法律调整的社会关系的性质和范围、调整方法均有明显差异。政府机关在缔约时并非以行政主体身份出现,而是作为平等的民事主体参与合同的订立及履行。因此,在施工合同中,政府机关或者其授权机关与建筑施工企业是平等的合同双方当事人。如果强行将审计结论作为认定工程价款的依据,则实际上混淆了法律的适用范围,也没有上位法依据。

工程建设以施工合同为基础确定了双方的权利和义务,是公平市场交易行为,是合同行为,体现了自愿、平等和意思自治。建设工程施工合同的当事人法律地位平等,在不违反法律、行政法规强制性规定的前提下,应当尊重当事人在合同中体现出的真实意思表示,也就是说,双方当事人都应共同遵守并履行合同条款所确定的权利义务,当事人不能擅自改变合同约定内容,变更执行。

审计部门的监督职能不能延伸到合同领域,改变平等主体之间的合同内容,其审计报告系行政决定,不是法院审理案件的法定依据。审计机关明确以审计结果作为工程竣工结算的依据缺乏《审计法》依据,有行政权力扩张之嫌。审计机关完全没有必要将自己置身于双方矛盾体之中,代行使工程造价咨询机构的社会中介职能。由于审计机关"越位"缺乏中立性,再加之行政权力运用得不到有效监督,势必会弱化审计权威和审计监督职能。其实质就是用行政行为去干涉民事行为,是在浪费有限的公权力资源,使监督者处于各方矛盾主体的旋涡中。

(二)承包人原则上不属于被审计单位

根据合同相对性原则,合同一般仅对当事人发生效力,不能对合同无关的第三人发生效力。同时,合同对当事人的约束力,除法律有规定外,也仅以合同所约定的事项为限,不能超越合同的约定。在建设工程施工合同关系中,合同相对人系发包人和承包人。审计部门对工程造价的审核,是监督财政拨款与使用的行政行为,只是对发包人的单方监督,并不是对建设工程施工合同当事人签订的合同履行情况的监督,对合同当事人不具有法律约束力。案外人包括审计机关不应当以行政权力干涉当事人合同的履行。也就是说,工程造价审计是审计机关依据《审计法》等相关规定,对工程概算、预算、结算在执行中是否超支,是否合法合规等进行监督检查的一种手段,其本质上属于行政行为,由《审计法》及有关行政法律法规进行调整。

虽然承包人原则上不属于被审计单位,但并非意味着其在国家建设项目审计中就不承担任何义务。审计机关对发包人或建设项目法人进行审计监督时,往往需要与建设项目有密切关系的有关单位,即勘察、设计、施工、监理、采购、供货等单位的配合。《审计法》《审计法实施条例》也确定了施工单位接受调查,提供证明材料的义务,主要包括以下内容:

一是《审计法》的规定。第三十七条第一款规定,审计机关进行审计时,有权就审计事项的有关问题向有关单位和个人进行调查,并取得有关证明材料。有关单位和个人应当支持、协助审计机关工作,如实向审计机关反映情况,提供有关证明材料。第四十三条第一款规定,审计人员通过审查财务、会计资料,查阅与审计事项有关的文件、资料,检查现金、实物、有价证券和信息系统,向有关单位和个人调查等方式进行审计,并取得证明材料。

二是《审计法实施条例》的规定。第二十三条规定,审计机关可以依照《审计法》和本条例规定的审计程序、方法以及国家其他有关规定,对预算管理或者国有资产管理使用等与国家财政收支有关的特定事项,向有关地方、部门、单位进行专项审计调查。第四十四条第一款规定,审计机关进行专项审计调查时,应当向被调查的地方、部门、单位出示专项审计调查的书面通知,并说明有关情况;有关地方、部门、单位应当接受调查,如实反映情况,提供有关资料。

(三)不利于保护当事人诉权

工程竣工结算内容包括工程合同价款、合同调整价款以及索赔款项。另外,还可能包括工期违约金、赔偿金或奖金。审计结论显然也应包括上述内容。倘若发包人或者承包人对审计结论中载明的合同价款、合同调整价款以及索赔权或者工期违约金、赔偿金、奖金提出异议,但合同约定审计结论作为工程竣工结算依据,则法院并没有权力对审计结论作出更改、调整。此外,作为出具审计结论的审计机关,也不可能作为民事诉讼主体的任何一方或者第三人甚至鉴定人出庭参与诉讼,并据此改变审计结论。也就是说,在当事人就审计结论涉及的诸如价款数额、工期违约金、赔偿金或者奖金提出异议时,法院无法行使审判权进行实体审理并强制作出调整。

民事诉讼中,当事人对自己提出的主张,有责任提供证据。《民事诉讼法》第七十九条规定,当事人可以就查明事实的专门性问题向人民法院申请鉴定。当事人申请鉴定的,由双方当事人协商确定具备资格的鉴定人;协商不成的,由人民法院指定。当事人未申请鉴定,人民法院对专门性问题认为需要鉴定的,应当委托具备资格的鉴定人进行鉴定。因此,当事人申请鉴定既是举证责任的需要,也是民事审判的客观要求。对查明案件事实的专门性问题需要进行鉴定的,当事人有权向法院提出申请。

建设工程施工合同纠纷中,工程量、工程价款往往成为合同当事人之间的争议焦点,如果强制性规定仅能以审计结论作为结算依据,实际上也剥夺了当事人申请鉴定的权利。

(四)不利于招标投标制度的实施

政府投资和以政府投资为主的建设项目,一般属于依法应当招标的项目。如果以审计结论作为结算依据,招投标程序中的价格竞争机制就毫无意义了。投标人只需按照最能够中标的条件报价,根本不必考虑自己的成本,更谈不上对预期利益的判断。最终结果是:价格竞争流于形式,审计结论一锤定音。这不但是对招标投标制度的破坏,更会实质性地冲击优胜劣汰机制。

(五)以审计结果作为结算依据的地方性规定面临清理纠正

2013年,中国建筑业协会联合26家地方建筑业协会和有关行业建设协会两次向全国人民代表大会常务委员会申请对规定"以审计结果作为工程竣工结算依据"的地方性法规进行立法审查,并建议予以撤销。

2015年,中国建筑业协会向全国人民代表大会常务委员会法制工作委员会提交《关于申请对规定"以审计结果作为建设工程竣工结算依据"的地方性法规进行立法审查的函》。中国建筑业协会认为,如果通过审计发现确有对工程结算款高估冒算行为,甚至行贿受贿等犯罪行为,完全可以适用《民法通则》《合同法》等民事法律规定中的撤销、无效等有关条款,或按照相关法律移交法院审理。强制性地将第三方作出的审计结果作为平等主体之间的民事合同双方的最终结算依据,不仅不合理,也没有现行法律的支持。

2017年2月,全国人民代表大会常务委员会法制工作委员会印发《对地方性法规中以审计结果作为政府投资建设项目竣工结算依据有关规定的研究意见》(以下简称《研究意见》),要求各省、自治区、直辖市人大常委会对所制定或者批准的与审计相关的地方性法规开展自查,对有关条款进行清理纠正。

2017年5月,国务院法制办公室印发《关于纠正处理地方政府规章中以审计结果作为政府投资建设项目竣工结算依据的有关规定的函》,要求各省、自治区、设区市人民政府遵照全国人民代表大会常务委员会法制工作委员会印发的《研究意见》对现行有效的地方政府规章、规范性文件进行纠正处理。

2017年6月,全国人民代表大会常务委员会法制工作委员会作出《关于对地方性法规中以审计结果作为政府投资建设项目竣工结算依据有关规定提出的审查建议的复函》提出,地方性法规中直接以审计结果作为竣工结算依据和应当在招标文件中载明或者在合同中约定以审计结果作为竣工结算依据的规定,限制了民事权利,超越了地方立法权限,应当予以纠正。

五、案例索引

钦州市中级人民法院民事判决书,(2022)桂07民终903号。

(代理律师:李妃、乃露莹)

案例 5

无效合同中施工单位的管理费应当按照其付出成本酌情认定

【案例摘要】

总承包人中标承建案涉建设用地增减挂钩项目后,以劳务合作的名义转包给A公司实际组织施工。总承包人与A公司签订《某县城乡建设用地增减挂钩项目工程施工合作合同》,约定总承包人与A公司之间的结算以总承包人与发包人之间的结算为准,并且管理费按照总承包人工程款回款12%—18%计算。项目竣工验收交付使用并经审计确认结算总价约3亿元,总承包人仅向A公司支付了约1.2亿元,尚欠工程款约1.8亿元,故A公司向法院起诉要求总承包人支付余款。诉中总承包人认为付款条件不成就,并主张管理费按照18%计取。法院经审理查明,总承包人实际以劳务合作之名转包工程,故总承包人与A公司之间订立的《某县城乡建设用地增减挂钩项目工程施工合作合同》无效,因总承包人未能举证其全程参与项目施工管理,法院根据其付出成本酌情认定管理费为6%。

一、案情概要

2019年5月10日,发包人与总承包人、设计院签订《城乡建设用地增减挂钩项目投资开发合作协议书》(以下简称《投资开发合作协议书》),约定总承包人以投资加施工的模式对"某县城乡建设用地增减挂钩项目"进行出资建设。总承包人与设计院必须自行完成规划设计及施工阶段的工作,其余各阶段工作,施工方须自行委托有资质的单位实施。项目施工总实施规模为856.628公顷,总投资约10亿元。

2019年8月1日,总承包人与A公司签订《某县城乡建设用地增减挂钩项目工程施工合作合同》(以下简称《工程施工合作合同》),约定总承包人将某县城乡建设用地增减挂钩项目交由 A 公司施工,合同总价约 4.5 亿元,具体单价以某县财政审核确定的单价为准,具体工程量以实际完成施工并通过发包人验收确定的数量为准。双方在合同中还约定了项目管理费的收取方式:(1)总承包人在 3 年内(以每笔款项实际打入共管账户的时间为基准时间计算)回收全部投资资金的,总承包人收取 A 公司施工工作总量价款的 12% 作为项目管理费。(2)总承包人在 3 年内(以每笔款项实际打入共管账户的时间为基准时间计算)回收投资资金比例在 50% 及以下的,总承包人按回收投资比例乘以 A 公司完成工作量为管理费计算基数再乘以不同管理费率收取项目管理费。总承包人向 A 公司收取 A 公司承担施工工作量乘以已回收投资比例再乘以 12% 作为项目管理费;余下部分总承包人向 A 公司收取未回收投资金额比乘以 A 公司施工工作量再乘以 18% 作为项目管理费。(3)如总承包人在 3 年内(以每笔款项实际打入共管账户的时间为基准时间计算)回收城乡建设用地增减挂钩项目投资资金比例高于 50% 且低于 100% 的,总承包人向 A 公司收取 A 公司承担施工工作量 50% 的 12% 作为项目管理费,收取剩下 50% 的施工工作量的 18% 作为项目管理费。

2019 年 8 月 10 日,总承包人与 A 公司又签订《工程施工专项协作合同》,约定工程的结算支付严格按照总承包人与发包人签订的《投资开发合作协议书》中关于计量支付的有关规定执行。

发包人于 2020 年 9 月 25 日至 2021 年 5 月 11 日,分别就案涉的 28 个子项目确认验收,经财政投资评审中心委托造价咨询公司就案涉项目进行审核,确定案涉工程的审定金额为约 3 亿元。直至诉讼之日,总承包人仅向 A 公司支付工程款约 1.2 亿元,尚欠工程款约 1.8 亿元。

现案涉项目已完工并已验收合格实际交付使用,A 公司以实际施工人身份提起诉讼,要求总承包人向其支付尚欠工程款、逾期支付工程款所产生的利息等。诉讼中各方就管理费的计算发生争议。一审法院认为,总承包人仅指派一名项目经理配合办理相关手续、技术交底、安全教育检查维护和事故隐患整改工作等,且项目经理部中主要的技术员、安全员、资料员等均由 A 公司指派,结合总承包人在项目中实际付出的成本,酌情按照 6% 计取管理费。总承包人认为按照 6% 计算管理费过低应当按照合同约定的最高 18% 计算,而 A 公司认为总承包人没有实际参与管理故管理费不应计取,双方均不服一审判决提起上诉。二审维持原判。

二、代理方案

笔者接受 A 公司的委托，代理 A 公司起诉总承包人支付工程款。在诉讼中，各方主要就管理费的计算发生争议。为此，笔者认为，总承包人与 A 公司之间签订的合同为无效合同，合同中约定的管理费无效，并且 A 公司已能够充分举证案涉项目由其自主施工管理，而总承包人仅仅是名义施工单位，没有实际按照约定参与项目管理，不能收取管理费。为此，笔者拟定具体代理方案如下。

1. 总承包人与 A 公司之间订立的合同名为协作实为转包，违反了法律强制性规定，依法应当认定为无效合同，合同中约定的管理费无效。且双方实际履行的合同中无管理费的约定，总承包人不能收取管理费。

总承包人与 A 公司分别于 2019 年 8 月 1 日订立《工程施工合作合同》，于 2019 年 8 月 10 日订立《工程施工专项协作合同》，该两份合同均因转包而属于无效合同。双方实际履行的是 2019 年 8 月 10 日订立的合同，根据《建设工程司法解释一》第二十四条之规定，应当以 2019 年 8 月 10 日订立的合同作为双方结算的依据。2019 年 8 月 10 日订立的合同中并没有关于管理费的约定，且总承包人没有实际参与管理，故总承包人不能收取管理费。即便是要收取管理费，相应的收取标准也只能根据其实际支出的成本及参与管理的程度确认。

2. 即便实际履行的是 2019 年 8 月 1 日订立的合同，总承包人也没有实际参与管理，总承包单位不能收取管理费。

《建设工程司法解释一》第二十四条规定："当事人就同一建设工程订立的数份建设工程施工合同均无效，但建设工程质量合格，一方当事人请求参照实际履行的合同关于工程价款的约定折价补偿承包人的，人民法院应予支持。实际履行的合同难以确定，当事人请求参照最后签订的合同关于工程价款的约定折价补偿承包人的，人民法院应予支持。"

《民法典》第五百六十七条规定："合同的权利义务关系终止，不影响合同中结算和清理条款的效力。"

《民法典》第七百九十三条第一款规定："建设工程施工合同无效，但是建设工程经验收合格的，可以参照合同关于工程价款的约定折价补偿承包人。"

《最高人民法院第二巡回法庭 2020 年第 7 次法官会议纪要》认为，建设工程施工合同被认定为无效时，如该"管理费"属于工程价款的组成部分，而转包方也实际参与了施工组织管理协调的,可参照合同约定处理;对于转包方纯粹通过转包牟利,未实际参与施工组织管理协调,合同无效后主张"管理费"的,应不予支持。合同当事人以作为合同价款的"管理费"应予收缴为由主张调整工程价款的,不予支持。

《最高人民法院民事审判第一庭2021年第21次专业法官会议纪要》认为,转包合同、违法分包合同及借用资质合同属于无效合同,合同关于实际施工人支付管理费的约定,应为无效。实践中,有的承包人、出借资质的企业会派出财务人员等个别工作人员从发包人处收取工程款,并向实际施工人支付工程款,但不实际参与工程施工,既不投入资金,也不承担风险。实际施工人自行组织施工,自负盈亏,自担风险。承包人、出借资质的企业只收取一定比例的管理费。该管理费实质上并非承包人、出借资质的企业对建设工程施工进行管理的对价,而是一种通过转包、违法分包和出借资质违法套取利益的行为。此类管理费属于违法收益,不受司法保护。因此,合同无效,请求实际施工人按照合同约定支付管理费的,不予支持。

本案中,总承包人无权主张扣除管理费的原因有以下几点:第一,签订在后且实际履行的2019年8月10日订立的《工程施工专项协作合同》中没有要求A公司缴纳管理费的约定。《工程施工专项协作合同》中未约定扣除管理费,即便2019年8月1日订立的合同中有关于管理费的约定,该管理费的约定也是无效的,且该合同没有实际履行。

第二,总承包人未实际参与案涉项目的施工组织管理协调,不投入资金,也不承担风险。案涉项目是A公司自行组织施工,自负盈亏,自担风险,总承包人仅仅拟通过转包收取一定比例的管理费。总承包人主张的管理费实质上并非总承包人对建设工程施工进行管理的对价,而是一种通过转包违法拟套取利益的行为,属于违法收益,不受司法保护。

第三,总承包人未举证证明其实际参与工程施工,对案涉项目进行施工组织管理协调,其主张获取管理费没有事实依据,应承担举证不能的法律后果。总承包人提交的相关合同也明确记载A公司须以总承包人项目部的名义对外进行活动,实际上所有的施工资料都是A公司以总承包人项目部名义制作,总承包人没有实际参与施工也没有进行任何管理。甚至案涉项目需递交发包人、审计单位的结算资料、审计资料,都是A公司制作后与总承包人沟通盖章好,再由A公司自行递交给审计单位,跟进审计结果。原件也是由 A 公司自行保存至今。

第四,A 公司提供证据证实承建案涉项目利润只有 3%,如果法院判决管理费按照 12%—18% 的标准支付,则 A 公司在实际垫付巨额资金的情况下,不仅没有获取任何利润,反而要付出巨大的成本,显失公平。

因此,总承包人无权主张扣除管理费。

综上,总承包人与 A 公司之间订立的两份合同均为无效合同,且实际履行签订在后的合同并没有关于管理费的约定,合同无效的情形下应参照实际履行的合同进行结算。此外,总承包人没有实际参与施工管理,不应当计取管理费。

三、法院判决

法院认为:对于 A 公司请求的工程款数额的认定。根据本案实际情况,虽然工程施工由 A 公司完成,但总承包单位作为与第三人(业主单位)之间合同的相对人,其亦为工程完成在一定程度上参与了案涉工程项目的推进和管理工作,且还有垫付工程款义务,故总承包单位亦为工程的完成有所付出,其付出成本参考双方对管理费的约定,法院酌情认定为案涉工程项目的管理费为经过审定后的总金额 3 亿元的 6%,即为 1800 万元。因总承包单位已向 A 公司支付 1.2 亿元,在减扣管理成本损失后,总承包单位还应向 A 公司给付 1.6 亿元。

四、律师评析

建设工程实务中涉及的"管理费"一般包含两种:第一种是建筑安装工程费中间接费的组成部分。根据 2013 年 7 月住房和城乡建设部、财政部联合发布的规范性文件《建筑安装工程费用项目组成》(建标〔2013〕44 号),工程管理费是指建筑安装企业组织施工生产和经营管理所需的费用,包括管理人员工资、办公费、差旅交通费、固定资产使用费、工具使用费、劳动保险费和职工福利费、劳动保护费、检验试验费、工会经费、职工教育经费、财产保险费、财务费、税金以及投标费、广告费、法律顾问费等其他费用。第二种在建筑行业领域被称为"管理费"的费用是指转包、违法分包以及挂靠(出借资质)施工过程中转手牟利的款项。转包合同、违法分包及挂靠(出借资质)合同中的管理费,虽然名为"管理费",但实践中转包人、违法分包人或被挂靠人往往并不参与工程管理,该费用只是就违法分包、转包工程或借用资质事宜向实际施工人收取的对价。根据法律法规、司法解释的规定,结合最高人民法院及各地高级人民法院的类案判例和最高人民法院法官会议纪要的观点,对于在无效合同的情形下,承包人可否向实际施工人主张支付管理费的问题,应区分是否实际参与管理及管理程度不同而具体认定。

(一)根据承包人在施工过程中所做的管理行为及付出的管理成本,参照合同的约定,综合确定管理费的收取比例

在合同无效的情况下,决定承包人能否计取管理费的关键在于其是否实际参与工程的管理、参与的程度及成本的投入。如承包人实际参与了工程进度及施工技术指导、安全文明施工、工程质量监督、工程验收、竣工结算等施工过程的管理,投入人力资源,发生了相应管理成本的,则参照合同约定,由裁判者据实调整,综合确定管理费的比例。如承包人既没有参与工程的管理,没有实际的成本投入,也没有承担管理人员的劳务费或人工工资,而仅是提供施工资质,拟通过"转分挂"的形式获取管理费的收益,其单纯牟利、获取管理费的主张则不应得到支持。

(二)最高人民法院对在合同无效的情形下,承包人能否向实际施工人收取管理费作出了明确回应

《最高人民法院民事审判第一庭2021年第21次专业法官会议纪要》认为:"转包合同、违法分包合同及借用资质合同均违反法律的强制性规定,属于无效合同。前述合同关于实际施工人向承包人或者出借资质的企业支付管理费的约定,应为无效。实践中,有的承包人、出借资质的企业会派出财务人员等个别工作人员从发包人处收取工程款,并向实际施工人支付工程款,但不实际参与工程施工,既不投入资金,也不承担风险。实际施工人自行组织施工,自负盈亏,自担风险。承包人、出借资质的企业只收取一定比例的管理费。该管理费实质上并非承包人、出借资质的企业对建设工程施工进行管理的对价,而是一种通过转包、违法分包和出借资质违法套取利益的行为。此类管理费属于违法收益,不受司法保护。因此,合同无效,承包人或者出借资质的建筑企业请求实际施工人按照合同约定支付管理费的,不予支持。"

《最高人民法院第二巡回法庭2020年第7次法官会议纪要》认为:"建设工程施工合同因非法转包、违法分包或挂靠行为无效时,对于该合同中约定的由转包方收取'管理费'的处理,应结合个案情形根据合同目的等具体判断。如该'管理费'属于工程价款的组成部分,而转包方也实际参与了施工组织管理协调的,可参照合同约定处理;对于转包方纯粹通过转包牟利,未实际参与施工组织管理协调,合同无效后主张'管理费'的,应不予支持。合同当事人以作为合同价款的

'管理费'应予收缴为由主张调整工程价款的,不予支持。基于合同的相对性,非合同当事人不能以转包方与转承包方之间有关'管理费'的约定主张调整应支付的工程款。"

《最高人民法院第六巡回法庭裁判规则》认为:"建设工程施工领域,相关转包合同、违法分包合同、出借资质签订的施工合同无效。相关合同中约定的管理费不能理解为转包人、违法分包人或者有资质的施工单位转包、违法分包工程或者出借资质的对价或好处。如果转包人、违法分包人或者有资质的施工单位仅仅给予工程或出借资质但没有实施具体的施工行为或管理行为,对于转包人、违法分包人或者出借资质人提出的支付管理费的请求,一般不予支持;如果转包人、违法分包人或者出借资质人在给予工程或出借资质后也实施了一定的施工行为或管理行为,应当考虑转包人、违法分包人或者出借资质人的支出成本、合同各方的过错程度、实现利益平衡等因素,在各方之间合理分担该管理成本损失。"

上述最高人民法院的观点中,明确了如合同无效,承包人能否向实际施工人收取管理费的关键在于承包人是否实际参与施工管理并付出相应成本,如承包人实际支出了管理成本一般会予以支持相应比例的管理费。值得注意的是,《最高人民法院民事审判第一庭2021年第21次专业法官会议纪要》中明确了承包人不投入资金成本、不承担责任收取的管理费为违法收益,不受司法保护。该会议纪要提出了管理费系违法收益的观点,但仍然支持与管理成本相应比例的管理对价的原则,一方面是体现了损益相当的原则,另一方面也符合违法行为不能取得比合法行为更多收益的理念。

(三)最高人民法院既往类案中也认为,在合同无效的情形下,承包人能否向实际施工人收取管理费取决于承包人是否实际参与管理及支出的管理成本

类案一,最高人民法院在(2018)最高法民再317号案中认为:"关于管理费。本案中,案涉建设工程已经竣工验收合格,上海联众公司依法可以参照《协作型联营协议书》的约定结算工程价款。根据《协作型联营协议书》的约定,上海联众公司应当按照最终审定的结算总额的13%缴纳管理费。上海联众公司认为,湖北工程公司违法分包,其收取的管理费违背客观事实,缺乏法律依据。对此,本院认为,因湖北工程公司将其承包的工程以联营协议的方式分包给上海联众公司,

违反了《建筑法》第二十八条、《合同法》第二百七十二条①的规定,该协议应为无效。故湖北工程公司要求按照该合同约定收取 13% 的管理费据理不足。综合考虑到上海联众公司作为实际施工人,在施工中实际接受了总包单位湖北工程公司的管理服务,上海联众公司应向湖北工程公司支付相应的管理费用。结合双方对于合同无效均有过错,且上海联众公司在其法定代表人易某某已与湖北工程公司签订《协作型联营协议书》的情况下,违背诚实信用原则否认案涉协议及授权委托书的存在,过错较大,本院酌定按照审定总价的 9% 计算管理费,即 7371396 元(81904400 元 ×9%),超出的管理费 3276176 元作为工程款由湖北工程公司支付给上海联众公司。上海联众公司的该项再审请求部分成立,本院予以支持。"

类案二,最高人民法院在(2019)最高法民申 3337 号案中认为:"关于管理费的负担问题,双方虽约定收取 15% 的管理费,但因《协议书》无效,且双方对于合同无效均存在过错,二审法院根据各自的过错程度,周某某、兰某江客观上存在工程管理的行为以及陈某某、兰某伦、代某某、魏某某亦有同意支付管理费的意思表示,酌定管理费收取比例为 10% 并无不当。就计取管理费的基数而言,原审法院对于工程量清单中没有约定单价部分的工程造价,系依据总承包人与建设方所约定的含有管理费组价因素的单价计算得出的,对于工程量清单中已有的单价项目系经下浮之后由双方共同确定。故二审法院以此方法所确定的管理费计取基数公平合理,并无不当,周某某、兰某江的该项再审申请理由不能成立。"

类案三,最高人民法院在(2020)最高法民终 79 号案中认为:"关于江某某应否收取管理费及管理费比例问题,江某某提供证据证明其为案涉工程的施工建设雇佣管理人员、组织会议、上下协调、购买保险,江某某对案涉工程履行了管理义务,一审法院判决王某某向其支付一定的管理费,并无不当。因江某某并不具有建筑工程施工和管理的资质,一审法院认为内部承包合同中约定江某某收取工程造价 7% 的管理费标准过高,酌定将管理费率降低至 2%,并无不当,本院予以维持。"

从上述系列类案中可以看出,在合同无效的情形下,合同中关于管理费条款的约定也无效,但管理费的收取不应当完全受制于合同无效而一概不予以保护。对于实施了管理行为、付出了管理成本的承包人而言,其所获得的管理费并非转

---

① 《合同法》已失效,现行规定为《民法典》第七百九十一条。

包、违法分包下的单纯牟利,对于该类管理费,法院裁判观点认为应综合其管理行为、管理成本等因素,按照合同约定或者酌情调整管理费费率来认定。

五、案例索引

桂林市兴安县人民法院民事判决书,(2022)桂0325民初2536号。

桂林市中级人民法院民事判决书,(2023)桂03民终3273号。

(代理律师:袁海兵、李妃)

案例 6

施工单位出借款项给实际施工人用于工程项目建设的,施工单位有权主张从应付工程款中扣除该借款

【案例摘要】

在建设工程施工合同纠纷案件中,工程项目相关的借款合同关系与建设工程施工合同关系均是同一主体,且相关借款用于工程项目建设并最终从应付工程款中扣除。此时,可认定相关借款实际是施工单位以借款方式向实际施工人支付的工程款,相关借款应视为支付工程款,施工单位有权在工程价款结算时主张在应付工程款中扣除相应借款。

一、案情概要

2015年5月,施工单位与某区公路局签订《农村公路建设工程合同文件》,约定某区公路局将某公路工程发包给施工单位承建。承接案涉公路工程后,施工单位转包给实际施工人组织施工。2017年8月,案涉公路工程通过交工验收。2020年3月,经财政审计,案涉工程结算造价为1600万元。

施工期间,实际施工人多次向施工单位申请借款用于工程施工。后经核算,施工单位委托第三人郑某向实际施工人出借资金累计250万元。项目结算阶段,施工单位与实际施工人就结算数额产生分歧。实际施工人认为,施工单位系基于施工合同关系向实际施工人支付工程款,与案涉借款250万元不是同一法律关系,不能从应付工程款数额中扣除借款250万元,即施工单位仍应当足额支付其剩余的工程价款。后因双方经过多次协商仍无法就结算数额达成合意,实际施工人遂将施工单位诉至法院,要求施工单位支付剩余工程价款270万元。

诉讼中,施工单位认为其出借给实际施工人的资金已全部用于案涉工程,应当视为施工单位以借款的名义向实际施工人支付工程款。故即使本案施工单位需要向实际施工人支付剩余工程款,也须先行扣除借款250万元及其他费用后,再计算应付款数额。经过审理,法院认为,案涉250万元均用于案涉工程,应在工程款中扣除。最终,法院判决从工程款中扣除借款250万元。

二、代理方案

本案的争议关键在于已付工程款数额的认定。作为施工单位的代理律师,笔者在与施工单位沟通时得知,就已付工程款的数额,施工单位与实际施工人之间对250万元的借款是否属于已付工程款、能否从工程款中扣除存在较大分歧,施工单位主张扣除,而实际施工人不认可扣除。因此,施工单位的诉讼目的为从应付工程款中扣除该250万元。针对此诉讼目标,本所律师从对该250万元款项性质的认定着手,从两个方向应对本案诉讼。第一个方向,将该250万元款项认定为以借款名义支付工程款,即名为借款,实为工程款,该250万元本质属于工程款,不属于借款,此时可将该250万元款项从应付款中扣除。理由有三:第一,借条是否符合借款合同的基本要素要求,双方是否具有借款的真实意思表示。如是否定的,则属于以借款名义支付工程款。第二,借款合同关系主体与施工合同关系主体是否一致,如一致,则很有可能存在以借款名义支付工程款的情况。第三,所借款项是否与建设工程存在关联,应结合支付条件、支付时间、付款用途、支付习惯、是否欠付工程款、是否用于施工活动、是否为施工义务的对价等分析该付款行为的法律性质。第二个方向,将该250万元款项认定为借款性质,根据《民法典》的相关规定和双方合同约定主张债务抵销。此方向需考虑是否符合债务抵销的构成要件,以及合同是否约定可抵销,如均为肯定的,则可进行抵销,即该250万元款项应从应付款中扣除。具体代理方案如下。

1.案涉250万元款项虽名为借款,其实质属于支付的工程款,应视为已付工程款,故该250万元借款应从工程款中扣除。

第一,案涉借条不符合借款合同的基本要素要求,双方不具有借款的真实意思表示。《民法典》第六百六十七条规定:"借款合同是借款人向贷款人借款,到期返还借款并支付利息的合同。"第六百六十八条规定:"借款合同应当采用书面形式,但是自然人之间借款另有约定的除外。借款合同的内容一般包括借款种类、币种、用途、数额、利率、期限和还款方式等条款。"借款合同是借款人向贷款人借款,到期返还借款并支付利息的合同。本案中,实际施工人向施工单位出具的多张借条中,仅记载了借款数额以及借款用途为案涉工程的施工建设,且并未约定借款利息及还款期限等,不符合借款合同的基本要素要求。并且,就案涉借款,实际施工人从未向施工单位进行过清偿,施工单位也从未要求实际施工人偿还借款,双方不存在借款合同的履行行为。由此可知,双方不具有建立借款合同关系的合意。

第二,借款合同关系与施工合同关系的主体一致。从借款合同关系上看,出借人即付款一方是施工单位,借款人即收款一方是实际施工人。从施工合同关系上看,施工单位与实际施工人签订了《企业内部项目承建责任合同》,约定施工单位将案涉公路工程整体交由实际施工人进行施工管理。基于《企业内部项目承建责任合同》,施工单位负有支付工程款的义务;实际施工人则享有向施工单位主张工程价款的权利。因此,无论是借款合同关系还是施工合同关系,付款一方都是施工单位,收款一方都是实际施工人,主体一致、重合。

第三,该250万元借款实际是用于案涉工程建设的。根据实际施工人向施工单位出具的多份借条载明,案涉借款是用于施工合同关系项下的工程的施工建设,借款最终从实际施工人应得工程款中扣除。并且,施工单位出借该250万元给实际施工人,是因案涉工程的建设单位未能及时向施工单位支付工程进度款,实际施工人为确保案涉公路工程得以按期竣工向施工单位申请借款,即借款的根本目的就是保证施工合同关系项下的工程的施工建设。据此可知,施工单位与实际施工人之间的真实意思表示并非资金借贷,而是由施工单位通过借款的方式向实际施工人垫付工程款。

第四,最高人民法院在类案中,亦认可施工单位在本案中所持的主张。如最高人民法院在(2019)最高法民再179号案中认为:"关于许某强向罗某所借三笔数额分别为200000元、200000元、1400000元的款项,虽然形式上体现为许某强与罗某个人之间的借款,但本质上应属华洋公司以借款形式支付给中煤地公司的工程款。理由如下:其一,许某强系中煤地公司任命的案涉项目行政经理,罗某系华洋公司一方人员,三笔借款均发生在案涉项目进行期间,借条中明确载明如逾期未还款则从案涉工程款中扣除。且借条原件由华洋公司持有,中煤地公司未提交证据证明罗某向许某强主张过该三笔借款。其二,华洋公司一审中提交的陈某计于2010年6月22日领取304670元的领款单和转款凭证,其中274670元系由罗某账户转入陈某计账户,该款项系华洋公司代中煤地公司向陈某计支付的工程款。中煤地公司认可前述领款单及转款凭证的真实性,表明其对罗某代表华洋公司经手案涉工程款项支付的事实知情且认可。因此,根据日常生活经验判断,前述借款本质上应属华洋公司以借款形式支付给中煤地公司的工程款,应计入华洋公司已付工程款。"

因此,案涉250万元款项实际属施工单位已付工程款的范畴,在计算应付工程款时,应计入已付款中,即从应付款中扣减。

2. 即便就案涉250万元认定施工单位与实际施工人之间存在借款合同关系,施工单位亦有权依法依约主张债务抵销,从而在应付工程款中扣减250万元。

《民法典》第五百六十八条规定:"当事人互负债务,该债务的标的物种类、品质相同的,任何一方可以将自己的债务与对方的到期债务抵销;但是,根据债务性质、按照当事人约定或者依照法律规定不得抵销的除外。当事人主张抵销的,应当通知对方。通知自到达对方时生效。抵销不得附条件或者附期限。"

第一,如果认定案涉250万元款项属于借款,即认定施工单位与实际施工人之间存在借款合同关系,施工单位仍有权基于债务抵销而从应付工程款中扣减250万元。一方面,施工单位基于施工合同关系而对实际施工人负有支付工程款的义务;另一方面,实际施工人作为借款人,亦对施工单位负有还本付息义务。现施工单位与实际施工人互负债务,且该债务均属金钱给付之债,故施工单位有权依据法律规定,主张债务抵销。

第二,实际施工人向施工单位出具的多张借条载明,相关借款从案涉工程的应付工程款中扣除。即便双方是借款合同关系,双方也对借款与应付工程款相抵扣进行了明确约定,且实际施工人出具相关借条进行确认,属于双方真实意思表示,对双方具有法律约束力,双方应依约履行。故施工单位有权要求主张借款与应付工程款抵销。

第三,最高人民法院审理的(2018)最高法民再51号案属于公报案例,该案例中,最高人民法院认为:"法定抵销权作为形成权,只要符合法律规定的条件即可产生。《合同法》第九十九条第一款①规定了法定抵销权的形成条件,即当事人

---

① 《合同法》已失效,现行规定为《民法典》第五百六十八条第一款:"当事人互负债务,该债务的标的物种类、品质相同的,任何一方可以将自己的债务与对方的到期债务抵销;但是,根据债务性质、按照当事人约定或者依照法律规定不得抵销的除外。"

互负到期债务,该债务的标的物种类、品质相同的,任何一方可以将自己的债务与对方的债务抵销,但依照法律规定或者按照合同性质不得抵销的除外。就权利形成的积极条件而言,法定抵销权要求双方互负债务,双方债务均已到期,且标的物种类、品质相同。其中,双方债务均已到期之条件当作如下理解:首先,双方债务均已届至履行期即进入得为履行之状态。其次,双方债务各自从履行期届至、到诉讼时效期间届满的时间段,应当存在重合的部分。亦即,就诉讼时效在先届满的债权而言,其诉讼时效届满之前,对方的债权当已届至履行期;就诉讼时效在后届满的债权而言,其履行期届至之时,对方债权诉讼时效期间尚未届满。在上述时间段的重合部分,双方债权均处于没有时效抗辩的可履行状态,'双方债务均已到期'之条件即已成就,即使此后抵销权行使之时主动债权已经超过诉讼时效,亦不影响该条件的成立。反之,上述时间段若无重合部分,即一方债权的诉讼时效期间届满时对方之债权尚未进入履行期,则在前债权可履行时,对方可以己方债权尚未进入履行期为由抗辩;在后债权可履行时,对方可以己方债权已过诉讼时效期间为由抗辩。如此,则双方债权并未同时处于无上述抗辩之可履行状态。即使在此后抵销权行使之时在后债务已进入履行期,亦难谓满足该条件。因被动债权诉讼时效的抗辩可由当事人自主放弃,故可认定,在审查抵销权形成的积极条件时,当重点考察主动债权的诉讼时效,即主动债权的诉讼时效届满之前,被动债权进入履行期的,应当认为满足双方债务均已到期之条件;反之则不得认定该条件已经成就。"回溯本案,施工单位与实际施工人互负的债务完全符合法定抵销条件,施工单位当然有权主张债务抵销。

因此,施工单位主张借款与工程款相互抵销,既有法律依据又有合同约定,应从应付款中扣除该250万元借款。

综上所述,本案中,首先,施工单位与实际施工人之间存在施工合同关系,实际施工人多次向施工单位书面申请借款,虽案涉款项不是由施工单位账户转出,但在案证据足以证明施工合同的当事人与借款合同的当事人一致。其次,案涉250万元款项交付实际施工人后,实际施工人均将其用于工程建设。故本案250万元款项虽名为借款,但实质是工程款,施工单位当然有权在应付工程款中扣除该笔"借款"。

三、法院判决

就是否要从应付工程款中扣除250万元款项的问题,法院认为,该借款有实际施工人出具的多张《借条》《借条》中载明是向施工单位借款，借款用途是"用于项目工程款"，施工单位的受托人郑某出具书面说明，说明其受施工单位的委托向实际施工人转账出借借款共计 250 万元；因此，该借款应视为已付工程款从工程款中予以扣除。实际施工人认为是其与郑某之间的个人借款是民间借贷关系，与本案事实不符，郑某是施工单位驻该工程的联系人，郑某受施工单位委托与实际施工人的转账行为，属于施工单位的行为。法院最终判决施工单位仅需向实际施工人支付 18 万元工程款。

四、律师评析

在建设工程领域，由于工程资金周转困难，承包人（包括项目内部承包人、实际承包人和挂靠人）常常与工程款支付义务人（工程总承包人或被挂靠方）存在借款往来，以获取借款用于施工项目，并承诺以工程款抵扣的方式进行偿还。此类情况中，出借方通常要求借款方签署借条并提交委托转账申请，将款项直接支付给农民工、劳务公司或材料商，并从所涉及的工程款中抵扣借款金额。因此，在发生纠纷时，承包人主张工程款支付义务人应全额支付工程款，而工程款支付义务人则主张承包人应归还借款本息或者在应付工程款中扣除借款金额。因此，如何合理认定款项的性质成为不可绕开的问题。

笔者认为，在此种情况下，借款与工程款的区分问题，可以从以下方面综合考虑：

1. 双方是否存在施工合同关系。如果存在施工合同关系，且出借人与工程款支付义务人均属同一主体，则相关款项有可能名为借款、实为工程款。

2. 借款发生时，双方是否就工程价款进行了结算。若借款发生在施工过程中、结算之前，则应倾向认为是通过借款的方式预支或者垫付工程款。

3. 考察是否存在真实的借贷合意，即工程款支付义务人与承包人之间签订借款合同时的真实意图是支取工程款还是借款。从证据的角度而言，即借款之时，工程款支付义务人是否尚欠付工程款，若欠付，认定工程借款系工程款的概率较大；若不欠付，认定工程借款系借款的概率较大。

4. 双方当事人是否限定款项须用于施工合同所涉的工程项目。若双方当事人将款项限定于承包人建设的工程项目，则倾向认为其性质属于工程款。

此外，《建设工程司法解释一》第二十五条规定："当事人对垫资和垫资利息有约定，承包人请求按照约定返还垫资及其利息的，人民法院应予支持，但是约定的利息计算标准高于垫资时的同类贷款利率或者同期贷款市场报价利率的部分除外。当事人对垫资没有约定的,按照工程欠款处理。当事人对垫资利息没有约定,承包人请求支付利息的,人民法院不予支持。"对于实际施工方而言,应谨慎选择以借款名义预支工程款的支付方式,否则有可能承担偿还借款及利息的风险。在资金充裕的情况下,可选择与工程款支付义务人达成垫资约定。如确需预支工程款,可向工程款支付义务人正式提出支付工程款申请,尽量避免出具借条。

五、案例索引

来宾市中级人民法院民事判决书,(2021)桂13民终627号。

(代理律师:袁海兵、乃露莹)

案例7

发包人以招标投标时综合单价编制错误为由要求调整工程价款的，不应支持

【案例摘要】

本案中，发包人以某分部分项工程的综合单价、组价定额工程量编制错误为由，要求对已经结算的工程价款进行调整，并请求施工单位返还超付的工程款。仲裁委认为，综合单价作为招标文件及施工合同的组成部分，系双方当事人的真实意思表示，发包人在工程价款结算后又主张调价，不应得到支持。

一、案情概要

2012年12月，发包人发布招标公告及招标文件，就本案引水工程进行招标。施工单位根据发包人的招标文件制作投标文件，其中投标文件中的工程量清单按发包人编制的招标控制价进行投标报价，招标控制价的工程量清单和中标的工程量清单是一致的。后经合法招投标程序，施工单位成功中标，发包人向施工单位发中标通知书。同月，施工单位与发包人签订《建设工程施工合同》，约定由施工单位承建该引水工程，承包范围为设计图纸及中标的工程量清单范围内所包含的内容，工程量清单有误、因设计变更引起工程项目和工程量变化的，工程量清单中有相同项目的按投标人的中标综合单价进行结算。

合同签订后，施工单位入场施工并完成所有施工内容。2016年1月，案涉工程竣工验收合格。2018年1月，发包人与施工单位完成结算，共同在《工程竣工结算总价》上盖章，确认竣工结算价为1900万元。截至2019年2月，发包人累计支付施工单位工程款为1700万元。

2019年12月，发包人将案涉工程交由政府审计部门进行结算审计，政府审计部门出具审计报告，载明案涉工程的审计金额为1500万元。

发包人认为,因结算金额与审计金额相差较大,主要原因是案涉工程中标的工程量清单中的沥青路面拆除工程以及拆除20cm基层工程的综合单价组价错误,本应以平方米为计量单位来套用定额进行组价的,但中标的工程量清单均是按立方米为计量单位来套用定额进行组价,却未在按立方米为计量单位基础上乘以厚度后将计量单位换算为平方米,因此沥青路面拆除工程以及拆除20cm基层工程的综合单价明显异常、组价定额的工程量错误,导致工程量清单综合单价严重偏离合理价格。《工程竣工结算总价》是按照中标的工程量清单的单价进行的工程造价结算;政府审计部门在审核沥青路面拆除工程以及拆除20cm基层工程的造价时,区分的合同内工程量和合同外工程量分别结算审计,合同内的工程量则根据中标的工程量清单结算,超出中标的工程量清单的工程量则认定为合同外的工程量,重新组价对合同外的工程量进行结算,是合理且公平的。故最终结算数额应以审计金额1500万元为准。据此,发包人多次要求施工单位返还多付的200万元工程款。后双方协商未果,发包人向仲裁机构提起仲裁,请求施工单位退还超额受领的工程款200万元。

仲裁中,施工单位辩称,案涉工程的造价应当以双方签字盖章的《工程竣工结算总价》所记载的结算金额为准,而按照双方的结算金额,发包人不仅没有超付工程款,反而尚欠工程款200万元(结算金额1900万元－已付款金额1700万元)。基于此,施工单位提起反申请,要求某发包人支付尚欠的工程款200万元。

仲裁机构审理认为,综合单价作为招标文件及施工合同的组成部分,系双方当事人的真实意思表示,发包人在工程价款结算后又主张调价,缺乏合同依据和法律规定,不应得到支持。最终,仲裁机构裁决驳回发包人的仲裁请求,支持施工单位的仲裁请求,裁决发包人支付施工单位工程款200万元。

二、代理方案

作为施工单位的代理律师,笔者认为,本案的核心争议是发包人能否以合同约定的综合单价错误为由,推翻已经双方结算确认的工程款数额。首先,案涉招标投标文件以及施工合同系双方当事人的真实意思表示,合法有效,案涉工程造价应以合同约定的计价单价进行结算。其次,发包人从未对沥青路面拆除工程、拆除20cm基层工程的综合单价提出任何异议,反而已依据合同约定的计价单价与施工单位完成结算,并对最终结算工程款数额盖章确认,并且根据结算金额支付工程款,足以说明其认可合同约定的计价单价。最后,施工合同未明确约定以审计结论作为结算依据,审计作为国家对建设单位的一种行政监督,不能当然作为发、承包人双方的结算依据。因此,本案应当以《工程竣工结算总价》作为最终结算依据。基于上述分析,主办律师拟定如下代理思路:

1. 案涉施工合同系双方的真实意思表示,不存在无效情形,应认定为合法有效,而合同约定沥青路面拆除工程及拆除 20cm 基层工程的综合单价也是合法有效的,对双方当事人均具有约束力。即便单价约定过高,也应为发包人对其权利的处分。

一方面,案涉施工合同是经合法招投标确定后签订的,是双方的真实意思表示,不存在合同无效情形,应当为合法有效合同。投标文件以及其中的工程量清单作为施工合同的重要组成部分,也应当认定合法有效。故工程量清单中的沥青路面拆除工程、拆除 20cm 基层工程的综合单价是双方的真实意思表示。

另一方面,根据《建设工程工程量清单计价规范》第 4.1.2 条规定:"招标工程量清单必须作为招标文件的组成部分,其准确性和完整性由招标人负责。"招标控制价是由发包人编制,发包人应对该招标控制价中的工程量清单的准确性和完整性负责,如存在错漏,由发包人承担相应的法律后果。承包人的投标文件及工程量清单系基于对发包人编制的招标文件的信赖,在招标文件的基础上编制并进行投标的。发包人依法对施工单位标准的投标文件进行评标,确认施工单位为中标单位,并向施工单位发出中标通知书,最终双方在此基础上签订了施工合同。从上述招投标过程和合同订立过程可看出,发包人和施工单位就沥青路面拆除工程、拆除 20cm 基层工程的综合单价已经过反复、多轮确认,足以认定该综合单价是双方当事人的真实意思表示,且不违反法律强制性规定。

因此,无论是招投标文件还是施工合同,均系双方的真实意思表示,且不存在无效情形,应认定为合法有效,发包人与施工单位在结算时应依据该合同约定的单价结算工程价款。

2. 发包人在合同履行过程中未对沥青路面拆除工程及拆除 20cm 基层工程的综合单价提出过异议,反而根据该约定单价与施工单位达成了最终结算,足以说明其认可该约定单价的。现发包人以综合单价编制错误为由主张调价,违反诚实信用原则。

施工单位在向发包人申请进度款时,对沥青路面拆除工程及拆除 20cm 基层工程的工程进度款金额是依据合同约定的单价计价的,发包人对此未提出异议,而是审批同意后支付相应工程进度款。并且,发包人与施工单位根据合同约定的单价完成了最终结算,发包人对沥青路面拆除工程及拆除20cm基层工程的单价未提出异议,反而盖章认可了沥青路面拆除工程及拆除20cm基层工程按合同约定的综合单价进行结算。由此可见,在合同的履行以及结算过程中,发包人对其认为错误的沥青路面拆除工程及拆除20cm基层工程的综合单价均是认可的,从未提出过异议。因此,即便存在单价过高情形,也应视为发包人基于自身利益衡量,对其权利的处分。

《民法典》第七条规定:"民事主体从事民事活动,应当遵循诚信原则,秉持诚实,恪守承诺。"发包人应遵循诚实信用原则,依据合同约定的单价与施工单位结算工程价款。现发包人以综合单价编制错误为由主张调价,违反诚实信用原则,这将严重扰乱市场经济秩序,打破民商事主体平等交易局面,引起不必要的社会纠纷,故其主张不应得到支持。

3. 发包人与施工单位已达成一致意见的结算,该结算符合合同约定的结算方式,且双方已经实际据此结算价款履行,故案涉项目应以双方已确认的结算价款为最终结算依据。

《建设工程司法解释一》第十九条第一款规定:"当事人对建设工程的计价标准或者计价方法有约定的,按照约定结算工程价款。"

本案中,发包人与施工单位根据合同的结算条款约定的计价标准和方式达成一致结算意见,该结算意见也已经发包人委托的专业机构审核审定,且发包人、施工单位以及审核机构均在结算意见上盖章确认。该结算意见符合合同约定的结算方式。同时,在双方结算后,发包人还根据结算意见继续支付施工单位工程款,即发包人已经实际履行了结算意见。因此,应以结算意见为最终结算依据确定工程价款。

4. 案涉施工合同未明确约定以审计结论作为结算依据,审计作为国家对建设单位的一种行政监督,不能当然作为发、承包人双方的结算依据,且审计结论在审核沥青路面拆除工程、拆除20cm基层工程的造价与合同约定的结算方式不符,故发包人无权主张以审计结论作为双方结算依据。

第一,案涉合同未明确约定以政府审计结果作为结算依据。《最高人民法院关于建设工程承包合同案件中双方当事人已确认的工程决算价款与审计部门审计的工程决算价款不一致时如何适用法律问题的电话答复意见》(〔2001〕民一他字第 2 号）认为："经研究认为，审计是国家对建设单位的一种行政监督，不影响建设单位与承建单位的合同效力。建设工程承包合同案件应以当事人的约定作为法院判决的依据。只有在合同明确约定以审计结论作为结算依据或者合同约定不明确、合同约定无效的情况下，才能将审计结论作为判决的依据。"即对案涉工程的结算依据问题，应当依照双方当事人的约定与履行等情况确定。双方当事人可以明确约定以财政部门、审计部门的审核、审计结果作为工程款结算依据。一方主张以审计结果作为工程款结算依据，必须明确具体约定，即在合同中约定"以审计部门的审计结论作为竣工结算价款支付依据"。本案中，案涉施工合同专用条款第 26 条约定："工程竣工办理结算手续，支付至审定的工程结算总价的95%（结算总价的 5% 保留金作为工程质量保修金），在竣工验收合格后二年后办理退还手续。"专用条款第 33.2 条约定："竣结算最终经有相应资质单位审定确认。"发包人与施工单位在合同中并没有明确约定最终应当以审计结论作为结算依据。即对该合同结算条款约定的解释，应解释为工程最终结算价需通过专业的部门或机构审核途径或方式确定结算工程的真实合理性，而不应理解为须以在业主接受国家审计机关审计后的审计结果作为结算依据。收取相应管理费

第二，审计作为国家对建设单位的一种行政监督，不能当然作为发、承包人双方的结算依据。案涉项目属国有资金投资的建设项目，审计机关对工程建设项目进行的审计仅是一种行政监督行为，不能干预平等民事主体之间的结算。

第三，审计结论在审核沥青路面拆除工程、拆除 20cm 基层工程的造价与合同约定的结算方式不符，存在错误。案涉施工合同专用条款第 23.2 条约定，工程量清单有误、因设计变更引起工程项目和工程量变化的，工程量清单中有相同项目的按投标人的中标综合单价进行结算。也就是说，依据合同约定，沥青路面拆除工程及拆除 20cm 基层工程的工程量超出合同约定工程量的，超出部分的工程量也应按合同约定的综合单价进行结算。但审计结论在审核沥青路面拆除工程、拆除 20cm 基层工程的造价，只有合同范围内的工程量按合同约定的综合单价进行结算，超出合同内的工程量，审计结论自行重新组价进行结算，此种结算方式与合同约定不符。即便合同约定以审计部门的审计结论作为结算依据，根据《建设工程司法解释一》第十九条第一款规定，审计部门在审计时也应当按照合同约定的结算条款进行审计结算。

综上所述，案涉工程的造价应当以发包人与施工单位盖章确认的结算依据为

准。按照双方的结算金额,发包人不仅没有超付工程款,反而尚欠工程款 200 万元。

三、仲裁裁决

对争议焦点工程款如何确定,具体金额是多少,仲裁委评析如下:

本案工程系发包人作为招标人,依法通过招标投标程序确定施工单位作为中标施工承包人,在此基础上签订的《建设工程施工合同》,系双方当事人的真实意思表示,约定内容亦未违反法律、行政法规的强制性规定,当属合法有效,因此本案工程款的确定应以现行法律和双方签订的《建设工程施工合同》为依据。本案工程竣工验收合格后,发包人与施工单位于 2018 年 1 月 11 日在《工程竣工结算总价》上签字盖章,确认本工程竣工结算价为 1900 万元,且在结算后发包人于 2018 年 2 月 9 日又向施工单位转账支付了第 11 笔工程款 59 万元。截至 2018 年 2 月 9 日,发包人向施工单位共支付了 11 笔工程款合计 1700 万元人民币。以上事实充分说明双方当事人已就应支付的工程款总价形成合意,该结算对双方均具有约束力,因此本案工程款应以经双方确认的结算价款 1900 万元为最终结算依据。虽然《建设工程施工合同》第 33.2 条约定竣工结算最终经有相应资质单位审定确认,但在工程竣工验收后双方均未按约定委托有资质的单位进行审定确认,而是直接对工程价款进行结算并签字盖章确认,视为双方对《建设工程施工合同》第 33.2 条约定的变更。发包人认为沥青路面拆除工程以及拆除 20cm 基层工程的综合单价明显异常、组价定额的工程量错误,导致工程量清单综合单价严重偏离合理价格,进而主张以其所认定的单价进行计价。仲裁庭认为,发包人与施工单位签订的招投标文件以及《建设工程施工合同》均是双方的真实意思表示,且不存在无效情形,应认定为合法有效的。在合同的签订、履行、结算过程中,发包人对其认为错误的沥青路面拆除工程及拆除 20cm 基层工程的中标综合单价从未提出过异议。因此,即便存在综合单价偏高的情形,也应视为发包人基于自身利益衡量,对其权利的处分,发包人单方认为综合单价存在错误并要求以其所认定的单价计价,违背了合同的约定,对其主张仲裁庭不予采信。审计报告不能作为本案确定工程款的依据。审计属于一种行政监督行为,其目的在于维护财经纪律、改善经营管理和提高经济效益。我国《审计法》第二十二条第一款规定:"审计机关对国有企业、国有金融机构和国有资本占控股地位或者主导地位的企业、金融机构的资产、负债、损益以及其他财务收支情况,进行审计监督。"本案工程属于政府投资的建设项目,依法应当接受审计监督。但是,审计人与被审计人之间因国家审计发生的法律关系与本案当事人之间的民事法律关系性质不同,审计部门对工程决算的审核,是监督财政拨款与使用的行政行为,监督对象是建设单位;建设工程造价结算是民事活动,由民事法律调整,调整对象是参与民事活动的各方当事人,所以本案审计报告不能当然地作为涉案工程价款竣工结算依据。另外,审计是国家对建设单位的一种行政监督,不影响建设单位与承建单位的合同效力,认定工程价款应当以建设工程承包合同的约定为依据。只有在合同明确约定以审计结论作为结算依据,才能将审计结论作为判决的依据。本案双方均未约定以审核机关的审计结论作为确定工程竣工结算价款依据,发包人主张以审计报告作为工程竣工结算依据本庭不予采信,其主张施工单位返还多收取的工程款及利息并无依据,仲裁庭不予支持。

最终,仲裁委裁决驳回发包人的全部仲裁请求,并裁决发包人向施工单位支付工程款200万元以及相应利息。

四、律师评析

结算协议是指双方在履行施工合同中就预付款、进度款或竣工价款结算作出的新协议。在建设工程施工合同中,结算协议多表现为对计算工程价款、违约责任、损失赔偿等达成的最终一揽子解决协议。故从理论上而言,结算协议具有合同的性质。

基于结算协议的合同性质,一方当事人主张推翻业已成立并生效的结算协议的,应当参照适用《民法典》关于可撤销的民事法律行为的规定。也就是说,只有在存在重大误解、显失公平、欺诈或胁迫情形时,才符合撤销权的行使条件。同时需要注意的是,根据《民法典》第一百五十二条的规定,即便具备撤销权的行使条件,撤销权也必须在法律规定的期限内行使,否则权利消灭。回溯本案,发包人以结算协议中某分部分项工程的综合单价畸高为由主张调整结算金额,实际系在主张撤销结算协议。该主张能否成立,应当衡量其是否满足《民法典》关于撤销权行使条件的规定。笔者认为,针对该问题,应根据不同的情形进行判断。

第一,在招投标项目中,如果双方达成的结算协议违反了招投标文件和合同的实质性条款约定(如合同单价或竣工结算等违反招投标合同约定),此时结算协议的效力已不是可撤销的范畴。《招标投标法》第四十六条第一款规定:"招标人和中标人应当自中标通知书发出之日起三十日内,按照招标文件和中标人的投标文件订立书面合同。招标人和中标人不得再行订立背离合同实质性内容的其他协议。"结算协议作为招投标文件的清算协议,无论是双方有意为之,还是无心之失,只要其内容违反了招投标文件和合同的实质性条款,即构成无效的法律后果。双方应当根据招投标合同的约定进行结算。

第二,若双方均严格按照招投标文件进行结算,但由于招投标文件中某项分部分项工程的综合单价畸高,从而导致最终结算金额畸高时,才需考虑结算协议是否构成重大误解。《民法典总则司法解释》第十九条规定:"行为人对行为的性质、对方当事人或者标的物的品种、质量、规格、价格、数量等产生错误认识,按照通常理解如果不发生该错误认识行为人就不会作出相应意思表示的,人民法院可以认定为民法典第一百四十七条规定的重大误解。行为人能够证明自己实施民事法律行为时存在重大误解,并请求撤销该民事法律行为的,人民法院依法予以支持;但是,根据交易习惯等认定行为人无权请求撤销的除外。"窃以为,在建设工程领域,应当严格适用前述司法解释的规定,审慎认定发承包双方达成的结算协议构成重大误解。首先,建设工程施工合同属于典型的商事合同,合同金额较大,且合同双方均为具备商事经验的当事人,故无论其审慎程度还是理性程度均高于一般民事主体。实践中,建设工程的结算协议,多是施工单位和建设单位之间多次协商、相互妥协及利益博弈后的结果。因此,人民法院应予尊重,不宜仅凭某项单价高于市场价格便随意推翻结算协议。其次,双方当事人在形成结算协议时,往往受多重因素影响。例如,在协商过程中,施工单位是否为了避免发生争议而引发诉讼,从而尽快获取工程款、缓解资金压力,而接受了建设单位的审价金额。再如,本案中,个别项目的计算出现了较大误差,但完全是依据招投标文件进行结算的,此时也不宜轻易否定结算协议。最后,当事人单纯的造价计算错误应归属自己能力不足导致的判断失误,这属于建设工程领域中的一般性商业风险,故不应作为认定重大误解的事由。

五、案例索引

玉林仲裁委员会仲裁裁决书,(2020)玉仲字第53号。

(代理律师:袁海兵、乃露莹)

案例 8

实际施工人无证据证明应付工程款数额,其要求施工单位或建设单位支付工程款的,不予支持

【案例摘要】

行使工程款支付请求权的事实前提是欠付工程款数额明确,即原告应当就其主张承担相应的举证责任。实际施工人请求施工单位或建设单位支付工程款,但无法提供证据证明应付工程款数额的,应不予支持。

一、案情概要

2018年2月1日,建设单位与施工单位签订了《片区运动场"提升管护"项目工程施工合同》(以下简称《"提升管护"施工合同》),该合同中第一部分"协议书"约定由施工单位负责涉案工程施工。合同第12.4条"工程进度款支付"中第12.4.1条"付款周期"约定,工程款原则上分3次支付:竣工验收合格后支付限额为已完成工程量的40%;观察期(竣工验收之日至下年对日),支付限额为已完成工程量的30%;质保期(观察期满之日至下年对日)结束前经项目所在地审计部门审核完成的,工程款支付至结算总价的95%(含已支付的),建设单位按工程价款结算总额的5%预留工程质量保修金,待工程质量保修期满后返还。

后施工单位口头将"提升管护"工程项目交由李某负责实际施工,约定由李某负责自行垫资并组织工人进场施工、现场管理等,由施工单位根据李某完成的工程量扣除相关的税金、管理费等费用后支付工程款给李某本人或李某委托收款的人。后李某又与玉某云达成口头合作,共同承接"提升管护"工程项目,由玉某云自行垫资并组织工人进场施工、现场管理等,由李某负责出面对接与建设单位结算工程款等事宜。

此后,玉某云将与李某合伙承接的"提升管护"工程项目交给玉某龙及周某

负责实际施工,并与玉某龙及周某口头约定由玉某龙及周某自行垫资并组织工人进场施工、现场管理等。此后玉某龙、周某便于2017年下半年组织工人进场施工。2018年4月3日,案涉工程完工。

为了向建设单位请款,施工单位对周某出具《授权委托书》,授权周某代表施工单位向建设单位办理竣工结算,但因《授权委托书》未签署授权日期及法定代表人未签名、所提交的竣工结算资料不全等问题,建设单位与施工单位未能进行最终结算,也未将竣工结算资料送至工程所在地财政局进行财政评审。

玉某龙、周某因未收到工程款,便将李某、施工单位与建设单位一并诉至法院,要求三被告连带支付工程款170万元。诉讼中,玉某龙、周某同意案涉工程的工程量及工程价款按照合同约定由财政投资评审中心作出审计确认,不需要另行委托工程造价鉴定。法院判决认为,本案玉某龙、周某虽能证明其是实际施工人,但未能明确本案尚欠工程款的具体数额,付款条件尚未成就,故其诉请缺乏事实依据。最终,法院判决驳回玉某龙、周某的全部诉讼请求。

二、代理方案

作为施工单位的代理律师,经过分析案件事实,笔者认为,本案的争议焦点主要集中在三个方面:一是实际施工人身份的认定,二是实际施工人突破合同相对性向没有合同关系的主体主张付款责任的有关法律依据的识别,三是工程款数额的认定。对此可以事先预判的是,施工单位与玉某龙、周某并无直接合同关系,玉某龙、周某向施工单位主张连带责任缺乏依据。据此,代理律师确定本案的代理思路如下。

1. 玉某龙、周某未能提供证据证明其案涉"那了片区工程"的实际施工人身份,其要求支付工程款,欠缺事实依据,应当不予支持。

(2020)最高法民申1603号民事裁定书认为:"实际施工人是指没有资质的个人或公司借用有资质的建筑施工企业名义参与建设工程的施工,具体表现应当包括实际投入了资金、材料和劳力等。"

(2020)最高法民申715号民事裁定书认为:"建设工程经数次转包的,实际施工人应当是最终实际投入资金、材料和劳力进行工程施工的法人、非法人企业、个人合伙、包工头等民事主体。"

(2021)最高法民申5427号民事裁定书、(2021)最高法民申4627号民事裁定书均认为:"实际施工人一般是指,对相对独立的单项工程,通过筹集资金、组织人员机械等进场施工,在工程竣工验收合格后,与业主方、被挂靠单位、转承包人进行单独结算的自然人、法人或者其他组织。"

(2018)最高法民申3377号民事裁定书、(2019)最高法民申126号民事裁定书均认为:"实际施工人是指无效建设工程施工合同的承包人,即违法的专业工程分包和劳务作业分包合同的承包人、转承包人、借用资质的施工人;建设工程经数次转包的,实际施工人应当是最终实际投入资金、材料和劳力进行工程施工的法人、非法人企业、包工头等民事主体。"

根据裁判通识,"实际施工人"是现实筹集资金、提供机械、购买材料、安排管理人员、组织劳务人员等进场施工,并最终、实际对建设工程投入资金、材料、劳力、组织和管理的主体。因此,认定诉讼主体是否为"实际施工人",应当实质考察该诉讼主体是否实际购买/供应建筑材料用于建设工程、是否实际提供/承租机械设备供建设使用、是否实际组织/雇佣劳务人员为建设工程提供劳力以及是否实际投入组织管理力量为建设工程提供有序管控。考察的依据应为相关材料购销/机械租赁/劳务分包或劳务雇佣的合同文件、款项支付记录、人员进场记录、人员组织记录、供货单/租赁物使用等履行记录等,仅存在证明诉讼主体承接工程的施工合同文件、证明诉讼主体有权获得工程款的施工结算文件或付款承诺函不能认定"诉讼主体对建设工程实际投入资金、材料、机械设备和劳力"这一事实,也就不能进一步认定"诉讼主体即为实际施工人"。

本案中,玉某龙、周某并非施工单位,也没有施工资质,其索要案涉"那了片区工程"有关的工程款,应当证明其是案涉"那了片区工程"的实际施工人,在劳力、材料、机械设备、资金方面有所投入,否则不符合请款的前提条件,请款要求不能被法院支持。但是玉某龙、周某并不能提供购买材料/租赁机械/雇佣劳务有关的合同、货物签收记录、机械使用记录、人员进场记录、款项支付记录等证据证明其为案涉"那了片区工程"就劳力、材料、机械设备、资金方面有所投入,故玉某龙、周某无法证明其为案涉"那了片区工程"的实际施工人,其要求支付"那了片区工程"的工程款,欠缺事实前提,法院应当不予支持。

2. 即便玉某龙、周某是实际施工人,施工单位也与其没有合同关系,其要求施工单位支付案涉"那了片区工程"工程款,缺乏事实依据与法律依据,应当不予支持。

施工单位与建设单位就案涉"那了片区工程"签订《"提升管护"施工合同》

后，又将案涉"那了片区工程"口头发包给李某，后李某与玉某云达成口头合作，共同承接该工程，后玉某云再次将案涉"那了片区工程"口头发包给玉某龙、周某承接。故本案的承包关系为"建设单位→施工单位→李某→李某＋玉某云（合作）→玉某龙＋周某（合作）"，玉某龙、周某与施工单位之间没有合同关系，其要求施工单位付款，欠缺法律依据，理由如下：

(1)《民法典》第四百六十五条第二款规定："依法成立的合同，仅对当事人具有法律约束力，但是法律另有规定的除外。"合同对非当事人没有法律约束力。本案中，与玉某龙、周某就案涉"那了片区工程"达成施工合同关系的相对方是玉某云，并非施工单位；并且，施工单位并未将案涉"那了片区工程"发包给玉某龙、周某承接，双方并未就此达成过任何口头合意或签署书面协议。故玉某云与玉某龙、周某达成的施工合意不能约束施工单位，施工单位也未与玉某龙、周某建立施工合同关系。依照上述法律规定，施工单位不应承担付款责任。

(2)根据《民法典》第一百七十八条第三款"连带责任，由法律规定或者当事人约定"以及第五百一十八条第二款"连带债权或者连带债务，由法律规定或者当事人约定"的规定，连带债权债务基于当事人约定或法律规定产生。本案中，并不存在施工单位对玉某云欠付玉某龙、周某的工程款承担连带责任的合同约定，也不存在层层转包下的施工单位应当对其下手欠付的工程款承担连带责任的法律规定，故玉某龙、周某要求施工单位对玉某云欠付的案涉工程款承担连带支付责任，违背上述法律规定，法院不应支持。

(3)《建设工程司法解释一》第四十三条规定："实际施工人以转包人、违法分包人为被告起诉的，人民法院应当依法受理。实际施工人以发包人为被告主张权利的，人民法院应当追加转包人或者违法分包人为本案第三人，在查明发包人欠付转包人或者违法分包人建设工程价款的数额后，判决发包人在欠付建设工程价款范围内对实际施工人承担责任。"实际施工人有权向与其没有合同关系的发包人主张工程款支付责任，发包人仅在欠付工程款的范围内承担付款责任。《最高人民法院民事审判第一庭 2021 年第 20 次专业法官会议纪要》认为："本条解释涉及三方当事人两个法律关系。一是发包人与承包人之间的建设工程施工合同关系；二是承包人与实际施工人之间的转包或者违法分包关系。该条解释只规范转包和违法分包两种关系，未规定借用资质的实际施工人以及多层转包和违法分包关系中的实际施工人有权请求发包人在欠付工程款范围内承担责任。"据此可知,《建设工程司法解释一》第四十三条仅规定处于"建设单位—施工单位—实际施工人"法律关系下的实际施工人才有权根据《建设工程司法解释一》第四十三条的规定向发包人主张付款权利,突破上述"三个主体、两层关系",层层转包或违法分包下的实际施工人不享有该权利。在本案中,即便确认玉某龙、周某是案涉"那了片区工程"的实际施工人,其也是突破上述"三个主体、两层关系",层层转包或违法分包下的实际施工人,不得依照《建设工程司法解释一》第四十三条的规定向没有合同关系的建设单位或施工单位主张工程款支付责任。

(4)《最高人民法院民一庭关于实际施工的人能否向与其无合同关系的转包人、违法分包人主张工程款问题的电话答复》(〔2021〕最高法民他103号)规定:"基于多次分包或者转包而实际施工的人,向与其无合同关系的人主张因施工而产生折价补偿款没有法律依据。"承前所述,案涉纠纷的承包关系为"建设单位→施工单位→李某→李某+玉某云(合作)→玉某龙+周某(合作)",玉某龙、周某作为与施工单位无合同关系的实际施工人,其向施工单位主张因施工而产生的折价补偿工程款,没有法律依据,法院应当不予支持。

由此可知,玉某龙、周某要求施工单位支付基于其实际施工产生的工程款,不存在任何法律依据,法院应当不予支持。

3. 即便法院认可玉某龙、周某的实际施工人身份,但案涉工程尚未依照约定的结算方式完成最终结算,应扣款是否成立及应扣款数额多少不明晰,玉某龙、周某应得工程款数额尚不明确,有关付款条件不成就,其请求付款欠缺事实依据,法院应当不予支持。

(1)案涉纠纷的承包关系是"建设单位→施工单位→李某→李某+玉某云(合作)→玉某龙+周某(合作)",且下游承包人李某和玉某云、玉某龙和周某是以口头方式承接的案涉工程,即便玉某龙、周某是实际施工人,其应得工程款也不应当超出建设单位与施工单位就案涉工程达成的工程款结算数额。故建设单位与施工单位就案涉工程达成结算合意是向玉某龙、周某支付工程款的前提条件。

建设单位与施工单位就案涉"那了片区工程"签订的《"提升管护"施工合同》第6条"工程款(进度款)支付"中第6.1条约定:"财政部门支付建设单位项目工程款原则:工程完工验收达到质量要求,结算经项目所在地市辖区的行政审计部门审定后,工程款支付至计算总价的95%(含已支付)的……"由此可知,案涉"那了片区工程"的工程价款结算以行政审计的方式确定。

本案中，施工单位以行政审计确定工程价款的方式承接案涉"那了片区工程"后，李某、玉某云又以口头方式承接了施工单位发包的案涉"那了片区工程"，玉某龙、周某再以口头方式承接玉某云发包的案涉"那了片区工程"，故施工单位、李某和玉某云以及玉某龙和周某之间形成层层转包下的承包关系。在施工单位与李某＋玉某云、李某＋玉某云与玉某龙＋周某两两之间没有就案涉"那了片区工程"工程价款结算方式另行达成一致意见的情况下，原则上李某＋玉某云与玉某龙＋周某、施工单位与李某＋玉某云两两之间针对案涉"那了片区工程"的工程价款结算也应当以建设单位与施工单位约定的"项目所在地市辖区的行政审计部门审定"的结算金额为准，并且玉某龙、周某也在庭审中明确认可案涉工程价款的结算应当以行政审计为准，并表示不申请工程造价司法鉴定，故玉某龙、周某应得工程款数额不应当超出建设单位与施工单位就案涉"那了片区工程"结算价款达成的一致意见。

支付工程款的前提条件是欠付工程款数额明确，即主张工程款的一方应得价款数额明确。本案中，玉某龙、周某应得工程款数额以案涉"那了片区工程"结算工程款数额为依据，而案涉"那了片区工程"结算工程款数额又以项目所在地市辖区的行政审计部门审定的数额为准。因此，案涉"那了片区工程"所在地市辖区行政审计部门就案涉工程的竣工结算出具行政审计结论，案涉"那了片区工程"结算价款经建设单位与施工单位共同明确，是向玉某龙、周某支付工程款的前提条件之一。

（2）为了承接案涉工程，玉某云的儿子玉某辉通过"玉某辉→李某→施工单位→建设单位"这一支付路径向案涉工程业主提供了50万元的履约保证金与农民工工资保证金，后建设单位又以原路径退回李某30万元。故玉某龙、周某主张的案涉"那了片区工程"工程款应当扣除建设单位尚未退回的上述保证金，应当扣除的保证金数额确定是向玉某龙、周某支付工程款的前提条件。

首先，施工单位、李某＋玉某云、玉某龙＋周某从发包源头即建设单位处承接的工程不仅仅包括案涉"那了片区工程"，还包括"团阳片区工程""那云片区工程"，一共承接了三个工程项目。

其次，为了承接案涉"那了片区工程"以及"团阳片区工程""那云片区工程"，玉某云指示其儿子玉某辉向李某支付50万元履约保证金与农民工工资保证金，后李某将该50万元保证金支付到施工单位账户，施工单位又将该笔50万元保证金转付给建设单位,作为案涉"那了片区工程"以及"团阳片区工程""那云片区工程"不作单独区分的共同履约担保。

再次,建设单位于 2022 年 1 月 4 日向施工单位返还了 30 万元保证金,施工单位也向李某返还了 30 万元保证金,但剩余 20 万元保证金建设单位尚未返还。

最后,玉某龙、周某诉请的工程款支付金额包含建设单位尚未退还的保证金。

因此,玉某龙、周某应得工程款应当扣除建设单位尚未退还的保证金数额,建设单位尚未退还的保证金数额明确,也是向玉某龙、周某支付工程款的前提条件之一。

(3)现行政审计部门未就案涉"那了片区工程"的竣工结算出具审计结论文件,且建设单位尚未退回的 20 万元保证金是否属于为案涉"那了片区工程"提供担保的款项、是否应当从玉某龙、周某应得工程款中扣除也未可知,故玉某龙、周某应得工程款数额未明确,付款条件不成就,应当不予支持。

本案中,一方面,玉某龙、周某应得工程款数额应当以建设单位与施工单位约定的"以项目所在地市辖区的行政审计部门审定"的竣工结算金额为准,但截至本案诉讼过程中,由于案涉"那了片区工程"存在变更增量工程量需要计量、计取增量工程款的情形,且玉某龙、周某提交的竣工结算资料不全面,行政审计部门尚未就案涉"那了片区工程"出具最终审计文件,应付工程款数额尚不明确。另一方面,由于玉某辉提供的保证金涉及三个项目的履约担保且不作区分,于另外两个项目"团阳片区工程""那云片区工程"完成竣工结算之前,在建设单位尚未退还的 20 万元保证金中,有多少金额是为案涉"那了片区工程"提供担保的保证金且应当从玉某龙、周某应得工程款中扣除尚不明确,故应向玉某龙、周某支付的工程款数额尚不明确,工程款支付条件未能成就。针对玉某龙、周某提出的工程款支付请求,欠缺事实依据,法院应当不予支持。

三、法院判决

法院整理本案的争议焦点为:(1)两原告是否本案适格主体;(2)两原告主张被告连带支付工程款有何事实和法律依据的问题。

1. 就玉某龙、周某是否为实际施工人的问题。法院认为,虽然施工单位将案涉工程交由李某施工,但李某并未实际垫资而是由玉某云负责垫资及组织施工管理,而玉某云再次将涉案工程交给玉某龙、周某负责实际施工。玉某龙、周某承接工程后已为涉案工程垫资并组织工人施工直至完工。上述证据已经形成完整的证据链条,能证明玉某龙、周某系本案涉案项目的实际施工人。

2.就本案欠付工程款数额的问题。法院认为,由于本案中,截至本案第三次开庭之日,涉案项目的进度款已经由工程所在地财政局分两次拨付给了建设单位共100万元。建设单位收到上述工程进度款后已按照合同约定全部拨付给了施工单位,已支付了施工合同工程价款的70%。施工单位也在扣除相应的款项后已将工程进度款共97万元支付给了李某或李某指定收款的人,因此,虽然玉某龙、周某确实为本案涉案项目实际施工人,但由于其所主张被告支付的工程款总额未经最终结算,未能明确履约保证金、农民工工资保证金是否应该扣除及扣除多少金额等,尚不能确定应支付给玉某龙、周某的工程款数额是多少,也就是说,本案工程款支付条件尚未成就。且由于玉某龙、周某在庭审中明确表示工程款未经审计最终结算前也不变更本案的诉讼请求,因此,玉某龙、周某主张被告施工单位、建设单位、李某连带支付工程款170万元的诉讼请求,无事实及法律依据,不予支持。玉某龙、周某可待工程款数额确定后另行主张权利。最终,法院判决驳回了玉某龙、周某的全部诉讼请求。

四、律师评析

付款的本质是合同的履行。《民法典》设定了与合同履行有关的一系列制度,包括履行方式、履行主体、履行对象、履行抗辩、履行保全、履行变更、履行终止、履行效果等,以上制度共同规范、调整履行行为。履行行为既可以触发民事法律关系,如《民法典》第四百九十条第二款规定的履行治愈规则的适用;也可以导致民事法律关系的变更,如合同当事人通过异于合同约定的履行行为与受领履行行为变更原合同约定;还可以造成民事法律关系的终止,如合同因清偿完毕而终止。故履行行为可以是民事法律行为。作为民事法律行为,履行有其适用效力,即履行的约束力,具体表现为:负有履行义务的一方当事人未依约履行的,对方当事人有权请求其继续履行、调整履行,直至符合合同要求,这是《民法典》赋予其的私力救济权利;负有履行义务的一方当事人拒不响应履行请求未依约履行的,对方当事人还可以依法借用公权力的手段强制对方履行,这是法律赋予其的公力救济权利。

由于履行行为是民事法律行为,有其适用效力,故依照《民法典》第一百五十八条"民事法律行为可以附条件,但是根据其性质不得附条件的除外。附生效条件的民事法律行为,自条件成就时生效。附解除条件的民事法律行为,自条件成就时失效"的规定,履行行为当然可以附条件,所附条件即为履行条件。履行条件是合同一方当事人依约履行合同义务之前,于现实应当满足、达成的条件。这包括不能为合同当事人主观意志所干预转移的客观条件的成就,如约定的履行时间的到达或届满,或依约能够触发履行的客观事件的发生;也包括能由合同当事人主观意志所控制介入的主观条件的兑现,如经审核汇总价款才能确定付款数额的价款审核行为、经移交竣工结算资料才能支付结算款的资料移交行为等。若履行条件已实际满足,则履行具有约束力,表现为负有履行义务的一方当事人应当实施履行行为,否则,相对方当事人有权要求其履行并承担相应的违约责任;若履行条件未满足,则履行尚未产生约束力,后果是负有履行义务的一方当事人享有履行抗辩权,针对相对方当事人提出的履行请求,其可以"履行条件未成就"为由得以有效抗辩,即有权拒绝履行。与履行条件有关的制度即为履行抗辩制度,包含同时履行抗辩权、先履行抗辩权、不安抗辩权、诉讼时效抗辩权等权利内容。付款条件即为履行条件之一。

在建设工程施工合同法律关系中,互为对价的履行行为即承包人向发包人移交工程质量符合约定标准的建设工程,发包人向承包人按约支付工程结算款,这也是发承包双方意图实现的核心订约目的。故承包人请求发包人支付工程价款的前提条件是,承包人已完成施工的工程质量合格,自不待言。但从施工纠纷的表现形式与纠纷处理的裁判实践的角度进行观察,承包人请求发包人支付工程款的前提条件往往包括:(1)已完工程质量合格;(2)发包人应付工程款数额明确;(3)约定的付款期限届至;(4)约定或法定的付款条件成就。

(一)付款条件之一:承包人已完工程质量合格

1.承包人已完工程质量不合格,承包人请求发包人支付相应工程款的,不予支持

根据法律规定与行业惯例,承包人负担的施工义务与发包人负担的付款义务具有履行上的先后顺序,承包人按约施工完成质量合格的工程量是发包人支付对应工程量价款的前提条件。首先,《民法典》第七百七十条第一款规定:"承揽合同是承揽人按照定作人的要求完成工作,交付工作成果,定作人支付报酬的合同。"第七百八十八条第一款规定:"建设工程合同是承包人进行工程建设,发包人支付价款的合同。"第七百九十九条第一款规定:"建设工程竣工后,发包人应当根据施工图纸及说明书、国家颁发的施工验收规范和质量检验标准及时进行验

收。验收合格的,发包人应当按照约定支付价款,并接收该建设工程。"建设工程施工合同作为一种特殊的承揽合同,遵循"先完成工作任务,后取得成果价款"的先后顺序。其次,《建设工程施工合同(示范文本)》(GF－2017－0201)"通用合同条款"第12.4.2条"进度付款申请单的编制"规定:"……进度付款申请单应包括下列内容:(1)截至本次付款周期已完成工作对应的金额……"由此可知,承包人申请支付工程进度款的前提是完成本次付款周期内应当完成的工作。这说明建设工程施工合同的履行遵循"先施工,后付款"的行业惯例,否则不会要求承包人在请款前应当优先制作证明其已完相应工作(或工程量)的书面材料。最后,即便存在发包人支付工程预付款的交易习惯,预付款仍要从每笔支付的进度款中按比例扣除,且竣工结算款的支付程序也安排在竣工验收程序后进行,故建设工程领域是遵循"先施工,后付款"的履行顺序的。

由此可知,承包人已完工程质量合格是发包人支付对应工程款的前提条件之一,已完工程质量合格是承包人请求发包人支付相应工程款的付款条件。若有证据证明,承包人未完成相应工程量,或施工完成的工程量质量不合格,发包人享有先履行抗辩权,其有权以工程质量不合格、付款条件未成就为由拒绝支付相应工程款,甚至有权反过来向承包人追究与工程质量不合格有关的违约责任。例如,最高人民法院在(2018)最高法民申1620号案中认为:"由于豫鑫公司施工完成的工程经原审法院鉴定,部分项目存在质量缺陷,经修复后,驻马店天工建筑工程质量司法鉴定所于2016年8月3日出具的驻天工司鉴所〔2016〕建质鉴字第098号鉴定意见书才确定'……基本达到验收条件。'因此,在监理单位签署同意付款的意见时,涉案项目的施工质量仍不合格,未达到付款条件。工程质量是建筑工程的生命,考量承包人是否有权请求参照合同约定支付工程价款的着眼点在于工程质量是否合格。《建设工程司法解释》第十条第一款规定:'建设工程施工合同解除后,已经完成的建设工程质量合格的,发包人应当按照约定支付相应的工程价款;已经完成的建设工程质量不合格的,参照本解释第三条规定处理。'故其提出的自2015年2月2日停工,付款条件即应视为成就的主张,缺乏事实依据。"这也是《民法典》第七百九十三条第二款的规定的固有含义,即"建设工程施工合同无效,且建设工程经验收不合格的,按照以下情形处理:(一)修复后的建设工程经验收合格的,发包人可以请求承包人承担修复费用;(二)修复后的建设工程经验收不合格的,承包人无权请求参照合同关于工程价款的约定折价补偿"。

2. 承包人已完工程质量合格，承包人请求发包人就质量合格的已完工程支付相应工程款的，应予支持

根据法律规定与司法实践，判断"工程质量合格"的常见标志性事件是"竣工验收合格"或"工程未经竣工验收发包人擅自使用"。一方面，《民法典》第七百九十九条第一款规定："建设工程竣工后，发包人应当根据施工图纸及说明书、国家颁发的施工验收规范和质量检验标准及时进行验收。验收合格的，发包人应当按照约定支付价款，并接收该建设工程。"《建筑法》第六十一条规定："交付竣工验收的建筑工程，必须符合规定的建筑工程质量标准，有完整的工程技术经济资料和经签署的工程保修书，并具备国家规定的其他竣工条件。建筑工程竣工经验收合格后，方可交付使用；未经验收或者验收不合格的，不得交付使用。"《建设工程质量管理条例》第四十九条第一款规定："建设单位应当自建设工程竣工验收合格之日起15日内，将建设工程竣工验收报告和规划、公安消防、环保等部门出具的认可文件或者准许使用文件报建设行政主管部门或者其他有关部门备案。"以上规定要求建设工程在投入实际使用之前必须完成竣工验收程序，完成竣工验收程序、申报竣工验收备案是发包人的法定义务，不得将未经竣工验收合格的建设工程投入实际使用也是发包人的法定义务。故竣工验收程序是判断建设工程质量是否合格、是否符合约定质量标准、是否满足投入使用条件的重要步骤，若建设工程经竣工验收合格，就可以说明工程质量状态是合格的。另一方面，《建设工程司法解释一》第十四条规定："建设工程未经竣工验收，发包人擅自使用后，又以使用部分质量不符合约定为由主张权利的，人民法院不予支持；但是承包人应当在建设工程的合理使用寿命内对地基基础工程和主体结构质量承担民事责任。"组织竣工验收是发包人的法定义务，发包人未针对已完工程组织竣工验收活动，又擅自使用未经竣工验收的工程的，为了惩戒发包人违背法律的恶意行为，法律直接拟制的效力后果是，视为除地基基础或主体结构以外的建设工程质量合格，发包人不得就除地基基础或主体结构以外的工程部分追究质量赔偿责任。故"发包人将建设工程投入使用"也可以作为认定建设工程质量合格的标志。

司法实践中，法院较多以"发包人实际使用建设工程"为由认可建设工程处于合格的质量状态，据以认定承包人已充分履行施工义务并有权基于其履行成果要求发包人支付对价工程款，发包人以"未经竣工验收""未经验收备案""未经结算审核"为由拒绝付款的，不构成有效的抗辩理由。从工程款支付实践的角度观察,组织竣工验收、办理竣工备案、完成结算审核是发包人的法定或约定义务,发包人拖延组织竣工验收程序、拖延上报竣工验收备案、拖延完成竣工结算审核以推迟付款时间、阻碍付款条件成就的情形时有发生,已经构成"恶意阻止条件成就"。从维护权利义务公平的原则考虑,承包人已完工程质量合格是与发包人支付对应工程款地位相当的对价义务,若承包人已经按约完成施工任务,且已完工程质量符合约定标准,就足以认定承包人已经完成其合同义务,承包人当然有权基于其履约成果要求发包人履行对价付款义务。此时若采纳有义务处理但不积极推动验收组织、备案申请、结算审核的发包人提出的"因验收、备案或审核等事件未完成则付款条件未成就"的有关抗辩,不支持承包人提出的付款主张,于情不许、于理不合且于法不符。故法院在审判实践中已经基本达成共识:只要承包人施工完成的工程量质量合格,即建设工程经竣工验收合格或未经竣工验收但发包人擅自使用,发包人均应当响应承包人的付款请求履行相应付款义务。发包人以工程未经竣工验收、工程未经验收备案、工程未经结算审核为由拒绝付款的,不予支持。例如,最高人民法院在(2022)最高法民申601号案中认为:"关于仁文房产公司提出付款条件尚未成就的问题,因一审、二审法院已认定《'河滨康苑'验收、结算及支付协议》为双方结算工程款的协议,且涉案工程已实际交付使用,仁文房产公司以涉案工程所涉建设工程施工合同无效、工程未竣工验收等为由主张付款条件尚未成就等理由不能成立。"又如,最高人民法院在(2020)最高法民终191号案中认为:"案涉工程已于2015年交付万旌公司使用,其余工程价款均已达到付款条件。万旌公司作为案涉工程发包人,负有组织竣工验收并办理备案的义务,因万旌公司未提交证据证明南通二建导致工程未能办理竣工验收备案,其以工程未办理竣工备案为由主张案涉工程价款支付条件未成就,本院不予支持。"这也是《民法典》相关规定的应有之义。例如,《民法典》第七百九十三条第一款规定:"建设工程施工合同无效,但是建设工程经验收合格的,可以参照合同关于工程价款的约定折价补偿承包人。"第一百五十九条规定:"附条件的民事法律行为,当事人为自己的利益不正当地阻止条件成就的,视为条件已经成就……"

需要强调说明的是,如果非出于发包人的过错,已完工程未能满足组织竣工验收的条件,如完工后承包人移交的竣工验收资料不充分不全面导致发包人无法组织竣工验收、完工后尚有瑕疵问题需要消缺但承包人未整改完毕、完工后尚有试运行考核期需要经历但发包人未能观察完毕或完工后尚有移交后服务需要持续提供但承包人未服务完毕等,发包人也未擅自使用未经竣工验收的已完工程,且承包人也无法提供其他证据证明已完工程质量合格,此时承包人请求发包人支付竣工结算款的,视为付款条件不成就,法院当然不支持承包人的付款请求。例如,最高人民法院在(2019)最高法民申 5499 号案中认为:"根据合同约定,履约保证金、劳务工资保证金的返还条件为工程竣工验收合格。根据前述分析,案涉工程并未竣工验收。结合已查明的相关事实,运总公司已支付工程款 39149569.97 元,超出合同暂定工程款总额的 60%。在案涉工程未竣工验收的情况下,国安公司所主张的工程款缺乏依据。同理,国安公司有关返还履约保证金、劳务工资保证金的主张亦不符合合同约定。此外,针对国安公司的权益保护问题,二审法院明确双方应继续配合验收,完善相关合同权利义务,待合同约定付款条件具备时,国安公司可另行主张权利。"

(二)付款条件之二:发包人应付工程款数额明确

应付款数额不明确的,即使发包人意欲开展支付活动也无从下手,故依逻辑经验可推,应付款数额明确也是承包人请求发包人支付工程款的前提条件之一,且其为事实层面的付款条件。根据"谁主张,谁举证"的举证责任分配原则,承包人提出发包人付款的权利主张,则付款金额这一事实的举证责任由承包人承担。若承包人不能证明应付款数额,则发包人的付款条件不成就,发包人得以拒绝付款,且不承担与逾期付款有关的违约责任或赔偿责任。实务中因未完成竣工结算、工程结算款尚不确定,应付工程款数额未能明确导致承包人针对发包人的付款请求、支付逾期利息请求被法院驳回的情形并非罕见。例如,最高人民法院在(2015)民一终字第 249 号案中认为:"福音公司和红旗公司于 2014 年 12 月 29 日对涉案工程造价进行审定,并出具四份《工程造价审定单》。在此之前,福音公司是否欠付工程款及欠付工程款数额尚不确定。在欠付工程款尚不确定的情况下,要求福音公司支付利息不应得到支持。"又如,最高人民法院在(2020)最高法民终 157 号案中认为:"案涉合同中约定应付工程款以政府单位或者其授权部门评审后的审定价为准,未审定部分,发包人无法从国有资金中审核支付。就柴油补贴费,因未经审定,应支付的具体数额尚不确定,吴某某、谢某某可在审定之后另行主张,一审判决对此处理并无不妥。"

由此可知,应付款数额明确是承包人请求发包人付款的前提条件之一,其不可或缺性依逻辑推理是不言而喻的。承包人在针对发包人提起付款请求时,应当先行确保要求发包人支付的数额确定,否则会被法院以"支付数额不明确、付款条件未成就"为由驳回请求。即便承包人可以在结算合意达成后或应付款数额明确后再次提起针对发包人的诉讼,但对于承包人自身而言也徒增二次官司的讼累与额外费用的支出,实无必要。如此看来,发动诉讼的时机成熟也是承包人原告在起诉索要工程款时需要考虑的因素之一。

(三)付款条件之三:约定的付款期限届至

付款期限的约束一般针对的是工程质量保证金的支付。《建设工程质量保证金管理办法》第十条规定:"缺陷责任期内,承包人认真履行合同约定的责任,到期后,承包人向发包人申请返还保证金。"第十一条规定:"发包人在接到承包人返还保证金申请后,应于14天内会同承包人按照合同约定的内容进行核实。如无异议,发包人应当按照约定将保证金返还给承包人。……"根据上述规定,质量保证金的返还支付受到缺陷责任期的限制,缺陷责任期届满,承包人才得以请求发包人返还质量保证金。此处的"缺陷责任期"就是付款期限届至之前依约应当留置后才能请求付款的期间,而付款期限就是应当支付款项即应当履行付款义务的期限,若不予支付,则自付款期限届满之日,开始计付违约金或逾期利息。付款期限届至,付款方应当依约付款;付款期限未届至,付款方享有期限利益与履行期限未届至的抗辩权,有权拒绝对方的付款请求,除非付款方先期违约。因此,合同约定的付款期限届至也是承包人请求发包人支付工程款的必要条件之一。对此司法界有类案裁判,如最高人民法院在(2018)最高法民申1359号案中认为:"由于合同约定案涉工程的整体质保期为两年,从工程移交业主时起算,而案涉工程于2015年10月完工,于2016年4月整体竣工验收投入运营,因此至二审法院判决前质保期仍未届满,故二审法院以剩余工程款的支付条件尚未成就为由判决驳回张某某的相应诉讼请求并无不当。"

(四)付款条件之四:约定或法定的付款条件成就

1.约定的付款条件类型

发包人还可以根据自己的特别需求或结合建设工程的特殊性质在建设工程施工合同中约定特别的付款条件,待所有约定的付款条件均现实成就时,如约定承包人完成某范围内的工程形象进度并按照合同约定提交进度款支付申请文件、过程验收文件或工程量计量文件后,发包人才按照承包人已完合格工程量支付对应工程进度款。以上"完成形象进度""依约提交文件"即为合同约定的付款条件，若约定的条件未现实成就，发包人当然得以有效抗辩承包人提出的付款请求。这是"意思自治""合同自由"原则的当然结论，应当尊重其来自当事人自由约定而产生的强制约束力，肯定其依约发生的适用效果。

(1) 约定以承包人交付发票或移交已完工程有关施工资料作为付款条件的效力

工程款支付纠纷还较为常见的是，承包人在基于工程经竣工验收合格或发包人擅自使用未经竣工验收的工程的事实基础上要求发包人付款的，发包人往往以"承包人未开具发票""承包人未移交竣工验收资料"等承包人自己阻碍付款条件成就为理由抵挡承包人的付款请求。对此的处理方式，《民法典合同通则司法解释》已经给出了明确的答案。《民法典合同通则司法解释》第三十一条第一款规定："当事人互负债务，一方以对方没有履行非主要债务为由拒绝履行自己的主要债务的，人民法院不予支持。但是，对方不履行非主要债务致使不能实现合同目的或者当事人另有约定的除外。"该规定是审判经验的高度凝结，背后的道理也是显而易见、顺理成章的，主要理由如下：

一方面，如上文所述，承包人已完工程质量合格与发包人支付工程结算款是建设工程施工合同的核心对价义务，也就是主给付义务，建设工程施工合同也仅仅存在这么一对主给付义务。其他诸如"移交施工资料""提交付款发票"不直接体现当事人的合同目的，也不是当事人积极追求的主要结果，其性质是从合同义务，不具有与主给付义务"平起平坐"的同等地位，其对抗效力不能视为与主给付义务等同，否则有违公平原则。故在对方已经实际清偿主给付义务的情况下，对方未履行从合同义务不得作为己方拒绝响应对方请求、自主履行主给付义务的履行抗辩理由。实务中法院也是如此践行的，如最高人民法院在(2021)最高法民申7246号案中认为："虽然双方当事人约定了中建二局第三公司开具发票的义务，但并没有明确约定如果中建二局第三公司不及时开具发票，国信龙沐湾公司有权拒绝支付工程价款。依据双务合同的性质，合同抗辩的范围仅限于对价义务，支付工程款与开具发票是两种不同性质的义务，二者不具有对等关系，国信龙沐湾公司以此作为案涉工程付款条件未成就的抗辩理由不能成立。"

另一方面，在合同明确约定"承包人不交付发票则发包人有权不付款""承包人不移交与已完工程量相应的施工资料则发包人有权不付款"的情况下，发包人已经通过合同约定将承包人"移交施工资料""提交付款发票"这两个从合同义务的效力地位抬升到如同主给付义务一般的高度，并明确了"发包人有权不付款"的效力后果，这足以对抗承包人的付款请求。承包人已经明知预见且签章确认，该约定当然约束承包人，若承包人未依约履行发票或资料的移交义务，发包人均依约有权不予付款。该约定体现当事人的意思自治与合同自由，当然受到法院保护。

(2) 约定以发包人实际收到上游付款方支付的款项作为付款条件的效力

为了减轻付款压力、转移垫资风险，发包人往往会在施工合同中约定"发包人付款的前提是收到上游发包人（或项目业主）支付的工程款，若上游发包人（或项目业主）未付款，发包人有权不付款且不承担违约责任""总包方收到建设单位支付的工程款后才向分包方支付相应进度款，否则总包方无付款义务"等类似意思的条款，即工程款支付纠纷中闻名遐迩的"背靠背"条款。原则上，"背靠背"条款体现发承包双方对垫资风险的自由分配与真实自主的意思表示，在"背靠背"条款出于当事人的自由意志（未受欺诈或胁迫的）而达成的情况下，难谓"损害公平"；且绝大多数"背靠背"条款未见有何种损害国家利益、社会利益或他人利益的危害性，故认可"背靠背"条款的有效性是学理界与司法界的共识，"背靠背"条款具有合法、合理的拘束效力。在发包人未现实收到来自上游付款方款项的情况下，发包人确实有权以"付款条件未成就"为由拒绝下游收款方的支付请求。

民事法律赋予当事人的自由并非没有边界，合同约定的自由效力会基于利益平衡、客观公平的正当性考量而被削弱，这也是矫正正义的实质性要求，即自由不能够突破公正的范围。司法界中有不少法院认为，在承包人已按约完成建设任务、工程质量合格且付款期限已届至的情况下，即便未收到上游付款方支付的相应款项，也不允许发包人使用"背靠背"条款作为抗辩倚仗，从而对承包人的付款请求进行抵抗。在其中起到作用的就是法院对"承包人已经履行对价义务"这一"履行公平"与"发包人怠于行使工程款债权"这一"发包人过错"两个因素的考量，将其作为对已经充分履行合同义务、已形成完全履行成果的承包人的合理慰藉。具体而言，即便合同中约定了"背靠背"条款，即便发包人现实确实未收到上游付款方（可能是委托代建单位，也可能是建设单位）支付的款项，但发包人明知付款期限已届至，却既不主动敦促上游付款方审核支付依据或核定结算价款（甚至拒不配合计量、拒不移交施工文件阻止结算），又不积极催告上游付款方履行付款义务,还以未实际收到上游付款方的款项为由拒绝付款的,也视为发包人"怠于行使工程款债权"。为了惩戒发包人的以上过错,也为了避免发包人躺在"背靠背"条款的保护伞下怡然自得却罔顾承包人工程款利益这一不公平的现象泛滥,法院基本达成共识:发包人的上述行为构成《民法典》第一百五十九条规定的"不正当地阻止条件成就"的适用前提,视为付款条件已成就,发包人应予付款。如最高人民法院在(2020)最高法民终106号案中认为:"中建一局(总包方)主观怠于履行职责,拒绝祺越公司(承包方)要求,始终未积极向大东建设(业主方)主张权利,该情形属于《合同法》第四十五条第二款①规定附条件的合同中当事人为自己的利益不正当地阻止条件成就的,视为条件已成就的情形,故中建一局关于'背靠背'条件未成就、中建一局不负有支付义务的主张,理据不足。"

2. 法定的付款条件类型

除了存在约定的付款条件需要特别满足的情形之外,还存在法定的付款条件需要特别成就的情形。如承前所述,依《民法典》第七百九十九条的规定"验收合格的,发包人应当按照约定支付价款",故工程(过程或竣工)经验收合格是发包人付款(进度款或结算款)的前提条件,这是一般建设工程纠纷的付款条件。但在某些具有精深技术性、高度危险性、使用不特定性的建设工程项目中,竣工验收合格是支付工程结算款的前提条件,其他检验方式的验收合格(如安装调试验收、启动试车验收、动态运行验收等)又是竣工验收合格的前提条件,因此竣工验收合格与其他方式验收合格均是支付工程结算款的前提条件。例如,《高速铁路竣工验收办法》第四条第一款规定:"高速铁路竣工验收分为静态验收、动态验收、初步验收、安全评估、正式验收等五个阶段。"第二十八条规定正式竣工验收前提条件是"初步验收合格且初期运营一年后"且"初期运营中发现的问题整改完毕,初期运营状态良好",故高速铁路工程项目的付款条件是正式竣工验收合格以及静态验收、动态验收、初步验收、安全评估均合格。又如,《港口工程竣工验收办法》第七条规定②:"港口工程进行竣工验收应当具备以下条件:……(三)港口

---

① 《合同法》已失效,现行规定为《民法典》第一百五十九条:"附条件的民事法律行为,当事人为自己的利益不正当地阻止条件成就的,视为条件已经成就;不正当地促成条件成就的,视为条件不成就。"

② 现行规定为《港口工程建设管理规定》(2018年3月1日起施行,于2018年11月28日、2019年11月28日修正)第四十六条。

工程需要试运行的,经试运行符合设计要求……"第十条规定:"省级交通运输主管部门负责竣工验收的港口工程,由该港口所在地港口行政管理部门组织初步验收。初步验收合格后,由港口行政管理部门向省级交通运输主管部门提出竣工验收申请。"故港口工程项目的付款条件是竣工验收合格以及试运行经营期届满、试运行合格且初步验收合格。以上法定的特殊付款条件若有任一项不满足,导致整个工程未经最终的竣工验收程序,且发包人又没有将工程投入实际使用,则视为工程没有达到竣工验收的条件、没有证据证明工程质量合格,故发包人的付款条件未成就,其当然有权不予付款。

  实践中法院也是这么认定的,如最高人民法院在(2021)最高法民申7321号案中认为:"在建设工程施工合同无效的情况下,支付工程价款的前提是工程经竣工验收合格。根据《公路工程竣(交)工验收办法》第四条、第十四条、第十六条、第二十七条规定,公路工程分为交工、竣工两个阶段,交工验收并通车试运营2年后才能申请竣工验收,但试运营期不得超过3年。本案所涉工程为公路工程中的桥梁工程,属公路工程的一部分,应区别于普通建设工程。案涉工程于2019年5月30日试通车运营,并未正式通车,至本案二审判决作出时,尚未满2年试运营期,未达到竣工验收的条件。同时,《遵义乐理至冷水坪高速公路桥梁工程劳务分包合同》第5.2条约定,支付案涉工程结算款的时间为中建四局三公司与业主竣工结算审核确认后三个月内,而补充协议第4条也约定中铁科工集团应得的工程款需以建设单位最终审定为基础。现案涉工程并未竣工验收,建设单位也未进行最终审定,虽一审法院委托鉴定机构进行了造价鉴定,但该鉴定结果仅是对价格的确认,并未改变工程款的支付条件,故二审认定案涉工程未经竣工验收合格,尚不具备支付工程结算款条件并无不当。中铁科工集团应待工程竣工验收合格,或虽未办理竣工验收但试运营期已满3年后再行主张工程结算款项。"以上判例认定,若依建设项目的特殊性质所需要达成的最终竣工验收条件未能满足,即便应付款数额已经确定,付款条件也未成就,故发包人在最终竣工验收条件满足之前均享有期限利益,该期限利益即为其得以拒绝付款的正当性基础。

  总而言之,发包人付款的条件类型丰富多样,判断发包人是否应当付款,则应当评价付款条件的性质。若付款条件的性质是承包人应当履行的义务,则发包人有权适用《民法典》第五百二十六条的先履行抗辩权制度予以抗辩;若付款条件的性质是发包人应当履行的义务,如组织验收、向行政机关申报备案、向上游付款方催告付款等,则承包人有权适用《民法典》第一百五十九条的恶意阻止条件成就制度针对发包人的抗辩理由再抗辩;若付款条件的性质是未经历完毕的时间,则发包人享有"期限利益"并得以有效抗辩;若付款条件的性质是付款数额不确定,则可以认为发包人陷入暂时的"履行不能",待付款数额明确后承包人才能行使付款请求权;若付款条件的性质是约定的条件,则应当按照约定条件的成就程度判断是否足以启动付款,等等。

五、案例索引

南宁市邕宁区人民法院民事判决书,(2022)桂0109民初2112号。

(代理律师:李妃、陆碧梅)

案例 9

在以房抵债但房屋所有权尚未转移的情形下，承包人主张工程价款的，应予支持

【案例摘要】

就发包人欠付的工程款，施工单位与发包人签订以房抵债协议拟抵顶部分工程欠款，但发包人未将房屋所有权转移至施工单位名下，施工单位未实际取得房屋所有权。发包人主张以房抵债已完成网签备案登记手续，应将拟以房抵顶的工程款计入已付工程款中，人民法院不予支持。

一、案情概要

2018年7月，施工单位与发包人签订《住宅二期总承包工程施工合同》，约定施工单位承建发包人发包的住宅二期总承包工程，本合同暂定总价为2.12亿元，采取综合单价包干，据实结算。合同签订后，施工单位依约入场施工。2021年6月3日，案涉项目工程竣工验收合格并已交付使用。经施工单位向发包人催款后，发包人仍未支付全部工程款。

除案涉的住宅二期总承包工程外，施工单位与发包人还签订了《住宅三期总承包工程施工合同》，约定施工单位承建发包人发包的住宅三期总承包工程。该住宅三期总承包工程于2021年2月3日工程竣工验收合格并已交付使用。

2021年5月及8月，发包人与施工单位各签订一份《工程款抵房款协议》，均约定：鉴于施工单位系发包人开发的住宅二、三期总承包工程的承包人，双方已就该工程签订《住宅二期总承包工程施工合同》《住宅三期总承包工程施工合同》，发包人在这些工程合同项下尚有部分工程款未向施工单位支付。双方同意发包人以其开发的相关房产用于冲抵未付工程款1338万元，施工单位通过冲抵获得相关房产的转让及更名权。达到本协议约定的冲抵时间后，受让人有权申请将已

经冲抵工程款的房产更名到指定第三人名下,房产转让、更名后发包人不再向受让人或者更名对象收取购房款。但这两份《工程款抵房款协议》未约定具体冲抵哪一份施工合同的欠付工程款,也未约定冲抵工程款的顺序。这两份《工程款抵房款协议》签订后未实际履行,房产既未转让或登记给施工单位或第三人,也未由施工单位或第三人实际控制房产。

后因双方协商不成,施工单位诉至一审法院要求发包人支付工程款,包括拟以房抵顶的工程款。一审法院经审理后作出判决,支持施工单位的诉讼请求。

发包人不服一审判决提起上诉,认为发包人与施工单位已于2021年8月签订《工程款抵房款协议》,约定以该项目2套房产冲抵住宅二期、三期总承包工程的工程款1338万元,且双方已经办理了该2套房产的备案登记手续,双方的《工程款抵房款协议》已经履行完毕,故抵做该2套房产房款的前述工程款1338万元应当在发包人应付施工单位本案所涉工程的工程款中扣除。

施工单位辩称,施工单位未实际取得房屋所有权,发包人以房抵债的合同义务未履行,仍应支付拟以房抵顶的工程款。并在二审中明确不再要求履行这两份《工程款抵房款协议》。

最终,经审理,二审法院驳回发包人的上诉。

二、代理方案

本案的关键在于已付工程款数额如何认定的问题,其中争议最大的是以房抵顶的工程款是否仍需支付。作为施工单位的代理律师,主办律师主要从是否达到以物抵债法律效果的角度分析,即考虑施工单位是否实际取得房屋所有权。如已取得,则以房抵债协议已履行完毕,发生以物抵债法律效果,相应的工程款债权已消灭,以房抵顶的工程款无须支付;反之则仍需支付。除此之外,因施工单位承建发包人发包的多个项目,还应考虑施工单位与发包人之间的以房抵债协议是否明确是抵顶哪个工程的工程款。如抵顶的不是案涉工程的工程欠款,也不发生以物抵债法律效果,相应的工程款债权未消灭,拟以房抵顶的工程款仍需支付。基于上述分析,主办律师拟定如下代理方案。

1.施工单位未实际取得房屋所有权,《工程款抵房款协议》未履行完毕,相应工程款债权仍存在,未实际产生冲抵的效果,施工单位仍有权要求发包人支付拟以房抵顶的相应工程款。

《民法典》第二百零九条规定:"不动产物权的设立、变更、转让和消灭,经依法登记,发生效力;未经登记,不发生效力,但是法律另有规定的除外。依法属于国家所有的自然资源,所有权可以不登记。"

本案中,发包人与施工单位签订的《工程款抵房款协议》实际是以物抵债的协议,双方设立一个新债即房屋买卖,目的是清偿旧债即拖欠的工程款。根据上述法律规定,除法律另有规定的以外,房屋所有权的转移于依法办理房屋所有权转移登记之日发生效力。如新债未办理房屋所有权转移登记,则新债未清偿,以物抵债协议未实际履行,无法达到消灭旧债的法律效果。此时,旧债务和新债务处于衔接并存的状态,只有在新债务合法有效并得以履行完毕后,完成了债务清偿义务,旧债务才归于消灭。本案《工程款抵房款协议》签订后,发包人未将该2套房屋的所有权转移登记在施工单位名下,施工单位未取得房屋所有权,且施工单位也没有实际控制或使用该2套房屋。由此可见,抵债的房屋未交付给施工单位实际占有使用,亦未将所有权转移登记于施工单位名下,发包人并未履行《工程款抵房款协议》约定的义务。故施工单位对于该协议约定的拟以房抵顶的相应工程款债权并未消灭,未达到以物抵债的法律效果,旧债即相应工程款债权仍存在,施工单位仍有权要求发包人支付拟以房抵顶的相应工程款。

2.抵顶工程款的2套房屋即便已办理备案登记手续,也不发生以物抵债的法律效果,《工程款抵房款协议》未履行完毕并未发生法律效果,发包人仍应支付拟以房抵顶的相应工程款。

根据《民法典》第二百零九条规定可知,物权的变动必须以登记为准,只有依法办理相应所有权变更登记手续才发生效力,即《工程款抵房款协议》履行完毕并发生法律效果的前提是,房屋所有权转移登记至施工单位名下。备案登记手续仅是房屋转让合同的登记公示,并不具有证明房屋所有权转移的法律效果。因此,即便《工程款抵房款协议》中约定的两套房屋已备案登记,但房屋所有权仍未发生转移的法律效果,施工单位也未实际取得、占有、支配、使用房屋,《工程款抵房款协议》仍未履行完毕,也未达到以物抵债的法律效果,施工单位仍有权要求发包人支付拟以房抵顶的相应工程款。

3.《工程款抵房款协议》涉及多个工程项目的工程款冲抵,但未明确具体冲抵哪个工程的工程款,也无冲抵顺序,故该协议未实际产生冲抵的效果,施工单位仍有权要求发包人支付拟以房抵顶的相应工程款。

发包人与施工单位于2021年5月及8月分别签订一份《工程款抵房款协

议》,该两份《工程款抵房款协议》约定的房屋均是用于冲抵发包人欠付施工单位的工程款的,但未明确约定哪套房屋用于冲抵哪个工程项目的欠付工程款,也未明确约定具体冲抵的工程款金额和冲抵工程款的顺序,根本无法履行。同时,如前文所述,《工程款抵房款协议》未能实际履行,且不是施工单位导致。故该《工程款抵房款协议》未实际产生冲抵的效果,施工单位仍有权要求发包人支付拟以房抵顶的相应工程款。

《全国法院民商事审判工作会议纪要》(法〔2019〕254号)第四十五条认为:"当事人在债务履行期届满前达成以物抵债协议,抵债物尚未交付债权人,债权人请求债务人交付的,因此种情况不同于本纪要第71条规定的让与担保,人民法院应当向其释明,其应当根据原债权债务关系提起诉讼。经释明后当事人仍拒绝变更诉讼请求的,应当驳回其诉讼请求,但不影响其根据原债权债务关系另行提起诉讼。"

三、法院判决

法院认为,发包人与施工单位于2021年5月及8月分别签订一份《工程款抵房款协议》,由于这两份《工程款抵房款协议》未约定具体冲抵哪一份施工合同的欠付工程款,也未约定冲抵工程款的顺序,而且《工程款抵房款协议》签订后未实际履行,房产既未转让或登记给施工单位或第三人,也未由施工单位或第三人实际控制房产,故实际未产生冲抵发包人尚欠施工单位工程款的作用,也没有证据证明是施工单位的原因造成这两份《工程款抵房款协议》未能实际履行,因此,发包人主张用房款冲抵工程款的主张不成立。发包人称用于冲抵工程款的2套房屋已经进行了备案登记,但发包人对此并未提供证据,法院对其该主张不予采纳。

最终,法院驳回发包人的上诉。

四、律师评析

以房抵工程款一般指在发包人没有足够的资金支付承包人工程款时,双方通过签订"以物抵债"协议来变更支付工程款的方式,以转移实物所有权的方式代替工程款的现金支付。房屋买卖又与一般的买卖不同,根据《民法典》第二百零九条的规定,房屋的所有权转移必须办理所有权变更登记才生效,此时才发生以房抵债的法律效果,才真正达到清偿工程款的目的。基于此特殊性,承包人工程款债权最终是否实现受制于以物抵债协议是否生效,这是值得研究的问题。

(一)以房抵债协议与工程款债权

以房抵债协议,是指发包人以房屋出卖给承包人的方式清偿欠付承包人的工程款。工程款债权,是指在施工合同关系下,发包人存在欠付承包人工程款的情形,从而承包人取得工程款债权。就是基于施工合同关系,发包人欠付承包人工程款,双方才会为清偿该工程款签订以房抵债协议,变更工程款的清偿方式,以实物交付替代原金钱支付工程款的义务。由此产生了"旧债"与"新债"。其中,"旧债"即工程款债权,该债权形成于变更债务清偿方式之前。"新债"即以房抵债协议产生的债权,通过房屋所有权转移至承包人名下的方式冲抵工程款,该债权形成于变更债务清偿方式之后。

在司法审判实践中,最高人民法院的绝大部分判例认为,出于保护债权人利益的规范目的,在当事人未有明确约定以物抵债协议为债的更改的情形下,以物抵债协议原则上应为新债清偿。如最高人民法院在(2017)最高法民申1070号案中认为:"关于以物抵债协议不能履行后的处理问题,因秦某某与博亿公司签订的《商品房买卖合同》并未约定因此而消灭相应金额的工程款债务,因此该协议属于新债清偿协议,秦某某所称的旧债同时存在。现博亿公司将《商品房买卖合同》约定的商品房出售于第三人,导致合同不能实际履行,此种情况下,秦某某主张抵顶的工程款并未得到清偿,相关权利人可以根据相关建设工程施工合同另行主张。"最高人民法院在(2018)最高法民终190号案中认为:"偿债方式的更改需要当事人达成一致意见,该条约定并未有以资产抵债取代或优先于给付货币偿债的内容,不能得出2016年1月1日后山煤集团必须首先通过'以物抵债'方式实现其债权的结论。从两种偿债方式的关系来看,《会议纪要》第二条约定了给付货币偿还债务,第四条又约定了以抵押资产的等值部分抵偿债务。在双方没有明确约定以资产抵债取代或优先于给付货币偿债的情形下,以资产抵债应当是除给付货币偿债外另行增加的偿债方式,一审判决认定双方当事人形成了两种清偿债务方式,两种清偿债务方式处于衔接并存状态,并无不当。因双方形成《会议纪要》的目的是全盛公司返还山煤集团4.5亿元合作款本息,现山煤集团并未通过履行《会议纪要》实现债权,全盛公司4.5亿元债务并未消灭,山煤集团从自身利益角度出发选择以给付货币作为实现其债权的方式,应予支持。"

因此,以房抵债协议为新债清偿,新债未实际履行完毕的,则旧债与新债同时存在;新债已实际履行完毕的,则新债与旧债同时归于消灭。与新债清偿相对应的概念为"债的更改",与新债清偿的含义类似,唯一不同之处在于旧债消灭、新债存在,即使新债未实际履行完毕,旧债也自债的更改协议生效之时起自动消灭,此时债权人只能请求债务人履行新债,不得请求债务人履行旧债。

(二)以物抵债的法律效果

以房抵债的实际意义在于,"新债"替代了"旧债",并发生实质清偿效果,这也就是以物抵债的法律效果。如前文所述,以房抵债的法律效果应根据《民法典》第二百零九条的规定判断,房屋的所有权必须变更登记至承包人名下才发生法律效力。

在建设工程施工合同关系中,承包人往往会陷入一个误区,认为其与发包人签订以房抵款协议后,就自动取得对抵债房屋的所有权。这是极其错误的。以房抵债协议属于债权,以房抵债协议的成立及生效并不当然导致房屋物权发生变动。房屋所有权是否变动及生效关键在于不动产登记手续的完成。因此,只有发包人完成将抵债房屋所有权变更登记到承包人名下的手续,使承包人成为抵债房屋的登记权利人,承包人才能真正取得抵债的房屋。仅凭以房抵债协议,不足以使承包人对抵债房屋取得房屋所有权,需完成动产交付或不动产登记手续后,承包人才取得抵债物的完整物权。此外,仅仅是对以房抵债协议进行备案,也不能起到物权公示的作用。备案仅是行政管理的手续,不能使以物抵债协议产生担保物权的效力[①]。

在司法实践中,发包人未完成动产交付或不动产登记手续,承包人以"签订了以物抵债协议"为由请求法院认定其对抵债的房屋享有所有权的,法院不予支持。如最高人民法院在(2019)最高法民申 1232 号案中认为:"《中华人民共和国物权法》第九条规定,不动产物权的设立、变更、转让和消灭,经依法登记,发生效力;未经登记,不发生效力,但法律另有规定的除外。本案中,华夏消防天津分公司系基于以物抵债占有案涉房屋,在未经登记的情况下,华夏消防天津分公司对案涉房屋仍仅享有债权,而不享有物权。该债权不存在法律需要优先保护的特殊利益。"最高人民法院在(2019)最高法民申 771 号案中认为:"无论是以物抵债还是折价抵偿,黄某某、集洲公司签订《商品房买卖合同》的真实目的是消灭洪力公司与集洲公司之间的工程款债权,故有别于一般的房屋买受人与出卖人签订房屋

---

① 参见刘辉:《工程款以房抵债后如何认定破产债权》,载《法制博览》2020 年第 17 期。

买卖合同的行为。而本案所涉房屋并未办理房屋所有权转移登记,未发生物权变动的效力,故以物抵债或折价抵偿的行为并未最终完成。在这种情况下,如果洪力公司仅因案涉《商品房买卖合同》即享有优于蜀通公司对集洲公司工程款债权的权益,则显然有违债权平等受偿的基本原则。"

(三)司法实践中对旧债、新债的处理

一旦发生以物抵债的法律效果,冲抵的工程款债权消灭。在以物抵债的法律效果未发生时,新债与旧债同时存在。《民法典》第五百一十五条规定:"标的有多项而债务人只需履行其中一项的,债务人享有选择权;但是,法律另有规定、当事人另有约定或者另有交易习惯的除外。享有选择权的当事人在约定期限内或者履行期限届满未作选择,经催告后在合理期限内仍未选择的,选择权转移至对方。"承包人可以选择继续履行以房抵债协议,要求发包人根据以房抵债协议约定将房屋所有权转移至承包人名下,也可以选择不继续履行以房抵债协议,要求发包人支付拟以房冲抵的工程款。

1.签订以房抵债协议后,发包人拒绝履行、无法履行以房抵债协议,承包人要求发包人履行拟以房冲抵的工程款的,法院予以支持。

如上文所述,以房抵债协议是新债清偿,若发包人无法履行新债,承包人有权请求发包人履行旧债。该请求权的行使不以以房抵债协议的解除为前提,且发包人不得拒绝,也不得以以房抵债协议已经有效成立为由拒绝履行旧债务,即支付工程款期限届满,发包人尚欠承包人工程款。即使承包人与发包人签订了"以房抵款"等以物抵债协议,若发包人不现实地交付抵债物或将房产过户给承包人,承包人亦有权请求发包人支付工程款。因此,在签订以房抵债协议后,发包人拒绝履行、无法履行以房抵债协议,承包人有权要求发包人履行拟以房冲抵的工程款。

最高人民法院多数案例支持此观点。如最高人民法院在(2016)最高法民终484号案中认为:"当事人应当遵循诚实信用原则,按照约定全面履行自己的义务,这是合同履行所应遵循的基本原则,也是人民法院处理合同履行纠纷时所应秉承的基本理念。据此,债务人于债务已届清偿期时,应依约按时足额清偿债务。在债权人与债务人达成以物抵债协议、新债务与旧债务并存时,确定债权人应通过主张新债务抑或旧债务履行以实现债权,亦应以此作为出发点和立足点。若新债务届期不履行,致使以物抵债协议目的不能实现,债权人有权请求债务人履行旧债务;而且,该请求权的行使,并不以以物抵债协议无效、被撤销或者被解除为前提。本案中,涉案工程于2010年年底已交付,兴华公司即应依约及时结算并支付工程款,但兴华公司却未能依约履行该义务。相反,就其所欠的部分工程款,兴华公司试图通过以部分房屋抵顶的方式加以履行,遂经与通州建总协商后签订了《房屋抵顶工程款协议书》。对此,兴华公司亦应按照该协议书的约定积极履行相应义务。但在《房屋抵顶工程款协议书》签订后,兴华公司就曾欲变更协议约定的抵债房屋的位置,在未得到通州建总同意的情况下,兴华公司既未及时主动向通州建总交付约定的抵债房屋,也未恢复对旧债务的履行即向通州建总支付相应的工程欠款。通州建总提起本案诉讼向兴华公司主张工程款债权后,双方仍就如何履行《房屋抵顶工程款协议书》以抵顶相应工程款进行过协商,但亦未达成一致。而从《房屋抵顶工程款协议书》的约定看,通州建总签订该协议,意为接受兴华公司交付的供水财富大厦A座9层房屋,取得房屋所有权,或者占有使用该房屋,从而实现其相应的工程款债权。虽然该协议书未明确约定履行期限,但自协议签订之日至今已4年多,兴华公司的工程款债务早已届清偿期,兴华公司却仍未向通州建总交付该协议书所约定的房屋,亦无法为其办理房屋所有权登记。综上所述,兴华公司并未履行《房屋抵顶工程款协议书》约定的义务,其行为有违诚实信用原则,通州建总签订《房屋抵顶工程款协议书》的目的无法实现。在这种情况下,通州建总提起本案诉讼,请求兴华公司直接给付工程欠款,符合法律规定的精神以及本案实际,应予支持。"又如,最高人民法院在(2018)最高法民终190号案中认为:"全盛公司提出《会议纪要》第四条约定'如2015年房地产市场形势依然低迷,全盛公司不能按时全部付款,2016年1月1日将未付资金的1.1倍用抵押资产的等值部分按以上存量资产品种搭配归还山煤集团',系双方只能首先通过'以物抵债'方式清偿债务的约定。因双方形成《会议纪要》的目的是全盛公司返还山煤集团4.5亿元合作款本息,现山煤集团并未通过履行《会议纪要》实现债权,全盛公司4.5亿元债务并未消灭,山煤集团从自身利益角度出发选择以给付货币作为实现其债权的方式,应予支持。"

2. 发包人既未支付拟以房冲抵的工程款,也未履行以房抵债协议的所有权转移登记手续,却主张拟以房冲抵的工程款在以房抵债约定的范围内等额消灭的,法院不予支持。

原则上,以房抵债协议成立并生效后,在房屋所有权转移登记至承包人名下前，发包人原需根据施工合同关系以金钱支付工程款的清偿方式仍然存在，只是在此基础上，新增加了以房冲抵工程款的清偿方式。两种类型的清偿方式同时成立并有效兼容，由承包人择一行使或履行。以房抵债协议的有效成立并不导致施工合同关系项下以金钱支付工程款的清偿方式的消灭。但是，实务中，有不少承包人认为，签订以房抵债协议生效后，即使发包人既未履行原施工合同约定的工程款支付义务，也未履行以房抵债协议约定的所有权转移登记手续，原施工合同约定的工程款支付义务也可以在以房抵顶的工程款金额的范围内自动消灭。该观点存在严重错误。

如最高人民法院在（2015）执监字第38号案中认为："当事人通过以物抵债形式履行生效法律文书确定债务的，仅达成抵债协议尚不足以消灭原债权债务关系，只有抵债物交付受领后才能消灭原有债权债务关系。本案中，永龙公司、张某某主张的所谓以房抵债，是与王某某等人指定的客户签订了商品房购买合同并备案登记于客户名下，其因此负担了向指定客户交付商品房、转移商品房所有权的合同义务。如果永龙公司、张某某完成了商品房购房合同约定的义务，将商品房交付给购房者占有并将商品房所有权移转给购房者，则其所负担的生效调解书确定的给付义务即消灭。但在该义务完成之前，原债权债务关系一直存在。其后，双方又以《还款协议书》对先前约定进行了变更，但同样必须履行完毕新债务后才能导致原有债务溯及既往地消灭。而双方当事人均认可《还款协议书》并未全部履行。因此，永龙公司、张某某关于已经通过商品房以物抵债形式全部履行完生效民事调解书所确定义务的主张没有事实依据，（2011）闽执复字第18号执行裁定中有关认定并无不当。"又如，最高人民法院在（2019）最高法民终1349号案中认为："经查，根据黄山名人公司与江苏苏兴公司签订的《工程款抵扣购房款协议二》的约定，黄山名人公司以其开发的金龙岛项目的68套房产抵扣其应付工程款68996390元。但经双方确认，仅过户了5套房产、完成抵房备案手续24套，该29套房屋价款共计31120125.40元，其余房屋均未办理备案手续及交付。根据《工程款抵扣购房款协议二》第五条的约定，因黄山名人公司原因房屋出现无法过户的情形，江苏苏兴公司有权要求黄山名人公司继续承担清偿工程款的义务。上述协议未实际履行完毕，且黄山名人公司未提供相关证据证明剩余房产未办理备案及交付是江苏苏兴公司的原因所致，故黄山名人公司在上述协议未实际履行完毕的情况下不能免除其支付该部分工程款的义务，一审法院认定金龙岛项目房产抵扣工程款金额为实际履行的31120125.40元并无不当。"最高人民法院在(2019)最高法民申3106号案中认为:"观筑公司主张该证据能够证明本案已付及欠付工程款应重新统计,一审判决结果错误。经查,该证据载明了S-3商业门市面积及总价,其上有观筑公司法定代表人田某某申请以该商业门市抵顶工程款的手书以及四建公司副总经理金某某的签名。该证据从内容上看可以表明双方达成了以物抵债协议,但双方约定的抵顶款项是否应计入已付工程款从而消灭相应金额的债务,取决于该以物抵债协议是否已实际履行。首先,该证据只能证明当事人有同意抵顶的意思表示,不能证明已经实际发生了抵顶的事实。其次,四建公司在本案一、二审中,均未提出以该商业门市作为已付工程款。最后,该商业门市仍属观筑公司所有,并未归属于四建公司或由四建公司实际占有使用,以物抵债的约定未得到履行。因此,观筑公司提交的证据不能证明其已通过以物抵债方式支付相应的工程款,无法推翻原审认定的欠款事实。"

五、案例索引

南宁市中级人民法院民事判决书,(2023)桂01民终4136号。

(代理律师:李妃、乃露莹)

第二章

工程质量、工期

案例 10

发包人向承包人提起工期索赔，但不能证明工期延误是承包人导致的，法院不予支持

【案例摘要】

工期索赔纠纷中，主张索赔的一方应当举证证明存在工期延误的事实、工期延误的引发原因、因工期延误产生的损失以及损失与工期延误之间的因果关系，否则应当承担举证不能导致索赔请求无法被法院支持的不利后果。发包人向承包人提起工期索赔或追究逾期竣工的违约责任，但不能提供证据充分证明工期延误是承包人引发的，法院应当不予支持。

一、案情概要

2018年7月，建设单位与施工单位签订《某住宅二期总承包工程施工合同》，约定施工单位承建建设单位发包的"某住宅二期各栋号及附属地下室总承包工程"，承包范围为住宅二期各栋号及附属地下室。同时，合同第五条约定，合同暂定总价为2.1亿元，采取综合单价包干方式计价，据实结算。

合同签订后，施工单位依约入场施工。在施工过程中，建设单位因设计变更要求增加工程施工内容。2021年1月，双方签订《〈某住宅二期总承包工程施工合同〉补充协议（三）》，约定增加室内装修工程，所增加的施工内容采用含税固定总价包干方式计价，固定价为150万元。2021年6月，该项目工程全部竣工验收合格，并交付使用。

后因建设单位拖欠施工单位工程款，经多次催告工程款未果，施工单位对建设单位提起诉讼，要求建设单位支付尚欠工程款7000万元。诉讼中，建设单位以案涉工程存在工期延误为由，对施工单位提起反诉，要求施工单位赔偿工期延误违约金5000万元。为此，建设单位专门就工期延误问题，申请司法鉴定。鉴定报

告称,该工程中影响工期的有分包工程、不可抗力、逾期支付工程款、竣工未及时验收、设计变更等多种无法确定的因素,因此,工期是否逾期无法判定。

法院认为,提起工期索赔的一方应当对工期延误、工期归责主体等事实承担举证责任,建设单位未能证明施工单位导致工期延误,故法院最终驳回了建设单位的反诉请求。

二、代理方案

鉴于建设工程的复杂性和长期性,施工过程中可能会出现一方或者双方的过错导致工期延误。在这种情况下,法院应综合考虑双方的过错程度、实际损失以及因果关系来作出裁判。若根据在案证据无法查明工期延误的归责主体,应当由提出工期索赔的一方承担举证不能的不利后果。因此,作为施工单位的代理律师,就建设单位提起的反诉请求,笔者决定从工期延误的责任归属、因工期延误产生的损失以及损失与工期延误之间的因果关系等方面着手进行答辩。为此,笔者拟定如下代理方案。

1.有证据证明,建设单位存在因设计变更要求增加工程施工内容、长期拖欠工程进度款、拖延组织竣工验收、进行30多项直接分包且对分包商管理不善导致不同分包商之间工作端口衔接不及时、建设单位直接分包的分包商迟延移交施工界面给施工单位的情况,以上事实均导致工期延误。故工期延误的责任在于建设单位,建设单位向施工单位提出工期延误索赔,缺乏事实依据,应当不予支持。

《民法典》第八百零三条规定:"发包人未按照约定的时间和要求提供原材料、设备、场地、资金、技术资料的,承包人可以顺延工程日期,并有权请求赔偿停工、窝工等损失。"

本案中,建设单位支付工程进度款的转账记录、基于法院启动司法鉴定程序而形成的《逾期完工天数鉴定报告书》已经证实,实际工期超出计划工期的原因在于建设单位及不可抗力,理由如下:

(1)建设单位长期拖延工程进度款的支付,导致施工单位不堪垫资压力,影响施工进程;

(2)建设单位另行分包的桩基工程逾期完工,导致合同约定的开工时间届至时,建设单位未能移交满足施工条件的施工界面给施工单位;

(3)因新冠疫情不可抗力因素,工地现场遭遇政策性停工;

(4)施工单位的实际完工之日早于建设单位组织竣工验收之日将近126天,且竣工验收报告显示建设单位未向施工单位提出整改要求,故拖延组织竣工验收活动的责任在于建设单位;

(5)建设单位在施工过程中要求施工单位新增消防预理工作、壁灯安装工作、商铺外立面拆改工作,还进行设计变更,导致工期延长;

(6)建设单位另行分包30多项分包工程或承揽工作,如铝合金门窗和栏杆工程,建设单位另行分包的分包商工作端口衔接不当,导致工期延误,进而影响施工界面的移交时间与不同工序的交接时间。

由上文可知,案涉工程超期竣工的原因均来自建设单位以及不可抗力,非出于施工单位。建设单位导致工期延误,其反而向施工单位提出索赔,欠缺事实依据,应当不予支持。

2.建设单位不能提供证据证明工期延误是施工单位引发的,应当承担举证不能的不利后果,即工期延误与施工单位无关,建设单位工期索赔请求不应得到法院支持。

《民事诉讼法》第六十七条第一款规定:"当事人对自己提出的主张,有责任提供证据。"

《民事诉讼法司法解释》第九十条规定:"当事人对自己提出的诉讼请求所依据的事实或者反驳对方诉讼请求所依据的事实,应当提供证据加以证明,但法律另有规定的除外。在作出判决前,当事人未能提供证据或者证据不足以证明其事实主张的,由负有举证证明责任的当事人承担不利的后果。"

依照行业经验与交易习惯,承包人引起工期延误的情形包括:(1)承包人发现图纸存在差错、遗漏或缺陷,未及时通知监理人或发包人联系设计人补充、修改,导致施工错误产生必要返工引发工期延误的;(2)承包人文件本身存在差错、遗漏或缺陷,或承包人基于发包人提交的基础资料所作出的解释或推断失实,导致施工错误产生必要返工引发工期延误的;(3)承包人拒不签收来往信函引发工期延误的;(4)承包人发现文物后不及时报告或隐瞒不报致使文物丢失或损坏,为采取补救措施而引发工期延误的;(5)承包人未查勘施工现场,也未合理预见施工所必需的进出工地现场的方式、手段、路径引发工期延误的;(6)承包人损坏发包人提供的满足施工要求需要的道路工程或交通设施引发工期延误的;(7)承包人运输造成施工场地内外公共道路或公共桥梁损坏引发工期延误的;(8)承包人使用建设材料、工程设备或采取施工工艺侵犯他人知识产权导致被要求整改引发工期延误的;(9)承包人拖延办理或拒不办理应当由其办理的行政许可或政府批准,导致施工阻碍,引发工期延误的;(10)承包人未按照规定或约定采取施工安全措施、文明施工措施或环境保护措施,被要求更正、整改引发工期延误的;(11)承包人未对进场材料设备、已完建筑部位、建筑工程成品、建筑工程半成品进行妥善照管护理,采取补救措施引发工期延误的;(12)承包人占用或使用他人的施工场地,或破坏施工周边环境生态,影响他人作业或生活,被要求更正、整改引发工期延误的;(13)承包人拖延支付分包工程款、劳务费或农民工工资,导致分包工程进程缓慢甚至停工,引发工期延误的;(14)承包人未提交项目经理(包括主要施工管理人员)是其正式聘用员工的有效证明,或擅自更换项目经理(包括主要施工管理人员),或无正当理由拒不更换发包人认为不称职并书面要求更换的项目经理(包括主要施工管理人员),引发工期延误的;(15)承包人未充分查勘施工条件或施工现场,或未充分了解项目所在地的气象条件、交通条件、风俗习惯,或未充分估计前述情况可能产生的后果,引发工期延误的;(16)承包人分包的工程工期延误的;(17)承包人造成已完部分的工程质量未达到合同约定标准,引发工期延误的;(18)承包人使用质量不合格、不符合设计标准的建筑材料,采用不符合国家强制性要求的施工工艺,实施不符合施工规范或操作规程的作业行为,被要求整改、重新采购、修复、拆除、返工,引发工期延误的;(19)承包人完工的隐蔽工程经掀覆检验被验证质量不符合合同约定,引发工期延误的;(20)承包人未通知监理人到场检查,私自将工程隐蔽部位覆盖,引发工期延误的;(21)承包人挪用安全文明施工费经发包人勒令期限改正,承包人拒不改正被要求停工,引发工期延误的;(22)在工程实施期间发生危及工程安全的事件,承包人有约定或法定的抢救义务却拒不抢救,引发工期延误的;(23)工程施工过程中发生事故,承包人未及时通知监理人或发包人,导致损失扩大、工期延误的;(24)承包人引发环境污染纠纷导致暂停施工,引发工期延误的;(25)承包人投入施工的人力、材料、机械或资金等资源不到位,引发工期延误的;(26)有证据证明承包人的施工工艺落后、组织管理能力低下、资源协调水平不足,导致未能按施工进度计划及时完成合同约定的工作,引发工期延误的;(27)承包人自身导致迟延进场开工,又未投入更多的施工资源进行赶工,追赶计划施工进度,引发工期延误的;(28)承包人施工测量放线错误,引发工期延误的;(29)承包人导致暂停施工,引发工期延误的;(30)承包人使用的施工设备不能满足合同进度计划和(或)质量要求,引发工期延误的;(31)承包人将其运入施工现场的材料、工程设备、施工设备以及在施工场地建设的临时设施又运出施工现场或挪作他用,引发工期延误的;(32)承包人自行变更,引发工期延误的;(33)承包人导致暂估价合同订立和履行迟延,引发工期延误的;(34)承包人造成工期延误,在工期延误期间出现法律变化,二次引发工期延误的;(35)承包人导致试车达不到验收要求或投料试车不合格,被要求整改、重新安装和试车,引发工期延误的;(36)承包人违反合同约定进行转包或违法分包,引发工期延误的。以上情形是承包人导致工期延误的常见事实。

本案中,虽然工期延误的客观事实成立,但一方面,现有证据已经证实,工期延误是建设单位通过自行变更设计增加施工作业内容、建设单位严重拖欠工程款、建设单位在施工单位完工后拖组织竣工验收、建设单位实施30多项施工分包的不同分包商之间的分包工作端口衔接不及时且建设单位直接发包的分包商迟延移交施工作业界面给施工单位所导致的,对此,建设单位无法提供证据推翻上述逾期原因的认定;另一方面,建设单位也无法提供任何证据证明工期延误的责任在于施工单位,是施工单位所引发的。因此,建设单位既不能提供证据推翻工期延误是建设单位的责任这一事实认定,也不能提供证据证明工期延误有部分是施工单位造成的,故建设单位应当承担举证不能的不利后果,即法院应当认定案涉工程工期延误的责任在于发包人,而非承包人,进而不支持发包人提出的工期延误索赔请求。

3. 建设单位并未提供任何证明其损失实际发生的证据,即使认定工期延误归责于施工单位,其损失大小亦无法确定。

建设工程发生工期延误,对发包人造成的损失主要包括甲供材差价损失、逾期交付工程的收益损失、逾期交房的违约损失等。本案中,建设单位在未提供任何证据证明其实际损失的情况下,以合同总价款为基数,按每日千分之二的标准计得工期延误违约金5000万元,违约金显然畸高,欠缺事实依据,不应得到法院支持。

三、法院判决

就本案工期索赔的反诉,法院总结的争议焦点:施工单位是否构成逾期完工、逾期天数如何确定。

对此,法院认为,《民法典》第八百零三条规定:"发包人未按照约定的时间和要求提供原材料、设备、场地、资金、技术资料的,承包人可以顺延工程日期,并有权请求赔偿停工、窝工等损失。"第八百零七条中规定,"发包人未按照约定支付价款的,承包人可以催告发包人在合理期限内支付价款"。根据上述法律规定,发包人即被告对已经按照约定的时间和要求提供原材料、设备、场地、资金、技术资料并支付相应的工程进度款给原告负有举证证明责任,否则,承包人即原告可以顺延工程日期,并有权要求发包人赔偿停工、窝工等损失。本案中,由于建设单位与施工单位所签订的本案涉案合同与其他4个施工合同均为同一楼盘不同时期、不同楼栋、不同作业内容的施工,在施工工序上可能存在开工、竣工期间重合、穿插的因素,还考虑到由于建设单位除了将涉案工程及其他4个案件的涉案工程承包给本案施工单位外,还将部分专业工程分包给其他分包人施工,本案施工单位施工期间与分包人施工期间可能存在施工日期重合或交接延误等可能影响认定本案施工单位施工期限的因素,因此虽然根据鉴定机构的鉴定结论,施工单位在本案涉案工程施工中确实存在顺延工期、超过约定工期完工的事实,但因建设单位并未能提供上述法律规定的已经按照约定的时间和要求提供原材料、设备、场地、资金、技术资料并支付相应的工程进度款给施工单位的证据,未能证明施工单位逾期完工系其自身原因导致的。因此,建设单位反诉施工单位逾期完工应支付逾期完工违约金,不符合合同约定及法律规定。最终,法院判决驳回建设单位的全部反诉请求。

四、律师评析

本案涉及建筑工程纠纷领域的常见现象——索赔。根据2017年版《FIDIC建设工程合同条件》第1.1.6条对"索赔(claim)"的定义,索赔是指"一方根据条件条文的任何条款、与合同或工程实施有关的相关事项,向另一方提出的获得权利或救济的主张"。根据《建设工程工程量清单计价规范》(GB 50500—2013)第2.0.23条规定,索赔是指在工程合同履行过程中,合同当事人一方因非己方的原因而遭受损失,于该损失,按合同约定或法律规定应由对方承担赔偿或补偿责任,从而由该受损的当事人向另一方当事人提出赔偿或补偿的要求。根据《建设工程施工合同(示范文本)》(GF—2017—0201)第19.1条与第19.3条的规定,索赔是施工合同当事人认为有权得到的"追加付款和(或)延长工期"。由以上定义可知,索赔的发生原因是,提出索赔主张的一方非出于自身因素在履行施工合同的过程中遭受费用支出损失或工期耽误损失。索赔的成立前提是，符合合同约定或法律规定，并且是与合同或工程实施有关的相关事项。索赔的具体内容是，要求对方同意顺延工期，或者要求对方支付费用补偿，前者称为工期索赔，后者称为费用索赔。索赔的对象是，提起索赔的一方以外的另一方当事人。

由于施工合同纠纷中的索赔责任与一般合同纠纷中的违约责任均是出于某些阻碍合同顺利履行进而违背当事人订约意图的情形而发生的，且索赔与追究违约责任的法律效果均是要求对方支付一定的赔偿费用，故较多人将工程索赔与违约责任混为一谈。然而，从产生原因、规范意图、表现形式与受限条件的视角来看，基于索赔产生的赔偿责任有别于基于违约产生的违约责任，不可等量齐观。从产生原因看，违约责任仅因合同当事人违反合同约定的义务而产生，该原因是可以归责于违约方自身的事由；索赔责任既可以出于索赔对象一方自身的原因产生，如发包人怠于付款、发包人指定分包，也可以出于其他非关联合同当事人的原因发生，如不可预见且阻碍施工进度的异常恶劣气候或地下不利障碍，或政府政令变动、法律变动等。从规范意图看，违约责任设定的目的是维护诚实信用原则，其性质大多带有对违约方背信毁约予以指责、非难的色彩，即对违约方进行否定性评价，并且试图以较为严格的违约责任倒逼合同当事人诚实守信、按约履行，以维护交易秩序。但索赔责任的设定大多是出于维护合同执行公平、体现商事交易风险分配原则的需要，即在履约过程中发生不可预见的风险事项时，若依合同约定，允许因风险情形受损的一方据以向对方索赔，则减轻了受损一方的履约压力、提高了受损一方的清偿能力、加强了合同顺利履行的保障，这体现公平原则；若依合同约定不允许因风险情形受损的一方据以向对方索赔，则说明该项情形所引发的风险后果由实际承受方终局承担，体现了商事交易下的风险分配原则。从表现形式看，根据《民法典》第五百七十七条至第五百九十四条的规定，违约责任的表现形式不仅仅包括违约金的支付，还包括继续履行、采取补救措施、赔偿损失、支付替代履行的费用以及接受减价处理结果。根据行业习惯，索赔责任的实质内容仅包括费用的补偿、价款的增加与工期的顺延，没有违约责任内涵丰富多样。从受限条件来看，考虑到有必要对违约方实施惩戒，以制约其按照设定条件执行合同，使合同履行恢复到设想的正常轨道，逐步接近当事人意图实现的合同目的，《民法典》赞同合同当事人超出违约引发的实际损失金额向违约方收取违约金，通过严厉的惩罚性违约金反向迫使合同当事人严守合同、不敢违逆。此超出部分为守约方依法可以获得的一笔"额外收益",一般不超出实际损失的30%—50%。但依行业习惯,索赔的后果是根据实际发生的损失或实际耽误的工期依照"1∶1"的折算比例补偿费用或顺延工期,并不存在超额支付或者超期顺延的惯例。由此可知,索赔责任与违约责任的设计机理与规范意旨并不一致,不可张冠李戴。

依照建设工程领域的常规操作与行业惯例,索赔权利的行使条件没有违约责任的追究那样容易,需要满足较为严苛的限制条件。常见的限制条件包括以下几种。

(一)索赔原因符合合同约定或法律规定的索赔情形

施工合同的发承包双方可以将启动索赔程序的事由约定进合同条款中,当实际发生索赔事由时,即触发索赔权利的适用。常见的约定索赔原因,如《建设工程施工合同(示范文本)》"通用合同条款"第2.1条规定:"……因发包人原因未能及时办理完毕前述许可、批准或备案,由发包人承担由此增加的费用和(或)延误的工期,并支付承包人合理的利润。"第3.4条规定:"……承包人应对施工现场和施工条件进行查勘,并充分了解工程所在地的气象条件、交通条件、风俗习惯以及其他与完成合同工作有关的其他资料。因承包人未能充分查勘、了解前述情况或未能充分估计前述情况所可能产生后果的,承包人承担由此增加的费用和(或)延误的工期。"

法定的索赔情形则是《民法典》第八百零三条的规定,"发包人未按照约定的时间和要求提供原材料、设备、场地、资金、技术资料的,承包人可以顺延工程日期,并有权请求赔偿停工、窝工等损失"。出现以上法定情形时,承包人可以对发包人提出索赔。当然,该条规定并非强制性规定,允许发承包双方作出相反的风险分配安排,即发包人在支付风险对价的前提下,约定将上述发包人导致的费用增加或工期延误风险转嫁给承包人承担。该约定尽管与《民法典》第八百零三条的规定不一致,但也为有效约定,且适用效力优先于《民法典》第八百零三条的规定,这充分体现对当事人意思自治的尊重。总而言之,若提出索赔所依赖的情形并非合同约定或法律规定的索赔原因,那么索赔有很大可能得不到支持。

(二)索赔的提出在合同约定的有效时间内

违约责任的追究受到诉讼时效期间的限制,而索赔的提起受到合同约定的索赔时效期间的限制,如《建设工程施工合同(示范文本)》"通用合同条款"第19.1

条第 1 项规定,"承包人应在知道或应当知道索赔事件发生后 28 天内,向监理人递交索赔意向通知书,并说明发生索赔事件的事由;承包人未在前述 28 天内发出索赔意向通知书的,丧失要求追加付款和(或)延长工期的权利"。《建设工程工程量清单计价规范》(GB 50500—2013)第 9.13.2 条第 1 项规定:"承包人应在知道或应当知道索赔事件发生后 28 天内,向发包人提交索赔意向通知书,说明发生索赔事件的事由。承包人逾期未发出索赔意向通知书的,丧失索赔的权利。"

索赔权利的行使受到索赔时效期间的限制,源于对"逾期失权"后果的约定,即当事人未在合同约定的时间内以书面形式提出索赔要求的,约定的时间届满,索赔权利永久丧失,除非被索赔的一方同意。该合同约定的时间即为"索赔时效期间"。以上内容一旦成为发承包双方合意的内容,即产生约束效力,享有索赔权的当事人未在索赔时效期间内提起索赔的,当然依约丧失索赔权利。故索赔时效期间限制的效力起源于当事人的意思表示,并非如同诉讼时效期间那样是来自法律的固有规定。

(三)索赔的签认流程符合合同约定的审核程序

在很多情况下,为了阻却承包人行使索赔权利,避免承包人通过索赔突破建设项目的投资预算总额,发包人会在与索赔程序相关的条款中、在承包人索赔的前进道路上设置多道"艰难险阻"。其中,较为典型的包括:"索赔签证应当经发包人的现场代表、现场监理、工程负责人的共同签字确认,否则不得作为结算依据";"与索赔有关的申请文件应当经过发包人的工程部负责人、成本部负责人、财务部负责人的共同审批确认以及发包人的盖章签认,欠缺任何一项,都视为无效索赔"。在索赔生效前设定多重审批程序,加重承包人的申请压力、管理负荷与沟通负担,目的就是迫使承包人在层层审批的压力下望而生畏,从而对工程索赔"退避三舍"。一旦承包人在合同条款中接纳了这些发包人增加的层层审批设定,这些设定就进入意思自治的范围,对承包人产生强制约束力。若承包人的索赔申请未能依约取得上述审批主体的签批同意,即不符合合同约定的索赔程序要求,即便索赔事项符合合同约定的索赔情形,发包人也具备索赔无效的抗辩理由。于此情形,承包人便无法收获工期顺延、费用追加的有利后果。

以上结论并非危言耸听,有关约定也非一纸空文,审判实务中有不少法院认为该约定是有效约定,承包人未取得相应主体的审批的,便无法获得有效索赔。如最高人民法院在(2021)最高法民申 185 号案中认为:"根据《补充协议》附件三

《工程设计变更及现场签证协议书》第三条第三款约定,需要现场测量、计算的签证工程必须有志航公司现场代表、合同预算部造价人员、监理、黄浦公司参加并签字确认。黄浦公司仅提交了其单方制作的结算报告、施工方案及照片,并未提供经志航公司、监理单位签字确认的现场签证,不足以证明其实际施工,故二审未支持黄浦公司有关志航公司应支付增加工程人工挖孔桩因溶洞及烂井治理的工程款1652783元、高边坡土石方开挖费用的工程款55412.75元的主张,并无不当。"

需要特别说明的是,即便合同约定承包人的索赔申请应当取得监理单位、跟踪审计单位与建设单位内部不同职务负责人(如财务部负责人、预算部负责人、工程部负责人)的共同签字确认才视为有效索赔,否则建设单位有权拒绝索赔,很多法院也不认可该限制索赔生效的层层审批程序要求具有绝对的约束力。考虑到承包人欠缺多余精力从监理单位、审计单位或建设单位处取得审批且也没有能力劝服他们同意签认的现实困境,承包人已经积极垫资完成工程量的实际付出,以及承包人签约和履约时的弱者地位,法院很有可能会自动忽略合同中烦冗复杂的索赔审批手续条款,而是简化为只要承包人提交的索赔申请取得监理单位或建设单位任一方的签认同意(无论是盖章还是工作人员签字),均视为符合索赔程序,可以取得索赔的有效结果。如最高人民法院在(2023)最高法民终55号案中认为:"根据前述查明的事实,系争签证单已经全部由监理公司签字确认,虽缺少东方伟业公司相关人员的完整签字,但至少有两名东方伟业公司的工作人员对签证单载明的工程量予以签字确认。因双方没有特别约定,东方伟业公司内部报签手续不应由一冶集团公司履行,东方伟业公司工作人员在该26份签证单上的签字确认,应当认定为双方按约定对案涉工程量的确认。故系争签证单所涉259953元应当计入工程造价,原审判决对此节事实未作认定,确有不当,应予更正。"但是,若承包人对于自己提出的索赔申请,连监理单位或建设单位任何一方的盖章确认或工作人员的签字确认等审批签认情形都争取不到,承包人的索赔申请得不到支持。如最高人民法院在(2016)最高法民终259号案中认为:"关于设计变更和洽商、签证1342750元费用。鉴定机构将该部分费用列为争议项目。对于其中515683元费用,鉴定机构在一审期间对博海缘公司提出异议的答复意见中明确说明,双方争议的515683元设计变更和洽商、签证的费用,虽然存在相关单位负责人签字不全或签字为复印件问题,但博海缘公司负责人签字均为原件。

该事实表明博海缘公司对相应变更工程价款予以认可,故一审判决认定515683元变更和洽商、签证费用,应计入工程总价款,并无不当。博海缘公司上诉主张该项费用不应计入工程总价款,却未能提供证据,本院不予支持。对于另外827067元设计变更和洽商、签证的费用,因为缺少博海缘公司负责人签字或签字为复印件,住六公司在诉讼中也未能提供其他证据证明,故住六公司上诉主张该项费用应计入工程价款,依据不足,本院不予支持。"

(四)索赔申请包含要求追加费用或顺延工期的明确意思表达

索赔的内涵不仅仅包括提起索赔的一方要求被索赔方对索赔引起原因或延误发生事由进行签认,其核心目的在于要求被索赔方追加费用、赔偿损失、调增价款或顺延工期,并说明清楚意图追索的明确金额与要求延展的具体天数。在审判实践中,有部分法院认为,即便发承包双方签订的施工合同或另行签订的其他协议明确约定了可以索赔的情形,但提起索赔的一方仅仅是要求被索赔方针对索赔情形或顺延事由予以确认,未表达追加费用、补偿支出、赔偿损失、上调价款或顺延工期等明确意图,或尚未说明清楚索要的具体金额或要求展期的明确天数的,针对索赔方提出的索赔请求,存在法院不予支持的情形。如最高人民法院在(2021)最高法民终359号案中认为:"汇通公司、汇通西安分公司应否承担窝工损失11426024元。根据双方签订的系列施工合同对工期延误和索赔的约定,甲方未能按合同约定支付各种费用,顺延工期,赔偿损失,乙方可按以下规定书面向甲方索赔:(1)有正当索赔理由,且有索赔事件发生的有效证据;(2)索赔事件发生后28天内,乙方向甲方发出要求索赔的书面通知;(3)甲方在接到索赔通知后28天内给予答复。双方签订系列施工合同合法有效,对于工期延误和索赔约定应当以合同约定为准。本案中,对于华西西安分公司、华西公司所提交的多份工程函件,汇通西安分公司、汇通公司在函件上的签名人员亦出现在案涉工程其他文件上,可以认定工程函件已经由汇通西安分公司、汇通公司签收。该多份函件上虽明确因汇通西安分公司、汇通公司未按合同约定支付工程进度款,已经给华西公司、华西西安分公司造成工期延误的停窝工损失,但是该多份函件中并未明确停窝工的损失数额,亦未明确提出对停窝工损失的索赔,并不满足上述施工合同关于索赔的相关约定,且华西西安分公司、华西公司对于计算出的停窝工损失数额亦没有提交相应证据予以佐证,故一审法院未予支持华西公司、华西西安分公司主张的停窝工损失并无不当。"

（五）保留记录申请索赔行为痕迹的书面证据

民事诉讼讲究"以事实为根据，以法律为准绳"，事实认定在民事诉讼中占据重要地位，是法院裁判确权、定分止争的必要前提，而实现该要求的核心关键在于证据的提交。

一方面，为了确保承包人提出的索赔申请可以得到法院的支持，承包人应当以如工作联系函、索赔联系单、工程签证单的书面形式在合同约定的索赔时效期间内提出费用索赔或工期索赔，并保留建设单位或监理单位签收索赔文件的证据，不建议承包人采用口头形式提出索赔申请。若欠缺上述证明文件，通过诉讼或仲裁解决相应纠纷时，法院原则会根据《民事诉讼法司法解释》第九十条第二款的规定，"在作出判决前，当事人未能提供证据或者证据不足以证明其事实主张的，由负有举证证明责任的当事人承担不利的后果"，认定承包人主张的索赔事实不成立，进而不支持承包人的索赔请求，也就是上述规定所谓"由负有举证证明责任的当事人承担不利的后果"。

另一方面，《建设工程司法解释一》第十条第一款规定："当事人约定顺延工期应当经发包人或者监理人签证等方式确认，承包人虽未取得工期顺延的确认，但能够证明在合同约定的期限内向发包人或者监理人申请过工期顺延且顺延事由符合合同约定，承包人以此为由主张工期顺延的，人民法院应予支持。"这款规定赋予承包人一项让步的权利，即就算承包人提起的索赔申请未能取得建设单位或监理单位的盖章签字确认，只要承包人在合同约定的索赔时效期间内向建设单位或监理单位提出过索赔，索赔成立的事由属于合同约定的索赔情形，且有证据证明上述事项实际发生的，法院也认可未经建设单位或监理单位签认但承包人已经提过索赔申请的索赔事项属于有效索赔，建设单位应当支付费用，或顺延工期。因此，承包人提起工程索赔时，应当积极制作并保留其在约定索赔时效期间内提出索赔、建设单位或监理单位已经在索赔时效期间内有效收到索赔申请的书面确认文件，推动《建设工程司法解释一》第十条第一款的现实适用，积极促成索赔的有效成立，并获得法院的既判力、强制力支持。

以上五个条件均为工程索赔有效成立的必要充分条件，缺乏任何一项均导致被索赔方得以成功推翻索赔、法院不支持索赔方提出的索赔主张的不利后果。本案中，虽然建设单位向施工单位提出工期索赔，但建设单位未提供任何证据证明工期延误是施工单位造成的，且不能证明符合合同约定的发包人索赔情形，故建设单位的索赔请求难以得到法院支持。

五、案例索引

南宁市邕宁区人民法院民事判决书,(2021)桂 0109 民初 3435 号。

(代理律师:李妃、乃露莹)

案例 11

施工质量不合格,分包单位向施工单位主张支付工程款的,不予支持

【案例摘要】

施工单位作为公路改造工程的总承包人,将路面沥青摊铺分项工程交由分包单位施工。因分包单位施工质量不合格,施工单位拒付剩余工程款。法院认为,分包单位无权依据不合格的工程,向施工单位主张全部工程款,遂判决驳回分包单位的全部诉讼请求。

一、案情概要

2020年,施工单位从建设单位处承包了案涉公路改造工程。后施工单位将案涉工程的沥青摊铺工程分包给分包单位,并与分包单位签订《工程专业分包合同》,合同约定分包单位承包沥青摊铺工程,并明确约定摊铺厚度10cm,单价10元/(平方米·公分)。工程竣工时,凭双方签字认可的结算单进行结算,付款方式为工程竣工验收完毕后支付全部工程款总额的85%,2022年年底前付清全部余款。沥青摊铺工程完工后,分包单位代表向施工单位代表提供工程完工结算单,施工单位代表需在三个工作日内审核,签署工程完工结算单。

双方签订《工程专业分包合同》后,分包单位组织人员完成了沥青摊铺工程施工。2020年11月,施工单位项目负责人出具了一份《公路大修工程工程量确认清单》,确定了工程施工厚度为9cm,工程单价按合同约定计算,工程款计算为600万元。截至本案诉讼发生,施工单位合计支付分包单位工程款400万元。

分包单位认为,其已完成案涉工程施工且案涉工程已通车,双方已进行结算,但施工单位未足额支付其工程款,遂起诉至法院,要求施工单位支付工程款。

诉讼中,施工单位认为案涉工程一直未经建设单位验收合格,案涉工程质量

未达到合同约定的质量标准,并申请对案涉工程质量是否合格进行司法鉴定。法院受理鉴定申请后依法委托鉴定机构进行了鉴定,鉴定公司出具鉴定意见书,其意见为:沥青面层实测关键项目总厚度代表值不符合《公路工程质量检验评定标准》的规定和设计要求,质量不合格。最后,法院判决驳回分包单位的诉讼请求。

二、代理方案

结合本案各方的诉辩意见,本案的争议焦点是分包单位主张支付工程款是否有依据。笔者作为施工单位的主办律师认为,从建设单位角度看,当施工单位主张工程款时,一般会从支付工程款的条件是否成就的角度应诉。施工单位在本案中处于相对发包人的地位,故就分包单位主张工程款的诉请,也应从分包单位主张支付工程款的条件是否成就的角度进行抗辩。

一方面,从分包单位施工的工程质量是否合格角度分析。首先,《民法典》第七百九十三条规定:"建设工程施工合同无效,但是建设工程经验收合格的,可以参照合同关于工程价款的约定折价补偿承包人。建设工程施工合同无效,且建设工程经验收不合格的,按照以下情形处理:(一)修复后的建设工程经验收合格的,发包人可以请求承包人承担修复费用;(二)修复后的建设工程经验收不合格的,承包人无权请求参照合同关于工程价款的约定折价补偿。发包人对因建设工程不合格造成的损失有过错的,应当承担相应的责任。"第七百九十九条规定:"建设工程竣工后,发包人应当根据施工图纸及说明书、国家颁发的施工验收规范和质量检验标准及时进行验收。验收合格的,发包人应当按照约定支付价款,并接收该建设工程。建设工程竣工经验收合格后,方可交付使用;未经验收或者验收不合格的,不得交付使用。"由此可知,无论建设工程施工合同效力如何,质量合格是承包人得以要求支付工程款的最关键前提。主办律师了解到,分包单位在施工过程中确实存在"偷工减料"的情况,其所施工的沥青摊铺工程厚度未达到合同约定以及设计要求的10cm。也就是说,分包单位的施工质量不合格,明确了分包单位未达到要求支付工程款的条件。其次,锁定质量问题方向后即收集证据证明分包单位施工质量不合格。但是,施工单位并没有可以证明分包单位质量不合格的相关证据。《民事诉讼法》第六十六条规定:"证据包括:(一)当事人的陈述;(二)书证;(三)物证;(四)视听资料;(五)电子数据;(六)证人证言;(七)鉴定意见;(八)勘验笔录。证据必须查证属实,才能作为认定事实的根据。"《建设工程司法解释一》第三十二条第一款规定:"当事人对工程造价、质量、修复费用等专门性问题有争议,人民法院认为需要鉴定的,应当向负有举证责任的当事人释明。当事人经释明未申请鉴定,虽申请鉴定但未支付鉴定费用或者拒不提供相关材料的,应当承担举证不能的法律后果。"由此可知,工程质量存在争议的,可通过司法鉴定的方式认定,而鉴定意见也属于证据的一种。主办律师在代理过程中选择向法院申请对分包单位施工的工程质量进行鉴定,拟以司法鉴定结论作为施工单位证明分包单位施工质量不合格的关键证据,通过此方式弥补持有证据不足的缺陷。最后,分析本案是否存在以分包单位施工质量不合格进行抗辩对施工单位的不利事实。本案最不利的事实是案涉公路工程客观上已通车,极有可能被法院认定为属于《建设工程司法解释一》第十四条规定"建设工程未经竣工验收,发包人擅自使用后,又以使用部分质量不符合约定为由主张权利的,人民法院不予支持;但是承包人应当在建设工程的合理使用寿命内对地基基础工程和主体结构质量承担民事责任"中的"擅自使用"情形。为此,主办律师在代理时从公路工程的特殊性出发,否定"通车"为"擅自使用",从而否定"通车"可视为工程质量合格。

另一方面,从分包单位已完工程量和造价是否确定角度分析。主办律师注意到一个细节,案涉工程是公路工程,且施工单位与分包单位签订的分包合同上约定按摊铺厚度计量计价,也就是说,分包单位已完工程量和造价的确定与其实际施工的摊铺工程厚度息息相关。因此,主办律师在分析这个角度时,不从分包单位与施工单位是否结算角度出发,而是结合工程质量问题去分析分包单位已完工程量和造价是否确定。

结合上述代理思路,主办律师拟定如下代理方案。

(一)分包单位施工质量不合格,其主张支付工程量的条件未成就

1.经司法鉴定确认,分包单位施工质量不合格

《民法典》第七百九十三条规定:"建设工程施工合同无效,但是建设工程经验收合格的,可以参照合同关于工程价款的约定折价补偿承包人。建设工程施工合同无效,且建设工程经验收不合格的,按照以下情形处理:(一)修复后的建设工程经验收合格的,发包人可以请求承包人承担修复费用;(二)修复后的建设工程经验收不合格的,承包人无权请求参照合同关于工程价款的约定折价补偿。发包人对因建设工程不合格造成的损失有过错的,应当承担相应的责任。"第七百九十九条规定:"建设工程竣工后,发包人应当根据施工图纸及说明书、国家颁发

的施工验收规范和质量检验标准及时进行验收。验收合格的,发包人应当按照约定支付价款,并接收该建设工程。建设工程竣工经验收合格后,方可交付使用;未经验收或者验收不合格的,不得交付使用。"

支付工程款的前提条件是施工质量验收合格。本案中,案涉《工程专业分包合同》第一条、第二条约定,沥青摊铺工程厚度应为10cm。根据鉴定机构的鉴定结论,案涉沥青摊铺工程总厚度平均值为82.2mm,总厚度代表值不符合《公路工程质量检验评定标准》的规定和设计要求,即分包单位的施工质量不合格,既没有达到公路工程质量标准,也没有达到设计要求的10cm的厚度要求。

2. 本案工程虽已通车,但不属于视为工程质量合格的情形

法律上,本案工程属于公路工程。《公路工程竣(交)工验收办法》(交通部令2004年第3号)第十六条规定:"公路工程进行竣工验收应具备以下条件:(一)通车试运营2年后……"由此可知,公路工程依法应当通车试运营2年后才进行竣工验收,故本案工程目前尚不具备竣工验收的条件。本案工程在分包单位提起本案诉讼的一年前通车,仅仅属于依法通车试运营阶段,不属于《建设工程司法解释一》第十四条规定"建设工程未经竣工验收,发包人擅自使用后,又以使用部分质量不符合约定为由主张权利的,人民法院不予支持;但是承包人应当在建设工程的合理使用寿命内对地基基础工程和主体结构质量承担民事责任"中的"擅自使用"情形。并且,本案公路工程是公路改造工程,具有"边修复、边通车,错段修复、错段通车"的特殊性,也不能简单适用《建设工程司法解释一》第十四条的规定来认定通车即为"擅自使用"。

客观上,本案工程没有由发包人完成竣工验收。且本案工程因具有"边修复、边通车,错段修复、错段通车"的特殊性,本案工程道路在施工时并非封闭式施工,而是修复一部分,通车一部分。对此特殊情况,分包单位在订立合同、履行合同时是知悉且认可的。因此,若将通车即视为"擅自使用",从而径直认定工程质量合格,根据本案道路工程"错段修复、错段通车"的特殊性,分包单位所施工的沥青摊铺工程的厚度不必达到合同约定的10cm也可以主张工程质量合格,甚至分包单位无论对案涉工程如何施工,都将被视为工程质量合格,这显然严重违背常理。

（二）因分包单位施工质量不合格，无法确定具体施工的摊铺厚度，从而也无法确认分包单位实际完成的工程量及造价，其主张支付工程款金额没有依据

分包单位与施工单位签订的《工程专业分包合同》中约定摊铺厚度10cm，单价10元/（平方米·公分）。也就是说，如分包单位施工厚度达到10cm，则可以按10元/（平方米·公分）的单价结算工程造价，工程造价的计算方式为：造价金额＝面积＊厚度（10cm）＊单价。由此可知，施工厚度直接影响了工程量和造价。在本案中，鉴定公司出具的鉴定意见书载明，分包单位施工厚度未达到合同约定厚度，并且，鉴定公司在抽样鉴定时发现，不同路段抽取的样品鉴定出来的厚度完全不一样。由此可以看出，分包单位所完成的本案公路工程的真实厚度到底是多少根本无法确定，也无法测量，公式中的"厚度"到底用哪一个路段的数值计算也无法定论，故在此情况下根本无法计算分包单位已完工程的工程造价。

即便施工单位项目负责人出具了一份《公路大修工程工程量确认清单》，确定了工程施工厚度为9cm，但《公路大修工程工程量确认清单》与事实不符，不能作为分包单位已完工程的工程造价依据。

（三）从立法精神上看，如支持分包单位的诉讼请求，将使分包单位从其违法或违约行为中获利，违背法律的公平正义

客观上，分包单位施工的本案工程，经法院委托的鉴定机构所作出的鉴定结果确认质量不合格。分包单位施工质量不合格的行为是违约，甚至违法的行为，分包单位当然不能从此种违约，甚至违法行为中获取比守约或守法行为更多的利益。甚至，法院需要对分包单位的此种违约、违法行为予以否定性评价。否则，在本案已有充分证据即鉴定机构出具的鉴定意见书证明分包单位施工质量不合格的情况下，仍支持分包单位的诉讼请求，法律将向违约、违法方倾斜，法律的公平正义将难以实现。

综上所述，分包单位施工质量不合格，其主张支付工程款的条件未达到，应驳回其全部诉讼请求。

三、法院判决

法院认为：建设工程施工合同的工程竣工后，发包人与施工人应进行工程交付验收并对工程量进行结算。工程质量不符合约定的，发包人有权请求施工人无偿修理或返工，施工人拒绝修理或返工的，发包人可请求减少支付工程款。本案中，施工单位与分包单位签订的《工程专业分包合同》系有效合同，合同中约定了分包单位施工质量标准为摊铺厚度10cm,施工单位按施工完成进度支付相应工程款,施工单位支付全部工程款应按双方公司签字认可的结算单进行结算等条款。分包单位完成工程施工后,施工单位项目负责人出具代表案涉工程结算的"工程量确认清单",分包单位交付了工程。法院认为,"工程量确认清单"不符合《工程专业分包合同》工程结算条款的约定,仅由施工单位项目负责人出具"工程量确认清单"不能视为施工单位对案涉工程款的认可结算。该"工程量确认清单"确定的工程款为600万元,计算方式为《工程专业分包合同》约定的10cm摊铺厚度与合同约定的摊铺单价组成,但该工程款的计算应以案涉工程质量符合合同约定的质量要求为前提,根据鉴定机构的鉴定意见,案涉工程总厚度代表值不符合《公路工程质量检验评定标准》的规定和设计要求,案涉工程总厚度不合格。分包单位认为案涉工程已由建设单位验收后通车,应当视为案涉工程经竣工验收合格。法院认为,分包单位提交的质量鉴定报告认定案涉工程质量合格,但本院委托的鉴定机构出具鉴定意见书认定案涉工程质量不合格,案涉工程质量按鉴定机构出具鉴定意见书确定为不合格,故分包单位主张施工单位按"工程量确认单"支付工程款,无事实和法律依据,法院不予支持。综上,因分包单位完成的案涉工程质量不合格,施工单位项目负责人向分包单位出具的"工程量确认清单"不能作为案涉工程结算的依据,分包单位诉请按"工程量确认清单"支付工程款条件不成就。

四、律师评析

工程质量是建筑工程的生命和核心,与社会公共安全和人民群众的安危息息相关。从立法到司法实践,工程质量合格是承包人主张工程价款的前提条件。即使施工合同被认定是无效的,但只要施工的工程质量合格,也可以根据《民法典》第七百九十三条的规定,请求参照合同关于工程价款的约定折价补偿。

(一)工程质量认定的标准

《建筑工程施工质量验收统一标准》第3.0.7条规定:"建筑工程施工质量验收合格应符合下列规定:1 符合工程勘察、设计文件的要求;2 符合本标准和相关专业验收规范的规定。"工程质量的标准一般从以下两方面进行认定:

一是工程质量是否符合法定质量标准。《建筑法》第三条规定:"建筑活动应当确保建筑工程质量和安全,符合国家的建筑工程安全标准。"第五十二条规定:"建筑工程勘察、设计、施工的质量必须符合国家有关建筑工程安全标准的要求,具体管理办法由国务院规定。有关建筑工程安全的国家标准不能适应确保建筑安全的要求时,应当及时修订。"由此可知,法定质量标准即为国家规定的工程质量标准。

国家规定的工程质量标准分为强制性标准、推荐性标准,强制性标准必须执行。《标准化法》第二条规定:"本法所称标准(含标准样品),是指农业、工业、服务业以及社会事业等领域需要统一的技术要求。标准包括国家标准、行业标准、地方标准和团体标准、企业标准。国家标准分为强制性标准、推荐性标准,行业标准、地方标准是推荐性标准。强制性标准必须执行。国家鼓励采用推荐性标准。"

《标准化法》第十条第一款规定:"对保障人身健康和生命财产安全、国家安全、生态环境安全以及满足经济社会管理基本需要的技术要求,应当制定强制性国家标准。"第二十五条规定:"不符合强制性标准的产品、服务,不得生产、销售、进口或者提供。"《标准化法实施条例》第十八条规定:"国家标准、行业标准分为强制性标准和推荐性标准。下列标准属于强制性标准:(一)药品标准,食品卫生标准,兽药标准;(二)产品及产品生产、储运和使用中的安全、卫生标准,劳动安全、卫生标准,运输安全标准;(三)工程建设的质量、安全、卫生标准及国家需要控制的其他工程建设标准……"建设工程的质量直接涉及国家安全及人民群众的身体健康和生命财产安全,工程质量标准必须属于国家强制性标准。严格来说,国家强制性的工程质量标准是当事人应当遵守的最低质量标准。

二是工程质量是否符合约定质量标准。《建设工程质量管理条例》第二十八条规定:"施工单位必须按照工程设计图纸和施工技术标准施工,不得擅自修改工程设计,不得偷工减料。施工单位在施工过程中发现设计文件和图纸有差错的,应当及时提出意见和建议。"建设工程质量除需要符合国家标准外,更重要的是要符合发包人的要求,达到发包人要求的交付条件。因此,工程质量还应符合合同中约定的质量标准,包括工程设计文件和图纸的质量要求。

合同的约定是当事人意思自治的体现,当事人应严格遵守合同约定,诚信履约。因此,当事人可以就质量标准进行约定。但是,《建筑法》第五十四条规定:"建设单位不得以任何理由,要求建筑设计单位或者建筑施工企业在工程设计或者施工作业中,违反法律、行政法规和建筑工程质量、安全标准,降低工程质量。建筑设计单位和建筑施工企业对建设单位违反前款规定提出的降低工程质量的要求,应当予以拒绝。"《建设工程质量管理条例》第十条规定:"建设工程发包单位不得迫使承包方以低于成本的价格竞标,不得任意压缩合理工期。建设单位不得明示或者暗示设计单位或者施工单位违反工程建设强制性标准,降低建设工程质量。"第十九条第一款规定:"勘察、设计单位必须按照工程建设强制性标准进行勘察、设计,并对其勘察、设计的质量负责。"由此可知,合同约定的质量标准应当在现行国家强制性标准基础上进行约定,不允许违反国家工程质量标准,也不允许低于国家强制性质量标准,即合同约定的质量标准必须以国家强制性质量标准为底线。

(二)发包人擅自使用视为工程质量合格

工程质量合格与否,需要经过法定的验收程序和验收标准进行验收后确认。所谓质量验收,即在施工单位自行检查合格的基础上,由工程质量验收责任方组织,工程建设相关单位参加,对检验批、分项工程、分部工程、单位工程及其隐蔽工程的质量进行抽样检验,对技术文件进行审核,并根据设计文件和相关标准以书面形式对工程质量是否达到合格作出确认。工程施工质量验收应划分为单位工程、分部工程、分项工程和检验批。各部分的工程质量验收应当符合《建筑工程施工质量验收统一标准》的相关规定。同时,《建筑法》第六十一条规定,"交付竣工验收的建筑工程,必须符合规定的建筑工程质量标准,有完整的工程技术经济资料和经签署的工程保修书,并具备国家规定的其他竣工条件。建筑工程竣工经验收合格后,方可交付使用;未经验收或者验收不合格的,不得交付使用"。因此,只有工程质量经验收合格后才能交付使用。但在实践中,各种原因影响下,发包人会在工程未经验收合格的情形下使用建设工程。

在建设工程施工合同中,交付质量合格的工程才能换取相应对价的工程款。对于发包人在工程质量未经验收合格即实际使用工程的情况,根据《建设工程司法解释一》第十四条的规定,发包人擅自使用工程后,不能又以使用部分质量不符合约定为由主张权利。也就是说,即便工程质量没有经验收合格,发包人使用工程的行为也相当于放弃了对工程质量的异议,即视为发包人认为工程质量已合格并自愿承担因工程质量问题可能引发的法律风险。此时,发包人则丧失工程一般质量异议的抗辩权,不得再以工程未竣工验收、工程存在质量问题为由提出少付、拒绝支付工程款等要求。

是否只要发包人使用工程即可作出如上判断?笔者认为,回答该问题需要判断发包人是否属于"擅自使用",而如何定义"擅自"是判断的关键所在。

"擅自"实质是对发包人意思表示的判断,《民法典》第一百四十条规定:"行为人可以明示或者默示作出意思表示。沉默只有在有法律规定、当事人约定或者符合当事人之间的交易习惯时,才可以视为意思表示。"由此可知,意思表示一般以明示或默示方式作出。发包人对工程组织竣工验收、在竣工验收报告或工程结算报告上盖章、签字等行为,属于以明示方式作出认可建设工程质量合格的意思表示。"擅自使用",属于以默示的方式作出了认可建设工程质量合格的意思表示。在此情形下,发包人对工程未组织竣工验收、未在竣工验收报告或工程结算报告上盖章、签字等情形是明知的,发包人在主观上存在故意。

但是,在客观情形所迫使、第三方政府机关要求或发包人与承包人协商一致等情形下,发包人使用未经验收合格的工程的,则不应当认定为"擅自使用"的范畴。比如,水利工程中的挡水大坝。挡水大坝的作用是防洪,因此,不管该挡水大坝是否经过竣工验收合格,如发生暴发洪水等客观情况,就必须使用挡水大坝,这是由挡水大坝的特性决定的,此情形下不应当认定为发包人擅自使用。又如,法律明确规定需进行一定期限试运行的工程(如矿山项目工程、公路工程等)。根据工程试运行的相关法律规定,因工程的特殊性,必须通过整个工程项目的设计、实施和管理工作的试运行才能查看工程能否达到质量标准,在试运行期间发现存在质量问题的,由承包人及时整改至达到交付条件。此类工程的竣工验收必须在试运行期限届满后完成。因此,工程的试运行期间不应当认定为发包人"擅自使用"建设工程的情形。但是,发包人在试运行期届满后仍未停止试运行或未及时组织竣工验收继续使用的,则应认定为发包人擅自使用。

因此,对于"擅自使用"的认定,需要结合发包人的主观态度、客观情形、使用状态、工程特性等方面综合认定。

(三)工程质量鉴定

建设工程施工合同纠纷中,根据《建设工程司法解释一》第三十二条第一款"当事人对工程造价、质量、修复费用等专门性问题有争议,人民法院认为需要鉴定的,应当向负有举证责任的当事人释明。当事人经释明未申请鉴定,虽申请鉴定但未支付鉴定费用或者拒不提供相关材料的,应当承担举证不能的法律后果"的规定,当事人对工程质量存在争议的,可向法院申请对工程质量进行鉴定,由法院委托具有相关资质的机构进行质量鉴定,并以鉴定机构的鉴定意见作为评判工程质量合格的标准。特别是在发包人已实际使用未经验收合格的建设工程的情形下,发包人拟以工程质量不合格为由进行抗辩的,更应启动工程质量鉴定程序。

五、案例索引

湖南省澧县人民法院民事判决书,(2022)湘0723民初1452号。

(代理律师:乃露莹、闫凯)

案例 12

工程质量虽有瑕疵但满足安全使用标准，建设单位要求施工单位拆除重建的，不予支持

【案例摘要】

建设单位以工程存在质量问题为由要求施工单位承担拆除重做费用，但在工程质量满足安全使用标准的前提下，工程并无拆除重做必要性的，建设单位要求施工单位承担重做责任的主张不应得到支持。工程存在质量瑕疵应依法先由施工单位进行修复，不应直接要求施工单位拆除重做。

一、案情概要

原告施工单位系具有承建工程相应资质的企业。2020年6月19日，施工单位与被告建设单位签订《工程合同》，该合同约定，建设单位将污水处理房工程发包给施工单位施工建设；合同总金额647万元（以决算为准）。该合同通用条款约定，双方对工程质量有争议的，由双方同意的工程质量检测机构鉴定，所需费用及因此造成的损失，由责任方承担。双方均有责任的，由双方根据其责任分别承担；施工中若发包人需对原工程设计变更，应提前14天以书面形式向承包人发出变更通知；质量保修期为1年；质量保修金的支付办法为工程竣工验收的1年后退回。该合同专用条款约定，本合同价款采用固定总价合同方式确定；采用固定总价合同，合同价款中包括的风险为质量、工期、安全、验收；竣工验收：确保项目通过相关政府验收单位或机构验收合格等。

2020年6月22日，施工单位进场施工，并于2020年12月18日完工，同年12月28日案涉工程竣工验收。竣工当日，建设单位、施工单位及勘察单位、设计单位、监理单位五方对案涉工程进行竣工验收，上述5家单位分别在《建设工程质量竣工验收意见书》上签字盖章，竣工验收结论为工程质量评定合格。案涉工

竣工验收后即交付被告投入使用。

2020年12月16日,建设单位委托第三方机构对包括案涉工程在内的整个工程的消防设施进行竣工检测。经检测,所有消防设施的综合评定为"合格"。2021年4月29日,建设单位申请住房和城乡建设局对案涉项目进行消防验收。住房和城乡建设局出具《特殊建设工程消防验收意见书》,该意见书载明根据申请材料及建设工程现场评定情况,主要存在六项问题,并要求建设单位进行整改,整改完毕后再申请复验。在所列的问题中,有部分不属于原告施工范围,还有部分施工单位是照图纸施工。施工单位于2021年5月12日收到整改意见,并安排人员对消防设施进行了整改。后建设工程质量安全监督站对案涉工程实施质量监督,并出具了《建设工程质量监督报告》,载明"施工过程中出现的质量问题已经施工单位整改,整改报告已经监理单位总监签字认可并送质监站备案"及"建设单位已签署《建设工程竣工验收报告》,同意接收,交付使用"。2022年1月19日,住房和城乡建设局出具《特殊建设工程消防验收意见书》,确认案涉工程的消防验收合格。

2021年5月,建设单位发现案涉项目存在开裂渗漏现象,随即通知施工单位,施工单位派人进行了维修。后建设单位称发现仍有渗漏现象,因原告已诉至法院,其就未再通知原告进行维修。

工程完工后,双方对施工单位所完成的工程一直未进行结算,建设单位也未足额支付工程款,为此,施工单位诉至法院,要求建设单位支付欠付工程款。后建设单位以案涉工程存在开裂渗漏的质量问题为由提起反诉,要求施工单位赔偿案涉工程重做的费用。

诉讼中,建设单位申请对案涉工程污水处理房是否存在开裂渗漏、开裂渗漏导致污水处理房失效的问题与施工单位的施工行为是否存在因果关系进行鉴定,若存在因果关系,如何修复;若进行修复,就对修复价格进行评估。一审法院依法委托鉴定机构进行评估,鉴定机构作出了《工程质量检测报告》,检测结论为:对污水处理房进行综合评定,该房屋安全性符合《民用建筑可靠性鉴定标准》对A_{su}级的规定,不影响整体承载,可能有极少数一般构件应采取措施。该检测报告并针对该结论提出了如下建议:(1)该项目部分填充墙抹灰层脱落及部分构件混凝土表面蜂窝、麻面,建议对其进行修复,以满足建筑物正常使用;(2)该项目水池池壁管道渗漏,建议建设单位尽快将本报告反馈至原设计单位,及时对渗漏处进行防水修补处理,以保证建筑物的正常使用。同时该检测报告还指出,对于水池侧壁剪力墙伸出的 PVC 管,虽为现场预埋,但水池管道施工时未预埋防水套管;检修管道口为预留洞口,安装检修管道后直接用砌砖进行封堵。因此,该项目水池管道未严格按照规范、图集做法,达不到规范的防水要求,易出现渗水、漏水现象。

案件审理过程中,施工单位提出管道预埋是其做的,只是建设单位对管道预埋的工序进行了变更。为此,施工单位提交了一份有建设单位方盖章确认的工程联系单,该联系单载明:"原污水处理房水施图 + 0.000 部位,由于设计要求预埋管为钢性防水套管,现因为环保设备与钢性防水套管无法连接,业主要求我施工方将钢性防水套管修改为 PVC 管,现需业主提供的修改设计图以便我施工方进行预埋施工。"一审法院发函给涉案项目的原设计单位,询问水池管道施工时未预埋防水套管,该做法是否会造成水池池壁管道渗漏。设计单位回函答复:"原设计图纸要求过墙管安装钢性防水套管,在施工过程中,建设方要求不按图纸设计私自修改图纸,要求施工方更换掉钢性防水套管,以便环保设备安装。"

《工程质量检测报告》中提到"水管管壁周围存在渗水的情况,引起管道渗水的原因是该项目管道施工做法与规范、图集做法不符,达不到规范的防水要求",但涉案项目的防水层工程是由第三方进行施工的。

一审审理期间,施工单位根据《工程质量检测报告》,对污水处理房填充墙抹灰层脱落及混凝土表面蜂窝麻面问题进行了修复。

一审法院经审理后,认为案涉项目仅存在质量瑕疵,不影响建筑物安全性,未达到重做标准,且案涉项目存在开裂渗漏问题是建设单位的设计变更导致,与施工单位的行为无关。对于质量瑕疵问题,施工单位在案件审理过程中积极进行修复,故判决驳回建设单位的反诉请求。后建设单位不服,提起上诉,二审法院维持原判。

二、代理方案

本案施工单位主张工程款最大的障碍是建设单位提出的关于质量问题的反诉,如建设单位提出的反诉请求成立,则施工单位得到的工程款将减少,甚至得不到,反而需另外赔付建设单位。因此,作为施工单位的代理律师,笔者认为,应从以下方面进行抗辩:第一,案涉工程已经竣工验收合格且建设单位实际投入生产使用,客观上不存在质量问题。第二,建设单位主张的质量问题与施工单位的施工行为不存在任何因果关系,其实际是建设单位擅自变更设计图纸导致的,应由建设单位自行承担相应法律后果。第三,案涉工程经鉴定满足安全使用标准,未达到拆除重做的标准,施工单位无须承担重做的责任。为此,主办律师拟定如下代理方案。

1. 案涉工程质量已经验收合格,建设单位已实际投入生产使用,且鉴定结论认可案涉工程质量合格。

案涉工程已于2020年12月28日竣工验收合格并经建设工程质量安全监督站备案,建设单位已实际投入生产使用。并且,鉴定机构出具的《工程质量检测报告》载明,案涉工程主体结构施工质量基本符合规范要求,案涉工程质量不存在任何问题。因此,案涉工程质量客观上已合格,根本不存在任何质量问题。

2. 经鉴定,案涉工程的污水处理房开裂渗漏是防水引起的,而案涉工程的防水并非施工单位的承包内容,案涉工程的污水处理房开裂渗漏与施工单位的施工行为不存在任何因果关系。

鉴定机构出具的《工程质量检测报告》指出,水池侧壁剪力墙伸出PVC管,虽为现场预埋,但水池管道施工时未预埋防水套管;检修管道口为预留洞口,安装检修管道后直接用砌砖进行封堵。因此,该项目水池管道未严格按照规范、图集做法,达不到规范的防水要求,易出现渗水、漏水现象。

由此可知,建设单位主张的污水处理房开裂渗漏是防水引起的。根据双方合同约定,施工单位的承包范围不包括案涉工程的防水,建设单位对此也在庭审中认可,并表示防水是由第三方完成的。故《工程质量检测报告》中记载的水池外侧剪力墙伸出的水管管壁周围存在渗水情况,与施工单位的施工行为无关,该水池外侧剪力墙伸出的水管的防水工序并不属于施工单位的施工范围,施工单位对此没有施工行为,根本不可能存在管道施工做法与规范、图集做法不符的情形。

3. 建设单位擅自变更设计图纸是污水处理房开裂渗漏的根本原因,污水处理房开裂渗漏反而与建设单位的行为存在因果关系,故应由建设单位自行承担相应法律后果。

《建设工程司法解释一》第十三条规定:"发包人具有下列情形之一,造成建设工程质量缺陷,应当承担过错责任:(一)提供的设计有缺陷;(二)提供或者指定购买的建筑材料、建筑构配件、设备不符合强制性标准;(三)直接指定分包人分包专业工程。承包人有过错的,也应当承担相应的过错责任。"

本案中，施工单位提交的证据"工程联系单"（编号:026）载明，原设计要求预埋管为钢性防水套管，后建设单位要求施工单位将钢性防水套管修改为PVC管。建设单位在该工程联系单上盖章予以确认。同时，经法院向设计单位询问，设计单位回函称："原设计图纸要求过墙管安装钢性防水套管，在施工过程中，建设方要求施工单位不按图纸设计施工并私自修改图纸，要求施工单位更换掉钢性防水套管，以便环保设备安装。"由此可知，案涉工程原设计图纸是要求预埋具备防水功能的钢性防水套管，是建设单位自行修改图纸后要求把钢性防水套管改为没有防水功能的PVC管。施工单位是根据建设单位的要求和提供的图纸进行施工的。

因此，案涉工程污水处理房开裂渗漏，达不到防水要求，实际是建设单位造成的。建设单位擅自修改的图纸存在缺陷，建设单位对此存在过错，污水处理房开裂渗漏与建设单位的行为存在直接因果关系，其应自行承担相应的法律后果。

4.经鉴定，案涉工程符合安全使用标准，污水处理房开裂渗漏并不会导致案涉工程拆除重做，故施工单位无须承担重做的任何责任。

《民法典》第八百零一条规定："因施工人的原因致使建设工程质量不符合约定的，发包人有权请求施工人在合理期限内无偿修理或者返工、改建。经过修理或者返工、改建后，造成逾期交付的，施工人应当承担违约责任。"《建筑法》第六十条规定："建筑物在合理使用寿命内，必须确保地基基础工程和主体结构的质量。建筑工程竣工时，屋顶、墙面不得留有渗漏、开裂等质量缺陷；对已发现的质量缺陷，建筑施工企业应当修复。"《建设工程质量管理条例》第三十二条规定："施工单位对施工中出现质量问题的建设工程或者竣工验收不合格的建设工程，应当负责返修。"

根据上述法律、法规规定，工程出现质量问题时，应先进行修复。出于经济性的考虑，对于具备修复或加固条件的工程，采取加固、修复措施；在不具备修复或加固条件的情况下，再考虑进行拆除、重做。本案中，鉴定机构作出的《工程质量检测报告》明确指出，对污水处理房进行综合评定，该房屋安全性符合相关标准对A_{su}级的规定，不影响整体承载，可能有极少数一般构件应采取措施。也就是说，案涉工程污水处理房的质量符合安全使用标准，并不存在拆除、重做的必要。并且，客观上建设单位没有拆除该建筑物，也没有遭受任何损失，其没有证据证明项目需要拆除重建。

对此，最高人民检察院在按审判监督程序提起抗诉的唐山市新华金属屋顶成型安装有限公司诉丰润县冀东建材大世界开发公司等建筑安装工程合同纠纷案①中认为,在建筑安装工程合同中,对于不合格工程,一般可采取修理、加固或者拆除等办法进行处理,一方当事人在没有证据证明相对方已完成工程不具备修复或加固条件的情况下,擅自拆除该工程,因此产生的费用应由其自行承担。

5.《工程质量检测报告》中所述的混凝土表面蜂窝麻面、周边建筑渗水问题是保修期内工程质量缺陷问题,并不影响建筑物的正常使用,施工单位对此应承担的是保修责任而非违约责任。且施工单位在本案一审期间已对上述质量缺陷问题进行了修复,积极履行保修义务。故建设单位无权再以上述质量缺陷问题为由要求拆除重做。

《建设工程质量管理条例》第三十九条第一款规定:"建设工程实行质量保修制度。"第四十条第三款规定:"建设工程的保修期,自竣工验收合格之日起计算。"第四十一条规定:"建设工程在保修范围和保修期限内发生质量问题的,施工单位应当履行保修义务,并对造成的损失承担赔偿责任。"

一方面,案涉工程于2020年12月28日竣工验收合格,自2020年12月28日之日起,案涉工程进入保修期。在保修期内出现的质量问题均属于质量缺陷,施工单位对此期间存在的质量问题承担的是保修责任。该保修责任既是施工单位的义务也是施工单位的权利,建设单位发现存在质量缺陷时,应先通知施工单位进行维修。如未通知施工单位即自行维修或径直要求施工单位承担维修费用,建设单位就阻碍了施工单位维修的权利,此时,施工单位无须对建设单位要求的维修费用即重做费承担责任。

另一方面,《工程质量检测报告》中所述的混凝土表面蜂窝麻面、周边建筑渗水问题不是施工单位的违约行为造成的,而是属于质量缺陷。且《工程质量检测报告》中也明确指出,混凝土表面蜂窝麻面、周边建筑渗水问题仅需进行修复,不影响建筑物的正常使用。并且,施工单位在本案一审期间已对上述质量缺陷问题进行了修复,积极履行保修义务。因此,建设单位无权再以案涉工程存在混凝土表面蜂窝麻面、周边建筑渗水问题为由要求拆除重做。

综上所述,建设单位主张存在的质量问题均不满足重做的要求,其主张重做

---

① 唐山市新华金属屋顶成型安装有限公司诉丰润县冀东建材大世界开发公司等建筑安装工程合同纠纷案,载《最高人民检察院公报》2006年第4期。

费无任何依据,施工单位无须承担重做的任何责任。

三、法院判决

一审法院认为,当事人对自己提出的诉讼请求所依据的事实,除法律另有规定外,应当提供证据加以证明;当事人未能提供证据或者证据不足以证明其事实主张的,由负有举证证明责任的当事人承担不利的后果。本案中,建设单位提起反诉,并要求对施工单位施工的案涉工程污水处理房是否存在开裂渗漏,开裂渗漏导致失效的问题与施工单位承包施工行为是否存在因果关系进行鉴定,因建设单位与施工单位签订的《工程合同》合法有效,施工单位完成了涉案工程,并经竣工验收,经鉴定机构对工程质量进行检测,认为涉案房屋安全性符合相关标准对A_{su}级的规定,不影响整体承载,可能有极少数一般构件应采取措施,且施工单位对污水处理房填充墙抹灰层脱落及混凝土表面蜂窝麻面进行了修复,为此,建设单位认为污水处理池失效的证据不足。建设单位主张污水处理房应当拆除重建的依据是其单方委托第三方所作的《分析报告》,但该报告系其单方委托的,而且该报告也未作出污水处理房应当拆除重建的建议,经鉴定机构对工程质量进行检测,检测报告认为涉案房屋安全性符合相关标准对A_{su}级的规定,不影响整体承载,可能有极少数一般构件应采取措施,故污水处理房未达到需重建的标准,因该项目水池侧壁管道渗漏,并建议建设单位尽快将本报告反馈至原设计单位,及时对渗漏处进行防水修补处理,以保证建筑物的正常使用;同时鉴定报告指出水池侧壁剪力墙伸出的PVC管,虽为现场预埋,但水池管道施工时未预埋防水套管,达不到规范的防水要求,易出现渗水、漏水等现象。水池侧壁剪力墙伸出的PVC管,是建设单位要求施工单位将钢性防水套管修改为PVC管,对此,有施工单位提交的工程联系单予以证实。为此,该项目水池池壁管道渗漏并非施工单位造成的,建设单位要求施工单位赔偿因其施工原因导致污水处理房开裂渗漏需要重做的费用证据不足,且没有事实及法律依据,一审法院不予支持。

二审法院认为,经建设单位申请,一审法院依法委托鉴定机构对案涉污水处理房是否存在开裂渗漏、污水处理房开裂渗漏导致失效的问题与施工单位的施工行为是否存在因果关系等进行评估。鉴定机构作出的《工程质量检测报告》对污水处理房进行综合评定,认为该房屋安全性鉴定等级为A_{su}级,其安全性符合相关标准对A_{su}级的规定,不影响整体承载,可能有极少数一般构件应采取相应措施,并对所出现问题作出相应的修复建议,故该污水处理池并未达到重做的标准,建设单位请求施工单位支付重做污水处理房的费用依据不足。

建设单位主张系施工单位的施工行为导致污水处理池开裂渗漏,但根据鉴定机构作出的《工程质量检测报告》对管道渗水原因分析,水池侧壁剪力墙伸出的PVC管,虽未现场预埋,但水池管道施工时未预埋防水套管,认为污水处理房的部分管道做法不满足规范和图集的要求,同时设计单位的回函指出"原设计图纸要求墙管安装钢性防水套管,在施工过程中,建设方要求不按图纸设计私自修改图纸,要求施工方更换掉钢性防水套管,以便环保设备安装",再结合施工单位提交的有建设单位盖章确认的工程联系单确认建设单位要求施工单位将钢性防水套管修改成PVC管的事实可知,案涉工程污水处理池管道渗漏并非施工单位的施工行为所致,故对建设单位的该项主张,法院不予支持。

四、律师评析

工程出现质量问题时,应先进行修复。只有工程修复后使用功能降低或质量修复所需总费用超过新建造价的70%的,方可进行拆除、重建。工程是否有保留价值主要取决于其重要性和使用要求。

住房和城乡建设部发布国家标准《民用建筑可靠性鉴定标准》(GB 50292—2015)第3.2.7条规定,"民用建筑适修性评估,应按每一子单元和鉴定单元分别进行,且评估结果应以不同的适修性等级表示"。

根据第3.3.4条的规定,民用建筑子单元或鉴定单元适修性评定的分级标准,应按表2-1的规定采用。

表2-1 民用建筑子单元或鉴定单元适修性评定的分级标准

等级	分 级 标 准
A_r	易修,修后功能可达到现行设计标准的规定;所需总费用远低于新建的造价;适修性好,应予修复
B_r	稍难修,但修后尚能恢复或接近恢复原功能;所需总费用不到新建造价的70%;适修性尚好,宜于修复
C_r	难修,修后需降低使用功能,或限制使用条件,或所需总费用为新建造价70%以上;适修性差,是否有保留价值,取决于其重要性和使用要求
D_r	该鉴定对象已严重残损,或修后功能极差,已无利用价值,或所需总费用接近甚至超过新建造价,适修性很差;除文物、历史、艺术及纪念性建筑外,宜予拆除重建

第 11.0.2 条规定:适修性评估应按本标准第 3.3.4 条进行,并应按下列处理原则提出具体建议:(1)对评为 A_r、B_r 或 A'_r、B'_r 的鉴定单元和子单元(或其中某种构件集),应予以修缮或修复使用。(2)对评为 C_r 的鉴定单元和 C'_r 子单元(或其中某种构件集),应分别作出修复与拆换两方案,经技术、经济评估后再作选择。(3)对评为 $C_{su} - D_r$、$D_{su} - D_r$ 和 $C_u - D'_r$、$D_u - D'_r$ 的鉴定单元和子单元(或其中某种构件集),宜考虑拆换或重建。

如建设单位主张对工程进行拆除、重建,那么建设单位应证明拆除、重建的必要性。具体而言,建设单位需证明存在的质量问题已影响到地基基础工程和主体结构安全,不满足安全使用标准或使用功能降低,再证实工程已无法修复或修复费用已高于新建造价70%,方有权主张拆除、重建。

五、案例索引

贵港市中级人民法院民事判决书,(2022)桂 08 民终 1719 号。

(代理律师:李妃、乃露莹)

案例 13

建安劳保费是工程价款的组成部分，承包人有权取得

【案例摘要】

建筑安装工程劳动保险费(以下简称建安劳保费)是工程造价的组成部分，也是工程价款的一部分。实际施工人作为建设工程的施工主体，完成了案涉工程且该工程已经质量验收合格，应取得建设工程的工程价款，该工程款中即包括了建安劳保费。

一、案情摘要

2014年8月，施工单位作为总承包人承接廉租住房建设项目。后施工单位将该项目工程转包给实际施工人组织施工，双方签订《项目经营责任承包合同》，约定：施工单位将上述工程委托实际施工人负责项目经营承包管理，承包内容包括土建、避雷及水电安装等工程施工，并约定施工单位扣除相关管理费、代发项目部管理人员工资、代缴税金、工程保修金等费用，余款(含暂扣的保证金)支付给实际施工人。合同签订后，实际施工人组织进行了施工。案涉工程于2017年6月21日竣工，并于同年9月7日完成竣工验收。2020年7月8日，业主审定涉案项目结算造价为1.14亿元。施工单位与实际施工人确认以业主审定的1.14亿元为基数，按照施工单位与实际施工人合同约定扣除的相关费用来进行最终结算。现施工单位已支付实际施工人1亿元，尚有剩余款项未支付，因此实际施工人向人民法院提起本案诉讼。

庭审中，施工单位与实际施工人就结算时应否扣除建安劳保费存在争议。施工单位称，建安劳保费仅能由有相应施工资质的施工企业取得，实际施工人是自然人，不具备相应施工资质，无权取得。实际施工人称，建安劳保费是工程价款的

组成部分,实际施工人完成了案涉工程并且该工程已验收合格,应作为工程价款一部分进行结算支付。人民法院经审理采信了实际施工人的意见,确认实际施工人有权取得建安劳保费,最终判决支持实际施工人的诉讼请求。

二、代理方案

建安劳保费是由施工单位取得还是由实际施工人取得,是本案的主要争议焦点之一。笔者作为实际施工人的主办律师,在起诉方案中是将建安劳保费作为实际施工人应得的工程价款之一主张的,在本案诉讼过程中,施工单位就建安劳保费由实际施工人取得的主张提出异议。笔者认为,可从以下三个方面论述建安劳保费应由实际施工人取得的观点。第一,从建安劳保费的基本概念和含义分析,建安劳保费实际是工程造价的组成部分,也是工程价款的组成内容,实际施工人应取得的工程价款包含了建安劳保费。第二,从私法意思自治原则分析,遵循"有约从约",在施工单位与实际施工人没有明确约定建安劳保费应由谁取得的情形下,根据建安劳保费的基本概念和含义,建安劳保费就应由实际施工人取得。第三,从实际施工人取得工程价款的前提分析,建安劳保费实际是工程价款的组成部分,而实际施工人取得工程价款的前提应为其实际完成了工程建设并且该工程经质量验收合格,如实际施工人具备了该前提条件,那么同样地,其也具备了取得建安劳保费的前提。据此,笔者拟定的代理方案如下。

(一)建安劳保费是工程造价的组成部分,属于实际施工人应得工程款的一部分

《住房和城乡建设部、财政部关于印发〈建筑安装工程费用项目组成〉的通知》(建标〔2013〕44号)第一条中规定:(1)建筑安装工程费用项目按费用构成要素组成划分为人工费、材料费、施工机具使用费、企业管理费、利润、规费和税金。(2)为指导工程造价专业人员计算建筑安装工程造价,将建筑安装工程费用按工程造价形成顺序划分为分部分项工程费、措施项目费、其他项目费、规费和税金。

《广西壮族自治区人民政府关于印发广西壮族自治区建筑安装工程劳动保险费管理办法的通知》(桂政发〔2012〕42号)第四条规定:"本办法所称建安劳保费,是指建筑安装工程费用定额所列工程造价中的养老保险费、失业保险费、医疗保险费;服务和保障建筑业务工人员合法权益,符合劳动保障政策的其他相关费用。建筑施工企业应将收到的建安劳保费专款专用,及时足额缴纳有关社会保险费。"

根据上述规定可知,建安劳保费属于建筑安装工程费用项目构成要素中的规费,是工程造价的组成部分。实际施工人作为建设工程施工者,其实际投入的资金、材料和劳力已物化到建设工程中,故实际施工人有权取得案涉工程的所有工程款,该工程款包括建安劳保费。

最高人民法院在(2020)最高法民申2484号案中认为:建设工程社会保障费是工程造价的组成部分,属于建设工程施工过程的成本费用,本案中嘉丰建设公司将案涉工程转包给范某聚施工,范某聚作为实际施工人,有权主张社会保障费。

(二)双方未约定建安劳保费归属,而施工单位将工程整体转包,并未实际实施工程,建设工程施工义务以及社会保险费用支出义务由实际施工人履行,实际施工人有权取得相应对价即建安劳保费

根据民法中的意思自治原则,应从当事人的意思表示判断实际施工人是否可取得建安劳保费,只要合同中未明确约定实际施工人不能取得建安劳保费的,且实际履行过程中当事人也无任何意思表示实际施工人不能取得建安劳保费,实际施工人则有权取得建安劳保费。本案中,实际施工人与施工单位签订的《项目经营责任承包合同》未对建安劳保费进行约定,且履行过程中双方签署的工程联系单、对账单等往来函件中也未明确表示实际施工人不能取得建安劳保费,则实际施工人有权取得建安劳保费。

另外,实际施工人实际对案涉工程进行施工,而施工单位未提交证据证明其对案涉工程进行过施工或者为参与案涉工程施工的建筑工人购买了社会保险。施工单位在本案中主张从实际施工人工程款中扣除的施工单位项目管理人员工资中也包含了社会保险费用,即施工单位实际也将购买社会保险的义务转移给了实际施工人,实际施工人不但实际履行了施工义务,且实际履行了购买社会保险的义务。故就实际履行的施工义务和购买社会保险的义务,实际施工人有权取得相应对价,即建安劳保费。

最高人民法院在(2019)最高法民申1128号案中认为:古城公司向劳动保险基金管理部门申请拨付劳动保险基金后应支付给张某、曹某。古城公司在承包案涉工程后将工程整体转包,并未实际实施工程,其认为案涉工程劳动保险基金应当由其享有的主张不能成立。

（三）实际施工人实际完成了案涉工程全部施工内容且工程经质量验收合格，有权取得包含建安劳保费在内的所有工程款

《民法典》第七百九十三条第一款规定："建设工程施工合同无效，但是建设工程经验收合格的，可以参照合同关于工程价款的约定折价补偿承包人。"

虽然施工单位与实际施工人之前签订的《项目经营责任承包合同》无效，但实际施工人已实际履行施工义务，且其实际投入资金、材料和劳力到工程建设中，如实际施工人最终实际完成了工程施工且工程经质量验收合格，实际施工人有权取得工程款。该工程款即包含了建安劳保费，故实际施工人有权获取建安劳保费。

综上，建安劳保费应由实际施工人取得。

三、法院判决

法院认为：关于建安劳保费问题，首先，施工单位作为总包方与建设单位签署的项目工程结算审核定案表中，明确审定的工程造价1.14亿元已包含建安劳保费；其次，实际施工人与施工单位就案涉工程的建安劳保费享有问题并无相关约定；最后，建安劳保费用属于规费范畴，列入建筑安装工程价款中进行结算，原告作为涉案工程的实际施工人完成了工程的施工并通过竣工验收，故其主张该费用作为工程价款进行结算和支付，符合法律规定，施工单位的抗辩意见缺乏依据，法院不予采信。

四、律师评析

实际施工人是司法解释拟制概念，指在无效建设施工合同情形下实际完成建设工程施工的单位或者个人，对工程施工最终实际投入资金、材料和劳力进行工程施工的法人、非法人企业、个人合伙、包工头等民事主体。也就是说，实际施工人实际履行施工义务，且实际投入资金、材料和劳力到工程建设中，建设工程经验收合格的，依据《民法典》第七百九十三条第一款之规定，实际施工人有权取得工程价款。规费是建设工程施工过程的成本费用，是工程造价的组成部分，建安劳保费属于规费之一。同样地，建安劳保费也是工程造价的组成部分，实际施工人有权获取包括建安劳保费在内的工程价款。

（一）实际施工人与建安劳保费

在实践中，就建安劳保费应否由实际施工人取得，存在较大争议。

一种观点认为，从公平原则与利益平衡角度出发，建设工程的价值在于工程

造价,而工程造价包括建安劳保费等规费在内,实际施工人作为实际履行施工义务的主体,也常常是建安劳保费等规费的实际缴纳主体,其实际投入的资金、材料和劳力等相应价值已物化到建筑物中。如实际施工人不能主张建安劳保费等规费,发包人既取得建设工程,又不支付相应工程造价的对价,明显会导致利益失衡。支付实际施工人建安劳保费等规费,可作为补偿,以恢复利益平衡。因此,实际施工人作为实际履行施工合同的主体实际负担了建安劳保费等规费对应的施工义务,应有权主张建安劳保费等规费。如最高人民法院在(2019)最高法民终1549号案中认为:对于劳动保险基金、施工利润、间接费用是否应当扣减的问题,劳动保险基金作为工程造价的组成部分,应由建设单位在申请领取建筑工程施工许可证前向建设主管部门预缴,由施工企业按规定向建设主管部门申请拨付。武某作为实际施工人不是劳动保险基金的缴纳主体,也无法申请退还,已经缴纳的劳动保险基金在工程竣工后可由泾渭公司依法向有关部门申请退还。一审认定劳动保险基金不应从本案工程款中扣除正确。最高人民法院在(2020)最高法民申255号案中认为:八冶集团、八冶武威公司作为从投资公司承包案涉项目的施工企业,是缴纳规费的主体。若不存在违法分包,规费本就应由八冶集团及八冶武威公司承担。在建设工程施工合同因违法分包导致合同无效的情况下,结合本案合同履行情况和各方过错程度,维持原审判决关于八冶集团、八冶武威公司不能参照《建设工程施工合同》的约定将规费扣除的认定。

另一种观点认为,建安劳保费等规费缴纳义务人是企业而非自然人,实际施工人作为自然人,既没有相应的施工资质,又并非取得建安劳保费等规费的法定主体,当然无权主张支付建安劳保费等规费。如最高人民法院在(2019)最高法民申5453号案中认为:马某英与润森公司并未签订书面合同约定工程价款的支付范围,亦未提交证据证明规费、企业管理费实际产生。原审判决根据《住房和城乡建设部、财政部关于印发〈建筑安装工程费用项目组成〉的通知》的规定,认定规费、企业管理费的缴纳义务人是企业而非自然人,马某英没有施工资质和取费资格,不应支付规费与企业管理费给马某英并无不当。

笔者赞成第一种观点,在本篇案例中,笔者作为实际施工人的代理律师代理案件时,采用的就是第一种观点的逻辑和论述。

《建筑安装工程费用项目组成》规定,建筑安装工程费按照费用构成要素组成划分为人工费、材料(包含工程设备)费、施工机具使用费、企业管理费、利润、规费和税金。规费是指按国家法律、法规规定,由省级政府和省级有关权力部门规定必须缴纳或计取的费用,包括社会保险费(养老保险费、失业保险费、医疗保险费、生育保险费、工伤保险费)、住房公积金、工程排污费等。

《建设工程工程量清单计价规范》(GB 50500—2013)第3.1.6条规定:"规费和税金必须按国家或省级、行业建设主管部门的规定计算,不得作为竞争性费用。"

《广西壮族自治区人民政府关于印发广西壮族自治区建筑安装工程劳动保险费管理办法的通知》(桂政发〔2012〕42号)第四条规定:"本办法所称建安劳保费,是指建筑安装工程费用定额所列工程造价中的养老保险费、失业保险费、医疗保险费;服务和保障建筑业务工人员合法权益,符合劳动保障政策的其他相关费用。建筑施工企业应将收到的建安劳保费专款专用,及时足额缴纳有关社会保险费。"

建安劳保费是工程造价中的组成部分,从狭义角度上讲,工程造价实际就是工程价款,实际施工人有权取得工程价款,实际上就是有权取得建安劳保费。如最高人民法院在(2018)最高法民申5318号案中认为:建设工程社会保障费系企业为职工缴纳养老保险、医疗保险、失业保险、工伤保险和生育保险等社会保障方面的费用,是工程造价的组成部分。依据河南省住房和城乡建设行政主管部门发布的相关文件规定,该部分费用应由工程发包方和承包方在编制工程预算时计取,并由发包方直接支付给承包方。本案中,宇泰公司虽与宋某松就部分工程价款进行了结算,但该结算款项仅系宋某松的实际施工费用,并不包括社会保障费,二审法院判令由宇泰公司给付宋某松案涉工程的社会保障费并不违反相关法律规定。宇泰公司再审主张其不应支付该部分款项的请求不能成立,本院不予支持。

(二)实际施工人主张建安劳保费的举证责任

实际施工人主张有权取得建安劳保费时,也应承担一定的举证责任,以证明其应当取得建安劳保费的正当性和合理必要性。一般情况下,实际施工人应举证证明其实际完成建设工程的施工,且其施工的建设工程质量合格,即履行了施工义务。该举证证据也是实际施工人主张工程款时的关键且必要的证据之一,实际施工人往往能注意到并完成相应举证责任。但实际施工人往往忽略了利益平衡方面的举证,即实际施工人主张建安劳保费时,实际施工人还应举证证明其实际支出了社会保险费用，即履行了缴纳义务。该举证虽不是实际施工人在主张建安劳保费时的必要证据，但可让法院更确信由实际施工人取得建安劳保费是必要的。而且，在司法实践中，部分法院也认为实际施工人主张建安劳保费也应提供充分证据证明其已实际缴纳社会保险费用。如最高人民法院在(2020)最高法民终79号案中认为：因案涉工程规费、税费已实际发生并由江某鹏缴纳，一审法院已判决江某鹏缴纳的规费、税费在江某鹏应向王某贞支付的工程价款中扣除，故王某贞已实际负担案涉工程的规费、税费，规费、税费应计入工程造价。房开公司关于王某贞在工程结算中无权要求房开公司给付规费、税费的上诉理由，不能成立。又如，最高人民法院在(2019)最高法民申5453号案中认为：马某英与润森公司并未签订书面合同约定工程价款的支付范围，亦未提交证据证明规费、企业管理费实际产生。原审判决根据《住房和城乡建设部、财政部关于印发〈建筑安装工程费用项目组成〉的通知》的规定，认定规费、企业管理费的缴纳义务人是企业而非自然人，马某英没有施工资质和取费资格，不应支付规费与企业管理费给马某英并无不当。同样地，在本编案例中，实际施工人也举证证明了项目人员的社会保险费用是实际施工人实际缴纳的。

一般可将购买保险的保单、保险基金收款收据、银行转账等凭证作为实际施工人实际缴纳建安劳保费的证据。最高人民法院在(2022)最高法民再168号案中认为：建筑安装工程中的规费是指按国家法律、法规规定，由省级政府和省级有关权力部门规定必须缴纳或计取的费用，包括社会保险费、住房公积金等费用。规费作为工程造价的一部分，基于承包人实际缴纳社会保险费等规费的情况依法依规由建设单位或发包人负担。张某平申请再审提交了湖南省建筑施工行业安全生产责任保险共保体保单、增值税发票信息、工伤保险费征缴通知单、湖南省农村商业银行业务凭证、湖南省社会保险基金收款收据等作为新证据，主张其以挂靠单位新井公司名义分别于2017年4月18日、2017年12月8日为施工的农民工缴纳意外伤害保险费71876元、工伤保险费126840元。经查，湖南省建筑施工行业安全生产责任保险共保体保单载明投保人、被保险人均为新井公司，工程名称为安仁县××大厦A、B栋，保险费为71876元，出具日期为2017年4月18日；工伤保险费征缴通知单载明缴费单位全称为安仁县××大厦A、B栋工程，应缴金额为126840元，出具日期为2017年12月8日；湖南省社会保险基金收款收据载明缴款单位为新井公司，金额为126840元。基于本案已经查明的事实，张某平系挂靠新井公司的实际施工人,施工工程为安仁县××大厦A、B栋,其于2016年进场施工,一直到2018年。据此,本院认为,鉴于前述单据出具时间均在张某平实际施工期间,所涉工程亦为案涉工程,加之该部分单据原件均由张某平持有,成虎公司、罗某虎、张某玉对该部分证据的真实性均予以认可,根据《民事诉讼法司法解释》第一百零八条第一款"对负有举证证明责任的当事人提供的证据,人民法院经审查并结合相关事实,确信待证事实的存在具有高度可能性的,应当认定该事实存在"的规定,张某平在承包施工案涉工程项目过程中实际缴纳社会保险费198716元(71876元+126840元)的事实具有高度可能性,本院予以确认。该部分张某平实际缴纳的费用应当作为工程造价规费的一部分,由成虎公司支付给张某平。虽然成虎××大厦A、B栋建设工程造价鉴定意见书已经将按相关规定核算2677419.94元规费计入案涉工程造价中,且张某平作为实际施工人客观上确实需要雇用施工人员,其依法依规也应为施工人员缴纳社会保险费等费用,但除上述两项保险费用支出外,张某平并不能提供其他已实际缴纳相关规费的凭据,故张某平再审主张造价鉴定所核算的2677419.94元应全部归其所有的依据不足,不能成立。

五、案例索引

来宾市兴宾区人民法院民事判决书,(2022)桂1302民初8742号。

(代理律师:乃露莹、陆碧梅)

案例 14

承揽人交付的成果质量不合格的，应当赔偿施工单位损失

【案例摘要】

本案中，施工单位承接工程后，将瓷砖、瓦顶的安装交由承揽人完成。合同履行过程中，承揽人交付的成果不符合约定，施工单位多次要求承揽人返工重做未果，遂委托他人进行质量整改。对于委托他人整改所发生的费用，施工单位有权请求承揽人承担。

一、案情概要

2017年1月，建设单位与施工单位签订了《棚户区改造项目施工合同》，施工单位取得棚户区改造项目的建设施工工程。后施工单位与承揽人签订《瓷砖、瓦顶购销合同》，约定施工单位向承揽人采购瓷砖和瓦顶用于木材厂棚户区改造项目工程。双方就数量、计量单位、单价、金额、质量要求和验收标准、结算和付款方式、违约责任等分别作出约定。后施工单位又与承揽人签订了《补充协议》，约定承揽人以包工包料的方式完成瓷砖、瓦顶的铺设任务，且质量需满足施工规范和建设单位的要求。

签订《补充协议》后，施工单位向承揽人预付70万元的货款，承揽人向施工单位供应瓷砖和瓦顶，并按约定进行瓷砖、瓦顶的铺设作业。

工程整体完工后，业主、设计、监理、施工四方对棚户区改造项目工程进行竣工预验收。监理公司因案涉项目瓷砖、瓦顶部分的施工不符合设计及施工规范要求，向施工单位发出监理工程师通知单，要求及时整改。后施工单位将监理公司的整改要求告知承揽人，并向承揽人出具关于限期完成外墙砖、屋面瓦验收存在质量问题的通知，要求承揽人接收该通知后3日内进行对接并做好整改措施。逾

期施工单位有权另行安排,所产生一切费用由承揽人承担。承揽人收到整改通知后,未进行相应整改。后施工单位根据建设单位的要求制定整改方案,委托他人完成整改,并支出整改费用。

现施工单位以承揽人交付的成果质量不合格造成其损失为由,对承揽人提起诉讼,要求承揽人支付整改费用。诉讼中,承揽人辩称案涉合同属于建设工程施工合同,因承揽人不具备相关资质,合同无效,施工单位无权依据无效的合同向承揽人索赔。一审法院认为,案涉合同系当事人的真实意思表示,没有违反法律、行政法规的效力性强制性规定,合法有效,承揽人未按约定的质量完成瓷砖、瓦顶的铺设,且拒不整改,应当赔偿施工单位的相应损失,遂判决承揽人赔偿施工单位整改费用。承揽人不服提出上诉,二审法院与一审法院持一致意见,判决驳回上诉,维持原判。

二、代理方案

本案的争议焦点是关于承揽人交付的工作成果存在质量问题需进行整改而产生的整改费用由谁承担。施工单位在本案中主张的是承揽人未依约交付合格的工作成果,存在违约,整改费用应由承揽人负担,从而诉请承揽人支付因其违约所造成的施工单位损失,即垫付的整改费用。承揽人辩称双方签订的合同是无效的,不存在合同约定的违约情形,施工单位无权要求其承担违约责任。结合双方的意见,笔者作为施工单位的代理人,认为代理思路应从以下三个方面着手。第一,施工单位主张承揽人承担的是违约责任,而违约责任的主张以合同有效为前提,且承揽人也提出合同无效的抗辩,故首先应当从合同系有效的方面着手。第二,施工单位存在因承揽人存在违约而有所损失的事实,主要是从承揽人存在违约的事实、施工单位存在的损失数额以及承揽人行为与施工单位损失之间存在因果关系这三方面发表意见。其中,整改是承揽人的义务也是承揽人的权利,承揽人对整改费用有自主选择权,故对于施工单位存在的损失数额的这一事实,应明确施工单位已及时告知承揽人整改而承揽人拒不整改的事实,以此证明承揽人放弃由其自主选择整改的权利。承揽人放弃了整改权利,对于施工单位自主整改或委托第三方整改的费用,承揽人则应接受,即施工单位因整改发生的费用由承揽人负担。第三,施工单位所主张的费用实际上是损失赔偿,无论合同有效与否,因承揽人原因所发生的整改费用施工单位可依法要求承揽人赔偿。据此,拟定代理方案如下:

(一)案涉合同属于承揽合同,系当事人真实意思表示,不违反法律、行政法规的效力性强制性规定,应属合法有效

《民法典》第七百七十条规定:"承揽合同是承揽人按照定作人的要求完成工作,交付工作成果,定作人支付报酬的合同。承揽包括加工、定作、修理、复制、测试、检验等工作。"第七百七十一条规定:"承揽合同的内容一般包括承揽的标的、数量、质量、报酬,承揽方式,材料的提供,履行期限,验收标准和方法等条款。"第七百七十二条规定:"承揽人应当以自己的设备、技术和劳力,完成主要工作,但是当事人另有约定的除外。承揽人将其承揽的主要工作交由第三人完成的,应当就该第三人完成的工作成果向定作人负责;未经定作人同意的,定作人也可以解除合同。"

由上述规定可知,承揽合同在法律没有明确规定的情况下,合同双方为一般主体。建设工程合同系完成对建设工程所签订的合同,建设工程施工合同的承包人为特殊主体,法律对承包人有特殊要求,即承包人必须是经国家认可的具有一定建设资质的法人。根据《建设工程质量管理条例》第二条的规定,所谓的土木工程、建筑工程应指比较大而复杂的建筑等建设工程。建设工程合同属于承揽合同中的特殊承揽合同。

本案中,案涉合同约定的是施工单位向承揽人购买瓷砖、瓦顶货物后,由承揽人采取包工包料的方式按照施工单位的要求完成铺设瓷砖、瓦顶,并向施工单位交付合格的工作成果。在完成工作过程中,由承揽人自行提供材料,并以自己的设备、技术和劳力完成主要工作。并且,本案涉及的工作是"铺设瓷砖、瓦顶",属于一般建设项目,并非比较大且复杂的建筑等建设工程。因此,案涉合同的标的、各方权利义务的约定以及双方实际履行合同过程中的行为模式,均符合承揽合同的特征。故案涉合同属于承揽合同而并非建设工程施工合同,不需要承接建设工程的相应资质和经营权,合同内容没有违反法律、行政法规的效力性强制性规定,也不违背公序良俗,属于合法有效的合同,合同双方应当按照约定全面履行自己的义务。

(二)承揽人未依约交付合格的成果,且拒不整改,构成违约,施工单位因此发生的整改费用应当由承揽人承担

1.法律依据

《民法典》第五百七十七条规定:"当事人一方不履行合同义务或者履行合同

义务不符合约定的,应当承担继续履行、采取补救措施或者赔偿损失等违约责任。"第五百八十三条规定:"当事人一方不履行合同义务或者履行合同义务不符合约定的,在履行义务或者采取补救措施后,对方还有其他损失的,应当赔偿损失。"第五百八十四条规定:"当事人一方不履行合同义务或者履行合同义务不符合约定,造成对方损失的,损失赔偿额应当相当于因违约所造成的损失,包括合同履行后可以获得的利益;但是,不得超过违约一方订立合同时预见到或者应当预见到的因违约可能造成的损失。"第七百八十一条规定:"承揽人交付的工作成果不符合质量要求的,定作人可以合理选择请求承揽人承担修理、重作、减少报酬、赔偿损失等违约责任。"

2.合同依据

施工单位与承揽人签订的《补充协议》约定,承揽人提供的材料质量和施工质量应满足国家规范规定的质量标准和本工程设计施工图要求,并通过业主验收。承揽人提供的材料质量和施工质量不合格的,承揽人应免费整改至合格为止,否则因承揽人原因造成施工单位无法按时按质通过业主验收,造成施工单位损失的由承揽人负责。

3.施工单位因承揽人存在违约发生整改费用的事实

本案中,第一,承揽人存在违约的事实。承揽人交付的案涉工作成果存在外墙瓷砖空鼓、局部瓷砖和瓦顶脱落损坏等质量问题,不满足国家规范规定的质量标准,无法通过业主验收,承揽人已经构成违约。第二,施工单位因承揽人违约发生整改费用的事实。施工单位在发现承揽人所交付的工作成果存在质量问题后,即向承揽人发书面通知,通知中明确具体存在的质量问题,并限期要求承揽人完成整改至合格。但承揽人接到通知后,拒不履行整改义务。为按时通过业主验收,施工单位自行委托第三人完成整改任务,并由此产生整改费用。第三,施工单位所发生的整改费用与承揽人的行为存在因果关系,与承揽人的违约行为具有关联性。

因此,根据相关法律规定以及合同约定,承揽人交付的工作成果质量不合格存在违约,应承担违约责任,赔偿施工单位损失,即由承揽人承担施工单位因此所发生的整改费用。《民法典》第五百八十一条规定:"当事人一方不履行债务或者履行债务不符合约定,根据债务的性质不得强制履行的,对方可以请求其负担由第三人替代履行的费用。"施工单位委托第三人代为整改的费用,应由承揽人承担。

（三）无论合同有效与否，施工单位所发生的整改费用系因承揽人造成，施工单位有权要求承揽人赔偿该损失

《民法典》第一百五十七条规定："民事法律行为无效、被撤销或者确定不发生效力后，行为人因该行为取得的财产，应当予以返还；不能返还或者没有必要返还的，应当折价补偿。有过错的一方应当赔偿对方由此所受到的损失；各方都有过错的，应当各自承担相应的责任。法律另有规定的，依照其规定。"第七百九十三条规定："建设工程施工合同无效，但是建设工程经验收合格的，可以参照合同关于工程价款的约定折价补偿承包人。建设工程施工合同无效，且建设工程经验收不合格的，按照以下情形处理：（一）修复后的建设工程经验收合格的，发包人可以请求承包人承担修复费用；（二）修复后的建设工程经验收不合格的，承包人无权请求参照合同关于工程价款的约定折价补偿。发包人对因建设工程不合格造成的损失有过错的，应当承担相应的责任。"

由上述规定可知，即便案涉合同属于施工合同且为无效合同，承包人施工质量不合格的，发包人也有权要求承包人承担修复费用。因此，无论合同效力如何，施工单位的损失即所发生的整改费用，承揽人存在过错且存在因果关系的，承揽人应赔偿施工单位的损失。

三、法院判决

人民法院归纳本案的争议焦点是：(1)案涉合同是否有效。(2)承揽人请求赔偿损失理据是否充分，可否支持。

关于第一个争议焦点。人民法院认为，从查明事实来看，承揽人与施工单位签订《补充协议》，是就其购销建筑材料约定由承揽人负责运输及施工。表明双方既对购销建材作出约定，又对建材运输及施工另行作出约定。双方当事人对《瓷砖、瓦顶购销合同》并未提出异议，一审法院予以确认。承揽人提出《补充协议》并不是对《瓷砖、瓦顶购销合同》进行补充，购销与施工是不同法律关系，施工单位以《补充协议》代替了施工合同的辩解。一审法院认为，在法律上并未禁止当事人同时约定购销与施工的行为，至于《补充协议》作为施工合同在对相关条款约定上过于简单或者有瑕疵，双方在事后可以补充约定。现无证据证明承揽人在签订该协议后及施工过程中，向施工单位提出异议或拒绝施工。事实上，施工单位也按《补充协议》的约定进行了施工。且《补充协议》约定施工的工程并非对

案涉主体工程进行分包或转包,而是对瓷砖、瓦顶部分工程进行劳务分包。根据《民法典》第一百四十三条的规定:"具备下列条件的民事法律行为有效:(一)行为人具有相应的民事行为能力;(二)意思表示真实;(三)不违反法律、行政法规的强制性规定,不违背公序良俗。"施工单位与承揽人签订的《补充协议》是双方真实的意思表示,内容未违反法律、行政法规强制性规定,也不违背公序良俗,应属合法有效。

关于第二个争议焦点。法院认为,承揽人在收到整改通知后,未能按要求提交整改方案并落实整改。施工单位委托他人进行整改,费用共计52万元。且整改方案经监理单位、设计单位、建设单位审批同意,对此整改损失被告应承担赔偿责任。最终,法院判决承揽人赔偿施工单位的整改损失52万元。

四、律师评析

无论是建设工程施工合同还是承揽合同,交付质量合格的成果都是承包人、承揽人的法定义务。如交付的质量不合格,发包人、定作人有权主张承包人、承揽人承担质量赔偿责任。处理该类纠纷案件,关键在于诉讼路径的选择、明确质量不合格的归责主体、赔偿数额的确定等。当然,合同效力有效与否,主张质量赔偿的请求权基础以及相应的举证责任有所不同。

(一)质量赔偿责任的归责问题

1.合同有效情形下的质量赔偿责任

在合同有效的情形下,质量赔偿责任属于违约责任,即违反的是合同义务,此时主张赔偿既可以依据合同的违约责任承担条款约定,也可以依据《民法典》第五百七十七条规定:"当事人一方不履行合同义务或者履行合同义务不符合约定的,应当承担继续履行、采取补救措施或者赔偿损失等违约责任。"第五百八十三条规定:"当事人一方不履行合同义务或者履行合同义务不符合约定的,在履行义务或者采取补救措施后,对方还有其他损失的,应当赔偿损失。"第五百八十四条规定:"当事人一方不履行合同义务或者履行合同义务不符合约定,造成对方损失的,损失赔偿额应当相当于因违约所造成的损失,包括合同履行后可以获得的利益;但是,不得超过违约一方订立合同时预见到或者应当预见到的因违约可能造成的损失。"只要一方当事人履行的合同义务不符合合同约定或者不履行合同义务的,就属于违约行为,非违约方均可根据法律规定和合同约定要求违约方承担违约责任。非违约方可以主张违约方承担违约责任的方式有继续履行、采取补救措施或者赔偿损失等。

同理,在承揽合同和建设工程合同有效的情况下,也适用上述的归责原则。承揽合同中,根据《民法典》第七百八十一条"承揽人交付的工作成果不符合质量要求的,定作人可以合理选择请求承揽人承担修理、重作、减少报酬、赔偿损失等违约责任"的规定,承揽人有义务交付符合质量要求的工作成果,如质量不合格是因承揽人未按质量要求完成工作造成的,承揽人的行为即构成违约,定作人可要求其承担违约责任。建设工程合同中,《民法典》第八百零一条规定:"因施工人的原因致使建设工程质量不符合约定的,发包人有权请求施工人在合理期限内无偿修理或者返工、改建。经过修理或者返工、改建后,造成逾期交付的,施工人应当承担违约责任。"第八百零二条规定:"因承包人的原因致使建设工程在合理使用期限内造成人身损害和财产损失的,承包人应当承担赔偿责任。"承包人施工质量不合格的,属于违约行为,也应承担违约责任。

2. 合同无效情形下的质量赔偿责任

在合同无效的情形下,质量赔偿责任属于缔约过失责任,即违反的是先合同义务。合同无效时,无效合同所约定的违约责任也归于无效,此时不存在主张违约责任的前提。《民法典》第一百五十七条规定:"民事法律行为无效、被撤销或者确定不发生效力后,行为人因该行为取得的财产,应当予以返还;不能返还或者没有必要返还的,应当折价补偿。有过错的一方应当赔偿对方由此所受到的损失;各方都有过错的,应当各自承担相应的责任。法律另有规定的,依照其规定。"《建设工程司法解释一》第六条规定:"建设工程施工合同无效,一方当事人请求对方赔偿损失的,应当就对方过错、损失大小、过错与损失之间的因果关系承担举证责任。损失大小无法确定,一方当事人请求参照合同约定的质量标准、建设工期、工程价款支付时间等内容确定损失大小的,人民法院可以结合双方过错程度、过错与损失之间的因果关系等因素作出裁判。"缔约过失责任需要根据各方的过错程度以及过错与损失之间的因果关系等因素分配相应的责任。此时,各方的主观状态是否存在过错或者过失将会影响其承担责任的大小。原则上,过错一方应向非过错一方赔偿非过错一方因此遭受的损失。因此,无论是承揽合同还是施工合同,质量赔偿责任由哪方承担应重点考量哪一方属于造成质量不合格的过错方,由过错方承担责任。

特别是在建设工程合同中,《民法典》第七百九十三条规定:"建设工程施工合同无效,但是建设工程经验收合格的,可以参照合同关于工程价款的约定折价补偿承包人。建设工程施工合同无效,且建设工程经验收不合格的,按照以下情形处理:(一)修复后的建设工程经验收合格的,发包人可以请求承包人承担修复费用;(二)修复后的建设工程经验收不合格的,承包人无权请求参照合同关于工程价款的约定折价补偿。发包人对因建设工程不合格造成的损失有过错的,应当承担相应的责任。"原则上对于质量不合格的工程,由承包人承担修复费用,即承担质量不合格的相应责任。发包人在有过错的情形下,才承担质量不合格的相应责任。

但是,在司法实践中,主流观点认为,合同无效中的过错指的是致使合同无效的过错。例如,发包人在未对必须招标投标的项目进行招标活动情形下与承包人签订施工合同的,施工合同无效则是因发包人过错导致的,此时发包人则属于过错方。又如,承包人没有相应施工资质,发包人对此知晓仍签订合同或缔约合同时未审慎审查承包人相关资质,则双方均存在过错,都属于致使合同无效的过错方,都应承担相应责任。当然,导致合同无效的过错方不等于导致质量不合格的过错方,即便发包人对于合同无效存在过错也不必然因此过错导致质量不合格,即发包人的过错与质量不合格之间无必然因果关系,而承包人的施工行为才是导致质量不合格的关键因素。因此,在合同无效情形下的质量赔偿,承包人应承担主要责任,而发包人的违法发包于此也有一定过错,承担次要责任,最终结合双方过错程度、过错与损失之间的因果关系等因素分配担责比例。

(二)质量赔偿主张的前提

《民法典》第五百七十七条规定:"当事人一方不履行合同义务或者履行合同义务不符合约定的,应当承担继续履行、采取补救措施或者赔偿损失等违约责任。"第五百八十三条规定:"当事人一方不履行合同义务或者履行合同义务不符合约定的,在履行义务或者采取补救措施后,对方还有其他损失的,应当赔偿损失。"合同有效情形下主张质量赔偿的,原则上应当优先要求违约方继续履行或采取补救措施。如在承揽合同中,根据《民法典》第七百八十一条的规定,承揽人继续履行或采取补救措施的方式为修理、重作。当然,该法律规定并没有要求将继续履行或采取补救措施作为主张赔偿损失的必要前提,定作人可进行合理选择要求承揽人承担违约责任的方式。在建设工程合同中,《民法典》第八百零一条规定:"因施工人的原因致使建设工程质量不符合约定的,发包人有权请求施工人在合理期限内无偿修理或者返工、改建。经过修理或者返工、改建后,造成逾期交付的,施工人应当承担违约责任。"也就是说,建设工程合同中主张质量赔偿的必要前提是要求违约方继续履行或采取补救措施,即进行修理或者返工、改建。

违约责任需以合同有效为前提,合同无效情形下不存在违约责任承担方式选择的问题,只有赔偿损失这一路径。除此之外,在建设工程合同中,无论合同效力如何,发包人主张质量赔偿责任前均应在合理期限内履行通知义务,即发包人发现存在质量问题时,应及时通知承包人进行修理、返工、改建。

《建设工程司法解释一》第十二条规定:"因承包人的原因造成建设工程质量不符合约定,承包人拒绝修理、返工或者改建,发包人请求减少支付工程价款的,人民法院应予支持。"《北京市高级人民法院关于审理建设工程施工合同纠纷案件若干疑难问题的解答》(京高法发〔2012〕245号)第三十条规定:"因承包人原因致使工程质量不符合合同约定,承包人拒绝修复、在合理期限内不能修复或者发包人有正当理由拒绝承包人修复,发包人另行委托他人修复后要求承包人承担合理修复费用的,应予支持。发包人未通知承包人或无正当理由拒绝由承包人修复,并另行委托他人修复的,承包人承担的修复费用以由其自行修复所需的合理费用为限。"《建设工程施工合同(示范文本)》(GF—2017—0201)通用条款第15.4.4条约定:"因承包人原因造成工程的缺陷或损坏,承包人拒绝维修或未能在合理期限内修复缺陷或损坏,且经发包人书面催告后仍未修复的,发包人有权自行修复或委托第三方修复,所需费用由承包人承担。但修复范围超出缺陷或损坏范围的,超出范围部分的修复费用由发包人承担。"承包人负有交付质量合格工程的义务,故对工程出现质量问题时也负有整改至合格的义务。质量是否存在问题,有赖于发包人的验收和通知,如发包人验收发现质量问题却未告知承包人,承包人对建设工程存在质量问题的事实是不知情的,也就无法履行整改义务。同时,发包人在未告知承包人情形下自行整改或委托第三方整改,整改所发生的费用是承包人无法预见的,不同的施工主体有不同的施工技术、能力、资源,对同一整改事项,承包人也许可以花费比发包人自行整改或委托第三方整改所发生的费用更低,这对承包人而言是不公平的,违反民法公平公正原则。

因此,质量整改维修既是承包人的义务,也是承包人的权利。只有在发包人履行了整改告知义务后,承揽人仍拒不整改的,发包人才有权选择委托第三人完成整改或者自行完成整改,此时由此产生的整改费用才属于承包人交付不合格的成果给发包人造成的损失。否则,承包人有权拒绝承担相应的质量赔偿。

五、案例索引

贺州市中级人民法院民事判决书,(2022)桂 11 民终 845 号。

(代理律师:乃露莹)

第三章

实际施工人相关问题

案例 15

施工单位对实际施工人之间的投资款不承担返还义务

【案例摘要】

在本案中,实际施工人承接项目后,在组织施工过程中与康某订立协议,约定康某投入资金共同建设项目,双方按股份比例45%与55%进行投资,所得利润按股份比例进行分配。项目竣工验收结算后,康某认为其实际投资并参与了施工但没有收到相应份额的工程款,故向法院提起诉讼,要求实际施工人、施工单位、建设单位连带承担返还垫付款项及分配工程款。一审法院认为,康某主张的垫付款与施工单位无关,属于实际施工人与其合伙人之间的投资款,康某诉请施工单位承担返还责任,人民法院不予支持。

一、案情概要

2012年6月6日,施工单位与建设单位签订《协议书》约定,由施工单位中标承建某服务区改造工程项目。2013年12月12日,分包上述工程项目劳务部分的劳务公司的负责人与实际施工人订立《劳务分包合同》,约定由实际施工人实际组织施工其承包的全部工作内容。2014年8月29日,实际施工人与康某签订《战略合作协议》约定,实际施工人负责将本项目完整地移交给康某管理,管理所产生的费用由双方按比例承担,后期所有项目扣除管理费用与税金,所得利润部分按实际施工人45%,康某55%分配。2014年9月12日,实际施工人与康某签订一份《合作协议》,再次确认合作方式为双方按股份比例投入运作资金,股份比例为实际施工人45%,康某55%,并由实际施工人全权经营管理。2015年9月20日,建设单位与施工单位进行结算确认总价为3108万元,签证部分结算价为604万元。2019年12月25日,施工单位与实际施工人签订《对账协议书》确认建设单位已经向施工单位支付工程款3992万元,施工单位已经实际开支4263万元。后因康某认为其实际在项目中垫付了资金,但是没有分配到相应的工程款,故提起本案诉讼要求实际施工人、施工单位、建设单位连带向其返还垫付款及分配工程款。在一审中,结合各方当事人的诉辩意见,一审法院总结本案的争议焦点:一是康某是否依据《战略合作协议》及《合作协议》实际参与了案涉工程项目的施工;二是康某主张返还垫付款项及分配工程款的条件是否成就及数额如何确认。

二、代理方案

主办律师作为施工单位的代理人,经过审阅和分析本案具体情况后认为,施工单位在本案中应否承担返还垫付款项及分配工程款的责任,关键在于康某与实际施工人之间本质上属于投资合伙关系,并非建设工程施工合同关系,其二人之间因承包项目投资事宜产生的争议,不应当由施工单位、建设单位承担共同返还责任。再者康某主张分配利润,应当举证证明实际投资、存在利润、利润数额等已经满足分配条件,否则应当承担举证不能的法律后果。主办律师拟定如下代理思路。

1.本案是因实际施工人与康某订立的《战略合作协议》及《合作协议》产生争议,即本案属于康某与实际施工人之间的合伙合同纠纷,施工单位非合伙的一方当事人,康某无权以施工单位为被告提起本案诉讼,施工单位非本案适格被告。

第一,本案的案由应当定性为合伙合同纠纷,并非建设工程施工合同纠纷。2014年9月12日,康某与实际施工人签订的《合作协议》明确约定,康某与实际施工人之间系合伙关系,由康某投资结清实际施工人原有欠款,后续其双方投入施工,所获利润康某占比55%,实际施工人占比45%。据此,康某与实际施工人之间形成的是确定其双方作为合伙人之间的权利义务关系的协议,经其双方协商一致所达成的有关共同出资、共同经营、共担风险、利润共享的协议。本案实质上系因该《合作协议》约定的投资、分配利润、返还垫资款等事宜所产生的争议,故本案应当定性为合伙合同纠纷。

第二,《合同法》第八条[①]规定:"依法成立的合同,对当事人具有法律约束力。

[①] 《合同法》已失效,现行规定为《民法典》第一百一十九条:"依法成立的合同,对当事人具有法律约束力。"《民法典》第四百六十五条:"依法成立的合同,受法律保护。依法成立的合同,仅对当事人具有法律约束力,但是法律另有规定的除外。"

当事人应当按照约定履行自己的义务,不得擅自变更或者解除合同。依法成立的合同,受法律保护。"案涉《合作协议》是实际施工人与康某之间的真实意思表示,不存在违反法律效力性强制性规定的情形,是合法有效的。据此,该合作协议合法有效且仅对当事人即施工人与康某具有法律约束力。施工单位并非《合作协议》的当事人一方,施工单位对此合作投资事宜并不知情,《合作协议》对施工单位不产生法律拘束力,故施工单位不是本案适格被告。

第三,《合同法》第五十八条①规定:"合同无效或者被撤销后,因该合同取得的财产,应当予以返还;不能返还或者没有必要返还的,应当折价补偿。有过错的一方应当赔偿对方因此所受到的损失,双方都有过错的,应当各自承担相应的责任。"如上文所述,本案不存在合同无效或被撤销的情形,《合作协议》中也没有关于返还的约定,且康某是依据其与实际施工人之间的《合作协议》之约定投入资金,实际投资的款项也并非交付给施工单位,至于实际施工人是否收到,收到数额多少,投资款去向,施工单位均不知情,故康某诉请要求返还垫资款没有事实和法律依据。

2. 康某作为合伙合同的一方当事人,若主张分享利润,则应当举证证明其共同出资和实际施工人享有利润,且能够证明利润的数额已经达到了分配利润的条件。

《民法通则》第三十条规定:"个人合伙是指两个以上公民按照协议,各自提供资金、实物、技术等,合伙经营、共同劳动。"第三十一条规定:"合伙人应当对出资数额、盈余分配、债务承担、入伙、退伙、合伙终止等事项,订立书面协议。"②根据上述法律规定,合伙的利润分配和亏损分担,按照合伙合同的约定办理;合伙合同没有约定或者约定不明确的,由合伙人协商决定;协商不成的,由合伙人按照实

---

① 《合同法》已失效,现行规定为《民法典》第一百五十七条:"民事法律行为无效、被撤销或者确定不发生效力后,行为人因该行为取得的财产,应当予以返还;不能返还或者没有必要返还的,应当折价补偿。有过错的一方应当赔偿对方由此所受到的损失;各方都有过错的,应当各自承担相应的责任。法律另有规定的,依照其规定。"

② 《民法典》在第三编第二分编"典型合同"中增设了"合伙合同"一章,即第二十七章,替代了《民法通则》关于"个人合伙"的相关规定,如《民法典》第九百七十二条规定:"合伙的利润分配和亏损分担,按照合伙合同的约定办理;合伙合同没有约定或者约定不明确的,由合伙人协商决定;协商不成的,由合伙人按照实缴出资比例分配、分担;无法确定出资比例的,由合伙人平均分配、分担。"第九百七十八条规定:"合伙合同终止后,合伙财产在支付因终止而产生的费用以及清偿合伙债务后有剩余的,依据本法第九百七十二条的规定进行分配。"

缴出资比例分配;无法确定出资比例的,由合伙人平均分配、分担。

第一,康某作为合伙合同的一方当事人,若主张分享利润,则应当举证证明其已经实际共同出资及出资数额。在本案中,根据康某提供的支付凭证及银行交易明细可知,其中多张支付凭证未能显示付款人为康某,转账凭证显示部分是支付给实际施工人,部分是转给案外人,无法证实也无法确认其垫付款项的具体数额是否与双方共同投资事项相关。

第二,康某作为合伙合同的一方当事人,若主张分享利润,则应当举证双方共同投资的项目已经实际享有利润。核查案涉项目的收入与支出,施工单位与实际施工人进行对账并且确认已经超额支出工程款,截至诉讼之时仍未存在利润。

第三,康某作为合伙合同的一方当事人,若主张分享利润,则应当举证利润的数额已经达到了分配利润的条件。如前文所述,项目不存在利润,故无法达到《合作协议》约定的分配条件。

因此,根据《民事诉讼法司法解释》第九十条第一款"当事人对自己提出的诉讼请求所依据的事实或者反驳对方诉讼请求所依据的事实,应当提供证据加以证明,但法律另有规定的除外"的规定,在作出判决前,当事人未能提供证据或者证据不足以证明其事实主张的,由负有举证证明责任的当事人承担不利的后果。

3. 退一步而言,假如实际施工人承包的施工内容有利润,康某只能主张要求其合伙人即实际施工人按照双方的约定进行分配,不能突破合同相对性要求施工单位就该分配利润承担连带责任。

三、法院判决

法院认为:关于原告康某所主张的工程款问题。原告康某在庭审中主张其垫付款项1478442元及812271元均系依据其提供的《支付凭证》及银行交易明细计算得出,但其所提供的多张《支付凭证》未能显示付款人为原告,故从现有证据看,原告康某未能充分举证其垫付款项的具体数额。

原告康某在庭审中还主张其被拖欠工程款的计算方式为:被告管理处所支付的第十五期至第二十期的款项共11213059.96元,减去实际施工人代施工单位转给原告的2506600元,再减去施工单位代原告康某支付给工人的工资2520900元,得出拖欠工程款6185559.96元。对于该项主张,由于被告管理处所支付的第十五期至第二十期的工程款包括了主礼楼等项目的工程款,而原告康某与被告实际施工人已书面约定"前期已经完成的一期与二期(主礼楼和两个守灵间)的项目资金归甲方(实际施工人)所有,后期所有项目扣除管理费用与税金,所得利润部分按甲方45%,乙方(康某)55%分配",由此可见,在第十五期至第二十期的工程款中,一期与二期(主礼楼和两个守灵间)的项目资金完全归实际施工人所有,剩余其他工程款扣除成本后再按比例分配。因此,在原告未能充分举证证明其在一期与二期(主礼楼和两个守灵间)之外实际由其施工的项目内容的情况下,难以剥离出应按双方比例分配的利润部分。且发包方管理处及承包方施工单位均确认案涉工程项目尚未完全竣工,更未进行结算,因此,亦难以满足原告康某与被告实际施工人所约定的先扣除成本,再按比例分配的利润分配条件。此外,原告康某与被告实际施工人在诉讼中还提及双方确实存在"新民路旧改项目""售房款""借款"等案外其他法律关系及款项往来。

综上,在原告未能充分举证证明其实际垫付款项数额、实际施工范围的情况下,亦无法通过鉴定评估手段确定其工程价款数额;且由于原告与被告实际施工人之间因多个法律关系的款项往来混杂,案涉工程项目亦未达到原告与被告实际施工人之间关于分配利润的约定条件;因此,对于原告的诉请法院不予支持。

四、律师评析

建设工程领域中,施工方需要投入大量资金完成施工建设。在转包、挂靠等情形下,实际施工人仅靠其个人财产的投入可能会因资金不足无法顺利完成施工任务,此时实际施工人往往会与资金充裕的合作伙伴共同出资,以确保项目能够按时完成并获得利润。因此,在承包项目中选择与他人合伙出资是一种常见且有效的解决方案。

实际施工人的合伙人一般有两种模式。一是作为"显名"合伙人,即实际施工人与合伙人在工程项目的承接和出资、项目管理、施工上的投入以及他们之间的合伙关系是为施工单位或建设单位甚至是其他第三人所明知。此时,实际施工人的合伙人也属于实际施工人之一,享有实际施工人的权利和义务。二是作为"隐名"合伙人,即实际施工人与合伙人之间的合伙关系不为施工单位或建设单位所知,实际施工人的合伙人大多仅投入资金,在施工及管理等合伙事务上并不过多关注,而是由实际施工人执行。在这种模式下,合伙人既可以帮助实际施工人解决资金问题,又可以为合伙人带来投资机会和利润回报。但该模式中,实际施工人的合伙人可能面临利润无法受偿,甚至出资无法收回的重大法律风险,本案即为例证。就作为"隐名"合伙人合作模式所涉及的法律问题,笔者作如下分析：

第一，"隐名"合伙人与施工总承包人之间不签订相关的承包合同，承包合同是实际施工人以个人名义与施工总承包人单独签订。"隐名"合伙人与实际施工人就工程的承包签订有合伙合同或口头约定合伙。因此，实际施工人与"隐名"合伙人之间属于合伙关系，而非分包或者转包关系，"隐名"合伙人不能独立成为建设工程领域所称的实际施工人。对建设单位或者施工总承包人欠付的工程款，"隐名"合伙人只能依据合伙合同关系先请求对合伙财产进行清算，在合伙财产清算后，如有工程款盈余可供分配，"隐名"合伙人方能请求分配合伙利润（工程款盈余）。

第二，在该合作模式下，"隐名"合伙人与建设单位或者施工总承包人不存在任何合同关系，故其无权基于合同关系向建设单位或者施工总承包人主张工程款。

第三，虽然"隐名"合伙人与建设单位、施工总承包人无合同关系，但在特定条件下，其仍有权直接请求建设单位或者施工总承包人支付工程款。具体而言，《民法典》第五百三十五条第一款规定："因债务人怠于行使其债权或者与该债权有关的从权利，影响债权人的到期债权实现的，债权人可以向人民法院请求以自己的名义代位行使债务人对相对人的权利，但是该权利专属于债务人自身的除外。"若实际施工人对建设单位或者施工总承包人享有到期工程款债权，但实际施工人怠于行使权利的，"隐名"合伙人也可依据其在合伙中享有的权益份额行使债权人之代位权，请求建设单位或者施工总承包人支付欠付工程价款。

五、案例索引

南宁市兴宁区人民法院民事判决书，(2019)桂 0102 民初 7747 号。

（代理律师：袁海兵、李妃）

案例 16

承揽合同纠纷，承包人不应对实际施工人的下手承担付款责任

【案例摘要】

施工单位承接某公路工程后，将工程转包给了实际施工人，实际施工人又将公路工程的基坑土石方开挖工作交由机械班组实际完成。后机械班组因实际施工人拖欠其款项，将实际施工人、施工单位诉至法院。法院认为，案涉基坑开挖工作属于承揽合同内容，应严格恪守合同相对性原则，最终判决施工单位不承担付款责任。

一、案情概要

2014年4月，施工单位中标承建某沿海公路工程后，与实际施工人签订了《工程项目内部施工承包协议》，约定施工单位将案涉公路工程整体转包给实际施工人完成，由实际施工人自主组织施工、自负盈亏。后实际施工人将案涉公路工程的基坑开挖作业又交由机械班组完成。经实际施工人与机械班组结算，案涉基坑开挖的产值为62万元，实际施工人已支付30万元，尚欠32万元。2020年5月，机械班组追讨余款未果，遂以建设工程施工合同纠纷为由，将实际施工人、施工单位诉至法院，要求实际施工人支付尚欠工程款及相应违约金，施工单位对此承担连带责任。诉讼中，机械班组主张，施工单位因非法转包案涉公路工程给实际施工人，违反法律的强制性规定，存在过错，应当对实际施工人的债务承担连带责任。一审法院认为，本案案由应为承揽合同纠纷，非建设工程施工合同纠纷，不适用《建设工程司法解释一》有关突破合同相对性的规定，最终判决仅由实际施工人承担责任，施工单位不承担付款责任。

二、代理方案

本案中,作为原告的机械班组对施工单位的诉讼请求是,要求施工单位对实际施工人欠付其的款项承担连带责任,机械班组的依据是《建设工程司法解释一》第四十三条规定。对此,本案的焦点应为机械班组要求施工单位对实际施工人欠付其款项承担连带责任的依据是什么。主办律师认为,作为施工单位应从三方面考虑。第一,考虑机械班组所依据的《建设工程司法解释一》第四十三条规定是否适用于本案。第二,考虑除《建设工程司法解释一》第四十三条规定外,机械班组要求施工单位承担连带责任的诉讼主张是否还有其他法律规定可依据。第三,如施工单位承担的不是连带责任,是否需要承担其他形式的责任,如共同责任、补充责任等。为此,主办律师拟定如下代理思路。

1. 本案属于承揽合同纠纷,并非建设工程施工合同纠纷,不能适用建设工程领域的相关规范。

《建设工程司法解释一》总则规定:为正确审理建设工程施工合同纠纷案件,依法保护当事人合法权益,维护建筑市场秩序,促进建筑市场健康发展,根据《民法典》《建筑法》《招标投标法》《民事诉讼法》等相关法律规定,结合审判实践,制定本解释。即适用此法律规定的前提是本案属于建设工程施工合同纠纷。

经分析,本案属于承揽合同纠纷,不属于建设工程施工合同纠纷。《民法典》第七百七十条第一款规定:"承揽合同是承揽人按照定作人的要求完成工作,交付工作成果,定作人支付报酬的合同。"本案中,实际施工人与机械班组之间的合同属于完成特定工作成果的合同,合同订立是以获得特定的工作成果为目的。具体而言,机械班组以自己的机械设备、技术、劳力完成基坑开挖工作,并向实际施工人交付相应成果,符合承揽合同的法律特征。《建筑法》第二条第二款规定:"本法所称建筑活动,是指各类房屋建筑及其附属设施的建造和与其配套的线路、管道,设备的安装活动。"《建设工程质量管理条例》第二条第二款规定:"本条例所称建设工程,是指土木工程、建筑工程、线路管道和设备安装工程及装修工程。"《建筑工程施工发包与承包计价管理办法》第二条第二款规定:"本办法所称建筑工程是指房屋建筑和市政基础设施工程。"建设工程合同的客体是指土木建筑工程和建筑业范围内的线路、管道、设备安装工程的新建、扩建、改建及大型的建筑装修装饰活动,涉及房屋、铁路、公路、机场、港口、桥梁、矿井、水库、电站、通讯线路等,且合同具有计划性和严格程序性要求。本案合同所涉及的工作任务显然不属于建设工程。

因此,本案不属于建设工程合同纠纷,机械班组不能根据《建设工程司法解释一》第四十三条的规定要求施工单位承担付款责任。

2. 连带责任,必须由法律规定或者当事人约定。现行法律并未规定承揽合同的当事人可突破合同相对性要求非合同当事人承担连带责任,且施工单位也未与任何人约定对机械班组主张的款项承担连带责任。

《民法典》第一百七十八条第三款规定:"连带责任,由法律规定或者当事人约定。"由此可知,连带责任的承担必须有法律的明确规定或者当事人的约定。本案中,没有法律规定承揽合同的当事人可以突破合同相对性,要求非合同当事人就承揽合同项下的债务承担连带责任,即机械班组要求施工单位承担连带付款责任无法律明确规定。并且,就机械班组主张的款项,施工单位从未与任何人约定或承诺承担连带责任,即机械班组要求施工单位承担连带付款责任无合同明确约定。

3. 案涉承揽合同的当事人是实际施工人与机械班组,施工单位不是机械班组的合同相对方,故案涉承揽合同对施工单位没有法律约束力,机械班组无权突破合同相对性要求施工单位支付款项。

《民法典》第四百六十五条第二款规定:"依法成立的合同,仅对当事人具有法律约束力,但是法律另有规定的除外。"《民事诉讼证据的若干规定》第三条规定:"在诉讼过程中,一方当事人陈述的于己不利的事实,或者对于己不利的事实明确表示承认的,另一方当事人无需举证证明。在证据交换、询问、调查过程中,或者在起诉状、答辩状、代理词等书面材料中,当事人明确承认于己不利的事实的,适用前款规定。"

机械班组在本案起诉状和庭审中已经明确陈述与其订立合同的是实际施工人,与其进行费用结算的亦是实际施工人,机械班组的上述陈述构成《民事诉讼证据的若干规定》第三条规定的自认,故应以机械班组自认的事实认定本案事实,即机械班组的合同相对方是实际施工人,施工单位不是案涉承揽合同的合同当事人,与机械班组之间不存在合同关系。据此,机械班组仅能向与其存在合同关系的合同相对方(实际施工人)主张合同价款,而无权突破合同相对性要求施工单位支付款项。

三、法院判决

法院总结出本案的争议焦点是:案涉合同的性质是建设工程施工合同纠纷,

还是承揽合同纠纷;本案机械班组要求施工单位承担连带责任是否具有事实和法律依据。

法院认为,关于合同性质问题。建设工程施工合同纠纷,是指当事人就达成的为完成建设工程的建筑、安装等行为,双方明确相互权利义务的合同产生的权利义务纠纷,承揽合同是指承揽人按照定作人的要求完成工作,交付工作成果,定作人给付报酬的合同。从本案事实看,机械班组自带钩机到实际施工人指定的场地进行涵洞砌体基坑开挖工作,钩机的加油费用亦由机械班组承担,机械班组以自己的机械设备、操作技术和劳力完成案涉工程涵洞砌体基坑的开挖工作,并向实际施工人交付开挖完成的工作成果,实际施工人则根据原告的工作成果支付报酬,这些符合承揽合同的法律特征,故机械班组与实际施工人之间形成承揽合同关系,本案案由应定为承揽合同纠纷,非建设工程施工合同纠纷。

关于施工单位应否承担责任的问题。鉴于机械班组与实际施工人之间系承揽合同关系,机械班组并非《建设工程司法解释一》第四十三条的规定中法律意义上的实际施工人,施工单位只是据实际施工人的要求向机械班组支付部分款项,施工单位与机械班组不存在合同关系,机械班组以《建设工程司法解释一》第四十三条的规定为由请求施工单位在欠付工程款范围内承担支付责任,无事实和法律的依据。

最终,法院判决由实际施工人向机械班组支付剩余价款,施工单位不承担支付责任。

四、律师评析

(一)承揽合同的认定

《民法典》第七百七十条第一款规定,承揽合同是承揽人按照定作人的要求完成工作,交付工作成果,定作人支付报酬的合同。承揽合同的认定应当考虑如下因素:

1.承揽的工作内容。法条列举的承揽内容包括加工、定作、修理、复制、测试、检验等。实践中,承揽合同的标的往往多种多样,除法条列举的典型内容外,还包括印刷、洗染、打字、翻译、拍照、扩印、广告制作、测绘、鉴定等,承揽标的既可以是有形物,也可以是无形物。同时,承揽人以自己的设备、技术和劳务完成主要工作是承揽人的一项法定义务。其中"主要工作"是指对定作物质量起决定性作用的部分。如果其质量在承揽工作中不起决定性作用,定作物为一般人均可完成的工作,那么"主要工作"即指数量上的大部分。据此,承揽合同的特征之一是,承揽人对承揽标的起到决定性作用,而不能仅是辅助作用。

2. 承揽人是否具备独立性。《民法典》第七百七十二条第一款规定:"承揽人应当以自己的设备、技术和劳力,完成主要工作,但是当事人另有约定的除外。"该款表明,承揽合同成立后,承揽人需以自身的生产资料,即设备、技术和劳力等独立、自主地完成相关承揽事务,其独立性包括生产资料的独立以及过程独立(自主完成工作)。

(二)承揽合同和建设工程施工合同的区分

《民法典》第八百零八条规定,第十八章(建设工程合同)没有规定的,适用承揽合同的有关规定。由此可见,承揽合同与建设工程施工合同具有高度相似性,如承揽人或者承包人在通常情况下均对其工作成果享有优先受偿权。具体而言,承揽合同中,《民法典》第四百四十七条第一款规定:"债务人不履行到期债务,债权人可以留置已经合法占有的债务人的动产,并有权就该动产优先受偿。"在典型的承揽合同中,承揽的标的物往往属于动产。因此,在定作人不履行付款义务的情况下,承揽人基于前述留置权的规定,通常有权就承揽的标的物优先受偿。建设工程合同中,《民法典》第八百零七条特别规定:"发包人未按照约定支付价款的,承包人可以催告发包人在合理期限内支付价款。发包人逾期不支付的,除根据建设工程的性质不宜折价、拍卖外,承包人可以与发包人协议将该工程折价,也可以请求人民法院将该工程依法拍卖。建设工程的价款就该工程折价或者拍卖的价款优先受偿。"即承包人亦对其工作成果享有优先受偿权。

但是,承揽合同和建设工程施工合同仍有本质区别,我国法律对两者的规定有所不同,相应产生的法律后果也不同。就法律适用范围而言,承揽合同纠纷案件一般适用《民法典》,建设工程施工合同纠纷案件除适用《民法典》外,还适用《建设工程司法解释一》《建筑法》《建设工程质量管理条例》《建筑工程施工发包与承包计价管理办法》等建设工程领域的相关法律法规。对于案件审理而言,是适用承揽合同纠纷的相关法律规定还是适用建设工程施工合同纠纷的相关法律规定,往往会影响案件的裁判结果。因此,如何区分两者极其重要。

二者的区分可从工作内容和合同主体资质两个方面分析认定。就建设工程领域的认定,可参考以下因素。

1. 工作内容是否属于建设工程领域内容。

《建设工程安全生产管理条例》第二条第二款规定:"本条例所称建设工程,是指土木工程、建筑工程、线路管道和设备安装工程及装修工程。"即以上述工程的施工作为工作内容所签订的合同,属于建设工程施工合同。但也存在例外,《建筑法》第八十三条第三款规定:"抢险救灾及其他临时性房屋建筑和农民自建低层住宅的建筑活动,不适用本法。"修建抢险救灾及其他临时性房屋建筑、农民自建低层住宅的合同不视为建设工程施工合同,按一般承揽合同认定。

最高人民法院在(2020)最高法民申2919号案中认为:承揽合同是承揽人按照定作人的要求完成工作,交付工作成果,定作人给付报酬的合同;而建设工程施工合同是承包人进行工程建设,发包人支付价款的合同。承揽合同以定作人要求的工作成果为工作内容,而建设工程施工合同以建设工程为工作内容,二者具有不同的法律特征。华星公司与丰喜公司就太化基地签订的分包合同约定,华星公司承揽丰喜公司太化基地56台设备的制作安装,工程范围为废水罐等设备6台,石油苯及焦化苯缓冲罐等设备4台,发烟硫酸冲罐等设备2台,干燥塔等非标设备5台,二甲苯储罐等设备5台,重苯储罐等设备5台、氧化平衡管等容器29台,共计56台设备制作安装防腐。从上述合同约定看,案涉工作内容更符合承揽合同的特征,一、二审判决据此确定本案为承揽合同纠纷,并无不当。由此可见,工作内容是否属于建设工程领域内容,是区分承揽合同和建设工程合同的关键因素。

2. 合同主体是否需具备相应的资质、是否应受到建设行政主管部门管理。

建设工程施工合同一般需要符合以下三个方面。一是建筑工程开工前,建设单位(发包人)应当按照国家有关规定向工程所在地县级以上人民政府建设行政主管部门申请领取施工许可证;二是建筑施工企业(承包人)经资质审查合格,取得相应等级的资质证书后,方可在其资质等级许可的范围内从事建筑活动;三是部分建设工程需要进行招投标。必须进行招投标的项目包括大型基础设施、公用事业等关系社会公共利益、公众安全的项目;全部或者部分使用国有资金投资或者国家融资的项目;使用国际组织或者外国政府贷款、援助资金的项目。因此,如果合同标的的完成需要以上三项资质的,可被认定为建设工程施工合同。

另外,建设工程涉及公共利益和公共安全,国家实行严格的行政管理,在市场准入等方面有严格要求,当事人的意思自治受到公权力的约束,而承揽合同以当事人的意思自治为主,一般不对其进行行政干预。因此,这也作为区分建设工程施工合同和承揽合同的重要依据。

五、案例索引

防城港市防城区人民法院民事判决书,(2020)桂0603民初738号。

(代理律师:李妃、乃露莹)

案例 17

施工单位项目部管理人员不应被认定为实际施工人

【案例摘要】

施工单位中标承建案涉工程,因项目中标地要求设立分公司,施工单位授权委托邓某作为分公司经理,负责案涉项目的管理工作。施工过程中因邓某管理不善导致项目出现亏损,施工单位解除了邓某对案涉项目管理的授权。项目经竣工验收和结算后,邓某以其是案涉项目的实际施工人为由提起诉讼,要求施工单位支付全部结算款。邓某是不是实际施工人成为本案争议焦点。一审人民法院经查明后认为邓某与施工单位未签订合同,施工单位也没有收取过邓某的管理费,邓某也没有提供证据证实其参与出资建设,故认定其不是案涉工程的实际施工人。

一、案情概要

2016年9月12日,施工单位中标承建"某住房建设项目工程"。同日,施工单位给邓某出具授权委托书,授权邓某负责案涉项目的管理工作。

2016年10月8日,建设单位与施工单位签订《某住房建设项目合同》。合同订立后,施工单位开始组织施工。施工过程多次发生民工闹事及阻工事件,施工单位认为邓某管理不善,于2019年11月26日解除了邓某对案涉项目管理的授权。后项目无法继续推进,经施工单位与建设单位协商一致同意甩项验收,并订立了甩项竣工协议书。直至本案发生争议之时,项目仍未进行最终结算,但案涉工程已经交付建设单位实际使用。2021年4月22日,邓某以其是案涉项目实际施工人的身份提起诉讼,并提交了一份由邓某签字确认的结算书,诉求施工单位向其支付5205650.86元工程款,以及建设单位在欠付工程款范围内承担连带责任。

庭审中,邓某出示的结算书原件与复印件不一致,施工单位、建设单位均不予认可。

诉讼中,施工单位提供了自项目合同签订、施工、投资、验收等阶段的施工材料,如验收记录、施工记录、工程款支付证书、工程进度款的报告、工程进度款计量、计价清单报表、整个项目支出费用汇总及凭据、项目承建过程的关联合同等,该系列证据证明项目是施工单位自行投资建设,邓某并不是实际施工人,邓某仅仅是施工单位委派的管理人员。

一审法院经审查各方证据后综合认定,邓某未充分举证证实其实际投资并全过程控制案涉项目,应承担举证不能的不利后果,人民法院认定邓某并不是实际施工人,判决驳回了邓某的全部诉讼请求。

二、代理方案

主办律师经过审阅和分析在案证据材料并与当事人充分沟通后得知,施工单位与邓某不存在转包、违法分包或挂靠的事实,因项目所在地要求设立分公司才能承接业务,施工单位委派任命邓某为分公司经理并管理项目施工相关事宜。施工单位给邓某出具了正式的授权书及任命文件,且项目承建过程所有的资金均由施工单位出资。从该事实可见,邓某并非项目的实际施工人,无权主张工程款。代理人提供如下代理方案。

(一)邓某并非涉案工程的实际施工人,无权向施工单位、建设单位主张任何形式的工程款

1. 本案不存在实际施工人出现的前提条件,邓某不是本案实际施工人。

《建设工程司法解释》第一条、第四条、第二十五条、第二十六条中分别规定了"实际施工人"的情形及享有的权利。根据法律规定,"实际施工人"是在无效施工合同中实际承揽工程的、低于法定资质的施工企业、非法人单位、自然人等,包括借用建筑企业的名义或者资质证书承接建设工程的承包人、转包中接受建设工程转包的承包人、违法分包中接受建设工程分包的分包人等情形。

因此,实际施工人出现的前提要件是建设施工合同存在转包、违法分包或借用有施工资质的企业名义承揽建设工程等无效情形,但邓某并未证明其与施工单位之间存在违法分包、转包的法律关系,或者其借用施工单位资质承建案涉工程。综合本案各方提交的证据可知,邓某与施工单位之间从未订立任何书面合同,邓某在部分施工材料中签字是基于施工单位的授权委托,其作为项目管理人履行受托事务。事实上,涉案工程系施工单位中标承建,施工过程将工程的劳务分包给劳务公司且签订了相应的劳务分包合同,项目施工的建材是由施工单位自行出资采购,管理班子成员也是由施工单位指派并支付工资,即案涉工程是由施工单位自行承建,不存在转包、违法分包或借用资质的情形,也就不存在实际施工人出现的前提条件。

2.施工单位与邓某没有签过书面的施工合同,从未就涉案工程事宜与其进行过约定或商议,双方不存在施工合同关系。

《合同法》第二百七十条[1]规定:"建设工程合同应当采用书面形式。"也就是说,书面的施工合同是证明双方之间存在施工合同的关键和核心证据。邓某主张涉案工程款高达数百万元,对如此规模的建设工程而言,双方当事人之间理应签订书面合同。本案多次庭审中,邓某均明确其与施工单位、建设单位之间并无合同,因此邓某的主张不符合法律规定,也显然与常理不符。

3.邓某在涉案工程中没有实际实施施工内容,不存在实际发生的工程量,且没有在项目中投入建设资金,也没有安排施工队伍进行建设。

首先,邓某在本案中没有提供任何与施工相关的施工图纸、工程洽商记录、工程联系单、工程测量记录、施工日志、工程量报表、建筑设备等施工资料来进行认定其实际组织施工。事实上,邓某没有实际施工内容,根本没有发生任何实际的工程量。邓某所提交的签证工程预算书、工程进度款及计价清单报表等材料均是复印件,该等材料是施工单位委托邓某管理施工项目期间复印所得,邓某也没有提供相应的凭据予以证实材料中所记载的工程内容由其出资建设完成。

其次,施工单位作为涉案工程的合法承包人,已在本案审理过程中提供充分的证据证实案涉项目由施工单位自行出资承建。提供证据如下:(1)中标通知书;(2)《配套基础设施工程合同》;(3)中国建设银行客户专用回单1;(4)施工单位关于分公司经理的任命决定;(5)法定代表人授权委托书;(6)关于解除法定代表人授权委托书的函;(7)工程材料、构配件、设备报审表及材料、构配件进场验收记录;(8)商品混凝土施工记录;(9)报验申请表及相应验收记录;(10)关于生态产业园生活小区公共租赁住房建设项目(配套基础设施工程)申请竣工验收的报告;(11)《生态产业园生活小区公共租赁住房建设项目(配套基础设施工程)甩项竣工协议书》;(12)生态产业园生活小区公共租赁住房建设项目基础设施项目

---

[1] 《合同法》已失效,现行规定为《民法典》第七百八十九条:"建设工程合同应当采用书面形式。"

工程整改的通知;(13)工程款支付证书;(14)关于申请拨付第一期工程进度款的报告、工程进度款计量、计价清单报表(第一期)、生态产业园生活小区公共租赁住房建设项目配套基础设施工程第一期进度款项目监理机构审查记录;(15)第二期工程进度款支付证书;(16)关于申请拨付第二期工程进度款的报告、工程进度款计量、计价清单报表(第二期);(17)第三期工程进度款支付证书;(18)关于申请拨付第三期工程进度款的报告、工程进度款、计价清单报表(第三期)、生态产业园生活小区公共租赁住房建设项目基础设施工程进度款项目监理机构审查记录;(19)关于提高生态产业园生活小区公共租赁住房建设项目(配套基础设施)工程款拨付比例的申请报告;(20)工程项目进度款支付审核表;(21)中国建设银行客户专用回单2;(22)整个项目支出费用汇总表;(23)劳务队工程款支付明细表;(24)中国建设银行客户专用回单3;(25)人工费支付明细表;(26)《建设工程施工劳务分包合同》、中国建设银行客户专用回单4;(27)在建项目农民工工资支付情况表、客户回单、银行转账凭证;(28)材料费支付明细表;(29)银行转账凭证、《购销合同》、《资料劳务承包合同》和《分包合同》;(30)机械费支付明细表;(31)《机械租赁合同》、银行转账凭证、发票;(32)收据、送货单、费用单;(33)其他费用支出;(34)银行转账凭证。以上证据充分证实了施工单位实际出资、实际组织施工且对整个项目享有完整的控制权。

再次,邓某自行制作的结算书并没有得到施工单位、建设单位的盖章确认,且原件与复印件并不一致,可以佐证结算书是其单方制作,不能作为认定案件事实的依据。

最后,邓某称其是从施工单位处转承包涉案工程,但是其又确认从未向施工单位缴纳过任何管理费、税费或其他成本费用。在施工领域,施工单位将项目工程转包、违法分包或挂靠施工,一般会收取相应的管理费作为对价,邓某的陈述与施工习惯不符。

4.最高人民法院有诸多类案就实际施工人的认定作出了裁判,人民法院应当依法参照裁决。

最高人民法院在(2020)最高法民再176号案中认为:"判断建设工程的实际施工人,应视其是否签订转包、挂靠或者其他形式的合同承接工程施工,是否对施工工程的人工、机器设备、材料等投入相应物化成本,并最终承担该成本等综合因素确定。"

最高人民法院在(2019)最高法民终1090号案中认为:关于罗某保是否为涉案工程的实际施工人问题。首先,罗某保提供的证据不足证明其系涉案工程的实际施工人。罗某保主张其在涉案工程建设中共计支出88049782.98元,仅有记账凭证,没有支付凭证和转账凭证,而中盛公司提供了该公司支付给各施工班组的款项明细、涉案工程来款明细及相应凭证,证人胡某军的证言亦与中盛公司关于相关款项系中盛公司实际支付的主张相符。如罗某保确系涉案工程的实际施工人,涉案工程款项往来、投入、支出情况关系其重大利益,那么其应当明确知晓,并及时提供其应当持有的相关支付凭证或者转账凭证。其次,涉案工程价款的结算情况可以证明罗某保的主张难以成立。五莲县审计局已经对涉案工程造价作出审计报告,五莲县住房和城乡建设局、中盛公司均认可双方已经进行了结算,林某娟已经就绿化项目工程款支付问题起诉沪赣公司、中盛公司、五莲县住房和城乡建设局,相关民事判决已经作出,证人胡某军亦认可其正在与中盛公司就铺装、景观项目进行结算。在这种情况下,罗某保以其系涉案工程实际施工人为由对涉案工程款项提出主张,亦缺乏依据。

最高人民法院在(2019)最高法民终682号案中认为:关于一审判决认定李某昌为案涉工程实际施工人是否正确的问题。甘肃一建上诉认为,案涉工程的实际施工人系金程公司,甘肃一建除管理人员参与施工外,其亦为案涉工程支出了相关费用,一审判决认定其未参与施工,排除其主张工程款的权利错误。同时,虽然甘肃一建认为其派驻部分工作人员参与案涉工程的施工管理,但该行为仅系甘肃一建履行收取管理费的相对义务,不能据此认定甘肃一建参与了案涉工程的施工,且派驻人员的薪酬均系李某昌支付,故该部分人员参与工程管理,仍应属李某昌对案涉工程进行的具体施工行为。综上,一审判决认定李某昌为实际施工人,事实依据充分,并无不妥。

参照上述类案,邓某既没有与施工单位订立合同,也没有实际出资用于项目的人工、机器设备、材料等,对施工项目无支配权及管理权,故邓某并非案涉工程的实际施工人。

(二)邓某在案涉项目中的行为系职务行为或授权行为,其行为的法律后果归属于施工单位

2016年9月10日,施工单位作出关于分公司经理的任命决定,决定由邓某任职施工单位项目分公司经理,其行为系代表施工单位的职务代理行为。《民法

典》第一百七十条第一款规定："执行法人或者非法人组织工作任务的人员,就其职权范围内的事项,以法人或者非法人组织的名义实施的民事法律行为,对法人或者非法人组织发生效力。"邓某作为施工单位任命的分公司经理,其行为系法定的职务代理行为。涉案工程中标后,施工单位为管控项目施工,2016年9月12日作出《法定代表人授权委托书》,指派邓某管理涉案工程。邓某并非实际施工人,其在涉案工程中仅仅系施工单位派驻的项目管理人之一,邓某在项目中所履行的管理职责均以施工单位名义作出,其行为属于职务行为或授权行为,由此所产生的法律后果归属于施工单位。

施工单位已充分举证证实邓某系职务行为或授权行为。更为关键的是,邓某自称系实际施工人却从来没有向施工单位缴纳过任何形式的管理费,反而是从施工单位处领取了项目管理的相应的受托报酬。

(三)涉案工程的建设单位与施工单位至今仍未进行最终结算,施工单位也从来没有跟邓某有过任何结算,其提供的结算是自行制作,所加盖的施工单位的印章是伪造的,涉案整个项目至今都没有与建设单位进行最终结算,施工单位根本不可能与邓某或任何人进行结算。因此邓某所提供的结算书是伪造的,并非施工单位的真实意思表示

2019年3月14日,施工单位作出申请竣工验收的报告,施工单位已按照合同约定完成施工任务并实际交付建设单位使用。由于17#、18#、19#主体工程未完成不存在施工作业面,17#、18#、19#三栋楼配套基础设施未能施工,施工单位就已竣工部分申请竣工验收。

2019年11月26日,施工单位作出"关于解除《法定代表人授权委托书》的函",2019年3月由于客观原因导致涉案工程无法推进,施工单位与建设单位多次协商后达成甩项验收结算合意,由于施工单位不再继续施工故解除邓某在涉案工程中的管理权限。

截至诉讼之日,建设单位与施工单位尚未进行最终的结算,建设单位管委会也没有向施工单位足额支付工程款。施工单位累计收到建设单位支付的工程款6722769.96元,而施工单位提供证据证明已累计支出8815271.87元(付李某施工部分工程款4312253.91元+付人工费1841931.68元+付材料费2117530.25元+付机械费272493元+付整改、收尾工作费用77138.6元+其他费用193924.43元),施工单位迫于民工滋事的压力,在未足额收取建设单位工程款的情况下已

超额垫付2092501.91元。整个项目总造价不足800万元,但实际支出已经近900万元,根本不可能存在还欠付邓某近500万元的可能。

综上所述,邓某并非实际施工人,其无权取得工程款,其诉请无依据应予以驳回。

三、法院判决

实际施工人是实际履行承包人义务的人,主要包括转承包人、违法分承包人和借用资质的单位或个人。本案中,案涉工程施工期间,邓某是施工单位负责案涉工程管理的人员,直至2019年11月26日,施工单位才解除邓某对案涉工程管理的授权,邓某与他人签订合同的行为是其履行职务的行为。邓某与施工单位未签订内部承包协议或者分包合同,施工单位也未收取邓某管理费,邓某向法院提交的证据不足以证明其组织人员施工并投资建设案涉工程,不足以证明邓某是案涉工程的实际施工人,而且生效的法律文书亦未认定邓某对案涉工程进行了施工。邓某主张与施工单位进行了工程款的结算,但其提供的证据原件和复印件不一致,记载的数据也不一致。根据《民事诉讼法》第六十四条①第一款"当事人对自己提出的主张,有责任提供证据"和《民事诉讼法司法解释》第九十条"当事人对自己提出的诉讼请求所依据的事实或者反驳对方诉讼请求所依据的事实,应当提供证据加以证明,但法律另有规定的除外。在作出判决前,当事人未能提供证据或者证据不足以证明其事实主张的,由负有举证证明责任的当事人承担不利的后果"的规定,邓某应承担举证不能的法律后果,因此,对于原告主张要求施工单位支付工程款5205650.86元及利息,建设单位在欠付工程款范围内承担连带支付责任的诉请,法院不予支持。最终,法院判决驳回原告邓某的诉讼请求。

四、律师评析

实际施工人与项目管理人员不同。实际施工人是转包、违法分包、挂靠关系下实际履行施工义务的主体,其具备显著的自主性、独立性,体现为实际施工人对工程项目的自主投入、自主管理、自负盈亏。项目管理人员系依据承包人的意思表示负责施工管理的项目施工负责人,其行为属于代理,即代理人以被代理人的名义在授权范围内从事代理行为,代理的效果直接由被代理人承担,故项目施工负责人的行为效果归于承包人,不属于实际施工人,不享有独立请求发包人支付

---

① 现为《民事诉讼法》第六十七条。

工程款的权利。

认定实际施工人或者项目管理人员身份的问题,本质上是认定合同性质的问题,即实际施工人是施工合同关系的当事人,而项目管理人员仅仅是劳动合同、劳务合同或者委托合同的当事人。一般而言,可从以下几个方面对二者进行区分。

1. 从证据角度上看,项目资金的往来记录系认定实际施工人或者项目管理人员的关键。实际施工人履行施工义务,必须投入资金购买施工材料、租赁机械设备、组织人力,故承包人与实际施工人、实际施工人与供应商、农民工等之间的资金往来记录往往可以客观反映其履行施工义务的真实情况。项目管理人员与承包人属于劳动合同或者劳务合同、委托关系,相应的资金往来记录应当是相对固定的报酬。

2. 双方是否就管理费或利润分配问题进行过协商。这是在工程转分包中与双方利害关系最紧密的问题,订立施工合同必定会在该问题上达成合意。

3. 双方是否存在长期、稳定的合作关系或交易惯例。法律上虽认可口头合同和默示合同的存在,但一般而言,只有在双方当事人根据过往的惯例默示了合同存在时,才有可能在工程总价如此之大的施工合同中未作任何书面约定。

4. 是否实际支配工程施工,对工程进度安排有批准权。项目管理人员与实际施工人管理权限上存在区别,前者是对施工项目进行管理,向实际施工人汇报工作,后者才是敲定各项事宜的人。对施工的实际支配权一般表现为施工所需诸多施工班组、诸多建材供应商所发生的费用支付,工程联系单、工作联系函、现场签证、工程量签单、施工图纸、隐蔽工程验收记录、每月工程进度表、每月进度款报审表等结算资料的控制、持有。

5. 是否组建、掌控施工项目部,发放其他施工管理人员的工资。项目部管理人员的工资及发生的其他费用的支付,项目部的账户的掌握、使用是判定其是否为实际施工人的又一有力证据,可以显示出实际施工人与其他项目管理人员之间的上下级管理关系。

五、案例索引

贺州市平桂区人民法院民事判决书,(2021)桂1103民初980号。

(代理律师:袁海兵、李妃)

案例 18

施工过程中形成的签证单应作为认定已完工程量的依据,总包单位单方面修改签证单的,不予支持

【案例摘要】

总包单位将其总承包的案涉工程非主体工程分包给分包单位承建,分包单位在施工过程中因施工路段土层稀薄、岩石深厚,需采用爆破方式开挖管道,部分施工路段的管道位置距离中石化输油管道、高压线架、电线杆以及村民住宅等极近,在相关政府部门、建设单位等的要求下,分包单位改变了原合同约定的爆破施工方式,变更为采用静力爆破施工,辅以破碎锤破碎。同时,施工过程中存在设计变更、管道路线更改、增加合同外工程量等情形。因此总包单位与分包单位在施工过程中形成了系列签证单,后总包单位在分包单位不予认可的情况下单方面手写修改了签证单中所载明的工程量。因双方就签证单的结算产生争议而诉至法院。诉讼过程中双方申请工程造价司法鉴定,因签证单存在手写修改,鉴定单位将双方无争议部分出具了确定性造价意见,将手写修改部分出具了选择性造价意见。庭审中,双方当事人就鉴定争议事项所对应的选择性造价意见部分进行举证,分包单位将工程联系单、施工图纸等材料与签证单进行比对,拟证实签证单打印记载的数据为实际发生,而总包单位对其手写修改的数据没有提供证据佐证。人民法院根据优势证据规则,认定总包单位在无其他证据佐证存在修正的情形下单方面修改签证单的,由总包单位承担举证不能的不利后果,即认定大部分选择性造价属于分包单位完成的工程造价。

一、案情概要

2012年10月8日,总包单位与分包单位分别签订了《建设工程分包合同A》

和《建设工程分包合同B》，约定总包单位将"某供气支线管道工程管沟土石方及附属工程"第三标段、第四标段分包给分包单位施工。2013年12月24日，总包单位与分包单位又签订《补充协议》增加了合同外的施工内容。

上述合同签订后，分包单位进场施工并完成了合同内和合同外的全部施工内容，案涉工程于2015年年底投入使用，其间，总包单位已向分包单位支付工程款3295732.61元。在施工过程中，因施工路段土层稀薄、岩石深厚，需采用爆破方式开挖管道，部分施工路段的管道位置距离中石化输油管道、高压线架、电线杆以及村民住宅等极近，在相关政府部门、建设单位等的要求下，分包单位改变了原合同约定的爆破施工方式，变更为采用静力爆破施工，辅以破碎锤破碎。同时，施工过程中存在设计变更、管道路线更改、增加合同外工程量等情形。总包单位与分包单位就合同外的施工内容形成了系列签证单，签证单有分包单位盖章及总包单位项目负责人签字确认。

案涉项目工程完工后，分包单位就其完成的合同内和合同外的工程量编制了结算资料递交总包单位，主张案涉工程总造价为30945287元，总包单位对分包单位提交的签证单进行手写修改，不认可分包单位主张的工程量，双方遂发生纠纷诉至法院。

诉讼中，总包单位称因分包单位提交的签证单中所载工程量与现场实际情况存在差异，故其在收到分包单位提交的签证单后根据现场情况进行了审核，并在签证单上对工程量进行了手写修正。因双方就分包单位实际完成的工程总造价无法达成一致意见，经双方共同申请，人民法院依法委托工程造价鉴定公司对分包单位实际施工完成的工程总造价进行鉴定，2022年12月5日，工程造价鉴定公司作出工程造价鉴定意见书，载明鉴定方法为："根据工程量签证单，按总包单位手写修正并签字确认的工程量进行鉴定为确定性意见；根据工程量签证单，分包单位诉求工程量超过总包单位诉求工程量的部分，依据分包单位诉求的工程量减总包单位诉求的工程量鉴定出该部分的差异工程量为选择性意见。"

造价鉴定意见作出后，双方对确定性意见部分不持异议，就选择性意见部分应否认定属于分包单位完成的工程造价成为争议焦点。根据工程造价鉴定意见书的记载，其中"确定性意见"系根据总包单位手写修正并签字确认的工程量所鉴定确认的数额。"选择性意见"系根据工程量签证单减去手写确认部分所鉴定得出的数额。分包单位认为，签证单上打印版所记载的工程量才是客观真实的事实,与签证单的其他内容以及本案其他证据相互印证。总包单位删改的工程量与签证单上的其他内容互相矛盾,且总包单位未提供任何反驳证据充分证明其删改内容是合理且真实的。故根据优势证据规则,应以签证单上打印版记载的工程量作为分包单位实际施工完成的工程量,即分包单位累计完成的工程总额 = 确定性意见部分 + 选择性意见部分。

人民法院经过审理后就选择性意见部分,对分包单位能够证实实际发生,总包单位不能证明手写修改依据的部分予以采纳,认定属于分包单位完成的工程造价。

二、代理方案

本所律师作为案件分包单位的代理人,就分包单位主张的工程价款核心争点在于选择性意见部分能否认定为分包单位完成的工程造价。本所律师结合工程造价鉴定公司出具的工程造价鉴定意见书以及本案证据认为,分包单位已经提供工程联系单、施工记录、会议纪要等证据,与签证单相互印证,故此,签证单中记载的数据是真实的,而总包单位在未经分包单位认可的情形下单方手写修改又未能提供证据证实修改的客观性,应当由总包单位承担举证不能责任。就选择性意见部分的造价,代理人的意见如下。

1. 根据工程造价鉴定意见书的记载,其中"确定性意见"系根据总包单位手写修正并签字确认的工程量所鉴定确认的数额。"选择性意见"系根据工程量签证单减去手写确认部分所鉴定得出的数额。代理人认为,签证单上打印版所记载的工程量才是客观真实的事实,与签证单的其他内容以及本案其他证据相互印证。总包单位删改的工程量与签证单的其他内容互相矛盾,且总包单位未提供任何反驳证据充分证明其删改内容是合理且真实的。故根据优势证据规则,应以签证单上打印版记载的工程量作为分包单位实际施工完成的工程量,即分包单位累计完成的工程总额 = 确定性意见部分 + 选择性意见部分。

《民事诉讼法司法解释》第一百零八条规定:"对负有举证证明责任的当事人提供的证据,人民法院经审查并结合相关事实,确信待证事实的存在具有高度可能性的,应当认定该事实存在。对一方当事人为反驳负有举证证明责任的当事人所主张事实而提供的证据,人民法院经审查并结合相关事实,认为待证事实真伪不明的,应当认定该事实不存在。法律对于待证事实所应达到的证明标准另有规定的,从其规定。"

上述法律规定是关于"优势证据规则"的规定。优势证据规则又被称为"高度盖然性占优势的证明规则",即当证据显示待证事实存在的可能性明显大于不存在的可能性时,可据此进行合理判断以排除疑问;在可能性已达到能确信其存在的程度时,虽然还不能完全排除存在相反事实的可能性,但可根据已有证据认定这一待证事实存在的结论。

本案中,签证单上打印版记载的工程量是客观存在的事实(分包单位累计完成的总造价应当包含选择性意见部分),有签证单上的相关内容、附件以及本案的其他证据佐证,已达到高度盖然性的证明标准,足以认定签证单上打印版记载的工程量是分包单位实际施工完成的工程量。分包单位已提供证据证实选择性意见部分已实际发生的具体证据如表3-1所示。

表3-1 分包单位公司已提供证据证实选择性意见部分已实际发生的具体证据

序号	选择性意见的签证单	应当采纳属于分包单位已完工程造价的理由
1	工程签证单02（签证单编号:NB-HZYJ-022-02）	序号1: (1)序号1的第一段明确陈述"沿线与村庄、学校、高压线交叉并行不足30m……经地方政府协商、项目部同意,使用静力爆破方法施工",由此可知,该序号1项下记载的施工路段均应使用静力爆破方法施工。总包单位未将此处删改,也就是说,总包单位对于序号1中的施工路段采用静力爆破方法施工是认可的,序号1的施工路段全线都应采用静力爆破方法施工。在此前提下,总包单位仅删改静力爆破的工程量明显与该内容相互矛盾,且总包单位删改的工程量没有依据且没有在删改处签字确认,分包单位也未在删改处签字确认。 (2)根据分包单位提供的"证据清单1"中的证据"会议纪要(文件编号:XQNB-A50-HY-HJ2-JLBP-002-2013)""会议纪要(文件编号:XQNB-A50-HY-HJ2-JLBP-001-2014)"中载明,序号1的施工路段存在与民房、学校并行间距20m~30m,村民阻工不允许打眼装药爆破,且施工路段上方有高压线通讯光缆,总包单位开会决定改为"静力爆破开挖"。该内容正好与上述序号1的第一段陈述内容一致,足以证明该签证单打印版记载的内容的真实性。 (3)分包单位实际采用了静力爆破方法施工。根据分包单位"证据清单3"中的证据3-11(施工照片)可以看出,该部分施工路段均为石方段,石牙、石林分布,且全路段1941米与距离村庄、学校不足200米,与高压线并行、交叉,距离高压线不足100米,而当地村民阻工,禁止分包单位施工使用炸药爆破,分包单位在施工时采用了静力爆破方式开挖。

续表

序号	选择性意见的签证单	应当采纳属于分包单位已完工程造价的理由
		（4）依据法律法规规定，该路段只能采用静力爆破方式开挖。《爆破安全规程（GB 6722-2014）》第13.6.2条和第13.7.1条规定，爆破作业的最小安全允许距离300米，爆区与高压线间的安全允许距离为100米。《电力设施保护条例》第十条规定，电力线路保护区为20米以内。也就是说，在300米范围内有房屋的、100米内有高压线的，不得进行爆破作业。本案中，序号1中的全路段1941米距离村庄、学校不足200米，与高压线并行、交叉，距离高压线不足100米，依据以上规定是禁止进行炸药爆破作业的，故该路段只能采用静力爆破方式开挖。 因此，打印版记载的工程量才是客观真实的，且分包单位有相应证据佐证，序号1中施工路段全线1941米都进行了静力爆破施工，应按1941米的静力爆破工程量5425立方米计价，总包单位手写将1941米改成500米没有依据。故该部分的选择性造价应全部计入分包单位已完的工程造价中。
		序号6： （1）根据分包单位"证据清单3"中的证据12"施工照片（工程签证单02序号6的施工路段）"，本施工段有大量石牙、石林、孤山散落分布在作业带上，需要使用破碎锤进行削方的工程量很大。 （2）根据该签证内容的附件可计算出使用破碎锤进行削方的工程量共计1327立方米，故应按打印版记载的1327立方米工程量计价。 （3）总包单位删改的工程量没有依据且没有在删改处签字确认，分包单位也未在删改处签字确认，总包单位删改的工程量并非客观事实。 因此，打印版记载的工程量才是客观真实的，且分包单位有相应证据佐证，故该部分的选择性造价应全部计入分包单位已完的工程造价中，总包单位手写将1372平方米改成约600平方米没有依据。
2	工程签证单03 （签证单编号：NB-HZYJ-022-03）	序号3、序号8：打印版记载的台班量是根据签证单附件计算所得，而总包单位删改的台班量没有依据且没有在删改处签字确认，分包单位也未在删改处签字确认，且总包单位未就其删改的台班提供其他证据佐证，故总包单位删改的工程量并非客观事实。因此，打印版记载的台班量才是客观真实的，该部分的选择性造价应全计入分包单位已完的工程造价中。

续表

序号	选择性意见的签证单	应当采纳属于分包单位已完工程造价的理由
3	工程签证单04（签证单编号:NB-HZYJ-022-04）	序号1、序号2、序号3、序号4：总包单位删改的台班量没有依据且也没有在删改处签字确认，分包单位也未在删改处签字确认，且总包单位未就其删改的台班提供其他证据佐证，故总包单位删改的工程量并非客观事实。因此，打印版记载的台班量才是客观真实的，该部分的选择性造价应全部计入分包单位已完工程的工程造价中。
4	工程签证单06（签证单编号:NB-HZYJ-022-06）	序号一2： （1）序号一的第一段明确陈述"全段管线与中石化输油管道相距不足20m伴行，与500KVA特高压线多次伴行、交叉，中石化管道方及电力部门派专人蹲守、监管，不许打眼装药爆破，经项目部同意采用静力爆破法施工辅以破碎锤破碎开挖"。由此可知，该序号一项下记载的施工路段均应使用静力爆破方法施工。总包单位未将此处删改，也就是说，总包单位对于序号一中的施工路段采用静力爆破方法施工是认可的。在此前提下，总包单位仅删改静力爆破的工程量明显与该内容相互矛盾，且总包单位删改的工程量没有依据且没有在删改处签字确认，分包单位也未在删改处签字确认，总包单位删改的工程量并非客观事实。 （2）依据法律法规规定，该路段只能采用静力爆破方式开挖。《石油天然气管道保护法》第三十五条规定，在输油管道线路中心线两侧各200米地域范围内，进行爆破、地震法勘探或者工程挖掘、工程钻探、采矿的，应向管道所在地县级人民政府主管管道保护工作的部门提出申请。根据分包单位"证据清单3"中的证据14"施工图（BA001-BA083）"（第111—117页），该序号一2中的施工段全段与输油管道伴行相距不足20米。因此，应全线均采用静力爆破施工。 （3）客观上，分包单位也实际采用了静力爆破方法施工。根据分包单位"证据清单3"中的证据15"施工照片（工程签证单06序号一2的施工路段）"，分包单位实际采用的是静力爆破施工。使用静力爆破施工的长度为237米，其中，BA058G+117m-193m的长度为76米，BA059G+0m-161m的长度是161米。 因此，打印版记载的工程量才是客观真实的，且分包单位有相应证据佐证，故该部分的选择性造价应全部计入分包单位已完工程造价中。 序号一3： （1）序号一的第一段明确陈述"全段管线与中石化输油管道相距不足20m伴行，与500KVA特高压线多次伴行、交叉，中石化管道方及电力部门派专人蹲守、监管，不许打眼装药爆破，经项目部同意采用静力爆破法施工辅以破碎锤破碎

续表

序号	选择性意见的签证单	应当采纳属于分包单位已完工程造价的理由
		碎开挖",由此可知,该序号一项下记载的施工路段均应使用静力爆破方法施工。总包单位未将此处删改,也就是说,总包单位对于序号一中的施工路段采用静力爆破方法施工是认可的。在此前提下,总包单位仅删改静力爆破的工程量明显与该内容相互矛盾,且总包单位删改的工程量没有依据且没有在删改处签字确认,分包单位也未在删改处签字确认,总包单位删改的工程量并非客观事实。 (2)依据法律法规规定,该路段只能采用静力爆破方式开挖。《石油天然气管道保护法》第三十五条规定,在输油管道线路中心线两侧各200米地域范围内,进行爆破、地震法勘探或者工程挖掘、工程钻探、采矿的,应向管道所在地县级人民政府主管管道保护工作的部门提出申请。根据分包单位"证据清单3"中的证据14"施工图(BA001 - BA083)",该序号一3中的施工段全段与输油管道伴行相距不足20米。因此,应全线均采用静力爆破施工。 (3)总包单位删改的工程量没有依据,而分包单位已提供证据佐证打印版工程量的真实性。根据分包单位"证据清单3"中的证据14"施工图(BA001 - BA083)"可计算出,本段的施工路段 BA016 - BA018 - 2G + 120m、BA019 + 60 - BA021(到9#阀室的施工路段前)、BA036 - BA038、BA055 - BA058g + 117、BA058G + 193 - BA059G、BA059 + 161 - BA060 的总长为4329米。同时,根据分包单位"证据清单3"中的证据16"施工照片(工程签证单06 序号一3 的施工路段)",本施工路段沿线为喀斯特地貌,石牙、石林散落分布在作业带上,石方比例很大,总包单位将石方占比改为36%明显与照片上客观事实不符。故该路段的石方占比为86%是符合客观事实且合理的,因此计算所得的削方工程量共计3723m立方米,应以此作为工程量的计价。 因此,打印版记载的工程量才是客观真实的,且分包单位有相应证据佐证,故该部分的选择性造价应全部计入分包单位已完的工程造价中。
		序号二1 - 2、序号二3: (1)序号二的第一段明确陈述"全段采用静力爆破法施工",而总包单位未将此处删改,也就是说,总包单位对于序号一中的施工路段采用静力爆破方法施工是认可的。在此前提下,总包单位仅删改静力爆破的工程量明显与该内容相互矛盾,且总包单位删改的工程量没有依据且没有在删改处签字确认,分包单位也未在删改处签字确认,总包单位删改的工程量并非客观事实。

续表

序号	选择性意见的签证单	应当采纳属于分包单位已完工程造价的理由
		（2）根据分包单位"证据清单3"中的证据17—19，从施工图纸和现场施工照片可知，本施工段属于平果段，全段与输油管道伴行相距不足20米，无论石方量比例多少，应全线均采用静力爆破施工，而分包单位实际上也是全段采用静力爆破施工的。 （3）根据分包单位"证据清单"中的证据16"施工变更申请单"，平果段全段与输油管道伴行，总包单位同意变更采用静力爆破方法施工。本施工段属于平果段，全段与输油管道伴行相距不足20米，无论石方量比例多少，都应全线采用静力爆破施工。 因此，打印版记载的工程量才是客观真实的，且分包单位有相应证据佐证，故该部分的选择性造价应全部计入分包单位已完的工程造价中。
5	工程签证单07 （签证单编号：NB－HZYJ－022－07）	序号5、序号6：总包单位删改的台班量没有依据且没有在删改处签字确认，分包单位也未在删改处签字确认，且总包单位未就其删改的台班提供其他证据佐证，故总包单位删改的工程量并非客观事实。因此，打印版记载的台班量才是客观真实的，该部分的选择性造价应全部计入分包单位已完工程的工程造价中。
6	工程签证单08 （签证单编号：NB－HZYJ－022－08）	序号一： （1）序号一的第一段明确陈述"与中石化管道并行不足25m，离500KVA特高压线不足30米，中石化管道一直派专人蹲守监管，不许打眼装药爆破施工。经项目部同意采用静力爆破法施工"，由此可知，该序号一项下记载的施工路段均应使用静力爆破方法施工。总包单位未将此处删改，也就是说，总包单位对于序号一中的施工路段采用静力爆破方法施工是认可的。在此前提下，总包单位删改为"无静力爆破"明显与该内容相互矛盾，且总包单位删改的工程量没有依据且没有在删改处签字确认，分包单位也未在删改处签字确认，总包单位删改的工程量并非客观事实。 （2）依据法律法规规定，该路段只能采用静力爆破方式开挖。根据分包单位"证据清单3"中的证据21—22，从施工图纸和现场施工照片可知，本施工段属于平果段，全段与输油管道伴行相距不足25米，且与高压线相距不足30米，根据《爆破安全规程（GB 6722－2014）》《电力设施保护条例》和《石油天然气管道保护法》的相关规定，全线石方开挖应采用静力爆破施工。 （3）根据分包单位"证据清单3"中的证据22"施工照片（工程签证单08序号一的施工路段）"，分包单位实际上也采用了静力爆破施工。

续表

序号	选择性意见的签证单	应当采纳属于分包单位已完工程造价的理由
		因此,总包单位删改为"无静力爆破"与事实不符,打印版记载的工程量才是客观真实的,且分包单位有相应证据佐证,故该部分的选择性造价应全部计入分包单位已完的工程造价中。
		序号五:总包单位删改的台班量没有依据且没有在删改处签字确认,分包单位也未在删改处签字确认,且总包单位未就其删改的台班提供其他证据佐证,故总包单位删改的工程量并非客观事实。因此打印版记载的台班量才是客观真实的,该部分的选择性造价应全部计入分包单位已完工程的工程造价中。
7	工程签证单09 (签证单编号:NB-HZYJ-022-09)	序号一5:总包单位删改的台班量没有依据且没有在删改处签字确认,分包单位也未在删改处签字确认,且总包单位未就其删改的台班提供其他证据佐证,故总包单位删改的工程量并非客观事实。因此,打印版记载的台班量才是客观真实的,该部分的选择性造价应全部计入分包单位已完工程的工程造价中。
8	工程签证单23-02 (签证单编号:NB-HZYJ-023-02)	序号一2:根据签证单所附的附表3《AE127—AE134作业带削方统计表》、附表4《之子路计算表》,合计削方工程量为19978立方米,即签证单的数据均有相关的工程量材料佐证。总包单位删改的工程量无依据且没有在删改处签字确认,分包单位也未在删改处签字确认,不应作为计价依据,故应按打印版记载的削方工程量19978立方米计价。因此,打印版记载的削方工程量才是客观真实的,该部分的选择性造价应全部计入分包单位已完工程的工程造价中。
		序号一3:根据分包单位"证据清单3"中的证据23—25,从施工图纸和现场施工照片可知,本施工段遍布石牙、石林、独石、巨石,又与500KVA超高压输电线路管线并行,根据《爆破安全规程(GB 6722-2014)》《电力设施保护条例》,石方开挖应采用静力爆破施工,且施工地点靠近民房,村民反对打眼装药爆破阻工一年有余,经地方政府协调及项目部同意采用静力爆破施工。分包单位实际上也采用了静力爆破施工,静力爆破工程量为401立方米,故应按采用静力爆破的工程量401立方米计价。因此,打印版记载的工程量才是客观真实的,且分包单位有相应证据佐证,故该部分的选择性造价应全部计入分包单位已完的工程造价中。

续表

序号	选择性意见的签证单	应当采纳属于分包单位已完工程造价的理由
		序号一4:总包单位删改的台班量、人工没有依据且没有在删改处签字确认,分包单位也未在删改处签字确认,且总包单位未就其删改的台班、人工提供其他证据佐证,故总包单位删改的工程量并非客观事实。因此,打印版记载的台班量、人工才是客观真实的,该部分的选择性造价应全部计入分包单位已完工程的工程造价中。
		序号二1:根据分包单位"证据清单3"中的证据26—29,从施工图纸可计算,该项下的施工长度为1749米。总包单位删改的工程量没有依据且没有在删改处签字确认,分包单位也未在删改处签字确认,不应作为计价依据。因此,打印版记载的台班量、人工才是客观真实的,该部分的选择性造价应全部计入分包单位已完工程的工程造价中。
		序号二2: （1）根据分包单位"证据清单3"中的证据30—31,从施工图纸和现场施工照片可知,本施工段与500KVA超高压输电线路管线并行,根据《爆破安全规程（GB 6722 - 2014）》《电力设施保护条例》,该项下的路段应采用静力爆破施工。并且,该施工地点靠近民房,村民反对打眼装药爆破阻工一年有余,经地方政府协调及项目部同意采用静力爆破施工。因此,总包单位删改为"无静力爆破"与事实不符。 （2）根据分包单位"证据清单"中的证据16"施工变更申请单",平果段全段与输油管道伴行,总包单位同意变更采用静力爆破方法施工。本施工段属于平果段,全段与输油管道伴行相距不足20米,无论石方量比例多少,应全线均采用静力爆破施工。因此,总包单位删改为"无静力爆破"与事实不符。 （3）从分包单位"证据清单3"中的证据31中的照片可知,分包单位实际上也采用了静力爆破施工。 因此,总包单位删改为"无静力爆破"与事实不符,打印版记载的工程量才是客观真实的,且分包单位有相应证据佐证,故该部分的选择性造价应全部计入分包单位已完的工程造价中。
		序号二3:总包单位删改的台班量没有依据且没有在删改处签字确认,分包单位也未在删改处签字确认,且总包单位未就其删改的台班提供其他证据佐证,故总包单位删改的工程量并非客观事实。因此,打印版记载的台班量才是客观真实的,该部分的选择性造价应全部计入分包单位已完工程的工程造价中。

综上,"选择性意见"中的造价部分所涉及的签证单中所记载的打印版工程量都有相应证据予以佐证,证明标准已达到高度盖然性,足以证明打印版工程量的真实性。总包单位单方删改的工程量和内容没有任何证据予以证明,应当由总包单位承担举证不能的责任。因此,选择性意见部分的造价也均应属于分包单位已完成的工程造价,应计入分包单位已完成的工程总造价中。

2. 分包单位是依据总包单位以及当地政府的要求,变更施工方法为静力爆破施工,且有总包单位盖章确认的工程联系单予以印证,故"选择性意见"部分的造价应当被采纳确定为分包单位已实际完成的工程总额。

根据分包单位的证据"会议纪要""施工变更申请单"可知,因施工路段与民房、学校距离相近,当地村民反对打眼装药爆破阻工,且施工路段上方有高压线、通讯光缆,平果段的路段与输油管道并行、交叉,故总包单位决定变更施工方法为静力爆破施工,该工程联系单有总包单位盖章予以确认。因此,总包单位对选择性意见中涉及的签证单中所记载的工程量进行删改,与客观事实不符。

3. 分包单位已对案涉工程实际投入高达 2313 多万元的施工成本,根据造价鉴定意见采纳确定性意见与选择性意见的总额和实际投入基本相当,符合客观事实。

确定性造价仅为 1390 多万元,如未将选择性意见部分造价全部计入工程总造价中,将使总包单位获取高达 1000 万元的巨额利益,这将严重损害了分包单位的合法权益,且有失公平,不利于营商环境的优化和健康发展。并且,即便将选择性意见部分造价全部计入工程总造价中,案涉工程的总造价也仅为 2250 多万元,分包单位仍存在了近 150 万元的亏损。因此,根据公平原则以及优化营商环境的政策,将选择性意见部分造价全部计入工程总造价中更为合理、公平,且符合客观事实。

4. 最高人民法院的既有类案确认,在当事人无充分证据证明其主张时,应根据"优势证据"规则予以裁决。在本案鉴定意见中,针对总包单位手写修改的工程量其并没有提供相应的证据予以证实到底是依据什么证据进行修改,而分包单位提供了相互印证的证据予以佐证工程量实际发生的就是签证单中打印的数额,因此应当采信"选择性意见"部分的造价亦属于分包单位所实际完成的工程部分。

最高人民法院在(2019)最高法民申 1620 号案中认为,原审法院根据本案已查明事实,在化州四建宝安分公司既不能举证证明其未使用力高公司提供的建筑材料,也不能举证证明相应建筑材料系由其自行采购,且案涉工程已经完工并经竣工验收的情况下,根据《民事诉讼法司法解释》第一百零八条第一款的规定,认为力高公司已另行支付相应工程材料费的事实的存在具有高度可能性,并将力高公司已另行支付的建筑材料费用从其应付工程款中扣除,并无不当。

最高人民法院在(2018)最高法民终906号案中认为,一审庭审中宁夏润恒公司认可该份证据的真实性,该付款计划与两份结算审核表相互印证,可以证明双方已经结算的事实。该案中,卧牛山公司对案涉工程已经结算的事实已经尽到了证明责任,其所举证据在证明力上能够使人民法院确信该待证事实的存在具有高度可能性。故一审法院对案涉工程已经结算的事实予以确认,并无不当,法院予以维持。

最高人民法院在(2019)最高法民申2650号案中认为,关于二审判决认定牟某施工的工程款项已经解决完毕,依据是否充分的问题。该问题的关键在于一审法院依法委托司法鉴定科学技术研究所司法鉴定中心对收条上"牟某"签名笔迹和指印所作的鉴定意见可否采信。本案中,牟某并未提供证据证明鉴定部门作出的鉴定结论存在需要重新鉴定的情形。二审判决采信该鉴定意见并无不当。该鉴定结论为,倾向认为检材2收条上的需检"牟某"签名是牟某所写。除了上述收条外,宝地公司还提交了牟某签订收条时的录音作为证据,对该证据的真实性,牟某并不否认。由此可见,二审判决并非单纯依据收条认定双方的工程款已经结算完毕。《民事诉讼法司法解释》第一百零八条第一款规定,对负有举证证明责任的当事人提供的证据,人民法院经审查并结合相关事实,确信待证事实的存在具有高度可能性的,应当认定该事实存在。二审判决综合全部在案证据,综合认定牟某与宝地公司、天钢公司已就案涉工程剩余款项一次性解决这一事实的存在具有高度可能性,进而认定牟某施工的工程款项已经解决完毕,并无不当。

三、法院判决

法院认为:关于本案案涉工程总造价的问题。分包单位与总包单位签订上述合同后,已严格按照合同约定对案涉工程进行施工,并完成全部施工内容,案涉工程也已经各方验收合格并交付使用。现分包单位主张总包单位支付工程尾款,法院予以支持。诉讼中,双方申请对分包单位完成的涉案工程总造价进行鉴定,法院予以准许并依法委托鉴定机构对分包单位实际施工完成的工程总造价进行鉴定,该鉴定机构具有鉴定资质,鉴定程序合法,法院予以采信并作为本案定案证据。根据该鉴定机构作出的《工程造价鉴定意见书》及《关于总包单位对鉴定意见书的反馈意见的回复》,对涉案按总包单位手写修正并签字确认的工程量签证单鉴定的确定性造价13939618.56元(合同内造价3623394.08元+合同外造价10316224.48元),法院予以确认。总包单位主张合同外造价中有993819.4元属于重复计算,应予扣除,因鉴定机构已对此作出了合理解释,即不存在重复计算,故法院对总包单位的主张不予支持。对存在争议的工程造价8635494.42元,法院分析如下:涉案《三标合同》第742条约定"竣工结算以实际完成的合格工程量为依据。实际完成合格工程量由乙方报甲方核准,最后以按具有标价的工程量清单综合单价报价明细表(附件3)中所报的价格或根据合同条件约定的价格确认方式共同确定其结算金额,并相应调整合同总价。超出原合同总价的,依据总包单位的相关规定签订补充合同。"由此可见,实际完成的工程量由分包单位报总包单位核准,总包单位负有及时核准工程量及结算的义务。本案中,分包单位完成施工内容后,编制编号为 NB-HZYJ-022-02《工程量签证单》,载明其施工地段 AEG094-AEG095+36m 长 98 米,AEG095+36m-AEG095+180m 长 144 米,AEG095+180m-AE096+83m 长 555 米,AEG098+309—AE102+44 长 515 米,AE103-AE104 长 108 米,AE105G-AE108G+144 长 521 米,总长度 1941 米,计静力爆破开挖管沟【次坚石含量为 65%】5425m^3。2096m 作业带使用破碎锤破碎【次坚石】计 1327m^3 等的结算资料递交总包单位,总包单位对分包单位提交的上述签证单中的 1941m^3 直接修改为 500m^3 将破碎锤破碎计 1327m^3 直接修写为约 600m^3,删减分包单位施工工程量。根据查明的事实,分包单位在施工过程中,因设计变更、部分石方采用静力爆破,导致工程量增加是客观事实,虽然双方未签订补充协议,但以签证单的形式予以了确认。双方争议点为工程量签证单的部分工程量及石方施工方式,在总包单位修改分包单位提交的签证单上工程量是否有依据的情况下,应分析双方的证据判断总包单位修改数字的合理性。本案中,分包单位遇上地质问题而导致施工方法改变,双方以通过工程量签证单的方式确认分包单位的工程量,分包单位提交的证据证明 1941m^3 路段改为静力爆破方法施工、1327m^3 为使用破碎锤破碎方式施工,总包单位虽不认可,但修改数字没有提交证据佐证,依据证据规则,总包单位应承担举证不能后果,则该选择性意见造价 1290557.71 元应为涉案工程造价。对于签证单编号为 NB-HZYJ-022-06

的《工程量签证单》上序号一2. BA058G＋117m—193m，BA059G＋0m－161m处为全石方，静力爆破横坡削方次坚石1244行，因该签证事由已清楚写明"全段管线与中石化输油管道相距不足20m伴行……经项目部同意采用静力爆破施工辅以破碎锤破碎开挖"，由此可见，该序号一项下记载的施工全路段总955m³均应为使用静力爆破方法施工。同理，总包单位手写删除530m³没有签字也没有提交证据佐证，依据证据规则，总包单位应承担举证不能后果，则该选择性意见造价196283.85元应为涉案工程造价。此外，对于工程量签证单上的挖掘机台班工程量，因总包单位经核对后已一一对应进行修改数据，分包单位没有提交反驳证据，故对挖掘机台班工程量的选择性意见工程造价，法院不予采信为涉案工程造价，对于削方工程量，本院亦采纳总包单位的抗辩意见，不作为涉案工程造价的认定。综上，由于分包单位完成施工撤场后，双方并未进行交接清算事宜，且此后多年双方未进行工程造价结算，致使分包单位完成的工程量难以准确进行计算，鉴定中双方出现工程量和施工方式争议。根据鉴定意见书中的选择性意见造价，考虑案件实际情况及对于工程量难以明确确认的责任归属，对双方争议的选择性意见造价中的工程量签证单02（签证单编号NB－HZYJ－022－02）造价1290557.71元和工程量签证单06（签证单编号NB－HZYJ－022－06）中序号一2的静力爆破工程量530m³造价196283.85元，法院予以采信并确认为本案工程造价，总包单位主张选择性意见造价均不应采信计入涉案工程造价，理据不足，法院不予支持，则法院确认分包单位完成的工程总造价为确定性造价13939618.56元＋选择性造价1290557.71元＋选择性造价196283.85元，共计15426460.12元，扣除双方确认总包单位已经支付的工程款3295732.61元，总包单位欠付分包单位工程款的数额为12130727.51元，对分包单位主张超过的部分，法院不予支持。

四、律师评析

一般认为，签证是指在合同履行过程中，双方就变更、补充或调整原合同内容达成一致意见并签署书面文件的行为。通过签证，双方可以就工程变更、额外工作、索赔等事项进行协商和确认。由此可以看出，签证属于典型的合同行为，即属于基于双方当事人的意思表示一致才能够发生法律效力的民事法律行为。本案中，总包单位和分包单位已经在打印文本的签证单上签字或盖章，说明双方已就签证单所记载的内容达成一致合意，并自签证单签字盖章之日发生法律效力。总包单位在签证单已经双方确认后，单方擅自对签证单的内容进行手写修改，属于对签证单(合同)内容的变更,非经分包单位同意不发生法律效力。

五、案例索引

南宁市中级人民法院民事判决书,(2021)桂01民初2087号。

(代理律师:袁海兵、李妃)

案例 19

实际施工人不能举证证明总承包人拖欠其上手工程款，其要求总承包人承担责任，不予支持

【案例摘要】

发包人将案涉项目发包给总承包人 A 公司承包建设，总承包人 A 公司承包后将其中 5#、6#生产辅助楼分包给 B 公司承建，B 公司又将其分包的 5#、6#生产辅助楼交给梁某实际组织施工。梁某在组织施工过程又将该 5#、6#生产辅助楼再转包给舒某施工。后梁某与舒某结算后未足额付款，舒某遂向人民法院起诉，诉请梁某支付尚欠工程款 76 万元，诉请 B 公司、A 公司、发包人就该欠款承担连带支付责任。人民法院经审理认为发包人与 A 公司尚未结算、A 公司与 B 公司也尚未结算，无法查明 B 公司、A 公司、发包人各手之间是否存在欠款的情形，且 5#、6#生产辅助楼的实际施工人舒某也无法举证证实总承包人 A 公司存在欠 B 公司或存在欠实际施工人的上手梁某工程款的情形，故判决梁某向舒某承担付款责任，B 公司承担连带支付责任，驳回舒某其余诉讼请求。

一、案情概要

2012 年 10 月 25 日，经竞争性谈判确认由总承包人 A 公司中标案涉项目，发包人与总承包人 A 公司于 2012 年 11 月 8 日签订了《工程项目投资建设(BT)合同》，约定业主系该项目的发起人，承包单位为该项目投资、建设人。

2015 年 10 月 21 日，总承包人 A 公司与 B 公司签订《合同协议书》，约定将案涉工程的 5#、6#生产辅助楼工程分包给 B 公司建设，并约定该项目待总承包人 A 公司与发包人签署结算协议后 30 日内进行结算。B 公司在实际承建分包的 5#、6#生产辅助楼工程过程中，B 公司出具授权委托书，委托陈某作为案涉工程的 5#、6#生产辅助楼工程的项目负责人，委托朱某作为案涉工程的 5#、6#生产辅助楼工

的现场项目经理。

2015年8月19日，舒某与梁某签订《施工劳务合同书》，约定双方就劳务分包事项协商一致，梁某将案涉工程的5#、6#生产辅助楼及B04厂房工程的劳务交给舒某实际组织施工。同年10月18日，双方签订《施工劳务合同书合同补充》，约定了具体完工期限，该合同落款处除了舒某与梁某签字外，还加盖了B公司项目部的印章。

2016年4月15日至2017年1月16日，舒某与B公司委托在现场的项目负责人朱某及陈某分别签订多份《5#6#生产辅助楼施工任务书》《根据提升机租用合同超期》，金额共计5512843.6元。

2016年6月28日、2016年7月16日、2016年5月26日，舒某与梁某分别签订两份签证单、一份"施工进度原因，按甲方合同无材料施工进行补助工人误工工资"，金额共计223653元。

2016年12月20日、2017年7月10日，舒某与王某分别签订一份《根据提升机租用合同超期》、一份工资单，金额共计19110元。

2017年8月12日，总承包人A公司与B公司签订《案涉工程的5#6#生产辅助楼工程工程款确认书》，确认截止到2017年8月12日，总承包人A公司付给B公司的工程款为10522825元。

2018年2月8日，梁某签字确认已支付舒某款项为49956067元。

后因舒某施工部分的工程项目已完工并交付使用，现舒某向人民法院起诉，诉请梁某支付尚欠工程款，诉请B公司、A公司、发包人就该欠款承担连带支付责任。人民法院经审理认为发包人与A公司尚未结算、A公司与B公司也尚未结算，无法查明B公司、A公司、发包人各手之间是否存在欠款的情形，且5#、6#生产辅助楼的实际施工人舒某也无法举证证实总承包人A公司存在欠B公司或存在欠实际施工人的上手梁某工程款的情形，故判决梁某向舒某承担付款责任，B公司承担连带支付责任，驳回舒某其余诉讼请求。舒某没有提起上诉，案件已生效。

二、代理方案

本所作为总承包人A公司的代理人，经过阅卷认为，舒某要求总承包人A公司的主张不应得到支持。一方面，总承包人A公司与舒某无合同关系，且总承包人A公司不属于"发包人"；另一方面，即便对"发包人"作扩大解释，在本案层层转包的情形下,将总承包人A公司视为发包人地位的,可以突破合同相对性原则请求发包人在欠付工程款范围内承担责任的实际施工人,也不包括借用资质、多层转包、多次违法分包关系中的实际施工人。《最高人民法院民事审判第一庭2021年第20次专业法官会议纪要》认为:"实际施工人以发包人为被告主张权利的,人民法院应当追加转包人或者违法分包人为本案第三人,在查明发包人欠付转包人或者违法分包人建设工程价款的数额后,判决发包人在欠付建设工程价款范围内对实际施工人承担责任。"《建设工程司法解释一》第四十三条第二款为保护农民工等建筑工人的利益,突破合同相对性原则,允许实际施工人请求发包人在支付工程款范围内承担责任。对该条解释的适用应当从严把握,该条解释只规范转包和违法分包两种关系,未规定借用资质的实际施工人以及多层转包和违法分包关系中的实际施工人有权请求发包人在欠付工程款范围内承担责任。本案中,舒某属于"借用资质及多层转包和违法分包关系中的实际施工人",不能突破合同相对性原则。确定法律关系和争议焦点后,本所律师拟定以下代理方案。

1.总承包人A公司与舒某、梁某均无分包、转包或借用资质的关系,根据合同相对性原则,舒某无权以总承包人A公司为被告主张权利,总承包人A公司并非本案适格被告。

本案系舒某依据其与梁某所签订的《施工劳务合同书》所引发的争议,舒某在本案中所提供的全部证据均无总承包人A公司的盖章确认,对总承包人A公司不发生法律效力。总承包人A公司也从来没有向舒某或者梁某支付过任何形式的工程款,不存在资金流转关系。因此,总承包人A公司与舒某、梁某之间均无合同关系,根据合同相对性原则,总承包人A公司不是原告舒某的合同相对人,非本案适格的被告,原告舒某不应当以总承包人A公司为被告提起本案诉讼。至于舒某与梁某之间是否存在其他法律关系,与总承包人A公司无关。

(1)发包人仅为建设单位,总承包人A公司不是案涉项目的建设单位。最高人民法院在对《建设工程司法解释一》第四十三条释义时已明确该条中的发包人应特指建设单位。因为根据《保障农民工工资支付条例》第三十条第三款的规定,分包单位拖欠农民工工资的,由施工总承包单位先行清偿,再依法进行追偿。总承包人、转包人、违法分包人拖欠农民工工资的,依法承担清偿责任,而非本解释规定的欠付工程款范围的责任。

(2)突破合同相对性必须有法律的明确规定。《民法典》第四百六十五条规定:"依法成立的合同,受法律保护。依法成立的合同,仅对当事人具有法律约束力,但是法律另有规定的除外。"因此,在法律没有特别规定的情况下,裁判者应当严格遵循合同相对性原则,不得随意突破合同相对性,扩大合同责任承担主体的范围。《建设工程司法解释一》第四十三条并未规定在层层转包、违法分包模式下,与实际施工人没有合同关系的上上手转包人、违法分包人的欠付责任,不应进行概念位移。因此,实际施工人突破合同相对性向与其没有直接合同关系的总承包人主张权利并无法律依据。

(3)突破合同相对性须严格适用。2022年,最高人民法院民一庭法官会议讨论认为:可以依据《建设工程司法解释一》第四十三条的规定,突破合同相对性原则请求发包人在欠付工程款范围内承担责任的实际施工人不包括借用资质及多层转包和违法分包关系中的实际施工人。其在理由阐述部分也明确指出,该条款解释为保护农民工等建筑工人的利益,突破合同相对性原则,允许实际施工人请求发包人在欠付工程款范围内承担责任,对该条解释的适用应当从严把握。既然多层转包和违法分包关系中的实际施工人都不能依据本条司法解释的规定向发包人主张在欠付工程款范围内承担责任,因此,其更不能适用本条司法解释向没有合同关系的转包人或违法分包人主张工程价款。

2.舒某非实际施工人,无权取得任何形式的工程款。舒某与梁某所签的《施工劳务合同书》名为劳务实为转包,合同无效,其要求支付工程款应当举证证实存在工程量、质量合格、工程结算等才有权要求梁某按照无效合同对其予以折价补偿。

舒某不存在实际施工的事实,也不存在实际完成的工程量。舒某提供的《5#6#生产辅助楼施工任务书》均是自行制作,仅部分有"梁某"签字,无B公司、总承包人A公司或发包人的盖章确认,舒某主张的工程量是否实际发生无从考证,任务书上有"梁某"签字的部分累计相加的数额也与舒某在起诉时所主张的不一致。舒某与梁某所签订的《施工劳务合同书》约定要求"按图施工",而舒某在本案中没有提供任何关于施工过程所需的施工图纸、施工日志、工程量报表、建筑设备、材料、人工投入等施工资料,即舒某不存在实际施工的事实及所称完成的工程量。

舒某与梁某所签订的《施工劳务合同书》名为劳务,实际上约定的是施工图纸中的土建工程,属于转包,应为无效。根据《建设工程司法解释一》第二十四条之规定,舒某只能根据该无效合同要求梁某对其折价补偿,无权要求总承包人A公司承担连带责任。

3.舒某以实际施工人身份并依据《建设工程司法解释一》第四十三条之规定要求总承包人A公司承担付款责任,但发包人与总承包人A公司就案涉5#、6#生产辅助楼尚未结算,总承包人A公司与其分包单位B公司也未进行结算,总承包人A公司对B公司的付款条件未成就,即目前仍无法查明总承包人A公司对B公司是否存在欠付工程款的情形,故舒某诉请总承包人A公司承担连带责任无依据。

《建设工程司法解释一》第四十三条规定:"实际施工人以转包人、违法分包人为被告起诉的,人民法院应当依法受理。实际施工人以发包人为被告主张权利的,人民法院应当追加转包人或者违法分包人为本案第三人,在查明发包人欠付转包人或者违法分包人建设工程价款的数额后,判决发包人在欠付建设工程价款范围内对实际施工人承担责任。"

第一,总承包人A公司并不属于《建设工程司法解释一》第四十三条规定中的"发包人"。

第二,发包人系建设单位、付款单位,总承包人A公司系投资人、总承包人累计投资产值约3亿元,发包人至今仅向总承包人A公司支付2.02亿元,仍有约8000万元欠款未支付。发包人作为项目业主,总承包人A公司作为项目投资人按照双方约定条件负责投资建设,并在项目建成后将其移交给发包人或者发包人指定的接收单位,发包人向总承包人A公司支付约定的回购价款。发包人与总承包人A公司所签订的《工程项目投资建设(BT)合同》第5.1.2条约定回购价款＝建安工程费＋工程建设其他费用＋项目前期费用＋投资回报＋资金占用成本。截至诉讼之日,总承包人A公司已完成投资额约3亿元,总承包人A公司累计收到发包人支付的款项仅为2.02亿元。

第三,总承包人A公司在收到发包人支付的款项后,将其全部用于项目建设,就B公司分包的5#、6#辅助生产楼的部分,总承包人A公司对B公司已无欠付款。在另案的《调解协议书》第3条约定:"乙方(总承包人A公司)、丙方(发包人)就涉案工程项目达成一致意见并签署结算协议书之日起30日内,乙方(总承包人A公司)向甲方(B公司)付清剩余工程款(无息)。"总承包人A公司已累计向B公司付款1502.29万元,项目尚未最终结算,发包人、总承包人A公司、B

公司三方签订协议确认,就 B 公司承建的 5#、6#生产辅助楼以总承包人 A 公司与发包人的结算为最终的结算依据,总承包人 A 公司应在最终结算后 30 日内支付余款。截至诉讼之日,就 5#、6#生产辅助楼,总承包人 A 公司已递交结算资料并多次催促,但发包人与总承包人 A 公司就最终结算数额仍未达成一致意见。总承包人 A 公司对 B 公司不存在欠款,双方尚未确认结算数额,根据三方约定,总承包人 A 公司对 B 公司的付款条件未成就。

第四,舒某在本案中主张其系 5#、6#生产辅助楼的实际施工人,但是舒某没有提供任何证据证实总承包人 A 公司对 B 公司存在欠款或应付款,故应当由舒某承担举证不能的后果。

第五,《民法典》第一百七十八条第三款规定,连带责任由法律规定或当事人约定。连带责任的承担,属对当事人的不利负担,除法律有明确规定或者当事人有明确约定外,不宜径行适用。合同相对性原则,亦属合同法上的基本原理,须具备严格的适用条件方可有所突破。债权属于相对权,相对性是债权的基础,故债权在法律性质上属于对人权。债是特定当事人之间的法律关系,债权人和债务人都是特定的。债权人只能向特定的债务人请求给付,债务人也只对特定的债权人负有给付义务。即使因合同当事人以外的第三人的行为致使债权不能实现,债权人也不能依据债权的效力向第三人请求排除妨害,更不能在没有法律依据的情况下突破合同相对性原则要求第三人对债务承担连带责任。退一步而言,假设本案层层转包的下手舒某存在未取得的工程款,也只能要求建设单位(付款单位)承担欠付责任。

第六,大量最高人民法院办理的类案均认为,实际施工人不能向与其没有合同关系的总承包人主张工程款。

类案一,最高人民法院在(2021)最高法民申 1358 号案中认为:本案中,汇龙天华公司将案涉工程发包给天恒基公司,天恒基公司将工程转给蒋某红内部承包,蒋某红又将部分工程转给许某斌施工。依照法律规定,许某斌将汇龙天华公司、天恒基公司与蒋某红作为共同被告起诉,二审法院认定蒋某红作为违法分包人,汇龙天华公司作为发包人,判决其承担支付工程款及利息的处理结果,亦无不妥。天恒基公司作为承包人,其与许某斌之间并没有合同关系,因此许某斌无法依照合同主张案涉工程款及利息,二审法院免除天恒基公司的民事责任,具有法律依据。

类案二，最高人民法院在（2021）最高法民申3649号案中认为：违法转包人北京世纪源博公司、山东显通公司、山东显通五公司与陕西森茂阆博公司、李某柱并无直接合同关系。《建设工程司法解释》第二十六条①赋予了实际施工人可以突破合同相对性原则向发包人主张工程价款的权利，但并不意味着实际施工人可以直接向与其没有合同关系的转包人、分包人主张工程价款。因此，陕西森茂阆博公司、李某柱主张由以上主体承担责任无事实和法律依据。

类案三，最高人民法院在（2019）最高法民申5048号案中认为：关于兴城公司是否应当向吕某全承担支付工程款的问题。（1）案涉工程的发包方为会宁水管所，承包方为兴城公司，兴城公司将工程转包给唐某宏，唐某宏又将工程再次转包给吕某全。吕某全与唐某宏签订施工合同，并实际收取唐某宏工程款，吕某全与唐某宏为合同相对方。原审判决依据合同相对性，认定吕某全向兴城公司主张支付工程价款无事实和合同依据，并无不当。（2）吕某全主张兴城公司以其实际的授权和默认行为突破合同相对性原则，依据不足，不能推翻原审判决依据合同相对性原则对案涉工程款支付责任主体的认定。

类案四，全国法院系统2021年度优秀案例，（2019）浙1004民初8627号案中，人民法院认为：被告海逸公司从被告烟草公司处承包浙江省烟草公司台州市公司卷烟物流配送中心易地技术改造项目（室外配套）后，将上述工程全部交由被告卢某施工，虽然海逸公司和卢某在《宁波海逸园林工程有限公司工程施工经济责任制承包协议书》中约定为内部经济责任承包，但卢某并非海逸公司内部职工，故被告海逸公司、卢某的上述行为应当属于非法转包。《围墙涂料承包合同》是被告卢某个人与原告签订，欠条也是卢某个人向原告出具，加盖的只是海逸公司涉案项目技术资料专用章，现被告海逸公司未予追认，原告也未提交证据证明其有理由相信卢某具有代理海逸公司签订合同和进行结算的权利，故相应法律后果应由被告卢某承担，对被告海逸公司不具有约束力。被告卢某尚欠原告汇腾公司工程款806448元及违约金，事实清楚、证据确实，原告要求卢某偿付上述款项，合理合法，本院予以支持。原告还要求被告海逸公司对承担连带清偿责任，本院

---

① 《建设工程司法解释》已失效，现行规定为《建设工程司法解释一》第四十三条："实际施工人以转包人、违法分包人为被告起诉的，人民法院应当依法受理。实际施工人以发包人为被告主张权利的，人民法院应当追加转包人或者违法分包人为本案第三人，在查明发包人欠付转包人或者违法分包人建设工程价款的数额后，判决发包人在欠付建设工程价款范围内对实际施工人承担责任。"

认为,《民法总则》第一百七十八条第三款①规定"连带责任,由法律规定或者当事人约定",原告与被告海逸公司之间不存在合同关系,现有法律也未明确与实际施工人不存在合同关系的转包人的责任承担问题,故原告该部分主张依据不足,本院不予支持。

综上,舒某作为层层转分包下部分工程的实际施工人,在其各前手之间仍未进行结算,舒某又不能举证证实其各前手之间是否存在欠付工程款的情形下,舒某诉请总承包人A公司对其前手梁某欠付的款项承担连带付款责任无依据。

三、法院判决

法院认为,总承包人与A公司约定待总承包人与发包人签署结算协议后30日内进行结算,目前发包人与总承包人未进行最终的结算。总承包人与A公司就分包涉案工程是否有欠付工程款及欠付具体金额,实际施工人舒某无证据予以证实,实际施工人舒某请求总承包人承担连带责任,无事实及法律依据,法院不予支持。

四、律师评析

根据《建设工程司法解释一》第四十三条的规定,发包人承担责任的前提是其尚欠转包人或者违法分包人建设工程款。针对是否欠付工程款以及欠付工程款数额的举证责任分配问题,司法实践中并未形成统一意见。一种观点认为,依据"谁主张,谁举证"的举证规则,应由实际施工人证明发包人是否欠付工程款。另一种观点则认为,法官可依据举证的方便程度等因素,分配发包人证明其自身付款情况的举证责任。笔者认为,举证责任的分配具有法定性,即原则上举证责任应由法律分配而不能由法官来分配。法官只能根据《民事诉讼法司法解释》第九十一条的规定,在对民事实体法规范进行类别分析的基础上,识别权利发生规范、权利消灭规范、权利限制规范和权利妨碍规范,并以此为基础确定举证责任的负担。法官进行举证责任分配是适用法律的过程,是对实体法规范的分析发现法律确定的举证责任分配规则的过程,而非创造举证责任分配规则。发包人尚欠工程款数额得以确定的前提是工程总造价数额、发包人已付款数额均已明确,故即使认为发包人应对已付工程款的数额承担举证责任,实际施工人也至少需要证明工程总造价数额。

---

① 《民法总则》已失效,现为《民法典》第一百七十八条第三款。

在明确举证责任承担主体后,接下来的问题是,在发包人与承包人之间尚未进行工程结算,欠付工程款数额不明确的情况下,对欠付工程款数额承担举证责任的实际施工人,是否还能向发包人主张权利?一般认为,在发包人与承包人未结算,实际施工人在诉讼过程中又未申请工程造价鉴定的情况下,发包人欠付承包人的金额不明确,应由实际施工人承担举证不能的法律后果,即实际施工人无权向发包人主张权利。例如,最高人民法院(2021)最高法民终339号案中记载:关于中发源公司应否承担责任的问题。李某某、崔某某主张中发源公司应在欠付工程款范围内承担责任。根据《建设工程司法解释一》第四十三条第二款的规定,发包人向实际施工人承担责任的前提是其欠付转包人或者违法分包人工程价款。该规定是从实质公平的角度出发,实际施工人向发包人主张权利后,发包人、转包人或者违法分包人以及实际施工人之间的连环债务相应消灭,且发包人对实际施工人承担责任以其欠付的建设工程价款为限。本案中,案涉时代广场并未完工,中发源公司与黄瓦台公司亦未进行结算,仅能确定黄瓦台公司、黄瓦台青海分公司欠付李某某、崔某某工程款的事实。中发源公司是否欠付黄瓦台公司、黄瓦台青海分公司工程款,欠付工程款的数额等事实因未结算而无法查清,实际施工人与发包人之间的权利义务并不明确,故李某某、崔某某向中发源公司主张其在欠付工程款范围内承担责任的条件不成就。李某某、崔某某的该项上诉理由不能成立,本院不予支持。

综上,除发包人与承包人存在恶意串通或故意拖延结算的情况外,在尚欠工程款数额不明确的情况下,不应当轻易判决发包人对实际施工人承担付款责任。

五、案例索引

北海市海城区人民法院民事判决书,(2021)桂0502民初7826号。

(代理律师:袁海兵、李妃)

案例 20

施工单位非实际施工人的合同相对方也非项目发包人，无须向实际施工人承担付款义务

【案例摘要】

施工单位中标承建案涉工程后实际交由玉某组织施工，玉某将其中部分工程又交给杨某组织施工，杨某在实际施工过程中与黄某签订《土石方劳务协议书》将土方工程交给黄某负责施工。黄某完成土石方的施工后与杨某签字形成土方劳务结算单，确认应付工程款总金额为 4949207.97 元，减去已付工程款 3388700 元和应扣付款项机械费 95000 元，应付余额为 1465507.97 元。因黄某未足额收到土方劳务结算单中确认的款项，遂向人民法院起诉，诉请杨某支付欠款，并诉请施工单位、建设单位就杨某的欠款承担连带支付责任。诉讼过程中，施工单位依法申请追加玉某为第三人参加诉讼。人民法院经审理认为，施工单位与原告黄某之间无合同关系，且施工单位并非发包人，故不支持黄某要求施工单位就杨某对黄某的欠款承担连带责任的诉求。

一、案情概要

2016 年 10 月 28 日，施工单位中标 3 标工程，中标价为 8797 万元。2016 年 11 月 30 日，建设单位与施工单位签订《3 标工程施工合同》，约定案涉 3 标工程施工计划开工日期为 2016 年 12 月 2 日，计划竣工日期为 2017 年 11 月 27 日。签约合同价为 87976912.13 元，系固定综合单价，承诺本工程不允许分包。工程款原则上按月支付，合同内进度款支付限额为已完成工程量的 90%，工程变更部分进度款支付限额为已完成工程量的 70%；工程完工验收达到质量要求，结算经五象新区财政局审定后，工程款支付至结算总价的 95%（含已支付）；发包人按工程价款结算总额的 5% 预留工程质量保修金，待工程质量保修期满后返还。施工单位

中标3标工程后实际交给玉某组织施工。玉某在施工过程中与杨某签订协议书，双方就案涉工程达成合作投标意向，约定案涉工程由玉某负责牵头实施，杨某先行垫资110万元，将案涉工程中的5条路分包给杨某实际施工。2017年4月22日，杨某就其从玉某处分包的5条路与黄某签订《土石方劳务协议书》，将5条路涉及的路基土石方工程交由黄某施工。2019年1月23日，黄某与杨某双方签字确认土方劳务结算单，确认应付工程款总金额为4949207.97元，减去已付工程款3388700元和应扣付款项机械费95000元，应付余额为1465507.97元。

一审法院认为，黄某系自然人，不具备建设工程承包人施工资质，黄某与杨某双方签订的《土石方劳务协议书》违反了法律的效力性强制性规定，为无效合同。该合同虽被认定为无效，但黄某已经组织人员完成施工且与杨某进行了结算，并且双方签字确认了土方劳务结算单。故黄某要求杨某支付工程款依法有据，予以支持。关于黄某主张施工单位承担连带责任的问题。施工单位并非合同相对方，黄某要求施工单位承担连带责任，依据不足，不予支持。关于发包人应否承担责任的问题，因发包人未举证证明其不拖欠施工单位的工程款，故判决发包人在欠付承包人工程款范围内承担责任。一审判决后，杨某、发包人不服一审判决提起上诉，黄某没有上诉，杨某、发包人的上诉请求均没有涉及施工单位，二审人民法院维持一审判决，驳回杨某、发包人的上诉。

二、代理方案

本案黄某主张施工单位承担责任依据的是《建设工程司法解释一》第四十三条的规定。但是，《建设工程司法解释一》第四十三条第二款规定的承担责任的主体"发包人"仅仅指建设单位，故在施工单位与黄某无合同关系的情形下，黄某不能依据《建设工程司法解释一》第四十三条第二款的规定突破合同相对性要求施工单位承担付款责任。为此，笔者作为施工单位的代理人，拟定如下代理方案。

1.施工单位并非案涉工程的发包人，"发包人"特指项目的建设单位，黄某不能依据《建设工程司法解释一》第四十三条的规定要求承包人施工单位承担连带责任。

第一，《建设工程司法解释一》第四十三条规定："实际施工人以转包人、违法分包人为被告起诉的，人民法院应当依法受理。实际施工人以发包人为被告主张权利的，人民法院应当追加转包人或者违法分包人为本案第三人，在查明发包人欠付转包人或者违法分包人建设工程价款的数额后，判决发包人在欠付建设工价款范围内对实际施工人承担责任。"该条规定中的"发包人"是静态的、绝对的，应严格理解为建设工程的建设单位，不包括层层转包的总承包人、转包人、违法分包人，即承包人施工单位不是严格意义上的发包人，该司法解释中的"发包人"仅特指建设单位。法律赋予实际施工人向发包人直接主张工程价款的权利，是基于对农民工等弱势群体权益的保护而特别赋予其的一种创设性权利。发包人是实际施工人劳务成果物化的最终享有者与实际受益人，而在层层转分包关系中，总承包人、转包人、违法分包人看似是工程中不可或缺的一环，实则并未直接参与工程施工，既未实际投入大量的人力、物力、财力，也非实际施工人创造工程利益的直接获得者与最终受益人，与实际施工人之间不存在直接的合同关系，若比照发包人的身份对其设定义务，显然有违公平原则及权责一致原则。2015年四川省高级人民法院对此问题作出过明确解答，即《四川省高级人民法院关于审理建设工程施工合同纠纷案件若干疑难问题的解答》(川高法民一〔2015〕3号)第十三条规定，对《建设工程司法解释》第二十六条①第二款中的发包人应当理解为建设工程的业主，不应扩大理解为转包人、违法分包人等中间环节的相对发包人……建设工程施工合同无效，实际施工人要求未与其建立合同关系的转包人、违法分包人对工程欠款承担支付责任的，不予支持。

第二，在多层转包或分包关系中，考虑到自身权益的最大化，实际施工人通常会向其上游所有的总承包人、转包人、分包人等主体主张连带付款责任。此时各层转包或分包人之间的法律关系仍相对独立，由于不存在直接的合同关系，总承包人、转包人、分包人对于实际施工人的信息掌握并不充分，甚至可能根本不知道实际施工人的存在，难以对实际施工人的权利进行实质性的抗辩，造成其抗辩权遭到削弱。因此，黄某作为实际施工人杨某的下手关于案涉工程中土石方工程部分的实际施工人，不得将总承包人、转包人、违法分包人列入发包人的范畴，更不得依据上述法律规定要求对总承包人、转包人、违法分包人以参照发包人的主体身份对其进行义务设定。

第三，最高人民法院在(2020)最高法民终287号案中认为：利贞公司作为发

---

① 《建设工程司法解释》已失效，现行规定为《建设工程司法解释一》第四十三条："实际施工人以转包人、违法分包人为被告起诉的，人民法院应当依法受理。实际施工人以发包人为被告主张权利的，人民法院应当追加转包人或者违法分包人为本案第三人，在查明发包人欠付转包人或者违法分包人建设工程价款的数额后，判决发包人在欠付建设工程价款范围内对实际施工人承担责任。"

包方,其提供的已付及代付工程款支付凭证均未载明对应案涉工程,实际上由于案涉工程仅为项目工程的一部分,且存在项目工程的其他工程与案涉工程同时施工及同时段支付工程进度款的事实,客观上无法查清利贞公司已付款项所对应的具体施工工程。因此,根据整体项目工程欠款情况,利贞公司应对建穗公司、郭某林拖欠李某万、潘某的工程款及利息承担连带清偿责任。旭生公司并非案涉工程的发包人,建穗公司、郭某林亦未以旭生公司的名义与李某万、潘某签订合同,故李某万、潘某主张旭生公司对建穗公司、郭某林拖欠的工程款及利息承担连带责任缺乏事实和法律依据,不予支持。最高人民法院在(2018)最高法民申1808号案中认为:本案建工四公司为谢某阳违法转包前一手的违法分包人,系建设工程施工合同的承包人而非发包人,故王某要求依据司法解释的前述规定判令建工四公司承担连带责任缺乏依据,原审判决并无不当。最高人民法院在(2016)最高法民再31号案中认为:案涉工程的发包人是诚投公司。八建公司、余某平、代某林是承包人和违法转包人,不属上述司法解释规定的发包人。故蒲某主张八建公司、余某平因违法转包而在欠付工程款范围内承担连带责任,不符合法律规定,应不予支持。

因此,承包人施工单位仅仅是项目的承包人,并非"发包人",黄某以《建设工程司法解释一》第四十三条的规定要求承包人施工单位承担连带付款责任没有依据。

2.施工单位与黄某或杨某之间无任何合同关系,施工单位并非黄某的合同相对方,且施工单位与杨某之间也无合同关系,黄某无权要求施工单位对杨某的债务承担连带责任。

《民法典》第四百六十五条规定:"依法成立的合同,受法律保护。依法成立的合同,仅对当事人具有法律约束力,但是法律另有规定的除外。""合同相对性"原则作为基本法律原则之一,债权属于相对权,相对性是债权的基础,债是特定当事人之间的法律关系,债权人和债务人都是特定的。债权人只能向特定的债务人请求给付,债务人也只对特定的债权人负有给付义务,不能在没有法律依据的情况下突破合同相对性原则要求第三人对债务承担连带责任。黄某作为第四手的实际施工人,施工单位并非黄某的合同相对方,故黄某要求施工单位承担连带责任没有依据。

3.施工单位已充分举证证实其已收取发包人支付的工程款3623万元,已支出款项合计4506万元，超额支出880余万元，即施工单位在项目中无应付款或欠款，黄某亦无权向承包人施工单位主张任何形式的权利。

涉案工程是由建设单位发包给施工单位承建的，建设单位的法律地位是发包人，施工单位的法律地位是总承包人，施工单位不处于"发包人"地位。施工单位作为承包人，已充分举证证实在发包人尚未足额付款的情形下，已经超额付款，即施工单位在项目中已无付款义务，即便是要扩大解释"发包人"的含义，将多层转包情形下的施工单位等同于"发包人"地位，黄某亦不能要求施工单位在无欠款的情形下担责。

三、法院判决

关于黄某主张施工单位、发包单位责任承担的问题。施工单位并非合同相对方，黄某要求施工单位承担连带责任，依据不足，一审法院不予支持。根据《建设工程司法解释二》第二十四条①的规定，实际施工人以发包人为被告主张权利的，人民法院应当追加转包人或者违法分包人为本案第三人，在查明发包人欠付转包人或者违法分包人建设工程价款的数额后，判决发包人在欠付建设工程价款范围内对实际施工人承担责任。发包单位系案涉工程发包人，根据《某区路网工程3标施工合同》约定："付款周期为工程款原则上按月支付，合同内进度款支付限额为已完成工程量的90%，工程变更部分进度款支付限额为已完成工程量的70%；工程完工验收达到质量要求，结算经五象新区财政局审定后，工程款支付至结算总价的95%（含已支付的）；发包人按工程价款结算总额的5%预留工程质量保修金，待工程质量保修期满后返还。"发包人称根据《3标工程施工合同》所约定应付工程进度款，均已支付，不存在拖欠支付的情形。但《3标工程施工合同》约定的竣工日期为2017年11月27日，至一审庭审时已超过合同约定竣工日期近4年，发包单位已提交的证据不足以证实其不存在拖欠工程款的情形，施工单位在一审庭审时亦称案涉工程尚未与发包单位进行最终结算，不能确定是否存在欠付工程款的情况。

四、律师评析

实际施工人能否直接向与其没有合同关系的总承包人直接主张工程款的问

---

① 《建设工程司法解释二》已失效，现行规定为《建设工程司法解释一》第四十三条："实际施工人以转包人、违法分包人为被告起诉的，人民法院应当依法受理。实际施工人以发包人为被告主张权利的，人民法院应当追加转包人或者违法分包人为本案第三人，在查明发包人欠付转包人或者违法分包人建设工程价款的数额后，判决发包人在欠付建设工程价款范围内对实际施工人承担责任。"

题一直是建设工程领域纠纷的常见争点。

2004年《建设工程司法解释》第二十六条第二款赋予实际施工人突破合同相对性追索工程款的权利。2019年《建设工程司法解释二》第二十四条和第二十五条对实际施工人突破合同相对性追索工程款的权利进行了重申和加强。现行有效的即2021年《建设工程司法解释一》第四十三条、第四十四条，对此前的规定又做了文字调整，对于实际施工人追索工程款的权利本质未作出实际性修改。

上述有关条款的产生，主要是为了保护农民工的权益，维护社会稳定，《建设工程司法解释》施行的10余年间也确实起到了巨大作用。但上述条款是对合同相对性原则的突破，司法实践中就上述条款适用不一，理解不一的情形很多，也存在随意扩大、错误适用该条款范围的情况，特别是在层层转包情形下，基层法院最常见的争议就是任一劳务队伍或施工人员都想通过上述规定将发包人、承包人、层层转包人列为被告一并主张权利。由于司法实践中做法不一、争议过大，《最高人民法院民事审判第一庭2021年第20次专业法官会议纪要》中明确：可以依据《建设工程司法解释一》第四十三条的规定突破合同相对性原则请求发包人在欠付工程款范围内承担责任的实际施工人不包括借用资质及多层转包和违法分包关系中的实际施工人，即《建设工程司法解释一》第四十三条规定的实际施工人不包含借用资质及多层转包和违法分包关系中的实际施工人。该条涉及三方当事人两个法律关系。一是发包人与承包人之间的建设工程施工合同关系；二是承包人与实际施工人之间的转包或者违法分包关系。原则上，当事人应当依据各自的法律关系，请求各自的债务人承担责任。该条为保护农民工等建筑工人的利益，突破合同相对性原则，允许实际施工人请求发包人在欠付工程款范围内承担责任，对该条的适用应当从严把握。该条只规范转包和违法分包两种关系，未规定借用资质的实际施工人以及多层转包和违法分包关系中的实际施工人有权请求发包人在欠付工程款范围内承担责任。因此，可以依据《建设工程司法解释一》第四十三条的规定突破合同相对性原则请求发包人在欠付工程款范围内承担责任的实际施工人不包括借用资质及多层转包和违法分包关系中的实际施工人。

此外，最高人民法院民事审判第一庭2021年5月10日在给河南省高级人民法院的答复中也明确指出多层转包不能突破合同相对性。答复中载明："你院《关于实际施工人能否向与其无合同关系转包人、违法分包人主张工程款的请示报告》[(2019)豫民再820号]收悉。经研究,答复如下:《中华人民共和国民法典》和《中华人民共和国建筑法》均规定,承包人不得将其承包的全部建设工程转包给第三人或者将其承包的全部建设工程支解以后以分包的名义分别转包给第三人。禁止承包人将工程分包给不具备相应资质条件的单位。禁止分包单位将其承包的工程再分包。因此,基于多次分包或者转包而实际施工的人,向与其无合同关系的人主张因施工而产生折价补偿款没有法律依据。"

河南省高级人民法院根据上述最高人民法院的答复作出(2019)豫民再820号民事判决认定:实际施工人,有权向其直接上手主张工程款,也可以要求发包人在欠付工程款范围内承担责任,但实际施工人要求与其无合同关系的转包人向其承担连带或者补充责任并无法律依据。最高人民法院在其办理的诸多类案中亦持同样观点,对于实际施工人向与其没有合同关系的总包人主张工程款的诉求,不予支持。例如,最高人民法院审理的(2016)最高法民再30号、(2016)最高法民申936号、(2016)最高法民申3339号、(2019)最高法民申5048号、(2021)最高法民申1358号生效法律文书均作出了如此认定。

五、案例索引

南宁市中级人民法院民事判决书,(2021)桂01民终14456号。

(代理律师:袁海兵、李妃)

案例 21

实际施工人的认定应当从项目资金投入、项目管理和工程款支付等情况综合认定

【案例摘要】

建设单位将案涉工程发包给施工单位承建,施工单位将主体、装修劳务工程分包劳务 A 公司。项目因故停工,发包人、承包人双方协商一致委托第三方造价公司就已完成工节点进行竣工结算总价确认,后廖某以其是项目实际施工人的身份提起本案诉讼,要求发包人、承包人向其支付数千万元工程款。因施工单位否认廖某实际施工人的法律地位,且经过各方举证证实了廖某与发包人存在劳动关系,其参与项目管理协调工作是代表发包人的职务行为。一审、二审法院均认为,廖某未能举证证实其与施工单位存在施工合同关系,既没有项目资金的投入,也没有项目的管理与控制,且廖某也没有向施工单位缴纳过管理费或挂靠费,近亿元的工程项目中施工单位与廖某之间也没有工程款往来记录有悖常理,故认定廖某不是案涉项目的实际施工人,驳回了廖某的全部诉讼请求。

一、案情概要

2012 年 7 月 9 日,建设单位与施工单位签订《建设工程施工合同》,约定将某项目图纸范围内的土建、装饰、水电消防等所有工程交由施工单位施工。2012 年 7 月 9 日,施工单位与 A 公司签订《建筑工程施工劳务合同》,将案涉项目的主体、装修劳务工程分包给 A 公司施工。

项目实施过程中,建设单位通过其银行账户于 2016 年 5 月 31 日转账 3633.37 元(摘要工资),于 2016 年 9 月 26 日转账 3633.37 元(摘要工资)、3633.37 元(摘要工资)给廖某。建设单位在社会保险事业管理中心为廖某缴纳了 2012 年 1 月至 2016 年 12 月的工伤保险、2011 年 1 月至 2016 年 12 月的企业职工养老保险、

2011年12月至2016年12月的失业保险。建设单位于2020年3月25日向税务局填报扣减个人所得税报告表,该表记载廖某2016年1月的个人所得税应补(退)税额为4.13元。廖某于2011年1月1日至2015年12月1日向建设单位申报了28笔餐费、路桥费、差旅车票、快递、修车费、招待餐费费用报销。2013年1月7日至2017年2月13日,建设单位转账69笔合计5475870元(摘要转账支取)给廖某。

2020年4月17日,广西某工程管理咨询有限公司作出某嘉园(已完成工节点)竣工结算总价,建设单位及其法定代表人与施工单位及其法定代表人分别在发包人、承包人处盖章。该竣工结算总价显示:已完成工节点总价为99577834.14元,其中合格的工程价为88473287.47元,不合格的工程价为7624927.55元,养老保险为3479619.12元。

后廖某以自己是案涉项目的实际施工人为由向人民法院提起诉讼,主张约4000万元工程款,并提交了其与A公司签订的《工程项目经济责任内部承包合同书》,与施工单位分公司签订的《项目经营承包责任合同》(无施工单位盖章,与案涉争议项目并非同一项目),与施工单位签订的《劳务分包施工合同》(无施工单位盖章)等多份合同拟证明其系实际施工人。

诉讼过程中,施工单位提出廖某不是案涉项目的实际施工人,无权向施工单位主张任何形式的权利。人民法院认为,廖某以实际施工人的身份起诉,要求案涉工程的施工单位和建设单位支付工程款,其应当提供证据证明其具有实际施工人的身份,以及施工单位和建设单位欠付的工程款。廖某提供的多份合同存在项目与案涉项目内容不一致,没有证据证明承包合同的实际履行及其所主张的工程款数额如何构成等问题,因此,结合本案现有的证据不足以证实原告廖某是案涉工程项目的实际施工人,其诉请施工单位和建设单位支付工程款以及主张对上述工程折价、拍卖所得价款享有优先受偿权没有事实和法律依据,不予支持。

二、代理方案

本所作为施工单位的代理人,查阅本案全部证据及向施工单位相关负责人了解核实可知,廖某是建设单位法定代表人的弟弟,其仅仅是基于发包人的安排参与了项目部分施工管理与监督工作,案涉项目的投资、管理均由施工单位完成,廖某并非实际施工人,具体代理意见如下。

1.施工单位及其分公司没有与廖某签订过任何形式的合同或者协议。2004

年《建设工程司法解释》第一条、第四条、第二十五条、第二十六条中分别规定了"实际施工人"出现的情形及享有的权利。根据司法解释的规定,"实际施工人"是指在无效施工合同中实际承揽工程的,低于法定资质的施工企业、非法人单位、自然人等,包括借用建筑企业的名义或者资质证书承接建设工程的承包人、非法转包中接受建设工程转包的承包人、违法分包中接受建设工程分包的分包人等情形。

实际施工人出现的前提要件是建设施工合同存在转包、违法分包或借用有施工资质的企业名义承揽建设工程等无效情形,廖某在本案中提交的三份合同,第一份合同是廖某与 A 公司签订的《工程项目经济责任内部承包合同书》,施工单位并不是该合同的当事人;第二份合同是廖某与字样为施工单位第六分公司签订的《项目经营承包责任合同》,但该合同无施工单位盖章,并且合同所记载的施工范围、施工内容等与案涉争议项目并非同一项目;第三份合同是廖某与字样为施工单位签订的《劳务分包施工合同》,但该合同无施工单位盖章。

因此,廖某在本案提交的三份合同对施工单位均没有法律拘束力,即施工单位及其分公司没有与廖某签订过任何形式的合同或者协议。

2.廖某没有提供任何证据证明其实际投入资金承建项目,也没有证据证明其实际组织施工以及进行管理,且从未向施工单位缴纳过任何形式的管理费用,廖某应承担举证不能的后果,即廖某不符合实际施工人的认定要件。

首先,如廖某是本案在"转分挂"情形下的实际施工人,廖某实际承包案涉工程最核心的就是投入资金并支付施工过程产生的人工费、材料费、机械费等。廖某在本案提交的证据中没有任何的支出凭据,对于高达上亿元的工程,实际施工人不可能没有任何的投资及工程款的收支。其次,如廖某是实际施工人,那么作为总承包人的施工单位按照惯例将会收取履约保证金、管理费等,但客观上施工单位从未收取过廖某的任何费用,且没有任何工程款的支付记录,不符合关于实际施工人认定的构成要件。

3.廖某本身就是建设单位原法定代表人的弟弟,是建设单位原项目部负责人,其在案涉项目施工过程中的行为均为职务行为,与其个人无关。经核查可知,建设单位给廖某购买社保并发放工资、上报个人所得税,并且廖某在本案提交的证据显示其在项目承建过程所产生的差旅费也是由建设单位报销,即廖某是建设单位的员工,廖某在案涉项目中只是代表建设单位进行监督管理及协作,并不是其个人投资承建案涉项目。

4.廖某上诉过程中明确表示,其与施工单位分公司所签的《项目经营承包责任合同》是保障房项目,而保障房项目在本案中根本就没有履行,而且该合同没有原件,也没有施工单位的盖章,施工单位对该合同不予认可。廖某提交的其与名称为施工单位分公司订立的《项目经营承包责任合同》中记载的施工项目是保障房项目,但案涉项目是1#、2#、3#、4#楼项目的实施,因此即便上述合同是存在的,廖某也没有实际履行该合同,更不能主张该合同项下的权益。

5.廖某没有任何证据证明各方当事人应向其支付的工程款总额到底是多少、已付多少、尚欠多少,关键性的数字没有任何证据证明,假设廖某是实际施工人,即便是发包人与承包人已经进行了结算也不等于承包人与实际施工人进行了结算。廖某在本案中主张4000余万元工程款,而就案涉1#、2#、3#、4#楼项目,建设单位与施工单位委托第三方结算确认就已完成节点结算总价为99577834.14元。假设廖某是实际施工人,其主张工程款也应当以施工单位与其进行了结算为前提。本案中,廖某诉请主张4000余万元工程款,但是廖某没有任何证据证明其数据如何得来,其应收工程款数额、已收款数额的相应证据,其诉求没有依据。

综上,廖某并非案涉工程实际施工人,其无权向施工单位主张任何形式的权利。

三、法院判决

一审法院认为,关于廖某是否案涉工程的实际施工人的争议焦点,《建设工程司法解释一》第四十三条规定:"实际施工人以转包人、违法分包人为被告起诉的,人民法院应当依法受理。实际施工人以发包人为被告主张权利的,人民法院应当追加转包人或者违法分包人为本案第三人,在查明发包人欠付转包人或者违法分包人建设工程价款的数额后,判决发包人在欠付建设工程价款范围内对实际施工人承担责任。"《民事诉讼法》第六十七条第一款规定:"当事人对自己提出的主张,有责任提供证据。"廖某以实际施工人的身份起诉主张要求案涉工程的承包人和发包人支付工程款,其应当提供证据证明其具有实际施工人的身份,以及承包人和发包人欠付的工程款。根据《建设工程司法解释一》的相关规定,实际施工人与名义上的承包人相对,是指转包、违法分包以及借用资质的无效建设工程施工合同的承包人。建设工程经数次转包或分包时,实际施工人应当是实际投入资金、材料和劳动力进行工程施工的企业或个人。本案中,第一,施工单位与建设单位签订的《建设工程施工合同》《〈梧州某嘉园建设工程施工合同〉补充协议》系双方的真实意思表示，不违反法律的规定，是合法有效的合同，建设单位与施工单位存在合法有效的建设工程施工合同关系。施工单位与案外人劳务公司签订的《建筑工程施工劳务合同》系双方的真实意思表示，不违反法律的规定，是合法有效的合同，施工单位与劳务公司存在合法有效的建设工程施工劳务分包合同关系。廖某提供的《施工单位项目经营承包责任合同》仅有施工单位第六分公司的负责人邓某的签字，没有施工单位及其法定代表人的签字，也没有施工单位和施工单位第六分公司的盖章，合同相对方为某保障房工程项目部，合同约定的工程是某嘉园保障房，与本案廖某诉请的某嘉园1#、2#、3#、4#楼施工范围不一致，而廖某又没有提供相应的工程签证等施工资料证实其主张，故无法确定施工单位与廖某是否就本案诉争工程某嘉园1#、2#、3#、4#楼项目施工达成真实的承包合同。第二，施工单位承包某嘉园项目后，将某嘉园的主体、装修工程劳务分包给劳务公司。廖某提供其与劳务公司签订的《工程项目经济责任内部承包合同书》，拟证明劳务公司以企业内部施工经济责任承包制的方式将某嘉园项目的劳务分包给廖某，但劳务公司否认与廖某签订了该《工程项目经济责任内部承包合同书》。根据建设单位提交的证据显示，建设单位为廖某缴纳了2012年1月至2016年12月的企业职工养老保险、失业保险、工伤保险等，廖某也在2011年1月1日至2015年12月1日向建设单位申请餐费、差旅车票、路桥费等费用报销，且《开工申请、开工令》等施工资料亦记载了廖某是建设单位派驻某嘉园项目的项目部工地负责人。以上证据可以证实廖某与建设单位存在劳动关系，廖某是建设单位的员工，而廖某与劳务公司并不存在劳动关系，不符合企业内部施工经济责任承包制的条件。第三，在某嘉园项目施工的过程中，建设单位将工程款转账到承包人施工单位的账户，或者是将劳务费转账到劳务公司的账户。如前所述，建设单位与廖某存在劳动关系，廖某是建设单位派驻某嘉园项目部工地的负责人，其有义务代表建设单位协助承包单位、施工单位组织施工，协调工地现场管理等工作，监督发放施工工人工资是工地管理的重要工作。廖某仅提供某嘉园项目各班组工资核发单，而没有提供资金来源或转账记录，无法客观证实其作为实际施工人向各班组发放工资，只能证明其代表建设单位监督承包方发放民工工资。建设单位于2013年1月7日至2017年2月13日转账给廖某的69笔合计5475870元，转账备注均为转账支取，转账记录之外并没有工程进度款审批、工程材料款申报等施工材料佐证该款项属于支付给廖某的工程款。同时,承包人施工单位在工程施工的过程中,也是将工程款和劳务费转给施工单位第六分公司,或者转给劳务公司,并没有转给廖某,而廖某并没有提供证据证实施工单位或者施工单位第六分公司支付工程款,或者其向施工单位和施工单位第六分公司交纳项目管理费或者是挂靠费的相关凭证。在涉案工程项目施工期间,劳务公司与廖某之间有劳务费的转账记录,但该部分劳务费转账记录有部分发生在本案涉案工程开工前,而且廖某在质证时也自认建设单位转给劳务公司的款项涉及建设单位开发的两个项目(鸳江项目和某嘉园项目),廖某当时以挂靠的方式承建鸳江项目,故无法确定该劳务费转账记录是否属于本案争议的工程项目劳务费。第四,虽然廖某以施工单位或施工单位第六分公司的名义签订的《预拌混凝土购销合同》《静压预制高强混凝土管桩工程施工合同》等合同中签名,但是生效的多份民事判决已经查明合同的相对人为施工单位或者施工单位第六分公司,应当承担合同欠付货款及违约金支付义务的是施工单位与被告建设单位,最终履行生效判决确定义务的也是施工单位与建设单位,廖某并没有被确认为欠付工程材料货款的实际施工人。第五,综前所述,虽然本案多份合同载明廖某的签名,但是合同的各方当事人均没有明确的合同履行行为。而且从本案现有的证据来看,并不能充分证实廖某对某嘉园工程项目投入了工程建筑材料、材料款、劳务费,亦不能证实廖某雇佣或组织人员对某嘉园工程项目进行施工,建设单位、施工单位与廖某之间也没有直接相关的工程款往来记录。因此,本案现有的证据不足以证实原告廖某是某嘉园1#、2#、3#、4#楼的实际施工人,其诉请施工单位和建设单位支付工程款以及主张对上述工程折价、拍卖所得价款享有优先受偿权没有事实和法律依据,不予支持。

  二审法院认为,本案的争议焦点是:廖某以实际施工人身份向施工单位、建设单位主张工程款及利息是否成立。《民事诉讼法司法解释》第九十条规定:"当事人对自己提出的诉讼请求所依据的事实或者反驳对方诉讼请求所依据的事实,应当提供证据加以证明,但法律另有规定的除外。在作出判决前,当事人未能提供证据或者证据不足以证明其事实主张的,由负有举证证明责任的当事人承担不利的后果。"实际施工人是指转包、违法分包以及借用资质的无效建设工程施工合同的承包人,一般应当是采取投入资金、材料及劳动力的方式,对建设工程实际进行了施工或者组织施工的一方。本案廖某主张其挂靠施工单位、劳务 A 公司完成案涉工程,应对其存在挂靠关系以及实际施工的具体工程量、工程价款主张权利承担举证责任,综合现有证据,其以挂靠实际施工人身份主张工程款依据不足。廖某没有证据证实其与建设单位之间存在事实上的建设工程施工合同关系,其与建设单位的一份工程最终结算报告还涉嫌利用虚假结算侵害建设单位合法权益的情形。在廖某对自己实际组织完成哪些工程、实际投入多少、实际得款多少等均未能举证证实的情况下,其诉请施工单位和建设单位支付工程款以及主张对案涉工程折价、拍卖所得价款享有优先受偿权没有事实和法律依据,一审判决不予支持正确,二审法院予以维持。

四、律师评析

建设工程施工合同纠纷相关的司法解释规定实际施工人有权突破合同相对性向发包人主张权利并享有代位权,故很多施工主体一旦遇到欠款情形就拟通过实际施工人路径向发包人、承包人或分包人等主张权利,经司法大数据检索可知,超过半数的建设工程施工合同纠纷涉及实际施工人。因此,如何认定实际施工人是尤为重要的,司法实践中基本上是结合当事人是否为实际投入人员、资金、机械的施工主体来综合认定的。

(一)北京、江苏、重庆、四川、河南等地相继出台一些文件解答司法实践中关于实际施工人认定的问题,实践中基本达成共识

《北京市高级人民法院关于审理建设工程施工合同纠纷案件若干疑难问题的解答》第十八条前一句认为:《建设工程司法解释》中的"实际施工人"是指无效建设工程施工合同的承包人,即违法的专业工程分包和劳务作业分包合同的承包人、转承包人、借用资质的施工人(挂靠施工人);建设工程经数次转包的,实际施工人应当是最终实际投入资金、材料和劳力进行工程施工的法人、非法人企业、个人合伙、包工头等民事主体。

《江苏省高级人民法院建设工程施工合同案件审理指南(2010年)》第八条第二款第二项认为:"实际施工人主要指违法分包人和转包的承包人。违法分包和转包合同均属于无效合同,总承包人与实际施工人主观上均存在过错,也应当承担连带责任。故发包人也可以总承包人与实际施工人为共同被告提起诉讼。"

《重庆市高级人民法院、四川省高级人民法院关于审理建设工程施工合同纠纷案件若干问题的解答》第九条答复称:"实际施工人是指依照法律规定被认定无效的施工合同中,实际完成工程建设的主体。实际施工人身份的界定,应当结合最终实际投入资金、材料,组织工程施工等因素综合予以认定。仅从事建筑业

劳务作业的农民工、劳务班组不属于实际施工人范畴……"

《河南省高级人民法院关于实际施工人相关问题的会议纪要》中也详细回答了实际施工人的相关问题,第一条规定"实际施工人是指建设工程施工合同无效情形下实际完成建设工程施工、实际投入资金、材料和劳动力违法承包的单位和个人,具体包括违法的专业工程分包和劳务作业分包合同的承包人、转承包人、借用资质的承包人(挂靠承包人)以及多次转(分)包的承包人",第二条规定"认定实际施工人,应从以下五个方面综合审查:一是审查是否参与合同签订,如是否直接以被挂靠人名义与发包人签订合同,是不是转包、违法分包合同签约主体;二是审查是否存在组织工程管理、购买材料、租赁机具、支付水电费等实际施工行为;三是审查是否享有施工支配权,如对项目部人财物的独立支配权,对工程结算、工程款是否直接支付给第三人(材料供应商、机具出租人、农民工等)的决定权等;四是审查是否存在投资或收款行为;五是审查与转包人、违法分包人或出借资质的建筑施工企业之间是否存在劳动关系"。

从上述列举的各高级人民法院关于实际施工人认定的指导意见可以看出,各高级人民法院都将实际施工人置于无效合同的前提下,并大体上从施工人员安排、资金投入、机械设备租赁与采购、建材物资购买四个方面综合认定实际施工人。

(二)关于实际施工人的认定,可以从以下几个方面进行判断或举证或抗辩

第一,从合同签订的角度考虑,各方当事人之间是否存在诸如转包、挂靠或违法分包性质的合同或协议,即主张实际施工人是否存在转包、违法分包或挂靠等情形。

根据《建设工程司法解释一》第四十三条之规定来看,实际施工人取得诉权的前提是存在转包、违法分包或挂靠,否则就不存在实际施工人对发包人的诉权。因此,在认定实际施工人时,应首先审查合同是否存在转包、违法分包、挂靠等导致合同无效的情形,如果不具备上述情形,认定实际施工人的前提也就不存在,实际施工人的身份就难以确定。

第二,即便是订立了书面合同,但是认定实际施工人的关键仍然是合同的实际履行,即该主体是否实际投入资金、人力、物力等实施了涉案工程。

由于合同的订立不等于合同的履行,即便是当事人能够提供其与承包人或其

他各手当事人之间存在承包合同的证据,仍需进一步证实承包合同的实际履行。着重考虑该主体是否实际实施了材料物资采购、机械设备租赁、劳务分包、专业分包等行为,是否存在相应的合同及实际付款的事实。

第三,为了区分实际施工人与合伙投资人的性质,即便是满足上述两点,还要综合考虑工程管理,如项目部的组成及人员指派、施工资料的制作与保管、项目管理费与税费的缴纳主体、项目竣工验收与结算以及工程款的收支等。

(三)除上述代理方案中提及的类案外,最高人民法院仍有大量关于实际施工人认定的经典类案

类案一,最高人民法院在(2021)最高法民终663号案中认为:许某明上诉认为其系案涉工程的实际施工人,中关村建设公司应当依据《内部承包协议》向其支付已完工部分的全部工程价款,包括专业分包部分。对此本院认为,实际施工人系指最终投入资金、人工、材料、机械设备,实际进行施工的施工人。案涉工程的专业分包合同是由中关村建设公司或其新疆分公司与中船公司等专业分包人签订,并非与许某明签订;该分包部分由中船公司等公司具体施工,许某明并未实际施工。许某明亦无证据证明专业分包工程所涉合同系其以中关村建设公司的名义签订,也无证据证明其垫资支付了该部分工程款、组织人员和机械等对专业分包工程进行了施工。中船公司、柯利达公司已通过诉讼向中关村建设公司等主张工程价款,且生效判决已经判令由中关村建设公司承担工程款支付责任。苏中公司亦明确表示其对水、电、暖等分包部分的工程价款具有独立请求权。据此,原判决认定中关村建设公司将专业工程分包、许某明非此部分工程的实际施工人,并无不当,许某明关于其是上述专业分包工程的实际施工人的上诉理由缺乏事实依据,本院不予支持。

类案二,最高人民法院在(2020)最高法民再176号案中认为:姚某是否为案涉工程的实际施工人。2012年10月25日,一建公司与华盛公司签订《建设工程施工协议书》,将案涉项目发包给一建公司承包施工。2014年7月9日,一建第九分公司与姚某签订责任书,约定姚某作为案涉项目的直接承包人,对项目负全部经济责任,一建第九分公司扣留管理费6.5%。经查,《建设工程施工协议书》和责任书在工程名称、工程地点、合同工期、工程造价方面的约定均相一致,可初步证明一建公司将全部案涉工程,而非部分案涉工程交由姚某承包施工。一建公司、一建第九分公司主张,因姚某未按照责任书约定筹集项目所需资金,也未以自

己的名义对外签订合同,案涉工程的人工、主要材料的采购均由一建公司、一建第九分公司与供应方签订合同并付款,责任书并未实际履行。判断建设工程的实际施工人应视其是否签订转包、挂靠或者其他形式的合同承接工程施工,是否对施工工程的人工、机器设备、材料等投入相应物化成本,并最终承担该成本等综合因素确定。一建公司、一建第九分公司主张其自行组织实施完成案涉工程的施工管理、停工、协调、结算,并举证证明其与元都劳务公司、中意混凝土公司、筑巢物资公司签订合同,分别支付了210万元劳务费、512万元混凝土款和971万元材料款、违约金等。经查,案涉工程于2015年3月1日停工,而一建公司、一建第九分公司主张其支付的各项费用,均发生在案涉工程停工之后。根据建设工程施工需要前期大量投资的常识判断,在案涉项目停工前应当存在大量支出,该事实与姚某主张的案涉项目停工之后,一建公司、一建第九分公司因作为合同签订主体涉诉才支付材料款、工程款相印证,且一建公司、一建第九分公司支付的款项并不能涵盖案涉工程的整体施工费用,不足以证明案涉工程由一建公司自行组织施工。从案涉工程的实际支出情况看:在工程劳务方面,(2017)桂0107民初1707号判决查明,姚某以一建公司的名义与张某水签订了《建筑施工劳务分包合同》,将案涉工程的部分劳务分包给张某水,并与张某水作为劳务队签订了结算单。在工程材料方面,姚某向供货商中意混凝土公司支付混凝土款250760元,该款项在一建第九分公司与中意混凝土公司签订的《债务处理协议》中予以确认;姚某向供货商筑巢物资公司支付100万元,该款项在一建公司、一建第九分公司与筑巢物资公司签订的《调解协议》中予以确认。本案再审期间,姚某还提交了其与李某、蔡某刚于2019年签署的《结算协议书》,确认姚某尚欠的土石方款801680元。如姚某不是案涉工程的实际施工人,其无理由为案涉工程支付上述款项。一建公司、一建第九分公司辩称1707号案所涉劳务部分仅为案涉工程项目的一项分包工程,不能证明姚某为案涉项目的实际施工人,但对姚某除劳务费之外的支出,一建公司、一建第九分公司未提出反驳证据。值得注意的是,一、二审期间,姚某提供了案涉工程施工质量全部验收材料的原件以及案涉项目工程施工过程中所产生的工程联系单、签证单、工程预算表、水电费支付凭证,施工过程中需要的砂石、水泥砖、试验费用支付凭证,机械台班费用支付凭证等材料的原件,而一建公司、一建第九分公司称因发生农民工打砸抢事件,相关资料被抢夺,但其未提供证据证明。另外,姚某的委托诉讼代理人、姚某之子姚某1能清楚地说明项目栋数、各栋楼房施工的具体进度、项目所涉及的相对方主体情况及相关资料内容,而一建公司、一建第九分公司对工程施工情况表述模糊。以上证据可为姚某为案涉工程的实际施工人提供佐证。建设工程施工合同纠纷案件中,普遍存在实际施工人以违法违规或者不规范的形式对外签订合同及付款的情形,致使实际施工人支出的款项无法准确查明。《民事诉讼法司法解释》第一百零八条第一款规定,"对负有举证证明责任的当事人提供的证据,人民法院经审查并结合相关事实,确信待证事实的存在具有高度可能性的,应当认定该事实存在"。综合考虑各方当事人提交的证据并结合案件相关事实,根据高度盖然性的证明标准来看,尽管姚某提交的关于案涉工程支出的款项的证据,无相关合同等证据进行印证,但其提供的证据证明力仍明显大于一建公司、一建第九分公司提供的证据。在一建公司、一建第九分公司无证据证明案涉工程系其自行组织施工以及本案还有其他实际施工人的情况下,姚某系案涉工程实际施工人的事实具有高度盖然性。

五、案例索引

广西壮族自治区高级人民法院民事判决书,(2021)桂民终914号。

(代理律师:袁海兵、李妃)

案例 22

发包人不应扩大解释为
包含转包人、违法分包人

【案例摘要】

本案中,建设单位 A 公司将某大桥工程发包给 B 公司,B 公司将工程转包给子公司 C 公司,C 公司将工程中的附属工程道路沥青铺设工程(以下简称案涉工程)分包给 D 公司,D 公司又将案涉工程分包给 E 公司,E 公司股东王某又找到 F 公司进行实际施工。F 公司施工完毕后,E 公司一直未组织验收也未确认工程量,F 公司向 E 公司工作人员发送结算表后,E 公司一直未与 F 公司确定结算事宜。F 公司向法院提起诉讼,要求 E 公司支付工程款 71 万元及支付逾期付款违约金,并要求 B 公司、C 公司、D 公司在欠付 E 公司工程款的范围内承担连带责任。一审法院判决 E 公司向 F 公司支付工程款 71 万元及支付逾期付款违约金,B 公司、C 公司、D 公司不存在欠付工程款的情形,无须承担责任。F 公司不服一审判决提出上诉,二审法院维持一审判决,但将逾期付款违约金的表述更改为逾期付款利息。

一、案情概要

A 公司是建设单位,总承包人是 B 公司,C 公司是 B 公司集团下属子公司,负责该工程的建设。C 公司将案涉工程分包给 D 公司,D 公司又将案涉工程分包给 E 公司负责施工,其后 E 公司股东王某找到 F 公司,双方约定由 F 公司承包案涉工程,承包方式为包工包料,承包施工内容为道路沥青路面铺设,工程量约 70000 平方米,双方还约定了合同单价及总工程款等事宜,但 F 公司不同意以其公司名义签署相关合同,故 F 公司与 E 公司未签订书面合同,但双方同意按口头约定内容对案涉工程进行施工。F 公司施工完毕后将案涉工程交付 E 公司,E 公司一直未组织验收也未向F公司支付工程款,经F公司多次催促后,C公司与E公司曾委派授权代表前往F公司开会协商相关结算事宜,但E公司一直未按会议记录确认工程量及工程价款。其后F公司自行制作结算文件,并通过微信方式送达E公司工作人员,但E公司未进行回复确认也未支付工程款,F公司遂向法院提起诉讼,要求E公司支付工程款71万元及支付逾期付款违约金,并要求B公司、C公司、D公司在欠付E公司工程款的范围内承担连带责任。

二、代理方案

笔者作为D公司的代理律师,代理了一审阶段、二审阶段。一审中,笔者主要围绕F公司的主要诉讼主张进行拟定代理方案,即从F公司不是实际施工人的角度以及民事证据规则角度进行代理。一审的代理方案得到了一审法院的认同及支持,故二审的代理方案在一审代理方案的基础上,重点围绕上诉人的上诉主张是否针对D公司展开。具体拟定的一审和二审的代理方案如下。

(一)一审代理方案

1. F公司并非实际施工人,无权提起本案诉讼。

案涉项目是由B公司发包给D公司,D公司再将部分工程交由E公司组织施工,E公司才是案涉工程的实际施工人,F公司并非案涉工程的实际施工人。

首先,F公司与E公司未签订任何形式的合同。《建筑法》第十五条第一款规定:"建筑工程的发包单位与承包单位应当依法订立书面合同,明确双方的权利和义务。"《民法典》第七百八十九条规定:"建设工程合同应当采用书面形式。"F公司没有任何的证据证实,其与E公司订立任何的书面合同,无法证明其与E公司之间是否存在客观真实的施工合同关系。其次,F公司没有任何实际参与施工的证据。F公司没有订立施工合同、没有签证单或施工图纸或施工日志等施工资料、没有工程量、没有工程结算等实际参与施工的证据,故F公司并非案涉工程的实际施工人。F公司自行制作的结算表也未得到E公司的确认,无法证明F公司参与案涉工程的施工。最后,F公司没有任何证据证实其所主张的工程量已经过E公司确认,各方之间也不存在任何的收付款关系。故F公司并非实际施工人,无权提起本案诉讼。

2. F公司不能举证证实其是实际施工人,其应承担举证不能的法律后果。

《民事诉讼法》第六十七条第一款规定"当事人对自己提出的主张,有责任提供证据";《民事诉讼法司法解释》第九十条规定:"当事人对自己提出的诉讼请求所依据的事实或者反驳对方诉讼请求所依据的事实,应当提供证据加以证明,但法律另有规定的除外。在作出判决前,当事人未能提供证据或者证据不足以证明其事实主张的,由负有举证证明责任的当事人承担不利的后果。"本案中,F公司主张其是实际施工人,但未提供相应证据证明其实际对案涉工程投入资金以及劳力、材料、机械等进行施工,且F公司也没有签证单、施工图纸或施工日志等施工资料,没有工程量、工程结算等实际参与施工的证据,其无法证明其是实际施工人的主张,应承担举证不能的法律后果,即不予支持其主张的法律后果。

3. D公司对E公司不存在任何欠款或应付款情形,即使F公司能进一步举证其是案涉工程的实际施工人,也无权要求D公司承担任何付款责任。

案涉争议事项均发生在《民法典》施行之前,根据《最高人民法院关于适用〈中华人民共和国民法典〉时间效力的若干规定》第一条第二款"民法典施行前的法律事实引起的民事纠纷案件,适用当时的法律、司法解释的规定,但是法律、司法解释另有规定的除外"的规定,本案应适用当时的法律、司法解释的规定。并且,F公司依据《建设工程司法解释一》第四十三条要求D公司承担连带责任没有事实和法律依据。本案应适用《建设工程司法解释二》第二十四条"实际施工人以发包人为被告主张权利的,人民法院应当追加转包人或者违法分包人为本案第三人,在查明发包人欠付转包人或者违法分包人建设工程价款的数额后,判决发包人在欠付建设工程价款范围内对实际施工人承担责任"的规定,D公司累计收到C公司支付的工程款10978600元后依约扣除税金及管理费256473.96元,余款10722126.04元已全部支付给E公司,D公司无任何应付款或者欠付款的情形,因此F公司无权要求D公司承担任何付款责任。

(二)二审代理方案

E公司不服一审法院判决选择上诉,笔者代理D公司参加二审诉讼,在一审的基础上提出如下代理方案。

1. D公司并非本案二审被上诉人,且上诉人E公司的上诉请求与D公司无关,故二审应当仅围绕上诉人E公司的上诉请求进行审理,D公司在本案中应否承担责任不属于本案二审的审理范畴。

《民事诉讼法》第一百七十五条规定:"第二审人民法院应当对上诉请求的有关事实和适用法律进行审查。"《民事诉讼法司法解释》第三百二十一条第一款规定:"第二审人民法院应当围绕当事人的上诉请求进行审理。"根据上述法律规定,二审人民法院应当围绕上诉人 E 公司的上诉请求进行审理。一审原告 F 公司没有提起上诉,且上诉人 E 公司的上诉请求与 D 公司无关,D 公司在本案二审中仅仅系按照一审被告列明。本案中仅一审原告 F 公司对 D 公司有诉讼请求,但一审原告 F 公司并没有提起上诉,即一审原告 F 公司对 D 公司不承担责任不持异议。上诉人 E 公司的上诉请求与 D 公司无关,即 D 公司在本案中应否承担责任不属于本案二审的审理范畴。

2. 一审已查明 D 公司不存在欠付工程款的情形,无论 F 公司是否属于实际施工人,其与 E 公司之间属于何种法律关系,F 公司均无权要求 D 公司承担付款责任,因此一审判决对原告 F 公司主张 D 公司对 E 公司的本案债务承担连带责任不予支持,有事实和法律依据。且一审原告 F 公司对此没有异议也没有提起上诉,故应当维持一审判决。D 公司在一审中已经充分举证证实,其已累计收到 B 公司支付的工程款 10978600 元后依约扣除税金及管理费 256473.96 元,余款 10722126.04 元已全部支付给 E 公司,即 D 公司在本案中无任何应付或者欠付款的情形,F 公司无权要求 D 公司承担任何付款责任。

综上所述,E 公司的上诉请求与 D 公司无关,一审原告 F 公司对判决 D 公司不承担责任没有异议,故 D 公司在本案中应否承担责任不属于本案二审的审理范畴。且一审查明事实清楚适用法律正确,依法应当予以维持原判,驳回 E 公司的上诉请求。

三、法院判决

一审法院认为,E 公司的股东童某以 E 公司的总经理的身份与 F 公司人员召开协调会,对 F 公司与 E 公司之间包括本案在内的该公司承包给 F 公司的几个工程项目的结算问题进行协商,应视为认可了 F 公司实际施工人的身份,且童某已经确认 D 公司向 E 公司支付了本案涉案工程的工程款。综上,D 公司实际履行了本案涉案工程《工程项目劳务合作合同》发包方义务并已经举证证明已经支付了工程款给 E 公司,未存在欠付工程款的情形。因此,F 公司主张 D 公司、C 公司、B 公司对 E 公司的本案债务承担连带责任,不符合法律规定,一审法院不予支持。一审法院判决 E 公司向 F 公司支付工程款 71 万元并支付 F 公司逾期付款违约金,驳回 F 公司的其他诉讼请求。

二审法院认为,一审法院判令本案债务由 E 公司单独承担,E 公司与 D 公司并未对此提出上诉,则二审法院不对 B 公司、C 公司、D 公司的债务责任另行认定和处理,维持一审法院关于 B 公司、C 公司、D 公司的判项。

四、律师评析

实际施工人在建工领域中是普遍存在的,其作为实际完成工程建设施工的主体,向施工单位乃至建设单位主张权利是顺理成章的。并且,为保障农民工等弱势群体的权益,法律赋予实际施工人向发包人直接主张工程价款的权利,即《建设工程司法解释一》第四十三条第二款的规定,允许实际施工人突破合同相对性向不具有合同关系的发包人主张权利。然而,该条款近年来在司法审判中的适用较为混乱,司法实践无法得到统一,且越来越偏离该条款的设立初衷。借用本案例,笔者浅谈一下实际施工人向发包人主张权利以及该条款的适用情形。

(一)实际施工人依据相关司法解释向发包人主张权利时,发包人应如何确定

本案中,F 公司一审起诉时认为 B 公司、C 公司是案涉工程的转包人及违法分包人,应在欠付其承包人的工程款范围内承担连带责任;D 公司作为被挂靠人,应当与挂靠人 E 公司对欠付 F 公司的债务承担连带责任。F 公司主张其为案涉工程的实际施工人,依据相关司法解释突破合同相对性,要求非合同相对方承担相应支付义务,但却未将案涉工程的业主 A 公司列为被告。从 F 公司的起诉状可以看出 F 公司认为 B 公司是案涉工程的建设单位,但在一审法院审理过程中查明案涉工程的建设单位为 A 公司,F 公司在庭审过程中并未追加 A 公司为被告,也未变更相关诉讼请求。一审法院判决时援引了《建设工程司法解释一》第四十三条的规定,但在判决论述中却以 D 公司实际履行了本案案涉工程《工程项目劳务合作合同》约定的发包人义务并举证证明已经向 E 公司支付了工程款,未存在欠付工程款的情形为由,认定 D 公司不应承担连带责任。从一审法院的论述可以看出,一审法院认为 D 公司在与 E 公司之间的建设工程分包关系中处于发包人的地位,但未厘清该发包人与《建设工程司法解释一》第四十三条第二款中规定的发包人有所不同。换言之,如果 D 公司未按《工程项目劳务合作合同》的约定向 E 公司付清相关工程款,是否会被判定需要承担支付责任?

2011 年,最高人民法院发布的《全国民事审判工作会议纪要》(法办〔2011〕442 号)第二十八条认为:"人民法院在受理建设工程施工合同纠纷时,不能随意扩大《关于审理建设工程施工合同纠纷案件适用法律问题的解释》第二十六条第二款的适用范围,要严格控制实际施工人向与其没有合同关系的转包人、违法分包人、总承包人、发包人提起的民事诉讼,且发包人只在欠付工程价款范围内对实际施工人承担责任。"最高人民法院在《2015年全国民事审判工作会议纪要》中再次强调这一观点,第五十条认为:"对实际施工人向与其没有合同关系的转包人、分包人、总承包人、发包人提起的诉讼,要严格依照法律、司法解释的规定进行审查,不能随意扩大《关于审理建设工程施工合同纠纷案件适用法律问题的解释》第二十六条第二款的适用范围,并且要严格根据相关司法解释规定明确发包人只在欠付工程价款范围内对实际施工人承担责任。"最高人民法院的会议纪要对实际施工人突破合同相对性的适用采用限缩性的解释,也明确了发包人承担责任的范围,但未就发包人进行相关解释。在司法实践中大多数的法院认为发包人是一个固定、静止的概念,不应扩大解释至多次转包、违法分包法律关系中的主体层面。《四川省高级人民法院关于审理建设工程施工合同纠纷案件若干疑难问题的解答》(川高法民一〔2015〕3号)明确了该观点,第十三条认为"发包人应当理解为建设工程的业主,不应扩大理解为转包人、违法分包人等中间环节的相对发包人"。由此可见,在《建设工程司法解释》《建设工程司法解释二》《建设工程司法解释一》关于实际施工人突破合同相对性要求发包人在欠付工程款范围内承担责任的规定中,该处的发包人应当仅指建设施工工程的建设单位,不因建设过程中的转包、违法分包而出现多个发包人。笔者认为,在本案中,如法院认可F公司为可突破合同相对性的实际施工人,F公司在一审过程中追加A公司为被告并相应地变更诉讼请求,A公司确实存在欠付工程款的情形,那么法院可判决A公司在欠付工程款的范围内承担责任。但D公司不是案涉工程的建设单位,即使D公司仍欠付E公司工程款,法院也无权判决D公司承担支付工程款的责任。

(二)F公司是否是《建设工程司法解释一》第四十三条的规定的实际施工人

一审法院查明案件事实后认定A公司为某大桥的建设单位,承包人是B公司,某大桥由B公司的下属子公司C公司负责建设,C公司将案涉工程分包给D公司,D公司将案涉工程分包给E公司,E公司股东又将案涉工程分包给F公司。一审法院就C公司分包给D公司的案涉工程是否属于A公司发包的某大桥工程这一事实未予以查明,也未对各层转包、分包的建设工程施工合同关系的法律效力进行论述。笔者认为,本案涉及多层建设工程施工合同关系,具体分析如下:第一层关系,A公司将某大桥工程发包给B公司,B公司具备相关资质,应认定为合法的发包;第二层关系,B公司将某大桥工程交由下属子公司C公司建设,C公司是B公司的子公司而不是分公司,B公司与C公司是两个独立的法律主体,故应认定B公司将某大桥转包给C公司;第三层关系,C公司将案涉工程分包给D公司,D公司具备相关资质,应认定为分包关系;第四层关系,D公司将案涉工程转包或分包给E公司,二审法院查明E公司无相关施工资质,应认定为转包或违法分包;第五层关系,E公司股东将案涉工程交F公司实际施工,如F公司不具备相关资质,应认定为转包或违法分包。一审法院判决时援引了《建设工程司法解释一》第四十三条的规定,并将F公司认定为实际施工人,虽然未判决B公司、C公司、D公司承担连带责任,但其原因是B公司、C公司、D公司不存在欠付工程款的情形。笔者认为,B公司、C公司、D公司无须承担支付责任并非不存在欠付工程款的情形,而是F公司并不是《建设工程司法解释一》第四十三条规定中的实际施工人。最高人民法院民一庭在2021年第20次专业法官会议纪要提出:《建设工程司法解释一》第四十三条规定为保护农民工等建筑工人的利益,突破合同相对性原则,允许实际施工人请求发包人在欠付工程款范围内承担责任,对该条解释的适用应当从严把握。该条解释只规范转包和违法分包两种关系,未规定借用资质的实际施工人以及多层转包和违法分包关系中的实际施工人有权请求发包人在欠付工程款范围内承担责任。该法官会议纪要已明确多层转包或违法分包关系中的实际施工人不属于《建设工程司法解释一》第四十三条规定中的实际施工人,能适用突破合同相对性原则的实际施工人应是三个主体、两层法律关系,即发包人与承包人的发包关系,承包人与转包人或违法分包人的转包或违法分包关系。但在本案中,F公司取得案涉项目施工前已经过四层的转包或违法分包,故F公司不属于《建设工程司法解释一》第四十三条规定中的实际施工人。F公司无权要求B公司、C公司、D公司支付工程款,其只能依据合同相对性,向合同相对方E公司主张工程款。

五、案例索引

南宁市邕宁区人民法院民事判决书,(2021)桂0109民初1384号。

南宁市中级人民法院民事判决书,(2022)桂01民终2680号。

(代理律师:袁海兵、李妃)

案例 23

施工单位与多层转包下的实际施工人没有合同关系，施工单位无须向实际施工人承担付款义务

【案例摘要】

施工单位中标承建案涉项目后转包给梁某组织施工，梁某施工过半后因资金不足退场，并与卢某就梁某前期已完工程进行结算且签订结算协议，梁某退场后由卢某继续组织施工。卢某施工期间以其个人名义与龙某签订《某公路改扩建（剩余工程量）土石方开挖运输公路路基工程施工分包合同》，约定卢某将土石方开挖、运输工程再转包给龙某。后龙某与卢某完成结算，但卢某未足额支付工程款，龙某向人民法院提起诉讼要求卢某、施工单位共同支付尚欠工程款。人民法院认为，龙某系与卢某订立分包合同并进行结算，其双方之间的合同对施工单位无约束力，根据合同相对性原则判定施工单位对龙某主张的款项无须承担责任。

一、案情概要

2018年3月9日，施工单位中标承建某公路改扩建工程项目，同年10月16日，施工单位将案涉项目转包给第三人A公司、梁某实际组织施工。

2020年7月23日，梁某因施工能力及资金问题，其与卢某签订了《协议书》，约定将案涉项目剩余工程转由卢某承包。同年8月14日，卢某与龙某签订《某公路改扩建（剩余工程量）土石方开挖运输公路路基工程施工分包合同》（以下简称《施工分包合同》），将案涉项目剩余工程的土石方开挖、运输工程转包给龙某。合同签订后，龙某进场施工，因拖欠工人工资，造成工人阻工问题，2021年6月底龙某停工退出工地。

直至诉讼之日,案涉项目尚未全部完工,龙某施工部分也未进行竣工验收及结算。故龙某以案涉项目结算及尚欠工程款问题,向人民法院提起诉讼,要求卢某与施工单位共同向其支付剩余工程款、误工费、生活费。

人民法院经审理认为,卢某将部分土石方工程承包给原告龙某,其双方订立的协议书确定了双方的权利义务,施工单位与龙某无合同上的权利义务。故根据合同相对性原则,施工单位无须承担责任,故判决驳回龙某对施工单位的诉求。

二、代理方案

作为施工单位的代理人,经过查阅卷宗,龙某提起本案的核心证据均是龙某与卢某签订的分包合同、计量单等,以上资料均没有施工单位的盖章确认,故施工单位并非本案适格被告,龙某要求施工单位承担共同付款责任无依据。施工单位在本案中属于合法承包人,且与龙某之间无任何合同关系,施工单位对案涉项目前部分及后部分的实际施工人梁某、卢某均已充分举证证实超额支付工程款,施工单位在案涉项目中无应付款或尚欠款情形,因此,龙某根据其与卢某之间订立的合同要求施工单位承担共同付款责任违反了合同相对性原则。具体代理方案如下:

1. 根据"合同相对性"原则,龙某系因其与卢某签订的《施工分包合同》发生争议,施工单位并非该合同的当事人,不应以施工单位为被告主张权利。

《民法典》第四百六十五条规定:"依法成立的合同,受法律保护。依法成立的合同,仅对当事人具有法律约束力,但是法律另有规定的除外。"据此,"合同相对性"原则是民法的基本法律原则之一,债权属于相对权,相对性是债权的基础,债是特定当事人之间的法律关系,债权人和债务人都是特定的。债权人只能向特定的债务人请求给付,债务人也只对特定的债权人负有给付义务,不能在没有法律依据的情况下突破合同相对性原则要求第三人对债务承担共同支付责任。本案中,龙某提起诉讼的核心证据是《施工分包合同》,且本案也是因《施工分包合同》发生的争议。《施工分包合同》是龙某与卢某签订的,根据"合同相对性"的法律规定,施工单位并非该合同的当事人,龙某不应以施工单位为被告主张权利。

2. 施工单位充分举证证实对案涉项目前部分及后部分的实际施工人梁某、卢某均已超额支付工程款,即施工单位在案涉项目中没有欠款情形。

2018年10月16日,施工单位与梁某签订《劳务分包合同》,约定施工单位将承包的案涉工程实际交由梁某组织施工。

2020年7月23日,梁某与卢某签订《协议书》,约定梁某将案涉工程剩余部分的工程转包给卢某组织施工。

2020年9月8日,梁某与卢某确认工程量,确认截至2020年8月11日,梁某已完成工程量造价结算金额为14327029元。

2021年8月,卢某确认全面停工撤场。

2021年8月,发包人与施工单位完成结算确认截至2021年8月(卢某退场之前),案涉项目结算总金额为25139322元。

据此,梁某作为2018年10月16日至2020年7月23日的实际承包人,其累计已完成的工程造价为14327029元,施工单位已实际支付梁某工程款17136971.44元。

卢某作为2020年7月24日至2021年8月的实际承包人,卢某完成部分的造价为10812293元(25139322元-梁某部分14327029元),施工单位累计向卢某支付11968229.01元。

综上,施工单位对梁某、卢某均已超额支付工程款,在项目中不存在应付款或欠款行为,至于卢某与龙某之间是否存在债务纠纷,应根据合同相对性原则由其二人解决,与施工单位无关。

3. 施工单位与龙某无合同关系、无合同履行事实、无收付款关系,龙某要求施工单位对其与卢某之间的债务承担共同付款责任没有法律依据。

《建设工程司法解释一》第四十三条规定:"实际施工人以转包人、违法分包人为被告起诉的,人民法院应当依法受理。实际施工人以发包人为被告主张权利的,人民法院应当追加转包人或者违法分包人为本案第三人,在查明发包人欠付转包人或者违法分包人建设工程价款的数额后,判决发包人在欠付建设工程价款范围内对实际施工人承担责任。"假如本案被认定为施工合同纠纷,根据该规定,施工单位处于"承包人"法律地位且无欠付款。

《民法典》中并没有关于要求合同外第三人承担共同付款责任的法律依据,共同责任的付款主体的法律地位相同,两者共同行为导致债务发生的才能适用共同责任的认定。本案中,施工单位与龙某没有签订合同、没有履行合同的事实、没有结算事实,双方之间也没有收付款关系,所以龙某要求施工单位对卢某的债务承担共同付款责任无依据。

三、法院判决

法院认为,关于施工单位应否承担责任的问题。本案施工单位将案涉工程违法分包给第三人A公司、梁某,后又将剩余工程分包给卢某(虽然第三人未与施工单位签订解除协议,但施工单位已认可卢某的承包行为),卢某将部分土石方工程承包给龙某施工,协议书确定了双方的权利义务,施工单位、第三人A公司、梁某与龙某无合同上的权利义务。故根据合同相对性原则,施工单位、第三人A公司、梁某无须承担责任。

四、律师评析

《建设工程司法解释一》第四十三条体现了对实际施工人权利的保护。根据该条规定,实际施工人向与其有合同关系的转包人、违法分包人主张权利,有司法解释和合同约定作为法律依据,基本没有争议。但是,工程领域存在诸多层层转包、多次违法分包的情形,此时工程几经转手,可能出现多个与实际施工人不具有直接合同关系的前手转包人、分包人,此种情形下的实际施工人无权突破合同相对性主张工程款。

第一,《民法典》第四百六十五条明确了合同相对性原则是基本法律原则之一,突破合同相对性是例外的基本法理精神,实际施工人享有的能够突破合同相对性的诉权必须结合《建设工程司法解释一》第四十三条来理解,根据文义解释,这一诉权只及于发包人(业主单位),并不能包括层层转包中间环节的转分包人。

对《建设工程司法解释一》第四十三条中的"转包人、违法分包人"等主体不宜作扩大解释,如果允许实际施工人向任一没有合同关系的前手转分包人主张权利,既可能造成诉权的滥用,浪费司法资源,又与司法解释出于公共利益赋予实际施工人诉权的本意背道而驰。从实践中看,最高人民法院以及地方高级人民法院的相关文件和案例都比较支持这一观点。当然,对多层转、分包情形下的实际施工人应如何向相关主体主张权利,如何全面、有效地维护自身权益,需结合具体情况具体分析。除了《建设工程司法解释一》第四十三条的规定,实际施工人是否有权依据其他规定、基于其他法律关系,向发包人、非直接合同关系的转、分包人主张权利,也需要根据具体情况进行具体分析、判断。例如,根据《建设工程司法解释一》第四十四条及《民法典》第五百三十五条的规定,通过代位权诉讼向发包人、非直接合同关系的转包人和分包人主张权利;以实际施工人与发包人、非直接合同关系的转包人和分包人形成了事实上的合同关系为由,要求相关主体承担工程款支付责任;以发包人、非直接合同关系的转包人和分包人的行为构成债务加入为由,要求相关主体承担工程款支付责任;以受让合同相对方等对发包人、非直接合同关系的转包人和分包人的债权为由,要求相关主体承担工程款支付责任。

第二,最高人民法院专业法官纪要明确多层转包不能突破合同相对性。

《最高人民法院民事审判第一庭2021年第20次专业法官会议纪要》中认为:可以依据《建工解释一》第四十三条的规定突破合同相对性原则请求发包人在欠付工程款范围内承担责任的实际施工人不包括借用资质及多层转包和违法分包关系中的实际施工人,即《建工解释一》第四十三条规定的实际施工人不包含借用资质及多层转包和违法分包关系中的实际施工人。该条款涉及三方当事人两个法律关系。一是发包人与承包人之间的建设工程施工合同关系;二是承包人与实际施工人之间的转包或者违法分包关系。原则上,当事人应当依据各自的法律关系,请求各自的债务人承担责任。该条款为保护农民工等建筑工人的利益,突破合同相对性原则,允许实际施工人请求发包人在欠付工程款范围内承担责任。对该条款的适用应当从严把握。该条款只规范转包和违法分包两种关系,未规定借用资质的实际施工人以及多层转包和违法分包关系中的实际施工人有权请求发包人在欠付工程款范围内承担责任。因此,可以依据《建工解释一》第四十三条的规定突破合同相对性原则请求发包人在欠付工程款范围内承担责任的实际施工人不包括借用资质及多层转包和违法分包关系中的实际施工人。

《最高人民法院民一庭关于实际施工的人能否向与其无合同关系的转包人、违法分包人主张工程款问题的电话答复》[(2021)最高法民他103号]"你院《关于实际施工人能否向与其无合同关系转包人、违法分包人主张工程款的请示报告》[(2019)豫民再820号]收悉。经研究,答复如下:《中华人民共和国民法典》和《中华人民共和国建筑法》均规定,承包人不得将其承包的全部建设工程转包给第三人或者将其承包的全部建设工程支解以后以分包的名义分别转包给第三人。禁止承包人将工程分包给不具备相应资质条件的单位。禁止分包单位将其承包的工程再分包。因此,基于多次分包或者转包而实际施工的人,向与其无合同关系的人主张因施工而产生折价补偿款没有法律依据",明确指出多层转包不能突破合同相对性原则。

河南省高级人民法院根据上述最高人民法院的答复作出(2019)豫民再820

号民事判决认定:"实际施工人,有权向其直接上手主张工程款,也可以要求发包人在欠付工程款范围内承担责任,但实际施工人要求与其无合同关系的转包人向其承担连带或者补充责任并无法律依据。"

第三,最高人民法院审理过的类案确认施工单位与多手转、分包下的实际施工人没有合同上的权利义务,施工单位无须向实际施工人承担付款义务。

类案一,最高人民法院在(2021)最高法民申4495号案中认为:本院经审查认为,凤县人民政府将涉案工程发包给城乡建设公司,城乡建设公司将工程交由长城路桥公司施工,长城路桥公司又将工程交由杨某川(丰禾山隧道施工队)施工。杨某川主张本案工程款。一、二审判令长城路桥公司承担本案付款责任。杨某川再审申请认为城乡建设公司应当与长城路桥公司承担连带责任。在工程施工过程中,城乡建设公司虽然多次向杨某川支付工程款,但该支付行为应视为城乡建设公司代长城路桥公司支付工程款。城乡建设公司与杨某川(丰禾山隧道施工队)无直接合同关系,双方并非本案的合同相对人。杨某川要求城乡建设公司承担本案连带责任,无明确法律依据,原审对其该主张未予支持,并无不当。

类案二,最高人民法院在(2019)最高法民申5048号案中认为:关于兴城公司是否应当向吕某全承担支付工程款的问题。(1)案涉工程的发包方为会宁水管所,承包方为兴城公司,兴城公司将工程转包给唐某宏,唐某宏又将工程再次转包给吕某全。吕某全与唐某宏签订施工合同,并实际收取唐某宏工程款,吕某全与唐某宏为合同相对方。原审判决依据合同相对性原则,认定吕某全向兴城公司主张支付工程价款无事实和合同依据,并无不当。(2)吕某全主张兴城公司以其实际的授权和默认行为突破合同相对性原则,依据不足,不能推翻原审判决依据合同相对性原则对案涉工程款支付责任主体的认定。

类案三,最高人民法院在(2016)最高法民再31号案中认为:关于本案工程款支付责任的承担问题。建设工程施工合同无效,但建设工程经竣工验收合格,承包人请求参照合同约定支付工程价款的,应予支持。本案所涉21号楼工程已经竣工验收合格并交付使用。代某林作为与施工人蒲某签订《内部栋号管理协议》的合同相对方,应承担因《内部栋号管理协议》无效而产生的工程款支付责任。在本案中,案涉工程的发包人是诚投公司。八建公司、余某平、代某林是承包人和违法转包人,不属司法解释规定的发包人。故蒲某主张八建公司、余某平因违法转包而在欠付工程款范围内承担连带责任,不符合法律规定,不予支持。

五、案例索引

南丹县人民法院民事判决书,(2022)桂1221民初86号。

(代理律师:袁海兵、李妃)

案例 24

施工单位与实际施工人的合伙人无合同关系，实际施工人的合伙人向施工单位主张工程款的，不予支持

【案例摘要】

实际施工人与他人合伙共同出资承建工程，施工单位仅与实际施工人签订合同而未与合伙人签订合同的，施工单位与合伙人无合同关系，而实际施工人与合伙人之间的关系属于合伙关系并非分包或转包关系，故合伙人不属于建设工程领域所称的实际施工人，对于施工单位欠付实际施工人的工程款，实际施工人的合伙人应请求依据合伙协议分配利润和分担亏损，而不能要求施工单位向其支付工程款。

一、案情概要

2016年11月，建设单位与施工单位签订了一份《施工合同文件》，建设单位将脱贫摘帽交通基础设施公路工程项目发包给施工单位进行施工，合同约定工程暂定总金额为5300万元，实际合同总价以最终结算的总合同金额为准，工程结算以实际完成并通过建设单位、监理签认的实际计量数量为准，工程款支付按工程进度计量支付工程款，剩余5%工程款待缺陷责任期及决算后全部付清。合同中对工程质量、质量标准、安全目标及安全生产、合同适用标准规范、双方权利义务、工程保险、工程结算、工程变更、供应商、劳务及民工工资管理、竣工结算、违约责任等事项进行了明确约定。

施工单位签订合同后，于2016年12月与实际施工人签订了《劳务合作协议》，约定施工单位将案涉工程项目转交由实际施工人施工，实际施工人应履行

施工单位与建设单位签订的《施工合同文件》的内容，实际施工人全权负责在施工全过程中的一切生产经营事务，并按工程结算总造价的1.5%向施工单位上交管理费。

实际施工人与施工单位签订协议后，于2016年12月15日与合伙人班某签订《桥梁工程合作协议书》，约定实际施工人与班某合伙共同投资建设案涉工程的桥梁工程，工程造价120万元，合作期限为自2016年12月20日桥梁开工起至桥梁竣工结束止。实际施工人持股33.3%，合伙人班某持股66.6%，以现金方式投资，后期资金投入视工程需要按股份增资。工程竣工验收完成，实际施工人与合伙人班某根据合伙比例分配工程款。

协议签订后，实际施工人进场施工，现案涉桥梁已竣工验收合格通车。因施工单位未向实际施工人支付全部工程款，实际施工人与其合伙人班某共同起诉至法院，要求施工单位支付两人案涉桥梁建设工程款人民币38万元及利息。

诉讼中，施工单位辩称，其与班某并无合同关系，合伙人班某无权依据合伙合同向施工单位主张工程款。同时，案涉工程并未进行结算，尚欠工程款数额不能确定。人民法院认为，本案实际施工人与其合伙人班某之间的关系属于合伙合同关系，班某不是实际施工人，与施工单位之间无施工合同关系。现合伙人班某基于施工合同关系向施工单位主张工程款，缺乏事实和法律依据。此外，实际施工人与施工单位没有就案涉桥梁工程进行结算，且经人民法院释明后，实际施工人仍未在规定期限内申请司法造价鉴定，故应承担举证不能的不利后果。最终法院采纳了施工单位的意见，判决驳回实际施工人、合伙人班某的诉讼请求。

二、代理方案

作为施工单位的代理人，笔者经过阅卷、与施工单位沟通后得知，施工单位并未与实际施工人的合伙人班某进行过接洽、磋商，甚至不知道实际施工人与他人存在合伙的事实。主办律师认为，本案可从适格原告和工程款支付条件是否成就方面入手进行抗辩。具体而言，本案是施工合同纠纷，实际施工人和其合伙人班某诉请的是支付工程款，即本案的诉讼标的是工程款，请求权基础应为实际施工人和其合伙人班某与施工单位存在施工合同关系。但合伙人班某与施工单位不存在施工合同关系，不具备主张工程款的请求权基础。事实上，合伙人班某仅与实际施工人签订了合伙合同，如合伙人班某拟取得案涉工程的款项，应基于其与实际施工人的合伙合同进行主张，此时合伙人班某所主张的款项实质是"合伙财产",即合伙利润分配,并非工程款,相应地,案由应为合伙合同纠纷,而非施工合同纠纷,且其真正诉讼标的为合伙财产,请求权基础是其与实际施工人的合伙合同关系。由此可知,合伙人班某拟主张案涉工程款项的诉讼标的、案由、请求权基础与本案完全不一样,不属同一法律关系,故班某并非本案施工合同纠纷的适格原告。此外,就施工合同纠纷而言,本案施工单位并未与实际施工人进行结算,施工单位不认可实际施工人主张的工程款数额,且实际施工人未申请通过司法造价鉴定程序确定最终案涉桥梁工程的造价,本案工程款支付条件未成就,实际施工人无权主张工程款。综上,笔者拟定如下代理方案。

1.施工单位仅与实际施工人签订合同,并未与合伙人班某签订合同,与班某之间不存在施工合同关系,故实际施工人的合伙人班某并非实际施工人,无权作为本案原告主张施工合同关系项下的工程款,班某并非本案施工合同纠纷的适格原告。

(1)各方的法律关系。本案中,施工单位承接案涉工程后即转包给实际施工人,双方签订承包合同,存在施工合同关系。实际施工人又与班某约定共同投资建设案涉工程的桥梁工程,双方签订合伙合同,存在合伙关系。施工单位与班某未签订任何合同,施工单位甚至不知道班某与实际施工人的合同关系。同时,实际施工人与合伙人班某签订的《桥梁工程合作协议书》属于合伙合同,系对合伙事务、出资比例、分配比例的约定,仅在各合伙人内部具有法律约束力,其效力并不及于施工单位。故施工单位与班某之间不存在施工合同关系,也不存在合伙关系或其他合同关系。

(2)班某并非实际施工人,无权主张施工合同关系下的工程款。根据《建设工程司法解释一》第四十三条的规定:"实际施工人以转包人、违法分包人为被告起诉的,人民法院应当依法受理。实际施工人以发包人为被告主张权利的,人民法院应当追加转包人或者违法分包人为本案第三人,在查明发包人欠付转包人或者违法分包人建设工程价款的数额后,判决发包人在欠付建设工程价款范围内对实际施工人承担责任。"由此可知,实际施工人指的是与转包人、违法分包人存在施工合同关系的主体,一般转包人、违法分包人为施工单位。班某与施工单位未签订任何合同,施工单位甚至不知道班某的存在,班某与施工单位之间不存在施工合同关系,故班某不是实际施工人。本案是建设工程施工合同纠纷,原告主张工程款的请求权基础应为施工合同关系,工程款应属于施工合同关系项下的款项,但班某与施工单位之间不存在施工合同关系,班某不是实际施工人,不能基于施工合同关系向施工单位主张支付工程款。

2.合伙人班某与实际施工人存在合伙关系,属于另一法律关系,不属于本案施工合同纠纷的审理范畴。且班某仅能依据其与实际施工人的合伙关系主张合伙财产的方式取得案涉工程款项,不能径直向施工单位主张支付工程款,故班某并非本案施工合同纠纷的适格原告。

一方面,根据《民法典》第九百六十七条"合伙合同是两个以上合伙人为了共同的事业目的,订立的共享利益、共担风险的协议"、第九百七十二条"合伙的利润分配和亏损分担,按照合伙合同的约定办理;合伙合同没有约定或者约定不明确的,由合伙人协商决定;协商不成的,由合伙人按照实缴出资比例分配、分担;无法确定出资比例的,由合伙人平均分配、分担"和第九百七十八条"合伙合同终止后,合伙财产在支付因终止而产生的费用以及清偿合伙债务后有剩余的,依据本法第九百七十二条的规定进行分配"的规定以及实际施工人与合伙人班某签订的《桥梁工程合作协议书》约定"双方合作共同投资建设案涉桥梁工程。实际施工人持股33.3%,合伙人班某持股66.6%,以现金方式投资,后期资金投入视工程需要按股份增资。工程竣工验收完成,实际施工人与合伙人班某根据合伙比例分配工程款"可知,班某作为实际施工人的合伙人,仅能要求分配合伙财产。该合伙财产实际上就是案涉工程的工程款项。但施工单位仅与实际施工人签订施工合同,且施工单位对班某系合伙人的事实不明知,故该合同财产仅能由实际施工人从施工单位处取得后,再由实际施工人与班某进行分配,此时班某才能取得案涉工程的工程款项,不能径直向施工单位主张支付工程款。

另一方面,《民事诉讼法》第五十五条规定:"当事人一方或者双方为二人以上,其诉讼标的是共同的,或者诉讼标的是同一种类、人民法院认为可以合并审理并经当事人同意的,为共同诉讼。共同诉讼的一方当事人对诉讼标的有共同权利义务的,其中一人的诉讼行为经其他共同诉讼人承认,对其他共同诉讼人发生效力;对诉讼标的没有共同权利义务的,其中一人的诉讼行为对其他共同诉讼人不发生效力。"本案系施工合同纠纷,诉讼标的是工程款,请求权基础是实际施工人与施工单位的施工合同关系。班某应取得的案涉工程的工程款项实质上是合伙财产,则其诉讼标的应是合伙财产,请求权基础应是其与实际施工人的合伙关系,班某在本案中主张的款项应当在合伙纠纷中解决,属于另一个法律关系,不属于本案施工合同纠纷的审理范畴。因此,实际施工人主张的诉讼标的和班某主张的诉讼标的是性质、内容完全不同的两个诉讼标的,请求权基础也是南辕北辙,不是同一法律关系,不属于共同诉讼。故班某不能与实际施工人作为本案施工合同纠纷的共同原告起诉,班某并非本案的适格原告。

3. 就案涉桥梁工程,建设单位与施工单位、施工单位与实际施工人之间均并未进行竣工结算,实际施工人主张的工程价款数额尚未确定,故本案工程款的付款条件不成就。

《民事诉讼法司法解释》第九十条规定:"当事人对自己提出的诉讼请求所依据的事实或者反驳对方诉讼请求所依据的事实,应当提供证据加以证明,但法律另有规定的除外。在作出判决前,当事人未能提供证据或者证据不足以证明其事实主张的,由负有举证证明责任的当事人承担不利的后果。"

本案中,实际施工人诉请施工单位支付工程款,应当举证证明工程款具体明确的数额。首先,施工单位与建设单位在合同中已经明确约定实际结算支付数额以完成并通过建设单位、监理签认的实际计量数量为准,现建设单位与施工单位没有进行结算。其次,实际施工人提供的工程量清单仅仅是预算或者估算,与实际值相差较大,施工单位亦不认可其工程量清单。由此可见,实际施工人与施工单位亦没有进行结算。最后,根据《民事诉讼证据的若干规定》第三十一条的规定:"当事人申请鉴定,应当在人民法院指定期间内提出,并预交鉴定费用。逾期不提出申请或者不预交鉴定费用的,视为放弃申请。对需要鉴定的待证事实负有举证责任的当事人,在人民法院指定期间内无正当理由不提出鉴定申请或者不预交鉴定费用,或者拒不提供相关材料,致使待证事实无法查明的,应当承担举证不能的法律后果。"实际施工人对需要鉴定的案涉桥梁工程价款数额负有举证责任,其经法院释明后仍不申请司法鉴定,案涉桥梁工程的结算价款数额未确定,实际施工人应当承担举证不能的法律后果,即应当认定案涉桥梁工程价款未经结算、数额尚未明确。

因此,案涉工程款付款条件未成就,应当驳回实际施工人的诉请。

三、法院判决

法院认为,本案的争议焦点是:(1)合伙人班某是否有权向施工单位主张工程款;(2)案涉工程款付款条件是否成就。

关于争议焦点一。本案中合伙人班某与施工单位没有签订合同,与施工单位不存在合同关系,与施工单位签订合同的是实际施工人,实际施工人与施工单位存在施工合同关系,实际施工人有权向施工单位主张权利。合伙人班某与实际施工人之间存在合伙关系,属另一法律关系,施工单位提出班某无权主张工程款的辩解意见具有事实依据和法律依据,法院予以支持。

关于争议焦点二。施工单位与建设单位签订了《施工合同文件》约定合同实际总价以最终结算的金额为准,实际结算支付数额以完成并通过建设单位、监理签认的实际计量数量为准。实际施工人与施工单位之间的结算也应遵照该合同约定进行结算。现该工程尚未结算,且案涉工程是政府投资项目,工程量清单所列工程数量仅作为估算或预计数量,须以审计部门的审计结果作为最终结算依据,工程款需政府预算、财政拨款。现实际施工人未能举出充分证据证明案涉工程已经审计部门审计,其与施工单位亦未进行结算。因案涉工程未进行最终结算,工程造价尚未确定,法院向实际施工人释明并征询其是否需要申请对工程量进行司法评估鉴定,实际施工人表示不申请司法评估鉴定,因此,实际施工人要求施工单位支付桥梁建设工程款并支付利息缺乏事实依据,法院不予支持。

最终,法院判决驳回了实际施工人梁某以及其合伙人班某的诉讼请求。

四、律师评析

在转包或挂靠关系下,实际施工人承接工程后,为解决资金问题与他人共同出资、共同完成施工建设的情况在实践中并不少见。在该种模式中,存在两种主要的法律关系:一是施工单位与实际施工人之间的转包关系(施工合同关系);二是实际施工人与其合伙人之间的合伙关系。因施工合同关系而产生的纠纷,合伙人并不当然具备诉讼主体资格,或者仅能作为案件的第三人参加诉讼。

实践中,若施工单位拖欠实际施工人工程款,间接损害实际施工人的合伙人合法权益的,应当由实际施工人单独对施工单位提起诉讼。合伙人基于与实际施工人的合伙合同,向施工单位提起诉讼并无法律依据。

需要注意的是,《民法典》第五百三十五条第一款规定:"因债务人怠于行使其债权或者与该债权有关的从权利,影响债权人的到期债权实现的,债权人可以向人民法院请求以自己的名义代位行使债务人对相对人的权利,但是该权利专属于债务人自身的除外。"若实际施工人怠于向施工单位提起诉讼,影响合伙人分配利益的,合伙人可考虑代位权诉讼。途径如下:非实际施工人的其他合伙人应先请求对合伙财产进行清算,在合伙财产清算后,如有工程款盈余可供分配,但合伙人之一的实际施工人怠于行使权利的,非实际施工人的其他合伙人可依据在合伙中享有的权益份额行使债权人之代位权,请求发包人和总承包人支付欠付工程盈余款。

五、案例索引

凌云县人民法院民事判决书,(2022)桂1027民初761号。

（代理律师：陆碧梅）

案例 25

施工单位付清工程款的情形下，对其下手所拖欠的工程款不承担支付义务

【案例摘要】

施工单位承接工程后，又将工程转包给实际施工人。施工单位在已付清实际施工人工程款的情况下，无须再对实际施工人尚欠的债务承担清偿责任。

一、案情概要

2014年11月，建设单位向施工单位发出《中标通知书》，确定施工单位为某公路工程的中标人。后施工单位与实际施工人签订《企业内部项目承建责任合同》，将案涉工程整体转包给实际施工人承包。

2016年8月，实际施工人与邹某签订《乳化沥青稀浆封层劳务承包合同》，将案涉工程的乳化沥青稀浆封层工程分包给邹某。后邹某依约完成乳化沥青稀浆封层工程，实际施工人未能依约支付邹某相应的工程款。邹某多次追讨工程款未果，遂将实际施工人、施工单位一并诉至法院，要求二者共同支付其剩余工程款及逾期付款利息。诉讼中，邹某认为，依据《建设工程司法解释一》第四十三条的规定，施工单位应承担付款责任。施工单位辩称，施工单位只与实际施工人存在转包合同关系，而与实际施工人的下手邹某无任何合同关系，不应向邹某支付工程款。邹某系多层转包或分包下的施工人，且施工单位已付清实际施工人全部工程款，不存在欠付实际施工人工程款的情形，故不适用《建设工程司法解释一》第四十三条规定。

一审判决认为，实际施工人有权代表施工单位对外订立合同，故实际施工人与邹某签订的《乳化沥青稀浆封层劳务承包合同》对施工单位具有法律约束力，故判决施工单位与实际施工人共同承担付款义务。施工单位不服一审判决，提出

上诉。二审判决认为,施工单位已经支付实际施工人全部工程价款,就本案实际施工人的债务,施工单位已无须承担清偿责任。故二审改判施工单位不承担付款义务。

二、代理方案

笔者作为施工单位的二审代理律师,经与施工单位了解得知,在本案之前,实际施工人已经起诉施工单位要求支付剩余工程款,且实际施工人对施工单位的工程款债权已经得到生效法律文书的确认,该债权已经通过强制执行程序得到全部实现。实际施工人收到施工单位支付的工程款后,未能及时支付给其下手邹某,引起本案纠纷。因此,本案的关键在于明确各方法律地位、法律关系,充分论证施工单位已经履行全部付款义务,无须另行向无合同关系的邹某支付工程款。为此,代理律师拟定如下代理方案。

1.施工单位已将案涉工程整体转包给实际施工人承包,实际施工人又将分项工程"乳化沥青稀浆封层工程"分包给邹某,据此产生的债务应由实际施工人自行承担。

2014年11月,施工单位中标承建案涉工程后,即与实际施工人签订《企业内部项目承建责任合同》以及《企业内部项目承建责任合同补充协议》,约定施工单位将中标承建案涉工程交由实际施工人施工管理,由其自主经营、自负盈亏,自行组建项目部,自行聘请施工队伍,包工包料承建。因此,实际施工人作为案涉工程的实际履行施工义务的施工人,一方面享有受领工程价款权利,另一方面亦应当单独承担因案涉工程项目产生的一切债务。

实际施工人将属于其施工范围的分项工程"乳化沥青稀浆封层工程"分包给邹某,双方签订相应的承包合同,该分包事实发生在实际施工人承包案涉工程期间,其应自行承担因该分包事实产生的一切债务,包括本案邹某主张的工程欠款。

2.邹某的合同相对方是实际施工人,根据合同相对性原则,应由实际施工人承担付款责任。施工单位与邹某没有合同关系,无须承担付款责任。

《民法典》第四百六十五条第二款规定:"依法成立的合同,仅对当事人具有法律约束力,但是法律另有规定的除外。"该款是关于合同相对性原则的约定,即非合同当事人不受合同约束,合同当事人一方"仅"能依据其为合同相对方主张合同权利。

本案中,邹某的合同相对方是实际施工人,施工单位不是邹某的合同相对方,无须承担因案涉合同产生的债务。

首先,从缔约主体上看,《乳化沥青稀浆封层劳务承包合同》系实际施工人以自己的名义与邹某签订的,合同仅有实际施工人的签名,并无施工单位的盖章,即形式上,施工单位不是案涉劳务合同的当事人,案涉劳务合同对施工单位不具备法律约束力。

其次,实际施工人系案涉工程的实际承包人,是独立的民事主体,客观上不属于施工单位的员工或施工单位的授权代表,且实际施工人是以其自己的名义与邹某签订合同的,实际施工人的行为仅能代表其本人,不能代表施工单位。

最后,从合同的履行上看,实际施工人向邹某发布相关施工指令,对乳化沥青稀浆封层工程进行质量管理,并与邹某进行相关结算。

因此,该合同当事人是实际施工人和邹某,施工单位不是合同当事人。综上所述,施工单位从未与邹某洽谈、商定或签订过任何形式的乳化沥青稀浆封层劳务承包合同,双方之间不存在合同关系,根据《民法典》第四百六十五条的规定,邹某无权突破合同相对性要求施工单位支付任何形式的款项。

3. 邹某属于"层层转包或违法分包下的实际施工人",其主张突破合同相对性要求施工单位付款无法律依据。

《建设工程司法解释一》第四十三条规定:"实际施工人以转包人、违法分包人为被告起诉的,人民法院应当依法受理。实际施工人以发包人为被告主张权利的,人民法院应当追加转包人或者违法分包人为本案第三人,在查明发包人欠付转包人或者违法分包人建设工程价款的数额后,判决发包人在欠付建设工程价款范围内对实际施工人承担责任。"

《最高人民法院民一庭关于实际施工的人能否向与其无合同关系的转包人、违法分包人主张工程款问题的电话答复》[(2021)最高法民他103号]明确指出:"《中华人民共和国民法典》和《中华人民共和国建筑法》均规定,承包人不得将其承包的全部建设工程转包给第三人或者将其承包的全部建设工程支解以后以分包的名义分别转包给第三人。禁止承包人将工程分包给不具备相应资质条件的单位。禁止分包单位将其承包的工程再分包。因此,基于多次分包或者转包而实际施工的人,向与其无合同关系的人主张因施工而产生折价补偿款没有法律依据。"

《最高人民法院民事审判第一庭2021年第20次专业法官会议纪要》明确,可依据《建设工程司法解释一》第四十三条的规定,突破合同相对性向"发包人"主张工程款的权利的实际施工人,仅指第一手转包或违法分包下的实际施工人,不包括层层转包或违法分包下的实际施工人。

此外,最高人民法院在(2021)最高法民申1358号案中认为:实际施工人起诉主张工程款的,基于合同的相对性,原则上应当向其合同相对方主张合同权利。对于实际施工人突破合同相对性向没有合同关系的发包人、违法分包人、总承包人等主张权利的,要严格依照法律司法解释的规定审查。对于向没有合同关系的总承包人、违法分包人主张权利的,没有法律依据,不予支持。

本案中,施工单位将案涉工程转包给实际施工人,施工单位与实际施工人系施工关系。实际施工人又将案涉分项工程分包给邹某,实际施工人与邹某是分包关系。三方的法律关系走向为:施工单位→实际施工人→邹某。由此可知,实际施工人属于《建设工程司法解释一》第四十三条规定中的第一手转包或违法分包下的实际施工人,而邹某属于"层层转包或违法分包下的实际施工人"。

故邹某无权依据《建设工程司法解释一》第四十三条的规定突破合同相对性向施工单位主张工程款。

4.施工单位已经付清实际施工人全部工程款,无须再对实际施工人的债务承担连带清偿责任,邹某主张突破合同相对性要求施工单位付款无事实依据。

适用《建设工程司法解释一》第四十三条的前提有两个:第一个是主张权利的主体是第一手转包或违法分包下的实际施工人;第二个是存在欠付下一手工程款的情形,如发包人欠付施工单位工程款。

本案中,施工单位与实际施工人已经通过诉讼的方式结清了案涉工程项目的债权债务,施工单位已经足额支付实际施工人的全部工程款,即施工单位已不存在欠付实际施工人款项情形。即使邹某属于《建设工程司法解释一》第四十三条规定的权利主张主体,但本案已不存在施工单位欠付实际施工人工程款的事实,邹某也无权突破合同相对性要求施工单位付款,故施工单位不应对实际施工人的债务承担连带清偿责任。实际施工人在施工单位处受领全部工程款后,应当及时向其下手支付。本案纠纷正是实际施工人拖欠邹某工程款引起的,与施工单位无关。

三、法院判决

二审法院认为,施工单位与实际施工人签订的《企业内部项目承建责任合同》因实际施工人无相应的资质违反强制性规定而无效,故实际施工人与邹某签订的《乳化沥青稀浆封层劳务承包合同》亦属无效合同。实际施工人与邹某之间属于违法分包关系。现施工单位与实际施工人之间已就案涉工程通过诉讼进行结算,并通过被强制执行的方式向实际施工人支付完毕案涉工程的工程款,故邹某要求施工单位向其支付工程款无事实和法律依据,法院不予支持。

最终,二审法院判决变更一审判决,驳回邹某对施工单位的诉讼请求。

四、律师评析

在建设工程领域中,转包、违法分包等情形屡见不鲜。对施工单位而言,施工单位承接工程后转包给他人施工,往往存在较大法律风险。如本篇案例中,施工单位将工程转包给实际施工人后,在实际施工人对外负债且引发诉讼的情况下,施工单位通常会被一并列为被告。面对此类纠纷,可考虑从合同相对性着手进行抗辩。

《民法典》第四百六十五条第二款规定:"依法成立的合同,仅对当事人具有法律约束力,但是法律另有规定的除外。"该条即为"合同相对性原则"的法律规定,一般情况下,依法成立的合同仅能约束合同当事人,对于合同之外的第三人不具有法律约束力。同时,该条亦作了"但书规定",即在法律另有规定的情况下,合同相对性原则可以被突破。"突破合同相对性原则"的常见情形如下。

1. 物权化合同。《民法典》第七百二十五条规定:"租赁物在承租人按照租赁合同占有期限内发生所有权变动的,不影响租赁合同的效力。"该条规定的即买卖不破租赁规则,此时,租赁合同的效力对外扩张,租赁物的买受人需受租赁合同的约束。

2. 真正的利益第三人合同。《民法典》第五百二十二条第二款规定:"法律规定或者当事人约定第三人可以直接请求债务人向其履行债务,第三人未在合理期限内明确拒绝,债务人未向第三人履行债务或者履行债务不符合约定的,第三人可以请求债务人承担违约责任;债务人对债权人的抗辩,可以向第三人主张。"根据该条款,合同关系之外的第三人对合同债务人享有损害赔偿请求权。

3. 债权人代位权。《民法典》第五百三十五条第一款规定:"因债务人怠于行使其债权或者与该债权有关的从权利,影响债权人的到期债权实现的,债权人可以向人民法院请求以自己的名义代位行使债务人对相对人的权利,但是该权利专属于债务人自身的除外。"根据该款,合同关系之外的第三人若符合法定情形,可取代合同当事人的法律地位,对合同债务人提起诉讼。

4.建设工程转包、违法分包合同,此类合同在建设工程施工合同纠纷中最为常见,也是滥用情形最多的。《建设工程司法解释一》第四十三条规定:"实际施工人以转包人、违法分包人为被告起诉的,人民法院应当依法受理。实际施工人以发包人为被告主张权利的,人民法院应当追加转包人或者违法分包人为本案第三人,在查明发包人欠付转包人或者违法分包人建设工程价款的数额后,判决发包人在欠付建设工程价款范围内对实际施工人承担责任。"该条赋予实际施工人向与其无合同关系的发包人主张工程价款的权利。但可突破合同相对性原则的情形,有着严格的适用条件:第一,主张权利的主体是第一手转包或违法分包下的实际施工人。第二,承担责任的主体是"发包人",此处的"发包人"仅指业主、建设单位,不包括相对发包人。如本案例中,施工单位就是实际施工人的"相对发包人",实际施工人是邹某的"相对发包人",但无论是施工单位还是实际施工人,均不属于该条款中规定的"发包人",也就是说,施工单位不是此条款的责任承担主体。第三,发包人存在欠付转包人或者违法分包人工程款的情形,此处的"转包人或者违法分包人"指的是施工单位。并且,还需查明发包人具体欠付的工程款数额。在司法实践中,实际施工人的下手、包工头、材料供应商、劳务班组等在主张其债权时,往往倾向于依据《建设工程司法解释一》第四十三条,将各工程项目的有关主体如施工单位、实际施工人等列为被告,试图突破合同相对性要求各方均承担相应责任。但就目前司法实践而言,法院通常会审慎审查实际施工人的身份,从严适用《建设工程司法解释一》第四十三条。因此,施工单位若作为被告涉及此类诉讼,可从合同相对性入手,并着重论证案件不具备《建设工程司法解释一》第四十三条的三个适用条件,以案件不适用《建设工程司法解释一》第四十三条为由,达到无须承担责任的目的。

五、案例索引

来宾市中级人民法院民事判决书,(2022)桂13民终1029号。

(代理律师:李妃、乃露莹)

案例 26

工程款债权尚未明确的情形下，实际施工人向发包人提起代位权诉讼的，不予支持

【案例摘要】

实际施工人的债权人认为施工单位拖欠实际施工人工程款，意欲提起代位权诉讼的，必须满足以下全部条件：(1)债权人对实际施工人享有合法到期债权；(2)实际施工人对施工单位享有到期债权；(3)实际施工人怠于行使债权或债权从权利；(4)实际施工人怠于行使权利的行为影响其债权人到期债权的实现。

一、案情概要

经公开招投标程序，施工单位中标案涉项目。2021年6月，施工单位与实际施工人签订《目标经营管理责任书》，将案涉工程交由实际施工人负责施工。在案涉工程施工过程中，实际施工人因资金短缺向A公司借款230万元。2022年6月，实际施工人向施工单位出具工程垫付款优先付款通知，通知主要内容为：实际施工人为案涉工程项目向A公司借款230万元，全部用于案涉工程项目的前期资金垫付款，现通知施工单位，把属于实际施工人的工程款全部先行支付给A公司，后实际施工人与施工单位再按照双方的约定自行清算。实际施工人将该通知邮寄给施工单位，但施工单位未支付任何款项。A公司认为，实际施工人享有对施工单位的工程款债权，且怠于向施工单位主张付款等义务，遂向法院起诉。

诉讼中，A公司并未提交任何出借给实际施工人款项的证据。施工单位辩称，施工单位与A公司不存在借贷合意，更没有实际受领案涉借款，不是借款合同的当事人。且施工单位已经足额向实际施工人支付了工程款，故实际施工人对施工单位并不享有债权，不符合代位权诉讼的构成要件。人民法院认为，本案施工单位是否欠付实际施工人工程款尚未确定，不符合代位权行使条件，因此判决

驳回了 A 公司的全部诉讼请求。

二、代理方案

本案属于债权人代位权纠纷。代位权诉讼系对合同相对性原则的突破，在法律上有着严格的适用条件，即《民法典》第五百三十五条第一款规定："因债务人怠于行使其债权或者与该债权有关的从权利，影响债权人的到期债权实现的，债权人可以向人民法院请求以自己的名义代位行使债务人对相对人的权利，但是该权利专属于债务人自身的除外。"据此，债权人行使代位权需满足以下条件：第一，债权人对债务人享有合法到期债权；第二，债务人对相对人享有合法到期债权；第三，债务人怠于向相对人行使其债权；第四，债务人怠于行使权利的行为足以影响债权人到期债权的实现。由上述法律规定可知，行使代位权的条件较难满足。因此，笔者作为施工单位的代理律师，认为应当从代位权构成要件上入手，着重论证本案不符合代位权诉讼的法定构成要件。

（一）A 公司对实际施工人是否享有合法到期债权真伪不明

《民事诉讼法司法解释》第九十条规定："当事人对自己提出的诉讼请求所依据的事实或者反驳对方诉讼请求所依据的事实，应当提供证据加以证明，但法律另有规定的除外。在作出判决前，当事人未能提供证据或者证据不足以证明其事实主张的，由负有举证证明责任的当事人承担不利的后果。"

本案中，A 公司意欲代位行使实际施工人对施工单位的权利，但行使代位权的前提之一是证明其对实际施工人享有合法债权。现 A 公司主张实际施工人因案涉项目施工之需而向其借款 230 万元，但未提供任何书面借款合同或者转账凭证予以证明，应当依法认定 A 公司向实际施工人借款 230 万元的事实真伪不明。

同时，《最高人民法院关于审理民间借贷案件适用法律若干问题的规定》第二条规定："出借人向人民法院提起民间借贷诉讼时，应当提供借据、收据、欠条等债权凭证以及其他能够证明借贷法律关系存在的证据。当事人持有的借据、收据、欠条等债权凭证没有载明债权人，持有债权凭证的当事人提起民间借贷诉讼的，人民法院应予受理。被告对原告的债权人资格提出有事实依据的抗辩，人民法院经审查认为原告不具有债权人资格的，裁定驳回起诉。"本案中，虽实际施工人认可其收到案涉借款 230 万元，但其身份是诉讼第三人，故实际施工人在庭审中认可收到相关款项，并不能免除 A 公司的举证证明责任。A 公司仍需按照《最高人民法院关于审理民间借贷案件适用法律若干问题的规定》第二条的规定，提供相应债权凭证或者转账凭证证明其与实际施工人之间存在民间借贷的法律关系。诉讼中,A公司作为原告未能出示相关证据。因此,应当认定A公司对实际施工人不享有合法到期债权。

(二)实际施工人对施工单位不享有合法到期债权

本案中,施工单位并未拖欠实际施工人任何工程款。至少,就在案证据而言,A公司无法证明施工单位欠付实际施工人工程款。因此,实际施工人对施工单位不享有合法到期债权。

(三)实际施工人并未怠于向施工单位行使主张工程款的权利

本案中,施工单位并未拖欠实际施工人的工程款。因此,本案实际施工人显然不具备向施工单位行使权利的客观条件,更不存在怠于向施工单位主张债权的可能。

(四)实际施工人是否具备充足资产以清偿其自身债务的事实不明,即便实际施工人怠于行使权利,也无法确定是否足以影响A公司到期债权的实现

"影响债权人到期债权的实现"指的是在债务人的资产不足以清偿债权人的债务情形下,债务人怠于行使其债权的,可能存在影响债权人到期债权的实现。前提是,债务人的资产不足以清偿债权人的债务。本案中,A公司未提供任何证据初步证明实际施工人自身资产不足以返还案涉借款,不存在"影响债权人到期债权的实现"的前提和可能。

综上,本案A公司行使代位权不符合法律规定,应当驳回其全部诉讼请求。

三、法院判决

对A公司行使代位权是否符合法律规定的争议焦点,法院认为,根据《民法典》第五百三十五条"因债务人怠于行使其债权或者与该债权有关的从权利,影响债权人的到期债权实现的,债权人可以向人民法院请求以自己的名义代位行使债务人对相对人的权利,但是该权利专属于债务人自身的除外……"的规定,原告提起代位权诉讼,应当符合实际施工人享有对施工单位的债权的条件。本案中,实际施工人是否享有对施工单位的债权并不确定,且施工单位欠实际施工人多少工程款尚不确定,更谈不上怠于行使其到期债权。显然,A公司并不具备法律规定的行使代位权的条件。

四、律师评析

代位权诉讼在司法实践中较为少见,这主要有两方面的原因。一方面,代位

权诉讼属于对合同相对性原则的突破。立法上，对代位权的行使设定了诸多条件。司法上，大多法院对代位权诉讼亦采取审慎态度，从严适用代位权相关法律条文。另一方面，债权属于相对权，其相对性决定了债权的隐蔽性，即债权之外的第三人很难窥探、知晓其债权的内容、主体等，在客观上增加了代位权诉讼难度。但是，代位权制度为债权人权利的实现提供新的思路，应予重视。特别是在建设工程领域中，实际施工人采取代位权诉讼的方式实现债权，往往会有良好的效果。

（一）实际施工人采取代位权诉讼，有机会取得建设工程价款优先受偿权

根据《民法典》第五百三十五条的规定，可代位行使的权利包括债务人怠于行使的主债权或者与该债权有关的从权利。建设工程价款优先受偿权，是为保护承包人建设工程债权的实现设立的一项法定权利，属于建设工程价款优先受偿权作为工程款债权的从权利，应当可以作为《民法典》第五百三十五条规定的与债权有关的从权利，属于代位权行使的客体，实际施工人可以代位权主张诉请工程价款优先受偿权。

在人民法院出版社2022年出版的杨临萍主编的《最高人民法院第六巡回法庭裁判规则》一书中，最高人民法院第六巡回法庭亦认为：" 因建设工程价款优先受偿权在性质上属于法定优先权的性质，因此不宜扩大权利主体范围，应当根据《民法典》第807条和《建工司法解释（一）》第35条规定，限制在与发包人订立建设工程施工合同的承包人范围内。转承包人、违法分承包人等实际施工人不享有建设工程价款优先受偿权。但应当注意，《建工司法解释（一）》第43条、第44条规定实际施工人可以向发包人主张支付工程价款，或者以《民法典》第535条对发包人提起代位权诉讼，代位权行使之范围为债权及其从权利，优先受偿权作为从权利即应包括在代位权范围内。承包人将建设工程价款转让他人并通知发包人的，从确保承包人债权尽快实现并合理保值的角度出发，依照《民法典》第547条规定，应认定该工程价款债权受让人有权对发包人主张工程价款优先受偿权。"

（二）债权人行使代位权，通常并不以债务人与次债务人之间的债权债务关系明确无争议为条件，仅要求"到期"

代位权制度在于解决债务人怠于行使次债权时如何保护债权人权利的问题，只需要债务人对次债务人的债权到期。若行使代位权需要以次债权确定为前提，则在债务人怠于确定次债权的情况下，债权人就无法行使代位权，代位权制度的

目的将完全落空。但实践中,关于行使代位权是否要求次债权确定,存在一定争议。主张次债权应当确定的一个原因是,有的债权人通过代位权诉讼试图用小额债权撬动大额债权,如在建设工程价款到期未结算时,一个小额民间借贷债权人通过代位权诉讼介入他人合同关系中,要求审理一个繁杂的建设工程价款纠纷,这无论在理论还是实践层面都难谓合理。因此,在不存在例外的情况下,次债权是否确定,在原则上不应成为行使代位权的前提条件。在仅要求"次债权到期"的情况下,次债权是否确定应是在代位权诉讼中要解决的问题。这是最高人民法院在(2020)最高法民再231号案中的裁判观点。

同样地,最高人民法院在(2021)最高法民申5382号案中也认为,通常而言,"次债权到期"并不要求"次债权确定",关于次债权数额的争议可以在代位权诉讼中解决。

最高人民法院在(2022)最高法民再16号案中认为,关于债权人代位权行使条件的规定,次债权应当满足债务人怠于行使其到期债权、对债权人造成损害、次债权非专属于债务人自身的债权三方面条件。此外,债权人提起代位权之诉,并不以债务人与次债务人之间的债权债务关系明确无争议为条件,人民法院应当对债务人与次债务人之间的债权债务关系进行审理。债权人应当提供证据证明债务人对次债务人享有非专属于其自身的到期债权且怠于行使的初步证据,至于次债务人提出的抗辩是否成立,应是在代位权诉讼中要解决的问题。

(三)怠于行使权利的方式一般指债务人没有以仲裁或者诉讼方式主张债权

司法实践中,倾向于以债务人没有以仲裁或者诉讼方式向次债务人主张权利为"怠于行使权利"的判断标准。最高人民法院在(2018)最高法民终917号案中认为:对于如何认定怠于行使债权,债务人是否构成"怠于行使到期债权"的判断标准为其是否对次债务人采取诉讼或仲裁方式主张债权,只有采取诉讼或仲裁方式才能成为其对债权人行使代位权的法定抗辩事由,债务人采取其他私力救济方式向次债务人主张债权仍可视为怠于行使债权。本案中,芜湖金隆公司与芜湖国土局之间的《国有土地使用权出让合同》解除后,虽然双方经过多次磋商,但自双方确定相关债权时起至2010年12月交通银行宁波分行提起本案诉讼时止,芜湖金隆公司未对芜湖国土局到期债权提起诉讼或者仲裁,符合司法解释规定的关于主债务人怠于行使到期债权的情形。最高人民法院在(2019)最高法民申2148号案中认为:李某稼申请再审称凯盛公司注册资本为1亿元,其资产足以清偿贺某仁处债务且贺某仁未对凯盛公司申请强制执行,故无证据证明凯盛公司无力偿还债务从而损害贺某仁的债权。本院评析如下,贺某仁对凯盛公司的债权经生效判决确认,凯盛公司至今未向贺某仁履行债务,亦未以诉讼或仲裁方式向李某稼主张债权,致使贺某仁对凯盛公司的债权至今未能实现。因此,贺某仁向次债务人李某稼提起债权人代位权诉讼,符合规定。

五、案例索引

南宁市青秀区人民法院民事判决书,(2022)桂0103民初25466号。

(代理律师:袁海兵、李妃)

案例 27

多层转包下的实际施工人不属于相关司法解释规定的可以突破合同相对性的实际施工人，无权要求发包人在欠付工程款范围内承担责任

【案例摘要】

A公司作为发包人将案涉工程发包给B公司，双方签订《工程施工合同》。B公司承接工程后转包给覃某，覃某将案涉工程中的钢结构厂房部分分包给覃某泽，覃某泽将钢结构厂房部分整体转包给严某。后案涉工程停工，严某退场，停工时严某已完成钢结构厂房基础及钢柱施工，但未经A公司竣工验收合格。之后，A公司与B公司签订《解除合同协议书》，约定双方解除案涉工程的施工合同。因覃某泽未与严某进行工程款结算，严某遂向法院提起诉讼，要求覃某泽向其折价补偿工程款并支付逾期支付工程款利息，A公司在其欠付工程价款范围内对严某承担连带责任。一审法院认为，根据《建设工程司法解释二》第二十四条的规定，实际施工人有权突破合同相对性向发包人主张工程价款清偿责任，故支持实际施工人严某对A公司的诉讼请求。A公司不服提起上诉，二审法院认为，突破合同相对性请求发包人在欠付工程款范围内承担责任的范围不包括多层转包和违法分包关系中的实际施工人，严某作为经过违法分包和多层转包后进行施工的实际施工人，无权要求发包人A公司在欠付工程款范围内承担连带责任，故撤销一审法院关于A公司在欠付工程价款范围承担连带责任的判项。

一、案情概要

2017年7月10日，A公司与B公司签订《工程施工合同》，约定A公司将位于南宁市某工业园区的生产项目工程发包给B公司，工程内容包括六层办公楼、

六层宿舍楼及一层钢结构厂房。B公司承接案涉工程后,通过其下属第五分公司签订内部施工协议的方式将案涉工程转包给覃某。

2017年9月6日,覃某与覃某泽签订《钢结构厂房施工合同》,约定覃某将案涉工程中的钢结构厂房转包给覃某泽,未经覃某允许,覃某泽不得将项目的全部或部分工程分割转让、转包或分包给第三方。

2018年5月9日,覃某泽与严某签订《钢结构厂房施工合同》,约定覃某泽将钢结构厂房转包给严某。随后严某进场施工,直至2018年11月因A公司资金问题停止施工并退场。

2021年1月9日,A公司与B公司签订《解除合同协议书》,约定"解除双方于2017年7月10日签订的《工程施工合同》;双方共同确认,截至2021年1月9日,案涉工程完成的工程量结算总价为600万元,A公司已预先支付农民工工资54万元,尚未支付工程款546万元;A公司于2021年1月11日前向B公司支付工程款300万元,支付完成后B公司开具等值的增值税专用发票,A公司收到发票并解决农民工纠纷后付完余款"。2021年1月11日,A公司分两次向B公司支付工程款合计300万元。2021年2月8日、9日、10日,A公司根据B公司的委托代B公司支付农民工工资合计351705.5元。

因案涉工程停工严某退场后,覃某泽一直未与严某进行工程款结算,严某遂提起本案诉讼,要求覃某泽折价补偿工程款并支付逾期付款利息,A公司在欠付工程价款范围内承担连带责任。

诉讼过程中,一审法院委托有资质的鉴定机构就严某对钢结构厂房已完成工程量进行造价鉴定,造价鉴定意见书经各方当事人质证后,一审法院结合造价鉴定意见书及各方当事人的质证意见,认定严某施工的钢结构厂房工程价款为1861017.08元。

一审判决认为,《建设工程司法解释二》第二十四条规定:"实际施工人以发包人为被告主张权利的,人民法院应当追加转包人或者违法分包人为本案第三人,在查明发包人欠付转包人或者违法分包人建设工程价款的数额后,判决发包人在欠付建设工程价款范围内对实际施工人承担责任。"该条赋予了实际施工人可以突破合同相对性向发包人主张工程价款清偿责任的权利。本案中,A公司作为发包方,在与工程承包人B公司签订《解除合同协议书》时明确约定案涉工程施工已完成的工程量结算总价为600万元,其提交证据证明其已向B公司支付工程款 300 万元,并受 B 公司所托向农民工支付工资 351705.5 元,A 公司欠付的工程价款为 2648294.5 元。严某作为实际施工人,其主张 A 公司在欠付工程价款范围内就工程款及利息对其承担连带责任,有事实及法律依据,予以支持。

A 公司对一审判决不服,提起上诉。

二、代理方案

主办律师作为 A 公司二审阶段的诉讼代理人,审阅和分析本案一审材料后认为,A 公司在本案中是否应承担责任,可从两个方面进行分析:一是《建设工程司法解释二》第二十四条规定的可以突破合同相对性向发包人主张工程款的实际施工人,是否包含多层转包或违法分包关系中的实际施工人;二是若多层转包或违法分包关系中的实际施工人可以依据《建设工程司法解释二》第二十四条的规定要求发包人承担责任,则考虑本案中 A 公司向 B 公司的付款条件是否已经成就。本案中涉案工程经过转包、违法分包又转包,符合多层转包和违法分包的情况,A 公司向 B 公司的付款条件也未成就,一审法院判决发包人 A 公司在欠付工程价款范围内承担连带责任属于认定事实及适用法律错误,二审应予以改判。主办律师拟定如下代理方案。

(一)多层转包或违法分包关系中的实际施工人无权依据《建设工程司法解释二》第二十四条的规定向发包人主张工程款

1. 依据合同相对性原则,实际施工人严某与 A 公司不存在合同关系,其无权要求 A 公司承担连带付款责任。根据《民法典》第四百六十五条第二款的规定:"依法成立的合同,仅对当事人具有法律约束力,但是法律另有规定的除外。"该条法律规定明确了合同相对性原则,其内涵包括合同主体、合同内容以及合同责任三个方面的相对性。具体来说,合同的成立以双方当事人达成合意为前提,合同的权利义务仅由合同双方当事人享有和承担,一方当事人仅能依据合同权利要求对方当事人履行义务、承担责任,而不能要求合同当事人以外的任何第三人承担合同责任。本案中,严某仅与覃某泽存在转包合同关系,其与 A 公司并不存在任何合同关系,根据合同相对性原则,其仅能要求覃某泽履行付款义务,无权要求 A 公司承担连带付款责任。

2. 在法律对突破合同相对性有规定时,应严格适用法律规定,不应随意扩大适用突破合同相对性原则的范围。根据《民法典》第四百六十五条的规定,突破合同相对性原则须有法律的明确规定。《建设工程司法解释二》虽规定实际施工人有权突破合同相对性向发包人主张工程款,但从该法律条文的文义上看,有权突破合同相对性的实际施工人仅为转包或违法分包关系中的实际施工人,该条并未赋予多层转包或违法分包关系中的实际施工人有权突破合同相对性向发包人主张权利,审判活动中不应对该司法解释中的实际施工人进行扩大解释。《最高人民法院民事审判第一庭2021年第20次专业法官会议纪要》认为:《建设工程司法解释一》第四十三条规定:"实际施工人以转包人、违法分包人为被告起诉的,人民法院应当依法受理。实际施工人以发包人为被告主张权利的,人民法院应当追加转包人或者违法分包人为本案第三人,在查明发包人欠付转包人或者违法分包人建设工程价款的数额后,判决发包人在欠付建设工程价款范围内对实际施工人承担责任。"本条涉及三方当事人两个法律关系:一是发包人与承包人之间的建设工程施工合同关系;二是承包人与实际施工人之间的转包或者违法分包关系。原则上,当事人应当依据各自的法律关系,请求各自的债务人承担责任。本条为保护农民工等建筑工人的利益,突破合同相对性原则,允许实际施工人请求发包人在欠付工程款范围内承担责任。对该条的适用应当从严把握。该条只规范转包和违法分包两种关系,未规定借用资质的实际施工人以及多层转包和违法分包关系中的实际施工人有权请求发包人在欠付工程款范围内承担责任。因此,可以依据《建设工程司法解释一》第四十三条的规定突破合同相对性原则请求发包人在欠付工程款范围内承担责任的实际施工人不包括借用资质及多层转包和违法分包关系中的实际施工人。本案中B公司将案涉工程转包给覃某,覃某再将其中的钢结构厂房工程分包给覃某泽,覃某泽又将钢结构厂房工程整体转包给严某,严某作为多层转包和违法分包关系中的实际施工人,无权依据《建设工程司法解释二》第二十四条的规定向A公司主张在其欠付工程款范围内承担连带责任。

(二)A公司与B公司明确约定A公司收到发票后再支付第二期工程款,A公司在B公司未开具发票的情况下有权拒绝支付第二期工程款

A公司与B公司签订的《解除合同协议书》已明确约定B公司先开具发票,A公司收到发票后再支付第二期工程款,该约定已经明确了双方履行相关义务的顺序。根据《民法典》第五百二十六条的规定,当事人互负债务,有先后履行顺序,应当先履行债务一方未履行的,后履行一方有权拒绝其履行请求。按《解除合同协议书》约定,B公司有先向A公司开具发票的义务,在B公司未履行先义

务即开具发票时,A公司有权按法律规定行使先履行抗辩权,即拒绝支付第二期工程款。

(三)在A公司不存在欠付工程款的情形下,严某无权要求A公司承担连带责任

即使根据《建设工程司法解释二》第二十四条①的规定,发包人仅在欠付工程价款范围内对实际施工人承担责任,但因B公司未按《解除合同协议书》约定开具发票,A公司支付第二期工程款的条件尚未成就,A公司不存在欠付工程款的情形,也不应向严某承担连带责任。

三、法院判决

二审法院认为,由于实际施工人突破合同相对性请求发包人在欠付工程款范围内承担责任的范围不包括多层转包和违法分包关系中的实际施工人,案涉工程由A公司发包给承包人B公司,B公司将其中部分工程内容违法分包给覃某,之后经过覃某、覃某泽再将案涉工程钢结构厂房施工部分转包给严某进行实际施工,因此严某作为经过违法分包和多层转包后进行施工的实际施工人,无权要求发包人A公司在欠付工程款范围内对严某承担连带责任。A公司上诉主张其不应当在本案中向严某承担付款责任,于法有据,二审法院予以支持。由于A公司无须向严某承担付款责任,且A公司是否欠付B公司工程款的事实与本案争议无关,无须就该事实认定,二审法院对于一审法院认定A公司欠付B公司2648294.5元这一处理结果予以纠正,对此在本案中不予处理,故撤销一审法院关于A公司在欠付工程价款范围承担连带责任的判项。

四、律师评析

《最高人民法院民事审判第一庭2021年第20次专业法官会议纪要》提出:《建设工程司法解释一》第四十三条规定为保护农民工等建筑工人的利益,突破合同相对性原则,允许实际施工人请求发包人在欠付工程款范围内承担责任,对该条的适用应当从严把握。该条只规范转包和违法分包两种关系,未规定借用资质的实际施工人以及多层转包和违法分包关系中的实际施工人有权请求发包人

---

① 《建设工程司法解释二》已失效,现行规定为《建设工程司法解释一》第四十三条:"实际施工人以转包人、违法分包人为被告起诉的,人民法院应当依法受理。实际施工人以发包人为被告主张权利的,人民法院应当追加转包人或者违法分包人为本案第三人,在查明发包人欠付转包人或者违法分包人建设工程价款的数额后,判决发包人在欠付建设工程价款范围内对实际施工人承担责任。"

在欠付工程款范围内承担责任。该次法官会议纪要于2021年已经明确能突破合同相对性主张权利的实际施工人只包括转包和违法分包关系中的实际施工人,将借用资质的实际施工人以及多层转包和违法分包关系中的实际施工人排除适用。

但在本篇案例中,一审法院仍作出要求发包人A公司在欠付工程款范围内承担连带责任的判决。由此可见,虽然该法官会议纪要对《建设工程司法解释一》第四十三条的主体适用范围进行明确,但在司法实践中仍有部分法院未采纳该法官会议纪要的观点进行司法裁判。

《建设工程司法解释一》第四十三条突破合同相对性原则,旨在保护农民工等建筑工人的合法利益,但在司法实践中又排除了劳务人员或劳务班组适用该司法解释,如最高人民法院(2019)最高法民申5594号民事裁定书。对于劳务人员或劳务班组权益保护,已另行有《保障农民工工资支付条例》进行规定。《保障农民工工资支付条例》中明确相关的农民工工资保护制度,对如何保护农民工工资规定了更有利且细致的措施,农民工不再需要通过《建设工程司法解释一》第四十三条来保护自己的合法权益。从此角度而言,对《建设工程司法解释一》第四十三条应当从严把握适用,排除借用资质的实际施工人以及多层转包和违法分包关系中的实际施工人的适用是合理的。如允许借用资质的实际施工人以及多层转包和违法分包关系中的实际施工人依据《建设工程司法解释一》向发包人主张工程款,不仅会进一步导致建设工程领域中挂靠、层层转包以及多层违法分包的现象产生,也将导致大量实际施工人起诉发包人,造成司法诉讼资源的浪费。

新疆维吾尔自治区高级人民法院在(2023)新民申1070号案中认为:《建设工程司法解释》第二十六条①涉及三方当事人两个法律关系。一是发包人与承包人之间的建设工程施工合同关系;二是承包人与实际施工人之间的转包或者违法分包关系。原则上,当事人应当依据各自的法律关系,请求各自的债务人承担责任。本条解释为保护农民工等建筑工人的利益,突破合同相对性原则,允许实际施工人请求发包人在欠付工程款范围内承担责任。对该条解释的适用应当从严把握。该条解释只规范转包和违法分包两种关系,未规定借用资质的实际施工人

---

① 《建设工程司法解释》已失效,现行规定为《建设工程司法解释一》第四十三条:"实际施工人以转包人、违法分包人为被告起诉的,人民法院应当依法受理。实际施工人以发包人为被告主张权利的,人民法院应当追加转包人或者违法分包人为本案第三人,在查明发包人欠付转包人或者违法分包人建设工程价款的数额后,判决发包人在欠付建设工程价款范围内对实际施工人承担责任。"

以及多层转包和违法分包关系中的实际施工人有权请求发包人在欠付工程款范围内承担责任。故对于转包人和违法分包人将工程再次转包或者分包而形成的多层转包和违法分包关系中的实际施工人，不属于适用该司法解释的规定突破合同相对性原则请求发包人在欠付工程款范围内承担责任的主体范畴，无权要求发包人在欠付工程款范围内承担相应的清偿责任。本案符合多层转包和违法分包的情形，由此，承前所述，难以认定何某林系《建设工程司法解释》（法释〔2004〕14号）第二十六条规定的可以直接请求发包人在欠付工程款范围内承担责任的实际施工人。综上，原审法院判令墨玉县住建局在欠付二冶公司建设工程价款范围内承担清偿责任事实依据不足，且与司法解释规定不符，本案应予再审。

辽宁省大连市中级人民法院在（2022）辽02民终7965号案中认为：本案中，寓鼎公司与东南公司签订施工合同，寓鼎公司系工程发包人，东南公司系承包人。东南公司违反合同约定将其中的模板工程分包给没有建筑施工资质的陈某仓，陈某仓又将该模板工程转包给肖某实际施工。相关法律及司法解释规定，作为转包、违法分包情形下的实际施工人可以突破合同相对性原则请求发包人在欠付工程价款范围内承担责任。该条规定设立的初衷实为保护实际施工的农民工的利益，实践中不宜无限扩大解释。且根据最高人民法院的相关会议纪要的精神，该条所规定的"实际施工人"不包括多层转包和多层违法分包关系中的实际施工人，故肖某无权向寓鼎公司主张权利。

五、案例索引

南宁市中级人民法院民事判决书，（2022）桂01民终5431号。

（代理律师：李莉萍）

案例 28

代建关系下,建设单位与实际施工人之间不存在合同关系,无须对实际施工人承担付款义务

【案例摘要】

在同一项目中,既有委托代建合同又有建设工程合同,应当对当事人的法律关系进行准确认定。委托代建合同关系与建设工程施工合同关系是两个独立的法律关系。在建设工程施工合同纠纷案件中,实际施工人请求建设单位承担付款责任,违反合同相对性原则,亦缺乏法律依据,不应予以支持。

一、案情概要

2018年1月,建设单位与代建单位签订《代建合同》,约定由建设单位委托代建单位承办该职工住房项目,并由代建单位以其单位名义对外与施工单位签订建设工程施工合同。

2019年10月,代建单位、施工单位与实际施工人就案涉项目签订《钢管内外脚手架承包合同》及《补充协议》,约定实际施工人以包工包料形式承包案涉项目外架分包工程与满堂架分包工程,合同工程外架单价按总建筑面积 71 元/m^2 计算。合同签订后,实际施工人进场搭设脚手架。2021年12月,实际施工人与代建单位进行结算,双方确认工期内的工程价款共计为 280 万元,代建单位已累计支付的款项金额为 170 万元,代建单位尚欠的款项金额为 110 万元。

后实际施工人因未能足额受偿工程价款,遂将施工单位、代建单位、建设单位一并诉至法院,要求施工单位和代建单位共同支付工程款 110 万元、脚手架超期费用 140 万元以及相应利息,建设单位在欠付工程款范围内承担连带责任。诉讼中,实际施工人主张,依据《建设工程司法解释一》第四十三条的规定,建设单位应当在其欠付工程款范围内对本案脚手架工程款承担连带支付责任。建设单位辩称,其与实际施工人无合同关系,实际施工人无权突破合同相对性要求建设单位承担连带付款责任。

法院审查后认为,建设单位作为委托人,仅与代建单位存在委托代建合同关系,而与实际施工人之间不存在合同关系。实际施工人无权要求建设单位承担连带责任。最终,法院判决驳回了实际施工人对建设单位的诉讼请求。

二、代理方案

本案属于典型的建设工程施工合同纠纷,但特殊之处在于,案涉项目的业主方(建设单位)采用委托代建的模式将工程交由代建单位承办,即由代建单位行使发包人职责,对外以其单位名义与施工单位签订建设工程施工合同,待完成全部代建任务后,再向业主方移交代建成果。在此背景下,实际施工人能否适用《建设工程司法解释一》第四十三条的规定突破合同相对性向建设单位主张连带责任是本案的核心争议。作为建设单位的诉讼代理人,笔者认为,委托代建合同与施工合同是两个独立合同,如无特殊约定,建设单位不应承担施工合同项下的工程费支付义务。在代建模式中,建设单位已将施工合同项下的发包人的权利义务转移至代建单位,即建设单位已不再是施工合同关系中发包人的角色,故实际施工人无权依据《建设工程司法解释一》第四十三条的规定向建设单位主张权利。据此分析,主办律师拟定如下代理方案。

1.委托代建模式下,委托代建合同与施工合同是两个独立合同,建设单位不属于施工合同中的"发包人",不应承担基于施工合同而产生的工程款支付义务。

《民法典》第四百六十五条第二款规定:"依法成立的合同,仅对当事人具有法律约束力,但是法律另有规定的除外。"典型的委托代建模式中,建设工程施工合同往往是由代建单位与施工单位签订,建设单位不是合同当事人,按照"合同相对性原则"的法律规定,施工单位只能向合同相对方即代建单位提出付款请求,其向建设单位提出的请求则属于突破合同相对性的主张。

本案中,建设单位作为委托人与代建单位签订了《代建合同》,约定将职工住房项目交由代建单位承办,由代建单位行使发包人职权。现代建单位以其个人的名义对外与施工单位签订《建设工程施工合同》,并将案涉项目发包给施工单位承建。施工单位和代建单位又共同将案涉项目的脚手架工程违法分包给实际施工人搭设。由此事实可知,建设单位与施工单位或实际施工人之间不存在施工合同关系,不是施工合同关系中的"发包人"。根据《代建合同》的约定,建设单位仅负担基于《代建合同》而产生的向代建单位支付代建款的义务。与实际施工人存在施工合同关系的是代建单位、施工单位。若本案实际施工人主张的工程款债权数额属实,应仅由合同相对方即代建单位和施工单位承担付款义务。

因此,实际施工人基于《钢管内外脚手架承包合同》向建设单位主张权利,超越了施工合同关系的范畴,不应得到支持。

2. 实际施工人要求建设单位承担责任的前提是查明支付工程款金额,即使认定建设单位为发包人,本案建设单位、代建单位、施工单位之间均未完成结算,建设单位是否欠付工程款、欠付工程款数额等问题也均未能确认。因此,实际施工人要求建设单位在欠付工程款范围内承担连带责任的诉讼请求所对应的事实缺乏证据证明,不应得到支持。

三、法院判决

经过审理,法院总结本案的争议焦点为:(1)本案脚手架工程价款及超期费用如何确定;(2)应由谁承担付款责任。

法院认为,第一,关于工程款数额问题。实际施工人与代建单位的员工宁某签字的《脚手架内外架结算清单》已经确认,工期内的工程价款共计为280万元,代建单位、施工单位已累计支付的款项金额为170万元,故尚欠工程款数额为110万元,法院予以确认。代建单位认为宁某虽然是其员工,但不能代表其公司与实际施工人结算,且结算单价应为71元/m^2。法院认为,首先,宁某系代建单位的员工,其以代建单位名义与实际施工人签订合同时,在合同落款处均盖有代建单位的印章,其作为代建单位的委托代理人亦在合同上签名。因此,实际施工人有理由相信宁某具有代理权。其次,根据宁某具有代建单位员工的身份权利外观以及其可以在案涉合同加盖代建单位的公章等表见行为,实际施工人有理由相信宁某具有代理权,根据在案证据足以推断实际施工人主观上是善意的,即其不知道或者不应当知道宁某实际上为无权代理。综上,宁某的行为符合表见代理的构成要件,宁某与实际施工人对案涉项目的结算的行为产生的法律后果应由代建单位承担。至于案涉项目单价的问题,因实际施工人分别与代建单位、施工单位签订的多份合同单价均出现71元/m^2、73元/m^2、80元/m^2、71元/m^2等多次调整,但双方最终结算时是以80元/m^2作为单价计算工程款,故法院对代建代为提出的宁某不能代公司与实际施工人进行结算及工程款应按71元/m^2的标准计算的抗辩意见,法院均不予采纳。被告施工单位提出对单价进行重新鉴定无事实和法律依据,法院亦不予准许。

第二,关于外架和内架(满堂架)超期款的问题。(1)内架(满堂架)面积及超期款。实际施工人与代建单位、施工单位双方对内架的总面积为4832.48m²(含炮楼面积)没有异议,法院予以确认。双方认可炮楼并未搭架,扣除炮楼未搭架的面积后,内架面积为4680m²,实际施工人没有实质性异议,法院予以确认。经核算,自2020年7月至2022年11月止,超期款应为1221480元(4680m²×0.3元/天/平米×30天/月×29个月)。(2)外架面积及超期款。双方对外架总面积为35300m²没有异议,法院予以确认。代建单位和施工单位主张案涉1#、2#、3#楼商铺(含地下室)外架于2020年6月已拆除完毕,拆除时间在案涉合同规定的工期内,面积为8357.85m²,1#楼2—7层外架于2022年9月已拆除,面积为3120m²,实际施工人均没有异议,法院予以确认,超期款计算应扣减已拆除的面积。经核算,自2021年2月至2022年8月止,外架超期使用的面积为26942.15m²(35300m²-8357.85m²),超期款为1535702.55元(26942.15m²×0.1元/天/平米×30天×19个月);自2022年9月至2022年11月止,外架超期使用的面积为23822.15m²(26942.15m²-3120m²),超期款为214399.35元(23822.15m²×0.1元/天/平米×30天×3个月),外架超期款合计为1750101.9元(1535702.55元+214399.35元)。

第三,建设单位、代建单位、施工单位应否承担责任。建设单位是否对欠付工程款、超期款承担责任。建设单位虽然是业主方,但其与代建单位签订《代建合同》及补充协议,将案涉住房项目委托代建单位代建,双方符合委托代建的法律关系特征,建设单位作为委托人,与实际施工之间并没有合同关系,并非案涉合同的相对人,且建设单位与代建单位、施工单位就案涉工程项目至今亦未结算,故实际施工人主张建设单位在欠付工程款的范围内承担连带清偿责任无事实和法律依据。代建单位、施工单位应否对尚欠工程款、超期款承担责任。关于应否承担尚欠工程款。《民法典》第一百五十三条第一款规定:"违反法律、行政法规的强制性规定的民事法律行为无效。但是,该强制性规定不导致该民事法律行为无效的除外。"以及《建设工程司法解释一》第一条第一款第一项规定:"建设工程施工合同具有下列情形之一的,应当依据民法典第一百五十三条第一款的规定,认定无效:(一)承包人未取得建筑业企业资质或者超越资质等级的……"本案中,实际施工人系自然人,不具有脚手架劳务作业资质,施工单位、代建单位分别与实际施工人签订《钢管内外脚手架承包合同》及《补充协议》,将案涉项目内外脚手架工程分包给实际施工人施工违反法律的强制性规定而无效。虽然分包行为无效，但实际施工人施工的工程已经交付使用，故实际施工人要求代建单位、施工单位按约定支付工程款的请求权，受法律保护。实际施工人在施工过程中，代建单位、施工单位分别支付了部分款项给实际施工人，施工单位在《工程零星用工统计签认表》上签字盖章确认，代建单位也在《脚手架内外架结算清单》上签字确认，至今尚欠施工单位工程款1162900元未支付，代建单位、施工单位应按合同约定支付给实际施工人。关于应否承担超期款。代建单位、施工单位与实际施工人均在案涉合同约定，外架合同工期为15个月（450天），如外架工期延期，按总建筑面积每天每平方米0.1元计算，内架合同工期为8个月（240天），如内架工期延期，按实际超期面积每天每平方米0.3元计算。实际施工人已履行了合同约定的义务，且代建单位也在案涉《危旧房改住房（外架超期款）》《危旧房改住房（满堂架超期款）》签字确认，至庭审时，案涉内外架大部分未拆除，代建单位称未拆架是原告原因造成及超期款属于实际施工人未及时止损导致扩大损失，但代建单位未能提供证据证实其主张，故对上述抗辩意见，法院不予采纳。实际施工人要求代建单位、施工单位支付外架和内架超期款符合合同约定和法律规定，但代建单位、施工单位在庭审时均明确表示现可以拆除内外架，故法院确认实际施工人主张的超期款应计至2022年11月止。

最终，法院判决由合同相对方的代建单位和施工单位承担本案款项的付款责任，驳回了实际施工人对建设单位的全部诉讼请求。

四、律师评析

建设工程领域的代建制度始见于2004年施行的《国务院关于投资体制改革的决定》。根据该决定，所谓的代建制，是指通过招标等方式，选择专业化的项目管理单位负责建设实施，严格控制项目投资、质量和工期，竣工验收后移交给使用单位的制度。委托代建模式下，主要涉及建设单位、代建单位、施工单位三方主体的权利义务关系。就施工单位能否向建设单位主张工程款的问题，法律并未作出明确规定，司法实践中亦尚未形成统一的裁判观点。主要的裁判观点如下。

（一）施工单位无权向与其无合同关系的建设单位主张工程款

委托代建模式中涉及两种基础法律关系：一是委托人与代建人的委托代建合同关系，二是代建人与施工单位的建设工程合同关系。建设单位支付代建款与代建单位支付工程款是基于不同的法律关系，不能混为一谈。最高人民法院冯小光法官在《回顾与展望——写在〈最高人民法院关于审理建设工程施工合同纠纷案件适用法律问题的解释〉颁布实施三周年之际》①一文中指出："委托代建合同与施工合同是两个独立的法律关系,原则上在审理建设工程施工合同纠纷案件中,不宜追加委托人为本案当事人,不宜判令委托人对发包人偿还工程欠款承担连带责任。委托人也无权以承包人为被告向人民法院提起诉讼,主张承包人对工程质量缺陷承担责任。委托人与代建人就委托代建合同发生的纠纷,也不宜追加承包人为本案当事人。"

此外,最高人民法院的多个案例均持该裁判意见。例如,最高人民法院在(2018)最高法民申1191号案中认为:"本案委托代建合同关系与建设工程施工合同关系是两个独立的法律关系。根据合同相对性原理,金豆公司作为发包方向施工方支付工程款,与棚改办向金豆公司支付工程回购款(代建费用),是基于两个不同的法律关系产生的合同义务。"在(2021)最高法民申3230号案中也认为:财金学院与省直开发公司之间系委托代建合同关系,省直开发公司与新兴公司之间系建设工程施工合同关系。省直开发公司所称的财金学院参与案涉工程施工管理的情形,符合省直开发公司与财金学院之间签订的《委托代建协议书》中关于甲方权利义务的约定。二审判决认定财金学院不是建设工程施工合同的相对人、省直开发公司作为案涉工程发包人应向新兴公司承担工程款支付责任,并无不当。

(二)委托代建合同适用委托合同相关规定,施工单位可以要求建设单位承担付款责任

《民法典》第九百二十五条规定:"受托人以自己的名义,在委托人的授权范围内与第三人订立的合同,第三人在订立合同时知道受托人与委托人之间的代理关系的,该合同直接约束委托人和第三人;但是,有确切证据证明该合同只约束受托人和第三人的除外。"在委托代建合同关系下,代建人(受托人)在建设单位(委托人)授权范围内,与施工单位签订建设工程合同,若施工单位知悉代建人与建设单位存在委托代建关系的,则可产生该建设工程合同直接约束施工单位与建设单位的法律效果。此时,施工单位可直接基于该建设工程合同请求建设单位支付工程款。

---

① 载《民事审判指导与参考》2008年第1辑(总第33辑)。

该观点同样可在法院的司法实践中得以体现。例如,《深圳市中级人民法院关于建设工程合同若干问题的指导意见》第四条第二款就明确指出:"工程代建合同的委托人与受托人共同对建设工程合同的履行承担连带责任,但建设工程合同明确约定仅由受托人、委托人或发包人承担合同约定义务的除外。"又如,在人民法院出版社2022年11月出版的《最高人民法院第六巡回法庭裁判规则》书籍中,第六巡回法庭也明确认为:代建人以自己的名义在委托人的授权范围内与承包人订立的施工合同,承包人在订立合同时知道代建人与委托人之间的代建关系的,根据《民法典》第九百二十五条的规定,该施工合同直接约束委托人和承包人。但是,有确切证据证明该合同只约束代建人和承包人的除外。

五、案例索引

钦州市钦北区人民法院民事判决书,(2022)桂0703民初3683号。

(代理律师:李妃、乃露莹)

第四章

建筑领域的用工问题

案例 29

分包单位承担用工主体责任，不应视为与建筑工人建立劳动关系

【案例摘要】

劳务分包单位承接施工总包单位分包的劳务工程后，又将劳务转包给个人包工头，个人包工头组织农民工实施劳务作业。在劳务作业的过程中，个人包工头雇佣的农民工因欠薪问题对劳务分包单位提起劳动仲裁，请求确认其与劳务分包单位之间的劳动关系成立，并要求支付工资、双倍赔偿金，劳动仲裁委员会经审理认定农民工与劳务分包单位之间构成劳动合同关系。后劳务分包单位不服，向法院提起撤销仲裁之诉。法院经审理认定农民工与劳务分包单位之间不构成劳动关系，农民工要求劳务分包单位支付工资、双倍赔偿金的请求没有法律依据，推翻了劳动仲裁所有对于施工单位不利的认定与裁决。

一、案情概要

2018年7月，劳务分包单位与施工总包单位签订《建设工程施工劳务分包合同》，约定施工总包单位将某幼儿园建设工程的劳务作业分包给劳务分包单位完成。劳务分包单位又将承接的劳务作业转包给包工头蓝某，包工头蓝某组织农民工进行劳务作业的施工工作。在劳务作业的施工过程中，农民工苏某因工负伤入院治疗。为获取工伤保险待遇损害赔偿，农民工苏某以其与劳务分包单位构成劳动关系为由，对劳务分包单位提起劳动仲裁，请求确认其与劳务分包单位之间的劳动关系成立，并要求劳务分包单位支付工资、赔偿金等。劳动人事争议仲裁委裁定，确认劳动关系成立，且劳务分包单位须支付农民工苏某相应的工资、双倍赔偿金。

劳务分包单位不服该劳动仲裁结果，向人民法院提起诉讼，请求法院撤销劳

动人事争议仲裁委作出的裁决,认定劳务分包单位与农民工苏某之间不存在劳动关系,且劳务分包单位无须向农民工苏某支付相应的工资、双倍赔偿金。一审法院经审理认定,违法分包情形下,劳务分包单位对农民工仅需承担"用工主体责任",但不能以此认定劳务分包单位与农民工存在劳动关系,最终判决确认劳务分包单位与农民工苏某之间的劳动关系不成立。

二、代理方案

本案的核心争议焦点在于农民工苏某与劳务分包单位是否实际建立了劳动关系。作为劳务分包单位的代理人,主办律师认为本案应当从劳务分包单位是否对农民工进行人身约束、管理控制、工作考核、出勤考察等方面进行抗辩。同时,本案明面上是劳动争议,实际上劳务分包单位根本不是适格被告。劳务分包单位未与农民工苏某签订书面劳动合同,双方没有建立劳动关系的意思表示,从未对农民工苏某进行工作管理、下达工作任务指令、考核日常工作表现等,双方不构成管理与被管理、约束与被约束的人身隶属关系。因此,农民工苏某与劳务分包单位未实际建立劳动关系,后者无须支付工资和承担因未签订书面劳动合同产生的双倍赔偿金。并且,劳务分包单位已将案涉工程的劳务作业转包给包工头蓝某,由蓝某自行雇佣农民工完成劳务作业,农民工苏某就是包工头蓝某雇佣的农民工之一,劳务分包单位与农民工苏某之间隔着一个包工头蓝某。即便在劳务分包单位存在违法转包、分包的情形下也不能直接认定劳务分包单位与农民工苏某之间的关系。据此,主办律师拟定如下代理思路。

1.从合同签订上看,劳务分包单位与农民工苏某未签订书面劳动合同,双方无建立劳动关系的意思表示。

《民法典》第四百九十条第一款规定:"当事人采用合同书形式订立合同的,自当事人均签名、盖章或者按指印时合同成立。在签名、盖章或者按指印之前,当事人一方已经履行主要义务,对方接受时,该合同成立。"

《劳动合同法》第十条第一款规定:"建立劳动关系,应当订立书面劳动合同。"

本案中,一方面,劳务分包单位承接该幼儿园建设工程的劳务作业后,又将劳务作业交由个人包工头蓝某负责劳务作业的施工,个人包工头蓝某雇佣农民工苏某进场实施作业、提供劳务。故与农民工苏某建立雇佣关系的是个人包工头蓝某,而非劳务分包单位。另一方面,法律规定劳动合同应以书面形式订立,劳务分包单位并未与农民工苏某签订书面劳动合同,说明劳务分包单位与农民工苏某并不存在建立劳动关系的真实意思表示。

2.从管理模式上看,劳务分包单位从未对农民工苏某进行工作管理、下达工作任务指令、考核日常工作表现,农民工苏某收取工资的金额、时间以及工资支付主体也非固定,双方不构成管理与被管理、约束与被约束的人身隶属关系。

原劳动和社会保障部发布的《关于确立劳动关系有关事项的通知》(劳社部发〔2005〕12号)第一条规定:"用人单位招用劳动者未订立书面劳动合同,但同时具备下列情形的,劳动关系成立。(一)用人单位和劳动者符合法律、法规规定的主体资格;(二)用人单位依法制定的各项劳动规章制度适用于劳动者,劳动者受用人单位的劳动管理,从事用人单位安排的有报酬的劳动;(三)劳动者提供的劳动是用人单位业务的组成部分。"

根据上述规定,认定单位与劳动者构成"劳动关系"的实质性因素是:(1)劳动者让渡一部分的人身自由,接受单位的人身约束要求,单位对劳动者出勤上班情况进行日常考察;(2)单位对劳动者下发工作指令,并对劳动者的日常工作表现与交付工作成果进行考核;(3)单位运用公司管理制度或劳动规章制度对劳动者进行人身约束与工作管理。

本案的劳务分包单位与农民工苏某之间并不具备上述构成"劳动关系"的实质性因素。

一方面,首先,农民工苏某实施作业均是听从个人包工头蓝某的工作安排与指令要求,劳务分包单位从未对农民工苏某下达过劳务指令或工作安排。其次,对农民工苏某完成的个人劳务作业量进行考评的是个人包工头蓝某,劳务分包单位从未直接对农民工苏某的日常出勤情况进行过监控考察,也未直接对农民工苏某个人完成的劳务工作量进行过评价考核。最后,劳务分包单位也不强制农民工苏某遵守其公司内部的管理制度与员工要求,农民工苏某亦不依照劳务分包单位的内部制度加减薪酬。由此可见,劳务分包单位与农民工苏某并不构成表现形式为工作管理、人身隶属、制度约束的劳动关系。

另一方面,司法实践中,还应考虑是否具备"工资薪酬数额固定""薪酬发放时间固定""薪酬发放主体固定""日常工作时间固定"等因素判断单位与劳动者是否建立了劳动关系。在本案中,首先,有关证据显示,农民工苏某就案涉项目实际获得的工程款分别是由杨某、施工总包单位、个人包工头蓝某与李某在不同的时间节点支付的,工资薪酬的支付主体并非劳务分包单位,且支付主体多而复杂,不符合"薪酬发放主体固定"的情形。其次,农民工苏某每次实际领取的农民工工资数额均是不确定的,金额差别大且无规律,不符合"工资薪酬数额固定"的情形。最后,农民工苏某每次实际收取农民工工资的时间节点之间也未形成规律周期,如半月薪制、月薪制等,不符合"薪酬发放时间固定"的情形。由此可见,劳务分包单位与农民工苏某并不构成工资发放主体、金额、时间、周期固定的劳动关系。

3.劳务分包单位已将劳务再分包给包工头蓝某完成,农民工苏某是蓝某雇佣的农民工,劳务分包单位仅与包工头蓝某之间存在劳务分包合同关系,与农民工苏某之间不存在任何合同关系。

劳务分包单位在承接案涉工程的劳务作业后,实际并没有自行完成劳务施工,而是再分包给了包工头蓝某组织完成,后包工头蓝某雇佣包括苏某在内的多名农民工进行劳务作业。由此可知,劳务分包单位、包工头蓝某、农民工苏某之间的法律关系是:劳务分包单位与包工头蓝某之间存在劳务分包合同关系,包工头蓝某与农民工苏某之间存在雇佣关系;劳务分包单位与农民工苏某之间隔着包工头蓝某,两者之间既不存在雇佣关系,也不存在劳动关系。

退一步讲,劳务分包单位将劳务转包给包工头蓝某属于违法行为,劳务分包单位存在过错,但也不能以此为由确定劳务分包单位与农民工苏某之间存在劳动关系。原劳动和社会保障部发布的《关于确立劳动关系有关事项的通知》(劳社部发〔2005〕12号)第四条规定:"建筑施工、矿山企业等用人单位将工程(业务)或经营权发包给不具备用工主体资格的组织或自然人,对该组织或自然人招用的劳动者,由具备用工主体资格的发包方承担用工主体责任。"由此可知,在转包情形下,劳务分包单位作为具备用工主体资格的相对发包方,承担的是"用工主体责任"。该条规定中的"承担用工主体责任",不能简单解释为"可以直接确认建筑施工、矿山企业与劳动者存在劳动关系",确认劳动关系的成立与否仍应根据劳动报酬支付、人事关系管理等综合因素考量。同时,该规定的用意是惩罚违反《建筑法》的相关规定任意分包、转包的建筑施工企业。承包人、分包人或转包人违反了《建筑法》的相关规定,应当承担相应的行政责任或民事责任,不能为了制裁这种违法发包、分包或者转包行为,而任意超越《劳动合同法》的有关规定,强行认定本来不存在的劳动关系。

4.农民工苏某在本案提供的证据仍不足以证明待证事实"农民工苏某与劳务分包单位构成劳动关系"成立,应当承担权利请求无法获得法院支持的不利诉讼后果。

《劳动争议调解仲裁法》第六条规定:"发生劳动争议,当事人对自己提出的主张,有责任提供证据。与争议事项有关的证据属于用人单位掌握管理的,用人单位应当提供;用人单位不提供的,应当承担不利后果。"

《民事诉讼法司法解释》第九十条规定:"当事人对自己提出的诉讼请求所依据的事实或者反驳对方诉讼请求所依据的事实,应当提供证据加以证明,但法律另有规定的除外。在作出判决前,当事人未能提供证据或者证据不足以证明其事实主张的,由负有举证证明责任的当事人承担不利的后果。"

《山东省劳动人事争议仲裁证据规则》第七条规定:"在劳动合同、聘任合同和聘用合同争议案件中,仲裁委员会应当依照下列原则确定举证责任的承担,但是法律法规规章另有规定的除外:(一)主张合同成立并生效的一方当事人对合同订立和生效的事实承担举证责任;(二)主张合同变更、解除、终止、无效的一方当事人对引起合同变动的事实承担举证责任;(三)对合同是否履行发生争议的,由负有履行义务的当事人承担举证责任。"

根据《民事诉讼法》的有关规定,农民工苏某提出"认定劳务分包单位与农民工苏某建立劳动关系"这一事实主张,应当就事实主张负有举证责任,若所提供的证据不能证明其事实主张,由其承担诉讼不利后果。但本案中,一方面,农民工苏某并未提供证据证明劳务分包单位对其实施了人身约束、管理控制、考核工作成果、考察工作出勤、考评工作表现、发布工作指令等足以认定构成"劳动关系"的有关行为;另一方面,劳务分包单位反而提供"银行转账记录"等证据证明农民工苏某收取工资的行为完全不符合"工资薪酬数额固定""薪酬发放时间固定""薪酬发放主体固定"等足以构成"劳动关系"的情形。故农民工苏某所提供的证据尚不足以证明"劳务分包单位与农民工苏某建立劳动关系"这一待证事实成立。承前所述,全案证据均不足以证明"劳务分包单位与农民工苏某建立劳动关系"这一待证事实成立,农民工苏某应承担事实主张不被认定、权利请求不被支持的不利诉讼后果。

综上,劳务分包单位与农民工苏某之间未成立劳动关系,农民工苏某要求劳务分包单位支付基于建立劳动关系产生的工资和双倍赔偿金,欠缺事实依据与法律依据。

三、法院判决

本案的争议焦点是施工单位是否属于用人单位。法院认为,关于施工单位与农民工苏某之间是否存在劳动关系的问题,施工单位作为本案涉案工程分包单位,又将该劳务项目向外转包给包工头蓝某,农民工苏某是由包工头蓝某招用的劳动者。原劳动和社会保障部发布的《关于确立劳动关系有关事项的通知》(劳社部发〔2005〕12号)第四条规定:"建筑施工、矿山企业等用人单位将工程(业务)或经营权发包给不具备用工主体资格的组织或自然人,对该组织或自然人招用的劳动者,由具备用工主体资格的发包方承担用工主体责任。"对该条规定关于"承担用工主体责任",不能简单地理解为"可以确认劳动关系成立",即该条规定不能作为认定本案施工单位与农民工苏某存在事实劳动关系的依据。农民工苏某为证实双方存在劳动关系,提交《银行卡交易明细》、施工现场图片等,法院认为该《银行卡交易明细》中农民工苏某收到的款项金额不固定、发放时间不固定、付款人亦不固定。农民工苏某提供的现场图片仅能证明其系在该涉案项目做工,故农民工苏某提供的以上证据均无法证明双方存在劳动关系,农民工苏某亦未提交其他充分证据证明双方之间的关系符合原劳动和社会保障部发布的《关于确立劳动关系有关事项的通知》(劳社部发〔2005〕12号)第一条第二款的规定,用人单位依法制定的各项劳动规章制度适用于劳动者,劳动者受用人单位的劳动管理,从事用人单位安排的有报酬的劳动,故法院认为现有的证据尚不足以认定双方存在事实劳动关系。最终,法院支持了施工单位的诉讼请求,判决施工单位与农民工苏某之间的劳动关系不成立,施工单位无须向农民工苏某支付工资、赔偿金。

四、律师评析

在建设工程领域,违法分包、转包、挂靠等情形屡见不鲜。就劳务部分,在违法分包、转包、挂靠等情形中,常见的劳务用工情形有两种。第一种,施工单位与实际施工人之间存在挂靠或者转包关系,实际施工人从施工单位处承接项目后,将劳务分包给各施工班组完成,由各施工班组雇佣工人实际完成劳务。第二种,施工单位将工程劳务分包给具有相应资质的劳务公司,劳务公司又把承接到的劳务施工全部转包或支解转包给自然人即实际施工人,实际施工人雇佣工人实际完成劳务或者又将劳务部分分包给各个施工班组完成,由各个施工班组雇佣工人实际完成劳务。但无论是哪种情形,雇佣劳务工人的主体一般都是自然人,施工单位与劳务工人之间无直接关系。根据《民法典》《劳动法》《劳动合同法》等法律规定,我国境内的企业、个体经济组织、民办非企业单位、国家机关、事业单位、社会团体等,具有用工主体资格,自然人不具有用工主体资格。也就是说,因自然人不具备主体资格,自然人与雇佣的劳务工人之间无法建立劳动关系。此时,劳务工人的合法权益将无法得到更多保护,而施工单位作为负责整个工程项目的施工管理的主体,劳务工人在权益受到侵害时,其朴素的法律观往往会认为应由施工单位对其受到侵害的权益承担法律责任,这也是建筑领域劳务用工等争议频发的原因。

劳务工人一般向施工单位主张的是支付劳动报酬、工伤赔偿两大方面。施工单位在这两大类案件中,第一要务是厘清施工单位与劳务工人之间有无劳动关系。如有劳动关系,则施工单位是需要向劳务工人承担支付劳动报酬、工伤赔偿责任的。反之,除特别法律规定外,一般无须承担责任。在违法分包、转包、挂靠等情形下,施工单位对无劳动关系的劳务工人是否需承担责任以及需承担何种责任,司法实践中存在不同观点。笔者对此进行下述分析。

(一)劳动关系的认定

劳动关系认定的核心要件包括:(1)主体资格,即用人单位和劳动者应当符合法律、法规规定的主体资格。(2)从属性,即用人单位依法制定的各项劳动规章制度适用于劳动者;劳动者从属于用人单位,接受用人单位的劳动管理,从事用人单位安排的有报酬的劳动。(3)业务相关性。以上三个要件必须同时满足,才能认定劳动关系成立。

在违法分包、转包、挂靠情形下,施工单位并不直接向劳务工人下达工作内容,不对劳务工人进行管理,劳务工人不从属于施工单位,且一般雇佣劳务工人的是自然人,施工单位不是用工主体,故劳务工人与施工单位之间不成立劳动关系。

另外,原劳动和社会保障部发布的《关于确立劳动关系有关事项的通知》(劳社部发〔2005〕12号)第四条规定:"建筑施工、矿山企业等用人单位将工程(业务)或经营权发包给不具备用工主体资格的组织或自然人,对该组织或自然人招用的劳动者,由具备用工主体资格的发包方承担用工主体责任。"该条是关于"承担用工主体责任"的规定,但不能简单地理解为"可以确认劳动关系成立"。同时,最高人民法院发布的《全国民事审判工作会议纪要》(法办〔2011〕442号)第五十九条规定更是旗帜鲜明地指出:"建设单位将工程发包给承包人,承包人又非法转包或者违法分包给实际施工人,实际施工人招用的劳动者请求确认与具有用工主体资格的发包人之间存在劳动关系的,不予支持。"因此,在违法分包、转包、挂靠情形下,一般不确认施工单位与劳务工人之间建立劳动关系。

(二)违法分包、转包、挂靠情形下,施工单位对劳务工人的责任承担

如前文所述,在违法分包、转包、挂靠情形下,施工单位与劳务工人之间一般无劳动关系。从合同相对性上分析,施工单位是无须对劳务工人主张的劳动报酬支付、工伤赔偿承担责任的。但违法分包、转包、挂靠属于法律禁止性规定,施工单位存在一定的过错,并且劳务工人属于弱势群体,我国从施工单位的主观过错和保护弱势群体的角度出发,在立法上规定了一些有利于保护劳务工人权益的条款,施工单位需要根据这些法律条款承担一定的法律责任。

1."用工主体责任"

关于"承担用工主体责任"的规定主要是原劳动和社会保障部发布的《关于确立劳动关系有关事项的通知》(劳社部发〔2005〕12号)第四条。该条明确规定,在违法分包、转包、挂靠情形下,施工单位对不具备用工主体资格的该组织或自然人招用的劳动者承担用工主体责任。对于"用工主体责任"具体指哪些责任,司法实践中尚未有定论。一种观点认为,"用工主体责任"仅指对人身损害承担责任即工伤保险责任,如劳务工人在从事承包业务时因工伤亡,即便劳务工人与施工单位之间不存在劳动关系,施工单位也应承担工伤赔偿责任。《最高人民法院关于审理工伤保险行政案件若干问题的规定》(法释〔2014〕9号)第三条规定:"社会保险行政部门认定下列单位为承担工伤保险责任单位的,人民法院应予支持:……(四)用工单位违反法律、法规规定将承包业务转包给不具备用工主体资格的组织或者自然人,该组织或者自然人聘用的职工从事承包业务时因工伤亡的,用工单位为承担工伤保险责任的单位;(五)个人挂靠其他单位对外经营,其聘用的人员因工伤亡的,被挂靠单位为承担工伤保险责任的单位。前款第(四)、(五)项明确的承担工伤保险责任的单位承担赔偿责任或者社会保险经办机构从工伤保险基金支付工伤保险待遇后,有权向相关组织、单位和个人追偿。"另一种观点认为,"用工主体责任"等同于"用人单位"责任,承担的责任包括人身损害和财产损害,即不仅指承担的工伤保险责任,还包括拖欠工资、缴纳社会保险、不签订书面劳动合同的二倍工资差额、支付经济补偿金或违法解除劳动关系

赔偿金等典型劳动争议中用人单位应当承担的责任,如不具备用工主体资格的组织或自然人拖欠工资、不缴纳社会保险费用等用人单位应当承担的责任,无论劳务工人与施工单位之间是否存在劳动关系,劳务工人均有权向施工单位主张赔偿。

笔者认为,"用工主体责任"仅限于承担人身损害赔偿(工伤损害赔偿)和财产损害赔偿的责任,但财产损害责任仅包括支付拖欠工资的责任,而其他如缴纳社会保险、不签订书面劳动合同的二倍工资差额、支付经济补偿金或违法解除劳动关系赔偿金等责任是专属于劳动关系的法律责任,必须以确立劳动关系为前提。

2. 连带赔偿责任

《劳动合同法》第九十四条规定:"个人承包经营违反本法规定招用劳动者,给劳动者造成损害的,发包的组织与个人承包经营者承担连带赔偿责任。"《最高人民法院关于审理人身损害赔偿案件适用法律若干问题的解释》(法释〔2003〕20号)第十一条第二款规定①:"雇员在从事雇佣活动中因安全生产事故遭受人身损害,发包人、分包人知道或者应当知道接受发包或者分包业务的雇主没有相应资质或者安全生产条件的,应当与雇主承担连带赔偿责任。"在违法分包、转包、挂靠情形下,施工单位对不具备用工主体资格的组织或自然人为其招用的劳动者造成损害的,施工单位需承担连带赔偿责任。这里的"造成损害",一般指人身损害(工伤损害)和财产损害。同样地,财产损害仅指拖欠工资。

3. 清偿拖欠工资的连带责任

《保障农民工工资支付条例》第三十条第四款规定:"工程建设项目转包,拖欠农民工工资的,由施工总承包单位先行清偿,再依法进行追偿。"第三十六条规定:"建设单位或者施工总承包单位将建设工程发包或者分包给个人或者不具备合法经营资格的单位,导致拖欠农民工工资的,由建设单位或者施工总承包单位清偿。施工单位允许其他单位和个人以施工单位的名义对外承揽建设工程,导致拖欠农民工工资的,由施工单位清偿。"《建设领域农民工工资支付管理暂行办法》②第十二条规定:"工程总承包企业不得将工程违反规定发包、分包给不具备

---

① 现为《最高人民法院关于审理人身损害赔偿案件适用法律若干问题的解释》(2022年修正)第五条。

② 现已失效。

用工主体资格的组织或个人,否则应承担清偿拖欠工资连带责任。"在违法分包、转包、挂靠情形下,施工单位需对不具备用工主体资格的组织或自然人拖欠的农民工工资承担连带清偿责任。需要强调的是,此处不具备用工主体资格的组织或自然人拖欠的是"农民工"的"工资"时,施工单位才需承担连带清偿责任,而"农民工"和"工资"依据《保障农民工工资支付条例》第二条"保障农民工工资支付,适用本条例。本条例所称农民工,是指为用人单位提供劳动的农村居民。本条例所称工资,是指农民工为用人单位提供劳动后应当获得的劳动报酬"之规定认定。

综上所述,在违法分包、转包、挂靠情形下,即便劳务工人与施工单位之间不存在劳动关系,施工单位仍需对工伤损害和拖欠的工资承担连带责任。施工单位承担责任后,可行使追偿权。

五、案例索引

南宁市青秀区人民法院民事判决书,(2020)桂 0103 民初 13831 号。

(代理律师:李妃、乃露莹)

案例 30

施工单位授权委托第三人管理项目的，施工单位与第三人不应认定为劳动合同关系

【案例摘要】

委托关系与劳动合同关系存在本质上的区别：受托人因委托关系而受管理于委托人，仅是其完成委托事务的需要，并不当然等于受托人与委托人之间因管理与被管理关系而建立劳动合同关系。本案原告拟以具有授权委托意思表示的"任命书"作为认定存在劳动关系的依据，从而起诉施工单位要求支付劳动报酬、经济补偿金等。法院认为"任命书"仅能确认已建立委托关系，不能确认劳动合同关系的存在，故驳回了原告的全部诉讼请求。

一、案情概要

2016年9月10日，施工单位作出《关于贺州分公司经理的任命决定》（以下简称《任命决定》），主要内容为：经公司研究决定，任命邓某为贺州分公司经理，代表集团公司全权负责贺州市区域的项目管理、项目跟踪及经营业务拓展、工程前期接洽及谈判、合同评审及风险控制、分公司日常事务管理等相关工作和经集团特别授权的相关工作。

2016年9月12日，施工单位中标承建贺州某生活小区公共租赁住房建设项目（配套基础设施工程）。当日施工单位出具《法定代表人授权委托书》给邓某。该委托书的主要内容为："致广西贺州某管理委员会，我刘某系施工单位的法定代表人，现授权委托邓某为我公司法定代表人授权委托代理人，全权负责贺州某生活小区公共租赁住房建设项目（配套基础设施工程）的管理工作，在该项目管理过程中所签署的一切文件和处理与之有关的一切事务，我均予以承认。"落款盖施工单位和刘某印章。

2016年12月1日,施工单位作出《任命书》任命邓某为贺州项目的项目负责人,全面负责该项目的安全质量、进度及相关事务。

2017年10月19日,施工单位作出《关于对贺州分公司的处理决定》,主要内容:业主对贺州分公司施工队非常不满意,施工管理人员文某在组织道路施工过程中,不仅不服从业主管理人员安排,还动手打伤业主方管理人员,现决定责成文某赔偿受害人相关费用,对施工队伍罚款50000元,对项目部罚款30000元。

2018年7月26日,施工单位作出《关于撤销贺州分公司的决定》,内容是撤销贺州分公司组织机构及全部人事任命,同时解除对邓某的一切法人授权委托,施工单位将上述决定内容于2020年5月28日在《广西法治日报》刊登声明。

邓某与施工单位之间未签订劳动合同,施工单位未向邓某发放过工资,也未为邓某购买过社会保险。邓某上班比较自由,不需要考勤,不需要遵守施工单位规章制度。刘某于2017年4月23日、9月11日和2018年7月13日分别通过转账方式向邓某支付20000元、10000元和6000元,施工单位于2017年6月12日、2020年1月22日分别向邓某支付50000元和8000元。

2021年4月22日,邓某以施工单位、案外人广西贺州某管理委员会为被告提起诉讼,主张施工单位于2016年将案涉工程转包给案外人李某和黄某,之后李某和黄某分别于2017年1月、2018年1月退场;施工单位又将案涉工程转包给邓某,邓某于2018年3月起组织工人、设备入场施工,并完成工程任务,主张施工单位应向邓某支付工程款5205650.86元;人民法院经审理认为邓某证据不充分,驳回其诉讼请求。

2021年12月17日,邓某向贺州市劳动人事争议仲裁委员会申请仲裁,请求裁决:(1)确认邓某与施工单位自2016年9月10日起存在劳动合同关系;(2)确认邓某与施工单位的劳动合同关系于2021年12月15日解除;(3)施工单位向邓某支付未签订书面劳动合同二倍工资差额104500元;(4)施工单位支付给邓某自2016年9月10日起至2021年12月10日的工资590500元;(5)施工单位支付邓某经济赔偿金104500元;(6)施工单位为邓某出具解除劳动关系证明。

贺州市劳动人事争议仲裁委员会于2022年1月28日作出贺州劳人仲字(2022)第12号仲裁裁决,对邓某所有的仲裁请求均不予支持。邓某不服该仲裁裁决,遂向人民法院提起诉讼;一审法院驳回邓某诉请请求。邓某不服一审判决提起上诉,要求撤销一审判决;二审法院经审理后判决维持一审判决,驳回上诉。

二、代理方案

作为施工单位的二审代理人,经过与施工单位沟通了解,本案仲裁之前,邓某曾以转承包人的身份、基于建设工程施工合同法律关系向施工单位提起工程款给付之诉讼,该诉讼未获得人民法院支持,遂以本案案由寻求赔偿。主办律师经过审阅和分析本案具体情况后,拟定代理方案包含以下几方面内容。

1. 邓某本案二审上诉请求"撤销一审判决",但本案不存在可撤销的情形。

《民事诉讼法》第一百七十五条规定:"第二审人民法院应当对上诉请求的有关事实和适用法律进行审查。"第一百七十七条规定:"第二审人民法院对上诉案件,经过审理,按照下列情形,分别处理:(一)原判决、裁定认定事实清楚,适用法律正确的,以判决、裁定方式驳回上诉,维持原判决、裁定……"《民事诉讼法司法解释》第三百二十一条规定:"第二审人民法院应当围绕当事人的上诉请求进行审理。当事人没有提出请求的,不予审理,但一审判决违反法律禁止性规定,或者损害国家利益、社会公共利益、他人合法权益的除外。"

据此,本案一审判决认定事实清楚,适用法律正确,依法应当驳回邓某"撤销一审判决"的上诉请求。

2. 贺州市劳动人事争议仲裁委员会、一审法院认定施工单位与邓某之间无劳动合同关系的做法正确,应依法维持原判。

劳动关系认定的核心在于提供劳动的一方是否属于用人单位的成员,是否遵守用人单位的内部各项规章制度、纪律制度,是否有固定的工作内容及工作时间等。同时需要考量劳动者与用人单位之间是否具备从属性、人身依附性。

其一,施工单位与邓某之间从未达成需要建立劳动关系的合意;对于邓某是根据施工单位的委托完成具体的委托事项,邓某也从未对此提出异议。

《劳动合同法》第三条第一款明确规定:"订立劳动合同,应当遵循合法、公平、平等自愿、协商一致、诚实信用的原则。"自愿是指订立劳动合同完全是出于劳动者和用人单位双方的真实意志,是双方协商一致达成的,任何一方不得将自己的意志强加给另一方。自愿原则包括:是否订立劳动合同由双方自愿决定、与谁订立劳动合同由双方自愿决定、合同的内容取决于双方的自愿。施工单位与邓某之间完全缺乏双方建立劳动关系的合意。邓某在本案中也没有提供任何证据证实双方存在达成劳动关系合意,应当承担举证不能的法律后果。

其二,施工单位与邓某之间不存在管理与被管理的人身依附关系、人身隶属关系。

2016年9月施工单位授权邓某在"贺州某生活小区公共租赁住房建设项目（配套基础设施工程）"中进行项目管理。因此，邓某仅仅是根据施工单位的委托完成具体的委托事务，不约定基本工资，无固定上班时间，无须考核，邓某完成委托事务存在自由性，委托报酬依据委托事项完成情况予以支付，邓某在不履行委托事务的时间可以去往任何工作岗位或持续休息，邓某的行为不受施工单位规章制度的管束，故双方并不存在任何管理与被管理的人身依附关系。

一审审理过程中，邓某明确表示"不单做这里一个工程，还有其他工程"，据此可知施工单位与邓某之间不存在人身依附或隶属关系，在2016年至今近六七年的时间内，邓某不受施工单位的管束，系自由从事其他工作，也表示曾在其他工地工作。

其三，邓某与施工单位无固定或稳定的工资，邓某自认其主要生活来源是在其他几个项目工作所获的收入。

施工单位提供的银行转账凭证亦可佐证，邓某并非每个月都获得报酬，而且每次收取的因委托事务所产生的委托事项报酬均不固定，分别是根据委托事项完成情况支付，多则几万少则几千，也没有固定支付时间。如施工单位委托律师事务所代理诉讼案件，根据不同的具体委托事项分别计付报酬，受托人并不因为完成委托事务而与施工单位建立劳动关系。

邓某在日常生活中与施工单位没有任何联系，更不存在任何的人身约束。如上文所述，邓某在此期间同时在几个项目工地做事。

其四，邓某不享受施工单位一切福利待遇，且邓某从未提出异议。

邓某曾计划承包施工单位贺州分公司，但由于邓某未能办理工商登记，最终未成立贺州分公司，且分公司实行承包责任制，所有人员、财务、办公设备均是独立的。施工单位除了委托邓某处理具体事务而支付委托报酬以外，邓某未享受施工单位的任何待遇。2016年至今，邓某也从未享受过劳动合同法律关系中的劳动者应当享有的养老保险、医疗保险、工伤保险等法定福利待遇，且对此从未提出任何异议。由此可见，其与施工单位之间建立的是典型的委托法律关系，不符合劳动法律关系的特征。

其五，施工单位与邓某之间是平等民事主体之间的委托关系。

施工单位仅仅是根据项目实际需要委托邓某处理具体的委托事宜，由施工单位与邓某之间的委托关系所产生的争议应适用《民法典》第九百一十九条的规定,"委托合同是委托人和受托人约定,由受托人处理委托人事务的合同",第九百二十条的规定,"委托人可以特别委托受托人处理一项或者数项事务,也可以概括委托受托人处理一切事务",第九百二十二条的规定,"受托人应当按照委托人的指示处理委托事务。需要变更委托人指示的,应当经委托人同意;因情况紧急,难以和委托人取得联系的,受托人应当妥善处理委托事务,但是事后应当将该情况及时报告委托人",但并不适用《劳动合同法》及其相关司法解释规定。施工单位不存在欠付委托报酬的情形,如邓某认为其与施工单位之间存在委托关系争议,应当由人民法院进行管辖。

其六,邓某本人在劳动仲裁争议审理过程中明确表示,其从未受到施工单位的管理或约束,不需要上班考勤考核,也没有任何的招工或用工登记,无须接受施工单位规章制度的管理;在一审阶段邓某也明确表示没有在施工单位打卡上班,工作时没有考勤要求。

在本案中,邓某在劳动争议仲裁阶段、一审阶段自认的事实,应当被作为认定案件事实的依据。客观上,邓某与施工单位之间不存在任何的管理与被管理或任何的人身依附关系。

基于上述理由和事实,并结合施工单位提供的证据材料证实,邓某与施工单位之间是具体事务的委托关系,完成委托任务的时间松散,且过程中双方关系缺乏稳定性和持续性,邓某不受施工单位规章制度、纪律制度管理,没有基本工资,不享受施工单位的任何福利待遇,因此,双方不存在劳动关系。

3. 邓某与施工单位之间不存在劳动合同关系,邓某所提出的与劳动关系相关的诉讼请求无事实和法律依据,一审判决认定事实清楚,适用法律正确,应当予以维持。

《劳动合同法》第四十七条第一款规定:"经济补偿按劳动者在本单位工作的年限,每满一年支付一个月工资的标准向劳动者支付。六个月以上不满一年的,按一年计算;不满六个月的,向劳动者支付半个月工资的经济补偿。"

本案中,首先,施工单位与邓某之间不存在劳动关系,施工单位系根据具体委托事项支付委托报酬,不存在解除劳动关系和支付二倍工资差、经济赔偿金的基础。其次,客观上施工单位与邓某从未约定过具体的工资数额,既没有固定的支付数额也没有固定的支付时间。最后,邓某并非施工单位的员工,没有具体的工作年限，无须支付任何赔偿金。因此，邓某关于解除劳动关系和支付二倍工资差、经济赔偿金等的诉讼请求无事实和法律依据。

三、法院判决

人民法院认定本案的争议焦点为：邓某与施工单位之间是劳动关系还是委托关系。

人民法院认为，劳动关系是指劳动力所有者（劳动者）与劳动力使用者（用人单位）之间，为实现劳动过程而发生的一方有偿提供劳动力由另一方用于同其生产资料相结合的社会关系。劳动关系的特征可概括为以下几方面：(1)劳动关系是一种劳动力与生产资料的结合关系。从劳动关系的主体上说，当事人一方固定为劳动力所有者和支出者，称为劳动者；另一方固定为生产资料所有者和劳动力使用者，称用人单位。劳动关系的本质是强调劳动者将其所有的劳动力与用人单位的生产资料相结合。(2)劳动关系是一种具有显著从属性的劳动组织关系。虽然双方的劳动关系是建立在平等自愿、协商一致的基础上，但劳动关系建立后，双方在职责上则具有了从属关系。(3)劳动关系是人身关系。由于劳动力的存在和支出与劳动者人身不可分离，劳动者向用人单位提供劳动力，实际上就是劳动者将其人身在一定限度内交给用人单位，因而劳动关系就其本质意义上说是一种人身关系。

委托关系是委托人和受委托人约定，由受托人处理委托人事务的一种法律关系；委托人可特别委托受托人处理一项或数项事务，也可以概括委托受托人处理一切事务；受托人应当按照委托人的指示处理委托事务，委托人应当按照约定支付报酬。

在本案中，邓某主张其与施工单位之间存在事实劳动合同关系，从本案邓某提交的证据看，2016年9月10日，施工单位作出《任命决定》任命邓某为贺州分公司经理，该《任命决定》是施工单位的公司内部工作人事任命行文，与邓某是否成立劳动关系并无关联，不能据此确认邓某、施工单位成立劳动关系。2016年9月12日，施工单位出具《法定代表人授权委托书》给邓某，该委托书的内容为："我刘某系施工单位的法定代表人，现授权委托邓某为我公司法定代表人授权委托代理人，全权负责贺州某生活小区公共租赁住房建设项目（配套基础设施工程）的项目管理工作，在该项目管理过程中所签署的一切文件和处理与之有关的一切事务，我均予以承认。"明确确定邓某与施工单位之间是委托与受委托的法律关系。此外,邓某没有提供施工单位录用邓某为施工单位的员工的相关证据,事实上邓某、施工单位之间没有建立劳动关系的合意,不存在人身隶属性和从属性,施工单位也不需要邓某遵守规章制度。邓某主张施工单位于2020年1月22日转账8000元是劳动工资,与其主张的月工资9500元也不相吻合;邓某主张其与施工单位于2016年9月10日成立劳动关系,也不可能到2020年1月22日才支付第一次工资。邓某据此主张其与施工单位之间存在劳动关系不合情理,其理由不充分,人民法院不予采信。综上所述,邓某没有提供足以认定其与施工单位存在劳动关系的证据。

四、律师评析

劳动力在建设工程领域的作用举足轻重,发包人与承包人之间的建设工程施工合同作为民法典中承揽合同的一种,必须有人的劳动参与才能完成合同的施工工作;存在人的劳动过程,不等于均建立了劳动关系,委托服务提供亦必须有人的劳动参与。

劳动关系的基本属性包括人身隶属性和经济从属性。劳动关系属于特殊的民事法律关系,其以用工为劳动法律关系的建立标志,外观表现形式包括用人单位和劳动者符合法律、法规规定的主体资格,用人单位依法制定的各项劳动规章制度适用于劳动者,劳动者受用人单位的劳动管理并从事用人单位安排的有报酬的劳动,劳动者提供的劳动是用人单位业务的组成部分等。《民法典》第九百一十九条规定:"委托合同是委托人和受托人约定,由受托人处理委托人事务的合同。"委托关系属于一般民事法律关系,委托人与受托人就委托事项达成一致的,属于委托合同约束范畴;委托合同的受托人完成委托事项的,可以依照约定收取处理委托事务的费用,也可以不收取费用,进而形成有偿委托和无偿委托。

在建设工程施工领域,由于施工过程的复杂性、参与主体的多样性等,完成施工工作可能涉及多种法律关系和权利义务主体,表现在施工企业与相关人员之间,可能出现劳动关系、委托关系、劳务关系等性质上的差异与纠纷。本案就是其中的典型代表。

如本篇案例中,邓某既然主张与施工单位存在劳动关系,就必须提交证据证明其与施工单位的关系具有人身隶属性、经济从属性等。在诉讼策略的选择上,邓某此前以建设工程分包合同纠纷为案由向施工单位提起过请求支付分包合同工程款的给付之诉,该诉讼因证据不足以证明其实际组织施工而被人民法院判决驳回后,其另以劳动争议为案由向施工单位主张支付相应劳动报酬等支付请求。从司法实务的角度分析,如果邓某未选择提起前诉,而是直接以劳动争议为案由主张与施工单位存在劳动关系,在证据论证上,被支持的可能性比采取上述二分的诉讼策略更为有利。但其提起的前诉主张,对其后诉的劳动关系的确认起到了反作用,可能给合议庭成员的印象是因存在索要工程款未获支持而提起诉讼。从法律规定本身看,人身隶属性一般是指用人单位的规章制度适用于劳动者,简言之,就是劳动者受到用人单位的管理约束。而邓某仅被授权管理相关工程项目,在卷证据未能证明在其主张的劳动关系存续期间邓某均受到施工单位的管理约束,故人身隶属性欠缺。同样地,经济从属性也是缺位状态。经济从属性一般表现为劳动者就其提供的劳动从用人单位处获得相应的劳动力对价——工资,且工资一般而言系其生存所倚仗的基本来源,但邓某长达 5 年,并未稳定地从施工单位获得劳动报酬,其从施工单位获得的仅仅几笔对价从时间上看不足以支撑其基本生存,且现有证据亦无法表明对价性质属于工资。

五、案例索引

贺州市中级人民法院民事判决书,(2022)桂 11 民终 849 号。

(代理律师:李妃、袁海兵)

案例 31

实际施工人雇佣的建筑工人因劳务致害的，施工单位不承担赔偿责任

【案例摘要】

本案中，施工单位作为某公路修复工程的总承包人，将该工程的劳务分包给了劳务公司，后劳务公司又将劳务全部转包给劳务实际施工人，由劳务实际施工人雇佣建筑工人韦某进行施工劳务作业。在工作过程中，建筑工人韦某因工负伤，遂将劳务实际施工人、劳务公司与施工单位作为共同被告诉至法院，要求该三方共同赔偿其受伤损失。人民法院认为，本案施工单位在合法分包的情况下，不存在过错，不应当承担赔偿责任。

一、案情概要

2020年施工单位承揽某公路修复工程施工，公路全长约29km，工程总造价6500万元。同年3月，施工单位与劳务公司签订《建设工程施工劳务分包合同》，该合同约定施工单位将该公路修复工程的劳务分包给劳务公司施工。承包范围为劳务清包工方式；合同金额为600万元。劳务公司承接案涉劳务后，即招聘、雇佣包括韦某在内的农民工进行施工。施工期间，受害人韦某在案涉工程的洒水车上工作时，被洒水车的水管打落至地上受伤，当天被送到医院治疗，花费医疗费若干。后经司法鉴定参照《劳动能力鉴定标准》评定为十级伤残。

后受害人韦某将施工单位、劳务公司一并诉至法院，要求施工单位与劳务公司共同支付其住院伙食补助费、营养费、护理费、误工费、伤残赔偿金、交通费和精神抚慰金、鉴定费等。诉讼中，受害人韦某诉称，其系由劳务公司雇请、在施工单位承包的项目中从事劳务的农民工。因此，无论是劳务公司，还是施工单位，均应当对其受伤所造成的损失承担赔偿责任。施工单位辩称，施工单位与受害人韦某

不存在劳务关系或者雇佣关系、施工单位在此次事故中亦不存在过错,因此不应承担赔偿责任。劳务公司辩称,受害人韦某系在施工单位承建的项目中从事劳务而受伤,应当由施工单位承担赔偿责任。此外,庭审中,劳务公司还向法院披露了其在承接施工单位的分包的劳务后,又将该案涉劳务全部转包给不具备资质的个人包工头杨某,并主张应当由包工头杨某与施工单位共同承担责任。

法院认为,受害人韦某与施工单位不存在直接合同关系,且施工单位在此次事故中不存在过错,遂判决施工单位无须承担赔偿责任,而由劳务公司、杨某对受害人韦某进行相应赔偿。

二、代理方案

本案属于提供劳务者受害责任纠纷,根据法律规定,提供劳务方因劳务致害的,提供劳务方与接受劳务方应当根据各自过错承担相应的责任。据此,直接受领受害人韦某劳务成果的接收方是哪一主体,受领受害人韦某劳务成果的劳务接受方是否具有过错,本案被告中哪一主体应向受害人韦某承担赔付责任,系本案的焦点问题。作为施工单位的代理律师,以施工单位的身份作为支点来展开代理思路。主办律师认为抗辩内容应当围绕以下思路展开:施工单位已经将劳务合法分包给劳务公司,受害人韦某是劳务公司将劳务转包后由劳务承包人杨某雇佣进场作业并提供劳务的人员,并非施工单位直接雇佣的劳工,故施工单位对此不应当承担赔偿责任。具体而言,首先,受害人韦某是受案涉项目的劳务实际施工人雇佣进场工作并接受劳务实际施工人的工作指令进行作业的,其未与案涉项目的施工单位也未与案涉项目的劳务公司签订书面形式的劳动合同,故本案是因个人之间的劳务雇佣关系产生的纠纷,而非个人与公司之间的劳动关系产生的纠纷,应当适用《民法典》第一千一百九十二条第一款规定的"过错责任原则"确定责任承担主体。其次,案涉项目的劳务部分由劳务公司承接后又全部转包给劳务实际施工人,劳务公司非法转包,具有过错;劳务实际施工人是受害人韦某的实际雇主,其未尽到安全生产教育提示义务,且明知自己没有资质仍然违法承接工程,也具有过错。故其二者应当按照各自过错承担赔偿责任。最后,施工单位将案涉工程的劳务部分合法分包给劳务公司,受害人韦某也不是施工单位雇佣的,故施工单位在发包或管理上均无过错,不应当承担案涉侵权损害赔偿责任。具体代理思路如下。

1.本案是提供劳务(劳动)者受害纠纷,根据劳务者是向用人单位提供劳务还是向个人提供劳务的区别而在法律后果上有所不同:前者为工伤赔偿责任,后者为个人劳务致害责任。故本案的处理应当先识别受害人韦某所处的劳务雇佣关系的性质。

基于受害人韦某提供的请求证据,以及被告施工单位、劳务公司、实际劳务施工人提交的抗辩证据,可以确定案涉主体的法律关系如下:

(1)施工单位承接案涉公路修复工程后,将公路修复工程中的"劳务作业"以清包工的形式将劳务分包给劳务公司。

(2)劳务公司承接案涉公路修复工程劳务部分后,又将劳务作业全部转包给杨某承接,杨某是案涉公路修复工程劳务部分的实际施工人。

(3)杨某作为案涉公路修复工程劳务部分的实际施工人,雇佣本案原告即受害人韦某进场从事杂工工作,受害人韦某听从劳务实际施工人杨某的工作指示实施劳务作业。受害人韦某并未与劳务公司签订书面形式的劳动合同,也未与施工单位签订书面形式的劳动合同。

由此可见,本案背后的法律关系为:施工单位→(劳务分包)劳务公司→(劳务转包)杨某→(劳务雇佣)韦某,故可以认定以下事实:韦某与施工单位、韦某与劳务公司各自之间分别不存在劳务雇佣关系,韦某仅与杨某构成个人之间的劳务雇佣关系。因此,本案纠纷是在个人雇佣劳务关系基础上产生的提供劳务者劳务致害纠纷,而非在用人单位与劳动者的劳动关系基础上产生的工伤纠纷。

2.本案是在个人雇佣劳务关系的基础上产生的、提供劳务者因劳务受害引发的纠纷,应当适用《民法典》第一千一百九十二条第一款的规定。

《民法典》第一千一百九十二条第一款规定:"个人之间形成劳务关系,提供劳务一方因劳务造成他人损害的,由接受劳务一方承担侵权责任。接受劳务一方承担侵权责任后,可以向有故意或者重大过失的提供劳务一方追偿。提供劳务一方因劳务受到损害的,根据双方各自的过错承担相应的责任。"

具体到本案,第一,受害人韦某是在案涉公路修复工程中提供劳务作业的农民工,故受害人韦某属于"提供劳务一方";第二,如上文所述,受害人韦某是经劳务实际施工人杨某介绍雇佣进场提供劳务的,故韦某与杨某形成"个人之间的劳务关系",劳务实际施工人杨某属于"接受劳务一方";第三,在案涉公路修复工程施工期间,韦某在洒水车上工作,多水管砸落导致其不慎跌倒摔伤,故受害人韦某受伤是"因劳务受到损害"。因此,受害人韦某的受伤情况符合《民法典》第一千一百九十二条第一款规定的前提情形,应当适用该条款规定确定赔偿责任的承担方。

该条款的法律后果是,应当由提供劳务一方与接受劳务一方按照各自对损害结果的过错承担相应的责任。并且,案涉纠纷产生于具有高度危险性的建筑施工领域,相关法律对于建筑施工领域发生的农民工劳务致害赔偿责任有特殊规定,即在用人单位非法发包的情况下,视为用人单位有过错,其应当对受伤的农民工承担用工主体责任。因此,在确定案涉纠纷的损害赔偿责任主体时,应当先判断案涉被告在主观上对受害人韦某遭受人身损害这一结果是否存在过错。

3.施工单位不是雇佣受害人韦某进场实施劳务作业的用人单位,也没有转包、挂靠或违法分包等违法行为,故施工单位对于受害人韦某的人身损害结果不存在过错,不应当承担赔偿责任。

原劳动和社会保障部发布的《关于确立劳动关系有关事项的通知》(劳社部发〔2005〕12号)第四条规定:"建筑施工、矿山企业等用人单位将工程(业务)或经营权发包给不具备用工主体资格的组织或自然人,对该组织或自然人招用的劳动者,由具备用工主体资格的发包方承担用工主体责任。"

根据上述法律及规范性文件规定,在建设工程施工领域中,作为总包管理单位的施工单位将工程又发包或分包的,要求施工单位对其负责总包管理的工程项目中的受害劳务人员承担用工主体责任(损害赔偿责任)的前提条件是,施工单位将工程发包给"不具备用工主体资格"的单位组织或自然人,即施工单位在发包层面有过错。

本案中,一方面,施工单位承接案涉公路修复工程后,将其中的劳务作业部分分包给具有劳务资质的劳务公司,并且施工单位没有要求劳务公司另外购买建筑材料或承租大型机械用于案涉工程,也没有在向劳务公司支付的劳务费中混入材料款或设备租金的支付,故施工单位的劳务分包活动没有"以劳务分包之名行违法分包之实",属于合法分包,并非违法分包,施工单位不存在过错。另一方面,雇佣受害人韦某进场施工作业的主体是案涉公路修复工程的劳务实际施工人杨某,杨某从劳务公司处承接劳务工程,并非从施工单位处承接,施工单位与杨某之间不存在任何法律关系,其对杨某违法承接劳务工程并无过错。因此,施工单位的劳务分包是合法分包,不存在过错,且施工单位没有将工程发包给"不具备用工主体资格的自然人",故受害人韦某依照原劳动和社会保障部发布的《关于确立劳动关系有关事项的通知》(劳社部发〔2005〕12号)第四条规定要求施工单位承担用工主体责任即赔偿责任,欠缺事实基础,不应予以支持。

4.劳务公司将案涉公路修复工程劳务部分非法转包给杨某,属于违法发包,存在过错;劳务承包人杨某未尽到劳务施工安全防护与安全生产教育的有关义务,对于受害人韦某遭受的人身损害也具有安全失责过错,故应当由劳务公司与杨某分别在其过错范围内承担相应的赔偿责任。

《劳动合同法》第九十四条规定:"个人承包经营违反本法规定招用劳动者,给劳动者造成损害的,发包的组织与个人承包经营者承担连带赔偿责任。"

本案中,劳务公司的过错在于:其一,其将承接的案涉公路修复工程劳务部分转包给既不具备劳务承包资质也不享有用工主体资格的自然人杨某,属于非法转包在主观上存在过错;其二,将工程转包后,未尽到劳务作业的安全组织义务与事故防范义务,具有管理不当的过错;其三,作为劳务分包单位,未对进场提供劳务作业的建筑工人予以安全教育培训、安全生产宣贯等,具有安全失责方面的过错。劳务实际施工人杨某的过错在于:明知自身无劳务承包资质与用工主体资格,仍然承接案涉公路修复工程劳务部分,具有违法承包方面的过错;同时无证据证明其对受害人韦某尽到安全防护提示义务、安全宣贯教育义务、安全用具提供到位义务,具有安全失责方面的过错。

因此,一方面,劳务承包人杨某作为接受劳务一方,在非法承包、安全失责层面具有过错,故依照《民法典》第一千一百九十二条第一款的规定,杨某应当在其过错范围内对因提供劳务受害的人韦某承担相应的赔偿责任。另一方面,不具备用工主体资格、劳务承包资质的劳务实际施工人杨某雇佣受害人韦某进场劳务作业,属于"违反《劳动合同法》的规定招用劳动者"。并且,劳务实际施工人杨某是从劳务公司处承接的劳务工程,二者构成违法分包的法律关系,劳务公司属于"发包的组织",杨某属于"个人承包经营者"。故依照《劳动合同法》第九十四条的规定,劳务实际施工人杨某与劳务公司应当对劳动受害人韦某承担连带赔偿责任。

三、法院判决

法院认为,受害人韦某提供劳务受伤虽然发生在《民法典》施行前,但是其治疗及康复过程持续至《民法典》施行后,故本案适用《民法典》的规定。法院整理本案的争议焦点为:受害人韦某提供劳务受到的损害应当由施工单位、劳务公司、

包工头杨某谁来承担责任。围绕争议焦点,法院评判如下:

受害人韦某提供劳务受到的损害应当由劳务公司和包工头杨某共同承担责任。首先,施工单位将案涉公路修复工程的劳务分包给劳务公司,劳务公司具有劳务分包资质,属于合法分包。在这种情况下,施工单位不存在过错,受害人韦某请求施工单位共同承担责任,缺乏法律依据。其次,劳务公司分包案涉工程的劳务后,本应亲自完成施工,不能再分包或者转包。劳务公司将承包的整个劳务转手给包工头杨某,只收取管理费,违反《民法典》第七百九十一条的规定:"禁止承包人将工程分包给不具备相应资质条件的单位。禁止分包单位将其承包的工程再分包",构成违法转包。再者,《民法典》第一千一百九十二条规定:"个人之间形成劳务关系,提供劳务一方因劳务造成他人损害的,由接受劳务一方承担侵权责任。接受劳务一方承担侵权责任后,可以向有故意或者重大过失的提供劳务一方追偿。提供劳务一方因劳务受到损害的,根据双方各自的过错承担相应的责任。"《劳动合同法》第九十四条规定:"个人承包经营违反本法规定招用劳动者,给劳动者造成损害的,发包的组织与个人承包经营者承担连带赔偿责任。"劳动和社会保障部发布的《关于确立劳动关系有关事项的通知》(劳社部发〔2005〕12号)第四条规定:"建筑施工、矿山企业等用人单位将工程(业务)或经营权发包给不具备用工主体资格的组织或自然人,对该组织或自然人招用的劳动者,由具备用工主体资格的发包方承担用工主体责任。"根据前述法律规定的精神可知,受害人韦某为包工头杨某提供劳务受到损害,从在案证据来看受害人韦某对其自己造成的损害无过错,受害人韦某不承担责任,应由包工头杨某承担责任。劳务公司违反法律规定,将其承包劳务施工转包给包工头杨某,存在过错,应当对受害人韦某承担用工主体责任,且与包工头杨某向受害人韦某承担连带责任。

最终,法院判决施工单位不承担责任,由劳务公司、劳务实际施工人杨某赔偿受害人韦某受伤所产生的损失。

四、律师评析

本案施工单位不应当承担损害赔偿责任的核心理由在于,施工单位与因劳务受害的劳务建筑工人之间不存在劳动关系;并且,施工单位依法劳务分包,在主观方面没有过错。由此可见,在建设工程施工发承包的框架下,处理建筑工人或劳务人员因劳务致害的损害赔偿纠纷时,辨识施工单位与建筑工人(或劳务人员)之间的法律关系、厘清合法劳务分包与违法劳务分包之间的区别,实有必要。

（一）关于施工单位与建筑工人（或劳务人员）之间是否存在劳动关系的辨明

相关纠纷的实务处理中，法院与仲裁机构已经就以下观点达成共识：建筑工人（或劳务人员）并非由施工单位安排进场实施劳务作业，也不接受施工单位的制度管理或工作指示的，不宜采纳"建筑工人（或劳务人员）是在施工单位总包管理的工程项目中提供劳务"的有关理由或主张，进而据以认定施工单位与建筑工人（或劳务人员）之间存在劳动关系。该观点着眼于在工地上提供劳务受害的建筑工人（或劳务人员）与施工单位之间争议纠纷的实际解决，扎根于建设工程劳务用工流动性强的现实状况，维护了施工单位对于民事交易的自由意志，避免了实际施工人逃脱施工管理不当责任的不良后果，且兼顾了在工地上提供劳务受害的建筑工人（或劳务人员）的权利保护，值得肯定，应予严格适用。

1. 认定劳动关系存在的前提是劳动者与用人单位之间存在劳动雇佣的合意，劳动者按照用人单位的要求提交工作成果，并接受来自用人单位施加的考勤限制、管理控制、制度约束以及用人单位实施的工作考评、行为考核、出勤考查。

《劳动合同法》第十条规定："建立劳动关系，应当订立书面劳动合同。已建立劳动关系，未同时订立书面劳动合同的，应当自用工之日起一个月内订立书面劳动合同。用人单位与劳动者在用工前订立劳动合同的，劳动关系自用工之日起建立。"

原劳动和社会保障部发布的《关于确立劳动关系有关事项的通知》（劳社部发〔2005〕12号）第一条、第二条规定："用人单位招用劳动者未订立书面劳动合同，但同时具备下列情形的，劳动关系成立。（一）用人单位和劳动者符合法律、法规规定的主体资格；（二）用人单位依法制定的各项劳动规章制度适用于劳动者，劳动者受用人单位的劳动管理，从事用人单位安排的有报酬的劳动；（三）劳动者提供的劳动是用人单位业务的组成部分。""用人单位未与劳动者签订劳动合同，认定双方存在劳动关系时可参照下列凭证：（一）工资支付凭证或记录（职工工资发放花名册）、缴纳各项社会保险费的记录；（二）用人单位向劳动者发放的'工作证'、'服务证'等能够证明身份的证件；（三）劳动者填写的用人单位招工招聘'登记表'、'报名表'等招用记录；（四）考勤记录；（五）其他劳动者的证言等。其中，（一）、（三）、（四）项的有关凭证由用人单位负举证责任。"

根据以上规定以及劳动争议纠纷的处理经验，认定构成"劳动关系"背后的依据包括以下几种事实情形。

在订约方面，用人单位与劳动者签订了书面形式的劳动合同，或用人单位向劳动者发出《到岗通知书》《任职通知书》等表示同意劳动者入职的书面文件，劳动者在上述书面文件要求的时间内报道，形成打卡记录或报道记录。

在履约方面，从劳动者的角度看，首先，劳动者在固定职务岗位按照用人单位的要求提供劳动成果；其次，劳动者接受用人单位要求的制度约束、考勤管理、行为考核与成果考评；最后，劳动者定期接受用人单位发放的金额相对固定的劳动报酬。从施工单位的角度看，首先，用人单位依照《社会保险法》的有关要求为劳动者缴纳社保费用；其次，用人单位要求劳动者遵守公司规章制度，并按照规章制度对劳动者实施全面管理，包括日常表现考察、工作日出勤考核与成果绩效考评；最后，用人单位向劳动者传达工作要求与任务安排，劳动者听从用人单位的指示提供劳动成果。

以上是可以认定劳动者与用人单位之间成立劳动关系的现实情形，即便用人单位抗辩其未与劳动者签订书面形式的劳动合同，说明用人单位不具备雇佣劳动者的真实意思表示，以排除劳动关系的认定，但依照原劳动和社会保障部发布的《关于确立劳动关系有关事项的通知》(劳社部发〔2005〕12号)的相关规定，如有证据证明存在上述劳动雇佣履约方面的有关事实，也足以认定成立劳动关系。

2.若建筑工人(或劳务人员)并非建筑单位雇佣进场提供劳务且其实际上不听从施工单位的工作指示进行作业，即便建筑工人(或劳务人员)是在施工单位总包管理的工程项目上提供劳务，也不得据以认定建筑工人(或劳务人员)是施工单位的劳动者，不得认定双方构成劳动关系。

若个案证据无法证明施工单位直接向建筑工人(或劳务人员)发放固定工资，为建筑工人(或劳务人员)代缴社保，对建筑工人(或劳务人员)施加考勤管理、制度约束或成果考核等足以认定劳动者与用人单位之间构成劳动关系所依据的核心要素，甚至在最低的证明标准，都不能证实建筑工人(或劳务人员)是经施工单位雇佣并安排至其总包管理的工地上提供劳务并接受施工单位的任务指示实施作业，不符合劳动关系的认定要件也不符合《劳动合同法》的适用条件。仅"建筑工人(或劳务人员)为施工单位总包管理的工程项目提供劳务""建筑工人(或劳务人员)为在施工单位总包管理的工地上进行作业"，不构成认定建筑工人(或劳务人员)与施工单位构成劳动关系的正当性理由。主要有以下几方面原因。

(1)施工单位与建筑工人(或劳务人员)之间并不存在构建劳动关系的真实意思表示,以劳动合同关系成立作为前提要求施工单位承担责任,有违自愿原则。

从劳动雇佣合意达成的过程角度来看,施工单位往往不会与建筑工人(或劳务人员)签订书面形式的劳动合同,可见施工单位不存在与建筑工人(或劳务人员)建立劳动关系的意思表示。再从建筑工人(或劳务人员)在工地上提供劳务的行为特征角度来看,施工单位与建筑工人(或劳务人员)之间是割裂的、离散的,双方并不存在直接的信息传导、指令传递与交流互动:从施工单位角度来看,面对在一个工地上从事劳务工作的成百上千甚至上万的建筑工人(或劳务人员),施工单位往往难以一一认识,遑论直接对某个工人安排工作任务。施工单位通常不具备直接管控能力,也缺乏相应的对接精力。实践中,施工单位往往是通过实际施工人、专业分包负责人、劳务班组组长、违法分包或支解发包下的分部分项负责人等某个团队、某个施工队伍或某个劳务班组的统管人以"上传下达"的方式传递任务安排和工作指令,而非直接向建筑工人(或劳务人员)传达具体作业指示。从建筑工人(或劳务人员)的角度来看,其实施劳务作业、完成劳务成果通常直接来源于施工队伍队长、劳务班组组长、违法分包下的分部分项负责人等的工作指令或任务安排等的要求,并非来自施工单位管理人员的要求。

故从以上合意达成与行为模式上看,施工单位与建筑工人(或劳务人员)之间并不存在建立"劳动关系"的真实意思表示。若要求施工单位以"劳动关系"成立为前提对建筑工人(或劳务人员)承担法律责任,将违背《民法典》第五条"民事主体从事民事活动,应当遵循自愿原则,按照自己的意思设立、变更、终止民事法律关系"的规定。

(2)鉴于建筑工人(或劳务人员)具有较强的更替性、流动性动辄以劳动关系成立为由要求施工单位承担未签订书面劳动合同的双倍工资、经济补偿金、赔偿金责任、加班工资支付责任等,对施工单位过于严苛,施工单位力所不及,有违平等原则。

依据建设工程项目施工管理经验,在工地上实施劳务作业的建筑工人(或劳务人员)具有以下行为特征。

第一,东食西宿。逐利心态决定施工队伍队长或劳务班组组长不会在同一期间内服务于同一个工程项目或受雇于同一个实际施工人或分包负责人,他们经常带着劳务班组或施工队伍在同一期间内奔波于不同工地之间为不同工地提供劳务。为维持生计,建筑工人(或劳务人员)也被这样拖家带口地在不同工地之间左右横跳甚至多方作业。从施工单位角度观察,出于人工资源取得不易、劳务分包价格低廉且出于顺利推进施工、减少争议的考虑,施工单位只能视若无睹。在这种情况下,建筑工人(或劳务人员)本身存在多重"东家",考究其到底是与哪个施工单位构成了稳定的劳动关系并不现实,也无依据;且苛求施工单位承担"劳动关系"项下的法律责任,在信息不对称的情形下很有可能会导致建筑工人(或劳务人员)得以收到来自不同工程项目的施工单位支付的多份经济补偿或双倍工资,对施工单位而言显失公平。

第二,来去自如。实践中,部分建筑工人(或劳务人员)欠缺自我要求或自我约束,无视工地管理秩序,漠视工作纪律,存在随意出入工地甚至擅自离岗等行为。此类建筑工人(或劳务人员)未严格遵循施工单位的规章制度及工地的管理要求,给施工单位的管理层带来了诸多困扰,比如可能会引发施工单位劳务资源的衔接不畅或管理失职等问题。劳动法律关系带有民事法律关系的特质,民事法律关系强调的是权利义务平等,在建筑工人(或劳务人员)漠视工地秩序、管理纪律即率先违反合同义务的情况下,仍然要求施工单位承担以"劳动关系"成立为前提的法律责任,对施工单位而言显失公平。

第三,工期较短。实践中时常发生的情况是工程任务被支解划分成多重单元,分别交由不同施工队伍或劳务班组进行施工,较小单元的施工任务对应的应完工期也相应较短。这说明,大部分施工队伍或劳务班组所带领的建筑工人(或劳务人员)待在工地的时间较短。对于施工单位而言,建筑工人(或劳务人员)的劳务服务期短,意味着其无法形成稳定的用工模式,并培养出深厚的用工协作默契,进而更高效地产出建设成果,这对于施工单位的工作氛围、企业文化与用工模式的培育是不利的。在此情形下,要求施工单位基于构成"劳动关系"而对短期提供劳务的建筑工人(或劳务人员)承担双倍工资、经济补偿金、赔偿金等的赔付责任,反而"增本降效"显然缺乏合理性,对施工单位而言显失公平。

(3)严格依循《劳动合同法》的要求施工单位对建筑工人(或劳务人员)承担劳动关系项下的用人单位责任,将排斥要求实际施工人承担赔付责任的追究,导致有过错的实际施工人反而得以逃避责任,有违公平原则。

我国建设工程施工领域普遍存在转包、挂靠与违法分包的现象,施工单位往往仅是以提供名义、借用资质等方式"承接"工程项目,接下工程后却对施工组织与工程建设不闻不问,而是默认由实际施工人负责工程项目的现场管理、资源投入、构造建设与组织施工。另一方面,实际施工人实施了组织人工、购买材料、租赁机械、提供技术、安排管理等活动,并雇请多个管理人员、技术人员管控工地秩序、对接资源配合与处理突发事件,故实际施工人本身具有雇佣人工的现实需求、订约目的。在此现实背景下,绝大部分建筑工人(或劳务人员)是实际施工人、施工队队长或劳务班组长自行雇佣、聘请、推荐或介绍进入工地现场提供劳务的;其是接受实际施工人、施工队队长或劳务班组长或其聘用的管理人、负责人任务安排、工作指令与劳务指示。从上述雇佣合意成立与劳务履行过程所反映的特点来看,实际施工人、施工队队长或劳务班组长才是这些建筑工人(或劳务人员)的自然人雇主,理应由其承担相应的雇主责任。

倘若罔顾以上现实情况,直接认定施工单位是建筑工人(或劳务人员)的用人单位,双方之间构成劳动关系,结合《民法典》与《劳动合同法》项下用人单位责任的承担主体仅包括公司或非法人组织、未有公司或非法人组织以外的自然人雇主一并承担连带责任的规定,也不存在自然人雇主替代公司或非法人组织承担用人单位责任的要求这一"大前提",上述认定会直接导致现实聘请、雇佣建筑工人(或劳务人员)进场作业的实际施工人、施工队长、劳务班主等这些名副其实的"雇主"被排除在责任承担范围之外。如此一来,施工单位客观上没有雇佣建筑工人(或劳务人员)的意思表示与行为追认,却要求施工单位承担无法预见的不利风险与责任后果,从而导致应承担实际雇佣主体的实际施工人等自然人雇主逃避其责任。违背《民法典》第六条"民事主体从事民事活动,应当遵循公平原则,合理确定各方的权利和义务"的规定。

最高人民法院对此也持相同的观点,其在《对最高人民法院〈全国民事审判工作会议纪要〉第59条作出进一步释明的答复》中表明:

关于实际施工人招用的劳动者与承包人也就是建筑施工企业之间是否存在劳动关系,理论与实践中存在两种截然相反的观点:第一种观点认为,实际施工人与其招用的劳动者之间应认定为雇佣关系,但实际施工人的前一手具有用工主体资格的承包人、分包人或转包人与劳动者之间既不存在雇佣关系,也不存在劳动关系。理由是:建筑施工企业与实际施工人之间只是分包、转包关系,劳动者是由实际施工人雇用的,其与建筑施工企业之间并无建立劳动关系或雇佣关系的合意。另一种观点则认为，应认定实际施工人的前一手具有用工主体资格的承包人、分包人或转包人与劳动者之间存在劳动关系，因为认定他们之间存在劳动关系，有利于对劳动者保护。

最高人民法院同意第一种观点。主要理由如下：

首先，实际施工人的前一手具有用工主体资格的承包人、分包人或转包人与劳动者之间并没有建立劳动关系的意思表示，更没有建立劳动关系的合意。《劳动合同法》第三条明确规定，建立劳动关系必须遵循自愿原则。自愿是指订立劳动合同完全是出于劳动者和用人单位双方的真实意志，是双方协商一致达成的，任何一方不得将自己的意志加给另一方。自愿原则包括：订不订立劳动合同由双方自愿、与谁订立劳动合同由双方自愿、合同的内容取决于双方的自愿。在建设工程施工领域，劳动者往往不知道实际施工人的前一手具有用工主体资格的承包人、转包人或分包人是谁；承包人、转包人或分包人同样也不清楚该劳动者是谁，是否实际为其工程提供了劳务。在这种完全缺乏双方合意的情形下，直接认定二者之间存在合法劳动关系，明显违背了实事求是原则。如果实际施工人的前一手具有用工主体资格的承包人、分包人或转包人自始未与劳动者订立劳动合同的合意，通过仲裁或者司法裁判强行认定双方之间存在劳动关系，将违背《劳动合同法》第三条确立的自愿订立劳动合同的基本原则。

其次，如果认定实际施工人的前一手具有用工主体资格的承包人、分包人或转包人与劳动者之间存在劳动关系，则导致具有用工主体资格的承包人、分包人或转包人须对劳动者承担《劳动法》上的责任，而实际雇佣劳动者并承担管理职能的实际施工人反而不需要再承担任何法律责任了，此种责任分配方式显然违背公平原则。若实践中采纳此种认定标准，将变相鼓励实际施工人逃避法律责任。此外，如果强行认定双方劳动关系，还将引发一系列实践难题：劳动者会要求与承包人、分包人或转包人签订书面劳动合同为其办理社会保险手续支付不签订书面劳动合同而应支付的双倍工资等。这些要求缺乏法律依据与事实依据，不应当得到支持的。

再次，《关于确立劳动关系有关事项的通知》第四条之所以规定可认定承包人、分包人或转包人与劳动者之间存在劳动关系，其用意是惩罚那些违反《建筑法》的相关规定任意分包、转包的建筑施工企业。最高人民法院认为，承包人、分包人或转包人违反了《建筑法》的相关规定，应当承担相应的行政责任或民事责任。不能为了达到制裁这种违法发包、分包或者转包行为的目的,就可以任意超越《劳动合同法》的有关规定,强行认定本来不存在的劳动关系。

最后,即便不认定实际施工人的前一手具有用工主体资格的承包人、分包人或转包人与劳动者之间存在劳动关系,劳动者的民事权益仍可得到保护。《劳动合同法》第九十四条规定:"个人承包经营违反本法规定招用劳动者,给劳动者造成损害的,发包的组织与个人承包经营者承担连带赔偿责任。"实践中,个人承包经营者(即实际施工人)往往没有承担民事责任的足够财力,为了保护劳动者的权益,在劳动者遭受损失时,承包人、分包人或转包人依法应承担民事连带赔偿责任。此种制度设计为劳动者提供了全面的保护。从诉讼程序看,劳动者既可以单独起诉实际施工人,也可以将承包人、分包人或转包人与实际施工人列为共同被告;从实体处理看,劳动者既可以要求实际施工人承担全额或者部分赔偿责任,也可以要求承包人、分包人或转包人承担全额或者部分赔偿责任,还可以要求承包人、分包人或转包人与实际施工人一起承担连带赔偿责任。

(二)关于劳务的合法分包与违法分包的甄别

劳务公司是具有劳务资质的企业,施工单位的劳务分包是合法分包,不存在"将工程发包给不具备用工主体资格的组织或自然人"的行为,鉴于施工单位不存在过错,故其无须依照原劳动和社会保障部发布的《关于确立劳动关系有关事项的通知》(劳社部发〔2005〕12号)承担对受害人的用工主体责任。因此,准确区分合法劳务分包与违法劳务分包也至为重要。

实务中,常见施工单位"持劳务分包之名行转包之实",以合法的劳务分包形式掩盖违法分包或非法转包的不法事实,意图逃避施工组织责任与行政处罚责任。对此,住建部发布的《建筑工程施工转包违法分包等违法行为认定查处管理办法(试行)》第九条规定:"存在下列情形之一的,属于违法分包:……(七)劳务分包单位除计取劳务作业费用外,还计取主要建筑材料款、周转材料款和大中型施工机械设备费用的……"这为司法人员鉴别合法劳务分包与非法劳务分包提供指引性依据,揭开覆盖在违法分包上的"劳务分包"这层迷惑性外衣。结合违法劳务分包的实践样态,可以发现违法劳务分包具有以下特点:(1)劳务公司的承包范围(劳务内容)不仅仅包括"清包工"、纯劳务,还包括主要材料或大额材料的供应、重要设备的采买安装以及大型机械的承租使用;(2)劳务公司计取的款项不单单包括仅体现组织劳务付出对价的"劳务费""人工费",还包含大量的材料款支出、大型机械的租金支出或设备采买支出等；(3)劳务公司指示施工单位与其指定的材料或设备供应商签订购销合同，委托施工单位向其指定的材料设备供应商支付货款，且劳务公司承诺对于施工单位依照其委托指示支付出去的款项，施工单位有权从其应得工程款中直接扣除或抵销等。若出现以上情形，即便相关合同名称为《劳务分包合同》，我们也应当透过现象看本质，辨识以上违法劳务分包的行为特征，洞察"实为违法分包或非法转包"的本质，为支持有关权利请求、否决有关抗辩主张、确定有关责任承担奠定基础。

五、案例索引

大化瑶族自治县人民法院民事判决书，(2023)桂1229民初955号。

（代理律师：乃露莹、杨广杰）

案例 32

以《保障农民工工资支付条例》的规定为由，突破合同相对性要求施工单位承担责任的，法院不予支持

【案例摘要】

劳务分包合同项下的合同价款属于劳务费而不是农民工工资，劳务承包人援引《保障农民工工资支付条例》的规定，要求与其无合同关系的施工单位承担连带责任，缺乏法律规定，法院不予支持。

一、案情概要

2019年10月，施工单位承接了"某污水处理厂及配套管网（一期）工程土石方、电器安装、给排水分包工程"项目，工程内容包括施工图纸中厂区土石方工程、电气安装工程等，工程价款暂定为955万元。后施工单位将案涉工程项目交由实际施工人韦某、黄某合伙承建。施工过程中，实际施工人韦某、黄某将案涉工程的劳务作业分包给了包工头欧某，由包工头欧某组织人员进行施工。2022年5月，实际施工人韦某出具《承诺书》，载明：韦某拖欠欧某款项20万元，承诺于2022年6月30日前付清。

包工头欧某因多次催促实际施工人韦某支付该20万元款项未果，遂以劳务合同纠纷为案由，将实际施工人韦某、黄某以及施工单位一并诉至法院，要求三者共同支付农民工工资20万元及相应利息。诉讼中，施工单位抗辩称其与包工头欧某无合同关系，不应承担付款义务。一审法院认为，包工头欧某的班组受雇于实际施工人韦某，双方结算后，实际施工人韦某向包工头欧某出具欠条，该欠款实为实际施工人韦某、黄某拖欠包工头欧某本人及其他农民工在案涉污水处理厂项

目的工资。据此,一审法院援引《保障农民工工资支付条例》的有关规定,判决实际施工人韦某、黄某支付包工头欧某农民工工资20万元,施工单位承担连带责任。

施工单位不服一审判决,提出上诉。二审法院认为,本案包工头欧某与施工单位不存在合同关系,且其主张的款项性质并非农民工工资,不具备依据《保障农民工工资支付条例》的规定突破合同相对性的条件。故改判施工单位不承担任何付款责任。

二、代理方案

《民法典》第一百七十八条第三款规定:"连带责任,由法律规定或者当事人约定。"本案一审判决援引《保障农民工工资支付条例》的相关规定,判决施工单位承担连带责任,属于法律适用错误。作为施工单位的代理律师,笔者建议施工单位提起上诉,以维护自身合法权益。具体而言:第一,本案实际施工人韦某、黄某与包工头欧某之间是劳务分包合同关系,而非劳务合同关系。包工头欧某主张的款项实际是基于劳务分包合同而产生的工程款,非农民工工资,故本案应当严格恪守合同相对性,由合同相对方承担付款责任,不应随意突破合同相对性苛以施工单位连带责任。第二,本案包工头欧某自身并未提供劳动,而是雇请相关人员从事劳务作业,故包工头欧某不符合法律意义上的农民工身份。第三,连带责任必须由法律明确规定或当事人约定,本案一审判决判令施工单位承担连带责任,缺乏现行法律规定。据此,本案的代理方案含如下内容。

1.本案实际施工人韦某、黄某与包工头欧某之间存在劳务分包合同关系,案涉款项是基于劳务分包合同而产生的工程款,而非劳务合同或者劳动合同项下的农民工工资,故本案应该严格恪守合同相对性,由合同相对方承担付款义务。

第一,劳务合同中提供劳务的一方是单个自然人,且劳务合同的价款性质上是劳动报酬。而本案中实际施工人韦某、黄某与包工头欧某口头约定,由包工头欧某组织相关人员完成案涉项目的劳务作业,合同价款包含管理费、利润、税金、规费等。因此,案涉合同不符合劳务合同的特征,故本案不属于劳务合同纠纷。

第二,是否具备建筑施工资质是建设工程分包合同与劳务合同的区别标准,建筑工程分包合同要求承包人必须具备相应的施工资质。在《建筑业企业资质标准》的规定中,"施工劳务"属建筑业要求施工企业具备的资质之一。根据本案查明的事实,实际施工人韦某、黄某与包工头欧某口头约定的合同符合建设工程分包合同特征,应为建设工程分包合同,相应的合同价款应属工程款,而非农民工工资。

第三,《房屋建筑和市政基础设施工程施工分包管理办法》第五条规定:"房屋建筑和市政基础设施工程施工分包分为专业工程分包和劳务作业分包。本办法所称专业工程分包,是指施工总承包企业(以下简称专业分包工程发包人)将其所承包工程中的专业工程发包给具有相应资质的其他建筑业企业(以下简称专业分包工程承包人)完成的活动。本办法所称劳务作业分包,是指施工总承包企业或者专业承包企业(以下简称劳务作业发包人)将其承包工程中的劳务作业发包给劳务分包企业(以下简称劳务作业承包人)完成的活动。本办法所称分包工程发包人包括本条第二款、第三款中的专业分包工程发包人和劳务作业发包人;分包工程承包人包括本条第二款、第三款中的专业分包工程承包人和劳务作业承包人。"本案中,实际施工人韦某、黄某将其承包范围内建筑工程的劳务部分违法分包给包工头欧某施工。故双方签订的合同为劳务分包合同,属于建设工程施工合同范畴。本案纠纷因实际施工人韦某、黄某未能履行劳务分包合同的付款义务而引起,因此,本案应当属于建设工程分包合同纠纷,应严格恪守合同相对性,由合同相对方的实际施工人韦某、黄某承担付款义务。

2. 本案不具备适用《保障农民工工资支付条例》的前提,一审判决援引该规范要求施工单位承担责任属于适用法律错误。

一方面,《保障农民工工资支付条例》第一条规定:"为了规范农民工工资支付行为,保障农民工按时足额获得工资,根据《中华人民共和国劳动法》及有关法律规定,制定本条例。"据此,《保障农民工工资支付条例》的上位法是《劳动法》,其规范的是劳动法律关系,不包括劳务关系,即适用《保障农民工工资支付条例》的前提是农民工与用人单位之间成立劳动关系。本案中,施工单位未与包工头欧某等人签订过任何合同,故不存在劳动合同关系。因此,本案不存在《保障农民工工资支付条例》的适用的前提,不能依据《保障农民工工资支付条例》第三十六条第一款的规定判决施工单位承担支付责任。

另一方面,《保障农民工工资支付条例》第二条规定:"保障农民工工资支付,适用本条例。本条例所称农民工,是指为用人单位提供劳动的农村居民。本条例所称工资,是指农民工为用人单位提供劳动后应当获得的劳动报酬。"本案中,根据已经查明的事实,包工头欧某本身并不提供劳务,而是组织有关人员从事劳务作业,且在本案审理过程中,包工头欧某从未主张其系农民工,故包工头欧某不是《保障农民工工资支付条例》中所规定的农民工。

综上,本案不具备适用《保障农民工工资支付条例》的前提。

3. 连带责任必须由法律明确规定或者当事人约定,本案一审判决施工单位承担连带责任,缺乏现行法的规定。

从法律规定上看,《民法典》第一百七十八条第三款规定:"连带责任,由法律规定或者当事人约定。"该款所称的"法律"应作限缩解释,即仅指称全国人大或全国人大常委会制定的法律,不包括国务院制定的行政法规。根据《民法典》的表述方式,法律与行政法规通常并列出现,如《民法典》第一百三十五条规定:"民事法律行为可以采用书面形式、口头形式或者其他形式;法律、行政法规规定或者当事人约定采用特定形式的,应当采用特定形式。"《民法典》在关于连带责任的表述中,并未将行政法规包括在内,故行政法规并非民事主体承担连带责任的法律依据。换言之,《保障农民工工资支付条例》的效力层级仅为行政法规,并不属于法律,而连带责任的承担仅能由法律进行规定或者当事人约定,故即便本案包工头欧某满足《保障农民工工资支付条例》的全部适用前提,一审法院也不能依据《保障农民工工资支付条例》判令施工单位承担连带责任。

从当事人约定上看,本案没有任何证据表明各方当事人就案涉债务达成了连带清偿的合意,即本案中的连带责任没有当事人约定。

因此,一审法院判决施工单位承担连带责任,属于严重的法律适用错误。

三、法院判决

本案的争议焦点在于施工单位是否应当承担连带责任。对此,二审法院认为,合同只对缔约当事人具有法律约束力,对合同关系以外的第三人不产生法律约束力。施工单位与包工头欧某之间并未建立合同关系,而包工头欧某亦是从实际施工人韦某、黄某处承接到的工程,欧某真实的身份应当为包工头。因此,在包工头欧某既未与施工单位建立合同关系,又非农民工身份的情况下,包工头欧某不具备依据《保障农民工工资支付条例》的规定突破合同相对性要求施工单位承担责任的条件。一审法院认定由施工单位承担连带责任,并无法律依据,二审法院予以纠正。施工单位主张不应当承担责任的理由成立,应予以支持。最终,二审法院改判施工单位无须承担任何付款责任。

四、律师评析

在建设工程领域,农民工往往处于弱势地位。农民工付出劳动后无法及时足额取得相应工资的情况并不少见。为此,国务院于2020年5月1日起施行的《保障农民工工资支付条例》为防范拖欠农民工工资提供了行政法规的保障。其中,对司法裁判影响最大的当属该条例第三十条:"分包单位对所招用农民工的实名制管理和工资支付负直接责任。施工总承包单位对分包单位劳动用工和工资发放等情况进行监督。分包单位拖欠农民工工资的,由施工总承包单位先行清偿,再依法进行追偿。工程建设项目转包,拖欠农民工工资的,由施工总承包单位先行清偿,再依法进行追偿。"据此,有观点认为,农民工可以突破合同相对性,直接依据《保障农民工工资支付条例》起诉发包人、总承包人并主张清偿农民工工资。

笔者认为,合同相对性原则是指合同只对合同当事人具有约束力,不对第三人产生直接的法律效果。在民事法律中,该原则是非常重要的基本原则之一。根据这一原则,如建设单位、总承包单位、分包单位等与农民工之间没有直接的合同关系,按照合同相对性原则,发包人和总承包人通常不会直接承担农民工工资的支付责任。然而,《保障农民工工资支付条例》中就规定了建设单位、施工总承包单位、分包单位等主体应当履行的义务,并对拖欠农民工工资的行为规定了严格的监管和处罚措施。这意味着,在拖欠农民工工资的情况下,裁判者可以通过行政法规来认定相关主体应当承担的责任,从而突破了合同相对性原则,故在适用《保障农民工工资支付条例》时,发包人和总承包人可能会被要求直接承担清偿责任。但需要注意的是,《保障农民工工资支付条例》的适用具有严格的前提条件,需要根据具体案件事实适用该规范。

(一)应当从严认定农民工的主体身份

农民工是为用工单位提供劳动的农村居民,农民工工资是农民工为用人单位提供劳动后应得的劳动报酬,《保障农民工工资支付条例》和《建设工程司法解释》创设实际施工人制度的初衷和目的具有一致性。实践中,所谓的包工头并不直接从事劳务或者提供劳动,而是组织相关人员进行劳务作业,故包工头并不具备农民工的法律地位,无权享有农民工突破合同相对性的"特权"。

实际施工人与农民工是两个法律概念,《建设工程司法解释》是通过对实际施工人进行特殊保护,间接保护农民工合法权益,《保障农民工工资支付条例》则是直接保护农民工合法权益。

（二）应当严格区分建设工程合同纠纷和劳务合同纠纷

建设工程领域的农民工工资纠纷严格意义上属于农民工追索劳动报酬的劳务合同纠纷，不属于建设工程合同纠纷。因此，《保障农民工工资支付条例》的施行对于建设工程施工合同纠纷案件的审理没有实质性影响，也不是对合同相对性原则的再次突破；认为依据《保障农民工工资支付条例》，不仅发包人要在欠付工程款的范围内承担责任，（总）承包人、施工单位也均要承担清偿责任的观点不正确。

五、案例索引

柳州市中级人民法院民事判决书，(2023)桂02民终3257号。

（代理律师：袁海兵）

第五章

建筑领域的买卖合同、租赁合同等纠纷案件

案例 33

出租人仅以施工单位为使用受益人为由要求施工单位支付租金的，法院不予支持

【案例摘要】

出租人与分包单位签订租赁合同并将租赁物出租给分包单位使用，虽租赁物实际用于施工单位承建的工程项目，但施工单位并非租赁合同当事人，施工单位无须承担支付租金义务，出租人请求施工单位承担租赁费的支付义务的，法院应予驳回。

一、案情概要

2019年10月3日，出租人与分包单位签订《机械设备租赁合同》，约定出租人将"斗山牌225型"挖掘机出租给分包单位使用，租赁期限自2019年10月3日起至分项工程完工之日止，租金为28000元/月，机械运费3000元。合同签订后，出租人按合同约定向分包单位交付了挖掘机。但租赁期限届满，分包单位未能按照合同约定支付相应的租金。出租人遂以租赁合同纠纷为案由，向人民法院提起诉讼，要求分包单位支付剩余租金、逾期付款利息等，并以租赁物已实际用于施工单位（总承包人）承建的工程项目，施工单位系受益人为由，要求施工单位与分包单位共同支付剩余租金。庭审中，分包单位对尚欠租金数额无异议；施工单位认为，其与出租人不存在合同关系，故无须承担任何付款责任。法院认定，案涉租赁合同的当事人是出租人与分包单位，施工单位并非合同的当事人，遂判决施工单位不承担付款义务。

二、代理方案

施工单位与出租人是否存在合同关系是本案关键。笔者作为施工单位的代理律师，经与施工单位沟通，了解到施工单位承包案涉工程后，将部分专业工程分

包给分包单位施工,案涉的租赁合同是分包单位与出租人签订的,施工单位与出租人并未签订任何书面合同,但案涉租赁机械设备确实用于施工单位总承包的建设工程。也就是说,从形式上,施工单位与出租人不存在租赁合同关系。基于上述事实,代理律师认为,本案施工单位应诉的核心在于否定施工单位与出租人存在事实合同关系,同时需要充分说明施工单位不是法律意义上的受益人,无须承担付款责任。具体而言,一方面,施工单位既没有参与合同的订立、履行、结算过程,也没有与出租人直接联系或实际使用租赁物,更没有加入出租人与分包单位的合同关系,即施工单位与出租人未形成机械设备租赁合意,不存在事实合同关系。另一方面,案涉机械设备用于施工单位承建的工程项目,并不意味着施工单位是案涉租赁合同的受益人。从法律关系上看,施工单位对出租人不享有任何权利,出租人亦无须向施工单位履行义务,故施工单位不享有法律上的利益,不是法律意义上的受益人。据此,主办律师拟定如下代理思路。

(一)案涉机械设备租赁合同的当事人是出租人与分包单位,机械设备是否用于施工单位承建的工程项目,不影响合同当事人的认定

第一,《民法典》第四百九十条第一款规定:"当事人采用合同书形式订立合同的,自当事人均签名、盖章或者按指印时合同成立。在签名、盖章或者按指印之前,当事人一方已经履行主要义务,对方接受时,该合同成立。"本案中,出租人与分包单位采用书面形式订立租赁合同,出租人提供的《机械设备租赁合同》显示,分包单位在该合同上加盖了公章,而施工单位并非合同当事人。因此,本案承租人应为分包单位。

第二,承租人因何种目的承租标的物、标的物用于何处均属当事人缔约动机的范畴;其既不影响合同的成立或者生效,亦不会对合同当事人的认定产生影响。在本案中,分包单位因工程施工之需,向出租人租赁"斗山牌225型"挖掘机,即使案涉机械设备实际用于施工单位实际承建的工程项目,也不会对合同当事人的认定产生影响。

第三,综观整个合同履行全过程,均是分包单位在与出租人实施合同签订、履行、结算、付款行为,施工单位既未参与合同的履行,也未与出租人建立直接联系,施工单位与出租人之间不存在以实际行动履行合同义务的交易形式。事实上,施工单位与出租人未达成租赁案涉机械设备的合意,故施工单位与出租人也没有形成事实合同关系。

因此,案涉租赁合同的相对人仅为分包单位,施工单位与出租人不存在任何合同关系包括事实合同关系,出租人主张的租金与施工单位无关。

(二)案涉机械设备用于施工单位承建的工程项目,不意味着施工单位是法律意义上的受益人

民法领域中,民事主体享有法律上的利益往往使民事主体享有请求权。请求权可划分为债权请求权和物权请求权:前者即请求他人为或不为一定行为,后者则表现为对特定物享有的权利。本案中,施工单位对出租人或者租赁物均不享有任何权利。具体而言,客观上,案涉挖掘机是用于施工单位承建的工程项目,并不是用于施工单位实施施工的过程,施工单位从未实际控制、占有、使用该挖掘机,施工单位既不能请求出租人交付案涉挖掘机,亦不能实际控制、占有、使用该挖掘机。故案涉机械设备虽是用于施工单位承建的工程项目,但不必然意味着施工单位构成法律意义上的受益人。同时,在租赁合同关系中,承租人的权利在于占有、控制、使用租赁物,并由此获取收益。根据本案查明的事实,案涉机械设备系由分包单位实际占有、控制、使用,即分包单位才是案涉租赁合同的权利承受主体,分包单位并未将前述权利转让给施工单位,施工单位也未加入该租赁合同关系中,故本案不存在其他合同受益人。

因此,机械设备用于施工单位承建的项目,不代表施工单位就是法律意义上的受益人,更不能以此为由要求施工单位支付租金。

(三)即使认定案涉合同属于"第三人利益合同",从而认定施工单位属于"合同受益人",施工单位也无须承担任何付款责任

《民法典》第五百二十二条第一款规定:"当事人约定由债务人向第三人履行债务,债务人未向第三人履行债务或者履行债务不符合约定的,应当向债权人承担违约责任。"此即向第三人履行的合同。该条规定的向第三人履行的合同实际上是合同履行的一种特殊形式;此类合同中,第三人是纯粹的履行受领人,并不获得直接地针对债务人的履行请求权,更不会产生支付对价的义务。本案中,即便认定出租人和分包单位订立的《机械设备租赁合同》属于第三人利益合同,即认定出租人需要向施工单位履行机械设备交付义务,施工单位实际使用了案涉挖掘机,出租人也仅能向与其存在合同关系的分包单位主张租金债权。本案中,施工单位作为第三人利益合同的第三人,无须承担任何付款义务。

综上所述,施工单位不是案涉合同的当事人,也不是法律意义上的受益人,出

租人无权要求施工单位承担共同付款责任。退一步而言,即便认定案涉合同属于"第三人利益合同",出租人也仍无权突破合同相对性,要求施工单位支付租金。

三、法院判决

根据诉辩各方的意见,法院认为本案的争议焦点是:出租人要求分包单位、施工单位共同承担付款义务有无事实和法律依据。

法院查明,出租人与分包单位订立《机械设备租赁合同》,双方约定了价格、使用期限等合同条款。合同订立后双方均按照约定履行。租赁期限届满,承租人应当按照合同支付租金,但分包单位未能足额支付。

关于分包单位是否应当承担责任的问题。法院认为,分包单位对案涉所欠租金的事实及数额无异议,其应当向出租人支付租金。其延迟支付租金应当承担违约责任,出租人按照贷款市场报价利率计算延迟付款利息并无不当;分包单位辩称违约金过高缺乏依据,法院不予采信。出租人对此诉请符合事实和法律规定,法院予以支持。

关于施工单位是否应当承担责任的问题。施工单位为设备租赁所涉建筑工程的总承包人,并非案涉租赁合同的主体;本案并非建筑工程纠纷;本案因租赁合同所产生的租金并非工程款,出租人向施工单位主张所欠租金缺乏依据,法院不予采信。

四、律师评析

在工程建设中,往往存在多个施工主体,如施工单位(特指总承包人)、专业分包单位、劳务分包单位甚至是实际施工人,而上述主体为施工所租赁的机械设备或采购的建材最终都是在施工单位承接的工程项目中实际使用的。实践中,常常有出租人、供应商等从最大化维护自身权益角度出发,以施工单位为被告,要求施工单位与实际承租人(包括分包单位、实际施工人等)共同承担支付租金责任,理由是租赁物已实际用于施工单位承建的工程项目,施工单位是租赁合同的受益人。对于该观点,在笔者曾代理的某个买卖合同案件中,某县人民法院予以支持。该法院认为,施工单位在工程施工期间,将工程转包给实际施工人施工,实际施工人聘请员工黄某负责与供应商核对结算,货款的支付由实际施工人负责。实际施工人是为施工单位实际施工的负责人,其聘请黄某负责其他项工作,二者均为施工单位的利益服务,属于第三人利益合同即利他合同关系,两者在实施工程项目施工过程中,在事实上和法律上与施工单位产生了直接的利益关系,产生的法律后果应由施工单位承担。

此类案件涉及"受益人"和"第三人利益合同",如何辨析两者概念是解决此类纠纷的关键。

(一)受益人

法律意义上的受益人,通常指与他人无直接合同关系,但却对他人享有请求权的民事主体。受益人的概念常见于保险关系中,例如,《保险法》第十八条第三款规定:"受益人是指人身保险合同中由被保险人或者投保人指定的享有保险金请求权的人。投保人、被保险人可以为受益人。"由此可见,受益人通常并非合同当事人,但却对合同当事人享有某项请求权。更重要的是,法律意义上的受益人单纯享有权利,无须承担任何义务。

结合本篇案例,在本案机械设备租赁合同关系中,施工单位显然对出租人不享有任何权利,不符合受益人的特征。故出租人以施工单位系受益人为由要求施工单位承担租金支付义务,显然缺乏法律依据。同时,退一步来说,即便施工单位属于法律意义上的"受益人",施工单位也仅享有权利、不承担责任,故施工单位亦无须向出租人承担支付租金的责任。

(二)涉他合同

涉他合同,顾名思义,其是涉及第三方合同,指合同当事人在合同中为第三人设定了权利或约定了义务的合同。法定的涉他合同一般有三种:一是向第三人履行的合同,又名不真正利他合同;二是利益第三人合同,又名真正利他合同;三是由第三人履行的合同。前两种合同的当事人在合同中为第三人设定了权利。后一种合同的当事人在合同中为第三人约定了义务。

1.向第三人履行的合同(不真正利他合同)

《民法典》第五百二十二条第一款规定:"当事人约定由债务人向第三人履行债务,债务人未向第三人履行债务或者履行债务不符合约定的,应当向债权人承担违约责任。"此即向第三人履行的合同。该条规定延续了《合同法》第六十四条的规定,未做实质性修改。该条规定的向第三人履行的合同实际上是合同履行的一种特殊形式:在这样的合同中,第三人是纯粹的履行受领人,并不获得直接地针对债务人的履行请求权;债务人未向第三人履行债务或者履行债务不符合约定的,应当向债权人承担违约责任。因此,"向第三人履行的合同"又可称为"不真正利他合同"。

在不真正利他合同中，对于债务人而言，虽然第三人无权直接要求债务人履行债务，但是"向第三人履行"源于合同的约定，债务人受此约定之约束，有义务向第三人履行，其不履行或者履行不符合约定时，该债务人应当向债权人承担违约责任。在合同履行过程中，债务人违反约定直接向债权人履行的，属于履行不当，债权人有权予以拒绝，并不因此构成受领迟延。此外，债权人和债务人之间可以随时就债务履行的对象进行变更，第三人无干涉的权利。对于第三人而言，其作为履行受领人，仅是消极地接受债务人的履行，并不享有直接请求履行的权利；债务人的不履行或者履行不符合约定的，仍应由债权人行使相应权利。

2.利益第三人合同（真正利他合同）

《民法典》第五百二十二条第二款规定："法律规定或者当事人约定第三人可以直接请求债务人向其履行债务，第三人未在合理期限内明确拒绝，债务人未向第三人履行债务或者履行债务不符合约定的，第三人可以请求债务人承担违约责任；债务人对债权人的抗辩，可以向第三人主张。"此即利益第三人合同。在利益第三人合同中，虽然利益第三人合同通常是纯粹为当事人之利益，不会增加第三人的负担，但是私人自治的一层含义是免于他人干预，即使这种干预是一种法律上的权利，并且第三人并非合同当事人，因此第三人享有拒绝的权利。同时，根据该款规定，第三人根据法律规定或者合同约定直接取得履行请求权应当是自合同当事人约定时即取得，第三人无须特别作出接受的意思表示，只要未在合理期限内明确拒绝即可。在第三人享有直接履行请求权的情况下，第三人实际上享有独立的法律利益：债务人未向第三人履行债务或者履行债务不符合约定的，第三人可以请求债务人承担违约责任。

向第三人履行的合同和利益第三人合同均属于利他合同。所谓利他合同，是指双方当事人在合同中约定或法律规定由一方向第三方履行债务，为第三方设定权利，第三方因合同约定而取得直接请求债务人履行的合同。认定利他合同关系的关键构成要件是，合同中必须明确有第三人（施工单位）依据利他合同（分包单位或实际施工人与第三方如供应商、出租人之间的合同）取得合同权利（分包单位或实际施工人与第三方如供应商、出租人之间的合同约定的权利）的约定，并明确约定该权利由合同一方（供应商、出租人）向第三人（施工单位）履行。因此，认定利他合同关系的关键要素是，分包单位或实际施工人与第三方如供应商、出租人之间的合同中是否明确约定或法律规定第三方如供应商、出租人向施工单位履行合同约定的义务,以及施工单位是否因合同约定而取得直接向第三方如供应商、出租人要求履行合同的请求权。如本篇案例中,分包单位为其承包的案涉工程的施工需要才向出租人承租了机械设备,分包单位为自己利益与出租人形成了租赁合同关系,并不是为施工单位的利益服务。退一步讲,即便分包单位是为施工单位的利益服务,从利他合同的责任承担上看,第三人即施工单位也不是承担责任的主体。

同时,利他合同关系的法律后果并非认定合同一方与第三方因利他合同建立法律关系的原因,合同一方向第三方履行义务的行为和第三方请求合同一方履行义务的依据仅是因利他合同的约定产生。也就是说,如本篇案例中,即便分包单位与出租人之间系利他合同关系,出租人因利他合同向施工单位履行债务所依据的仅是其与分包单位的利他合同的约定,施工单位不因此与出租人建立任何法律关系。因此,即便分包单位与出租人之间存在利他合同关系,施工单位也无须对分包单位欠付租金的行为承担任何责任。

3. 由第三人履行的合同

《民法典》第五百二十三条规定:"当事人约定由第三人向债权人履行债务,第三人不履行债务或者履行债务不符合约定的,债务人应当向债权人承担违约责任。"此即由第三人履行的合同。相较于向第三人履行的合同和利益第三人合同,由第三人履行的合同系为第三人增加负担的合同,故又称"第三人负担的合同"。从法律效果上看,其只是对合同履行主体的约定,但是不对第三人具有法律约束力,第三人是否履行为第三人的自由;第三人不履行债务或者履行债务不符合约定的,第三人不承担违约责任,而应当由债务人承担相应的违约责任。

综上所述,无论是哪种类型的涉他合同,因涉及的第三人均不是合同的当事人,且在订立合同时,第三人的意志亦未参与其中,故涉他合同对第三人不具备任何强制约束力,第三人亦不会因涉他合同而在法律上陷入更不利的境地。

五、案例索引

柳州市城中区人民法院民事判决书,(2020)桂 0202 民初 5325 号。

(代理律师:袁海兵、李妃)

案例 34

施工单位对实际施工人使用伪造的项目部印章所实施的行为不承担责任

【案例摘要】

实际施工人伪造含有施工单位名称的项目部印章,并使用该伪造的印章以施工单位名义出具一份委托书,后实际施工人使用该委托书以施工单位的名义与供应商订立买卖合同。一审法院认定,实际施工人取得施工单位授权,判决施工单位承担付款责任。施工单位不服提出上诉,二审法院维持原判。后施工单位申请再审。再审法院审查认为,施工单位对实际施工人使用加盖了伪造印章的授权书所实施的采购行为不知情,实际施工人实际未取得施工单位的授权,相应的法律后果不应由施工单位承担,最终再审法院撤销原审判决,改判施工单位不承担责任。

一、案情概要

2014年4月,施工单位中标承建某公路工程。2015年10月,施工单位将案涉公路工程交由某机械公司,某机械公司又转包给实际施工人负责施工。施工过程中,实际施工人伪造施工单位项目部印章,并使用伪造的项目部印章以施工单位名义伪造了一份内容为任命实际施工人为案涉工程项目经理的委托书。后实际施工人凭借虚假印章以及授权委托书,以项目部的名义对外与供应商签订采购合同,约定施工单位项目部因某公路工程施工的需要向供应商采购砂石、柴油等,该采购合同的需方落款处加盖了实际施工人伪造的项目部印章,同时实际施工人在需方代表人处签名捺印。后因实际施工人拖欠供应商货款,供应商以施工单位欠付货款为由诉至法院。

诉讼中,供应商主张案涉采购合同加盖了项目部印章,且合同上签名的实际施工人已获施工单位任命及授权,施工单位应支付剩余货款。施工单位辩称其从未任命及授权过实际施工人,也未与供应商签订过任何采购合同,对案涉的委托书、采购合同均不知情,施工单位不是合同买受人,与供应商无合同关系,不应承担责任。

一审法院认为,案涉采购合同上加盖有施工单位的项目部印章以及实际施工人签字,且加盖有施工单位的项目部印章的委托书载明实际施工人担任案涉公路工程项目经理,足以认定实际施工人有权代表施工单位对外订立合同,遂一审法院判决施工单位支付供应商剩余货款。施工单位不服一审判决,提出上诉。

二审法院认为,实际施工人是施工单位任命的项目经理,其与供应商订立买卖合同的行为属职务行为,相应的法律后果应当由施工单位承担,由此判决驳回上诉,维持原判。

后施工单位申请再审,再审法院最终判决撤销原审判决,改判施工单位不承担付款责任。

二、代理方案

实际施工人客观上存在伪造印章和委托书的行为,但一审、二审法院对此均不予认定。主办律师认为,再审阶段的争议焦点应是实际施工人与供应商签订合同、采购货物等行为是否能代表施工单位。对此,为改变一审、二审的判决结果,扭转败局,主办律师作为施工单位的代理人决定从两方面着手代理本案再审。一方面,从委托书上加盖的项目部印章的真实性角度出发,施工单位在一审、二审中败诉的核心是本案中有一份载明实际施工人担任案涉公路工程项目经理的委托书,而该委托书上加盖有施工单位的项目部印章。据主办律师与施工单位沟通核实,案涉的委托书上加盖的项目部印章并非施工单位刻制的印章,而是实际施工人伪造的,且施工单位从未出具过任何授权实际施工人为案涉工程项目经理的委托书。因此,本案中需充分举证证明委托书上加盖的项目部印章是伪造的,委托书不具有真实性。鉴于施工单位在本案一审、二审中申请对委托书上项目部印章的真伪进行鉴定未获法院准许,施工单位的举证可考虑从刑事方面入手,施工单位可以实际施工人涉嫌伪造印章构成刑事犯罪为由向公安机关报案,通过公安机关的侦查以及相关文书来证实实际施工人存在伪造印章和委托书的行为。另一方面,从施工单位在案涉合同的签订、履行、结算等全过程中的角色和行为角度出发,辨析实际采购人不是施工单位而是实际施工人,以此来否定施工单位与实际施工人之间也未构成事实上的"委托代理"关系,从而确定实际施工人才是供应商的合同相对方,施工单位不是供应商的合同相对方,根据合同相对性,应由实际施工人向供应商承担付款责任。

主办律师拟定了含如下内容的代理方案。

1. 案涉委托书是实际施工人使用伪造印章自行出具的,是伪造的,不是施工单位的真实意思表示,实际施工人未取得施工单位的有效授权,无权代表施工单位。

民事诉讼中,公文书证经由具备相应职能、职责的国家机关或事业单位按照法定程序或方式作出,通常具有较强的证明力。《民事诉讼法司法解释》第一百一十四条对公文书证的证明力亦有明确规定,即"国家机关或者其他依法具有社会管理职能的组织,在其职权范围内制作的文书所记载的事项推定为真实,但有相反证据足以推翻的除外。必要时,人民法院可以要求制作文书的机关或者组织对文书的真实性予以说明"。

本案中,施工单位在再审阶段提交了公安机关出具的《立案决定书》《提请批准逮捕书》,足以证明案涉印章是实际施工人伪造的,不是施工单位的真实印章,而委托书是实际施工人使用其伪造的印章加盖后出具的,也是伪造的。其中,《提请批准逮捕书》载明"经依法侦查查明:2016年至2019年,实际施工人在承接施工单位案涉项目期间,找人私自刻制一枚施工单位项目部的印章。实际施工人伪造一张委托书,内容是施工单位委托实际施工人为案涉工程的项目经理,并利用伪造的印章在委托书上盖章,同时实际施工人利用伪造的印章和水泥供应商签订买卖合同,造成施工单位损失约300万元"。根据前述法律规定,该《提请批准逮捕书》系由国家机关依据法定程序作出,故应当推定其所记载的内容为真实。

《民法典》第五条规定:"民事主体从事民事活动,应当遵循自愿原则,按照自己的意思设立、变更、终止民事法律关系。"民事活动奉行意思自治原则,民事关系的设立、变更、终止均须民事主体自由意志的参与,任何人均不得将其自身意志强加于他人。具体而言,在民事领域中,一方当事人未经对方的同意,不得向对方设立民事义务,或使对方陷入不利地位。同时,公司作为法律概念上的"人",是抽象的组织体,故公司必须依据一定的表象,才能将公司的自由意志表露于他人。公司印章则是最常见、最受认可的公司进行意思表示的形式。《民法典》第四百九十条第一款亦规定:"当事人采用合同书形式订立合同的,自当事人均签名、盖章或者按指印时合同成立。在签名、盖章或者按指印之前,当事人一方已经履行主要义务,对方接受时,该合同成立。"据此,从形式上看,公司印章是否真实,直接决定了公司对外表露的意思是否由公司所真实作出,进而决定相应的法律后果是否及于公司。《最高人民法院关于在审理经济纠纷案件中涉及经济犯罪嫌疑若干问题的规定》第五条第一款规定:"行为人盗窃、盗用单位的公章、业务介绍信、盖有公章的空白合同书,或者私刻单位的公章签订经济合同,骗取财物归个人占有、使用、处分或者进行其他犯罪活动构成犯罪的,单位对行为人该犯罪行为所造成的经济损失不承担民事责任。"对于实际施工人使用伪造印章的行为,施工单位不承担任何民事责任。

本案关键性证据即委托书事实上是实际施工人伪造的,施工单位对此不知情,委托书上所加盖的项目部印章也是伪造的,不能体现施工单位的真实意思表示,实际施工人并未取得施工单位真实有效的授权,故实际施工人在本案中与供应商签订合同等行为属于实际施工人的个人行为,不能代表施工单位。

2.施工单位对实际施工人使用伪造印章和委托书与供应商签订买卖合同的行为不知情,没有参与合同的签订、履行、结算等整个交易过程,施工单位与实际施工人之间也未构成"事实委托关系",实际施工人的行为对施工单位不产生法律约束力。

综观全案的证据,施工单位没有参与包括合同的签订、履行、结算等在内的整个交易过程,施工单位对实际施工人使用伪造印章和委托书与供应商签订买卖合同的行为不知情。从合同签订上看,实际施工人在签订案涉合同时虽是以施工单位项目部名义,但是该买卖合同仅有实际施工人的个人签名,并无施工单位任何人员的签字或加盖施工单位印章。供应商主张,实际施工人在签订合同时出具了载明实际施工人为施工单位项目负责人的委托书,实际施工人的签名行为属于代表施工单位的代理行为。但是,委托书是实际施工人伪造的,实际施工人没有获得过施工单位的真实有效授权,则实际施工人在合同上签字的行为仅为代表实际施工人的个人行为。且施工单位没有进行过追认。从合同履行上看,施工单位没有签收过任何供应商的材料,也没有与供应商就案涉的材料买卖进行对接、洽谈,甚至施工单位与供应商之间完全无任何业务往来。从货款结算上看,结算是在实际施工人与供应商之间进行的,施工单位未参与。

因此,整个伪造印章及合同订立、履行过程,施工单位没有以任何实际行为认可或同意实际施工人的行为,施工单位的意志从未参与其中,不享有受领案涉买卖合同标的物的权利,故施工单位与实际施工人之间也未构成"事实委托关系",实际施工人无权代表施工单位;案涉买卖合同的订立和履行等均是实际施工人的个人行为,其行为对施工单位不产生法律约束力。

综上,实际施工人使用加盖其伪造的项目部印章的委托书所实施的行为,不能代表施工单位,施工单位对此不承担责任。

三、法院判决

再审法院认定本案的争议焦点为:供应商要求施工单位支付货款的诉讼请求是否有事实和法律依据。

再审法院认为,实际施工人以施工单位项目部的名义与供应商签订案涉采购合同。供应商主张,实际施工人在签订合同时向其出具记载有施工单位委托实际施工人为案涉工程项目经理等相关内容的委托书。但根据本案查明的事实,该委托书系实际施工人自行出具,事先并未获施工单位授权,施工单位法定代表人的签字为实际施工人所代签,加盖的"施工单位某项目部"印章亦是实际施工人私自刻制,施工单位对该委托书并不知情。此外,实际施工人在该委托书上签署施工单位法定代表人的名字时,存在笔误,但供应商作为案涉合同的当事人之一,并未对施工单位的基本信息尽到基本审查注意义务,且施工单位对该委托书亦不予认可,因此,上述委托书及合同不能作为供应商主张实际施工人代表施工单位与其发生买卖关系的有效证据。综上分析,在案证据不能证明实际施工人李某代表施工单位与供应商签订合同进行交易的事实,且实际施工人在签订合同之后以个人名义出具《欠条》并作出个人还款承诺亦进一步证实实际施工人为采购合同买方主体的事实。本案无证据显示施工单位为上述合同的买方当事人,故根据合同相对性的原则,案涉货款应由实际施工人承担支付责任。供应商主张施工单位对案涉货款承担连带支付责任缺乏事实和法律依据,不应予以支持,原审判决对此认定错误,法院予以纠正。最终,再审法院撤销原判,改判施工单位不承担合同付款责任。

四、律师评析

建设工程领域,实际施工人伪造施工单位公章或印章后以施工单位的名义对外签订各种经济合同的现象屡见不鲜,施工单位深受其害。因印章是体现施工单位意志的表象,往往代表着施工单位的行为,那么对于实际施工人使用伪造印章以施工单位的名义对外进行采购、租赁、借款等民商事活动的行为能否代表施工单位行为、相应的法律后果是否应由施工单位承担，一直以来都是施工单位需要特别注意和解决的问题。

（一）印章的法律地位

公司是法律所拟制的"人"，不具备生物体征，故在对外实施民事行为时，无法进行签字等以自然人的形式表露其真实意思，只能通过委托某一自然人作为其代表来表达其真实意志、实施民事行为。但是，公司与受托的自然人是互相分离的两个民事主体，若要交易，相对人往往需要根据公司的独有信物确认受托人的身份后方可相信受托人是公司的代表，而公司印章一般以公司名称为字样，可作为公司的独有信物。《民法典》第四百九十条第一款亦规定："当事人采用合同书形式订立合同的，自当事人均签名、盖章或者按指印时合同成立。在签名、盖章或者按指印之前，当事人一方已经履行主要义务，对方接受时，该合同成立。"公司印章的使用具有代表公司真实意思表示的作用，合同中若加盖了法人印章，即可说明公司对该合同中的意思表示认可，同意受该合同的约束，可与第三方有效建立法律关系。

因此，公司印章具有证明公司身份的最强公信力，也是公司意志的集中体现。

（二）使用伪造印章的法律后果

虽然公司印章的使用可视为公司具有实施民事行为的意思表示，但达到此法律效果须是以印章系真实印章为前提，否则将可能无法彰显法人身份、体现法人意志。2019年11月8日发布的《全国法院民商事审判工作会议纪要》第四十一条规定："司法实践中，有些公司有意刻制两套甚至多套公章，有的法定代表人或者代理人甚至私刻公章，订立合同时恶意加盖非备案的公章或者假公章，发生纠纷后法人以加盖的是假公章为由否定合同效力的情形并不鲜见。人民法院在审理案件时，应当主要审查签约人于盖章之时有无代表权或者代理权，从而根据代表或者代理的相关规则来确定合同的效力。法定代表人或者其授权之人在合同上加盖法人公章的行为，表明其是以法人名义签订合同，除《公司法》第16条等法律对其职权有特别规定的情形外，应当由法人承担相应的法律后果。法人以法定代表人事后已无代表权、加盖的是假章、所盖之章与备案公章不一致等为由否定合同效力的，人民法院不予支持。代理人以被代理人名义签订合同，要取得合法授权。代理人取得合法授权后，以被代理人名义签订的合同，应当由被代理人承担责任。被代理人以代理人事后已无代理权、加盖的是假章、所盖之章与备案公章不一致等为由否定合同效力的,人民法院不予支持。"该规定确定了"认人不认章"的规则,即合同效力是否及于公司,关键不在于印章的真伪,而在于持章人、盖章人是否具有公司的合法有效授权。

因此,原则上,不能单从公司印章判断是否属于公司真实意志,同样地,伪造印章也不能当然作为判断公司是否承担相应法律后果的关键。如持章人、盖章人具有公司的合法有效授权,则持章人、盖章人以公司名义在代理权限范围内所实施的民事行为构成"有权代理行为",相应的法律后果则由公司承担。若持章人、盖章人不具有公司的合法有效授权,如本案例中实际施工人的委托书是使用伪造印章出具的就属于不具有合法有效授权的情况,此时相应的法律后果则不应由公司承担。

(三)伪造印章与表见代理

在实践中,行为人持有被代理人的授权委托书、委托代理函、加盖公章的空白合同书、空白收据、介绍信等授信文件属于认定表见代理的权利外观表象之一。对于上述授信文件中所加盖的印章的真伪,交易相对人无法通过肉眼或触感辨别,也就无法判断持章人、盖章人是否具有合法有效授权,此时交易相对人往往会认为持章人、盖章人出示的加盖伪造印章的授权文件就是持章人、盖章人有权代表公司的权利外观表象。此种情形下,使用伪造印章与表见代理所产生的法律后果往往会混淆、难以辨析。如持章人、盖章人使用伪造印章所实施的民事行为构成代表公司的表见代理行为,公司将承担相应的法律后果。特别是在建设工程领域中,实际施工人常会利用此类具有权利外观表象的授权文件获取交易相对人的信任,从而以施工单位名义进行采购材料、租赁设备、借款等民商事行为,最终由施工单位承担法律责任。

就处理伪造印章与表见代理的关系而言,司法实践中一般有两种方式。

第一种,对于实际施工人使用伪造印章以施工单位名义进行民事行为的情况,施工单位不知情且未参与、未追认,与交易相对人更是没有任何往来,那么实际施工人的行为则为其个人行为,不构成表见代理行为,施工单位不承担责任,本案例即是此种处理方式。此种处理方式中,实际施工人一般仅伪造施工单位印章并以施工单位名义与交易相对人发生交易关系,但不具备其他足以使交易相对人产生实际施工人系有权代理的合理信赖的授权外观,如施工单位参与交易、追认等,此时不能仅凭伪造印章这一因素认定构成表见代理。

第二种,施工单位存在以下四种情况的,即使实际施工人确实使用伪造印章并以施工单位名义实施民事行为,也足以使交易相对人产生实际施工人具有合法授权的合理信赖。此时,印章的真伪已没有意义,即便印章是伪造的,实际施工人的行为也会被认定为构成表见代理:(1)施工单位在与其他第三人的交易行为中曾对实际施工人进行真实授权,且施工单位与该第三人的交易和实际施工人以施工单位的名义与交易相对人开展的交易有关联性,如施工单位曾授权实际施工人以施工单位名义与发包人订立施工合同,合同上有实际施工人的签字并加盖施工单位的印章,后实际施工人以施工单位的名义与供应商签订与项目相关的买卖合同时出示该施工合同,即使实际施工人与供应商签订合同时未取得施工单位的真实授权,但基于该项目相关的买卖与工程施工存在关联性,而实际施工人也曾获得施工单位的授权,代表施工单位与项目发包人签订施工合同,供应商此时基于施工合同是有理由相信实际施工人具有施工单位真实合法的授权的。(2)施工单位曾给予实际施工人真实授权,但施工单位撤回授权或限缩授权范围,而交易相对人对此并不知情。(3)施工单位不认可实际施工人的代理行为,但对实际施工人以施工单位名义与交易相对人共同实施的连续交易活动不作否认的意思表示。或者施工单位不认可实际施工人的代理行为,但是又接受了交易相对人的履行。比如,最高人民法院在(2019)最高法民申1086号案中认为,万力公司法定代表人邱某1与邱某2系亲兄弟关系,邱某2作为实际投资人持有万力公司印章,并以万力公司名义取得案涉建设项目土地、开设了银行账户。虽然万力公司主张邱某2等5名自然人对案涉项目进行开发的行为与其无关,但案涉项目建设用地使用权登记在万力公司名下,万力公司对5名自然人的开发行为并未提出异议。万力公司与天润公司签订《土建施工合同》《结算书》《索赔书》,对外产生公示效力的主体系万力公司。万力公司主张公章系伪造、邱某2并不代表万力公司但并未举证天润公司作为合同相对方明知公章系伪造及邱某2无权代表万力公司的相关证据。据此,原审认定邱某2与万力公司存在代表关系,有事实和法律根据。万力公司主张免除其连带赔偿责任,法律依据不足。(4)实际施工人伪造的印章用于工程项目的其他文件,施工单位对此没有提出任何异议甚至认可该伪造印章的使用,以获取伪造印章所带来的利益。比如,实际施工人在递交发包人的申请工程进度款、工程计量表的文件上加盖伪造印章,发包人在这些加盖了伪造印章的文件上盖章确认,并根据这些文件支付工程进度款,施工单位收到发包人的工程进度款后未提出任何异议,甚至使用工程进度款,施工单位的这些行为可视为认可实际施工人伪造的印章的法律效力,此时伪造印章的法律地位与施工单位的真实印章的法律地位相同。

五、案例索引

广西壮族自治区高级人民法院民事判决书,(2020)桂民再616号。

(代理律师:李妃、乃露莹)

案例 35

实际施工人用施工单位技术资料专用章订立的合同对施工单位无拘束力

【案例摘要】

施工单位中标承建案涉项目后转包给刘某组织施工,刘某又将其承包的内容再转包给实际施工人孙某,实际施工人孙某将其中挡土墙部分的施工内容分包给覃某并签订《挡土墙工程承包合同书》,该合同书由孙某、覃某签字并加盖了项目部技术资料专用章。覃某完成挡土墙施工后,孙某与覃某进行了结算,孙某只支付了部分款项,覃某因未及时收到尾款而提起诉讼。覃某诉请施工单位支付尚欠的工程款,诉请孙某、刘某承担连带责任。原一审人民法院认为施工单位应向覃某支付工程款,但本案已过诉讼时效故驳回覃某的诉讼请求。覃某不服一审判决遂提起上诉,二审人民法院认为技术资料专用章有专门的用途,即仅用于项目技术资料的管理,在没有另外授权的情形下不能用于合同的订立,故孙某用技术资料专用章订立的合同书对施工单位无拘束力,仅判决孙某对覃某承担付款责任,驳回覃某对施工单位的诉请。

一、案情概要

施工单位中标承建某学校二期工程后,将工程转包给刘某实际组织施工,刘某随后又将案涉工程再转包给孙某承包,2011年7月12日,孙某与覃某签订《挡土墙工程承包合同书》约定孙某将其承包的案涉工程中的挡土墙工程部分分包给覃某施工,该合同书有双方签字捺手印并加盖了项目技术资料专用章。

2012年7月29日,覃某与孙某指派的员工进行工程结算,分别于2012年8月17日、2012年8月18日形成工程量计价表,确认案涉项目工程毛石挡墙由覃某队组完成,合计工程款为1631540元,减去已支付的1070000元整,扣除区富源片石款 237243 元，扣除使用项目部沙石款 10736 元，本次应付 313561 元。

一审人民法院认为，覃某系涉案工程的承包人，但因其作为个人不具备建设工程施工法定资质，依照《建设工程司法解释》第一条①之规定，本案合同应认定为无效。合同虽无效，但工程已经双方验收并交付使用，依照《建设工程司法解释》第二条②之规定，覃某有权要求施工单位参照结算单约定支付工程价款。根据案涉合同约定"工程量以实际完成的，双方收方签证为准"、孙某员工签字确认的 2012 年 7 月 29 日毛石挡墙工程量结算单以及赵某签字确认的 2012 年 8 月 17 日、2012 年 8 月 18 日第六职业技术学校仙葫校区二期工程项目部工程量计价表，覃某与施工单位关于挡土墙工程的最终结算时间应为 2012 年 8 月 18 日。现覃某挡土墙工程的验收结算时间应与案涉工程验收审计结算时间一致的主张无事实、法律依据，不予采信。根据《民法通则》第一百三十五条③及《最高人民法院关于适用〈中华人民共和国民法总则〉诉讼时效制度若干问题的解释》④第二条的规定，覃某诉请施工单位支付工程款已超过法律规定的诉讼时效，故对其诉请的工程款及利息，不予支持。覃某不服一审判决提起上诉。二审中，覃某陈述称：案涉工程挡土墙工程款为 1631540 元，这是其应得的工程款，2012 年 8 月 18 日之前孙某已付工程款 107 万元，再抵扣部分材料款 247979 元，截至 2012 年 8 月 18 日尚欠工程款 313561 元。起诉前，孙某支付了 20 万元，其中于 2012 年 12 月 15 日转账支付 5 万元，于 2013 年 2 月 5 日转账支付 10 万元，2013 年—2014 年 12 月陆续现金支付共计 5 万元，另外，孙某于 2015 年 11 月左右又支付了 2000 元。孙某对覃某陈述的付款时间和金额无异议，认可前述款项均系其向覃某支付。故剩余工程款 111561 元尚未支付。二审人民法院认为，孙某于 2015 年 11 月左右又支

---

① 《建设工程司法解释》已失效，现行规定为《建设工程司法解释一》第一条："建设工程施工合同具有下列情形之一的，应当依据民法典第一百五十三条第一款的规定，认定无效：（一）承包人未取得建筑业企业资质或者超越资质等级的；（二）没有资质的实际施工人借用有资质的建筑施工企业名义的；（三）建设工程必须进行招标而未招标或者中标无效的。承包人因转包、违法分包建设工程与他人签订的建设工程施工合同，应当依据民法典第一百五十三条第一款及第七百九十一条第二款、第三款的规定，认定无效。"

② 《建设工程司法解释》已失效，现行规定为《建设工程司法解释一》第二条："建设工程施工合同无效，但建设工程经竣工验收合格，承包人请求参照合同约定支付工程价款的，应予支持。"

③ 《民法通则》已失效，现行规定为《民法典》第一百八十八条规定："向人民法院请求保护民事权利的诉讼时效期间为三年。法律另有规定的，依照其规定。"

④ 《最高人民法院关于适用〈中华人民共和国民法总则〉诉讼时效制度若干问题的解释》现已失效。

付了2000元,覃某于2016年11月提起本案诉讼,没有超过诉讼时效,同时认为施工单位并非案涉工程发包人,且孙某与覃某签订的合同仅仅加盖了技术资料专用章,故施工单位不属于合同的当事人。二审人民法院改判孙某向覃某承担付款责任,驳回覃某对施工单位的诉请。

二、代理方案

施工单位在本案中的诉讼目的是不承担付款责任。笔者作为施工单位的代理人,认为本案的关键在于孙某与覃某签订的合同所加盖的技术资料专用章是否能代表施工单位的真实意思表示,以及覃某的诉请是否超过诉讼时效。具体代理方案包括以下三方面内容。

1. 覃某的诉请已经超过诉讼时效,人民法院应依法驳回覃某的诉讼请求。

覃某提起本案诉讼的核心证据分别是其与被告孙某于2011年7月12日签订的《挡土墙工程承包合同书》以及2012年7月29日确认的《毛石挡墙工程量结算单》、2012年8月17日及2012年8月18日确认的《工程计价表》,即覃某与孙某之间的债权债务关系已在2012年8月18日予以确认,故覃某提起本案诉讼已过诉讼时效,依法丧失胜诉权,人民法院应予以驳回其诉讼请求。

最高人民法院在(2020)最高法民终763号案中认为:"因万轩公司起诉已超过法律规定的两年诉讼时效期间,依法丧失胜诉权。故对双方是否违约及赔偿损失金额问题不再审理。"本案也已经过了诉讼时效,故人民法院亦应参照裁决。

2. 施工单位与孙某之间没有任何关系,孙某擅自用技术资料专用章与覃某订立的《挡土墙工程承包合同书》对施工单位不具备法律拘束力,孙某的行为不能代表施工单位。

第一,施工单位与孙某、覃某之间均没有合同关系。施工单位中标承建案涉项目后,将工程转包给刘某组织施工,刘某又将工程再转包给孙某施工,孙某又将其中挡土墙部分再分包给覃某施工。就刘某以后的各手之间的法律关系,施工单位均不知情。

第二,孙某未经施工单位允许,也没有取得施工单位的授权,擅自使用项目技术资料专用章与覃某订立合同,该合同当事人应仅认定为孙某与覃某。由于项目技术资料专用章在印章文字中已经明确记载"用于项目资料"管理,即相对人覃某在与孙某订立合同时已经知晓或应当知晓技术资料专用章的使用范围并不包括订立合同,覃某主观上不符合"表见代理"中关于善意且无过失的构成要件。

第三,项目技术资料专用章属于项目部制作的内部工作印章,专用于某一项或者某一类工作。这些印章按照其字面意思进行解释也很容易理解,一般不具有对外的效力,并且在用途上具有专属性。技术专用章主要是加盖在技术资料上的,如施工技术资料、技术申报材料等。资料专用章主要是在非验收性的工程资料上加盖,如工程资料复印件、复制件、归档资料等。图纸专用章主要是加盖在图纸上的,比如对图纸审核无误后加盖。技术资料专用章不具有对外签订合同的权限,实际施工人在没有其他权利外观的情况下,加盖技术资料专用章的,不构成表见代理,施工单位无须承担责任,应由签订合同的实际施工人承担责任。

3.施工单位将案涉工程的部分工程转包给刘某,就刘某施工的部分,施工单位已超额向刘某支付款项,施工单位在该项目中无欠款或应付款。

本案的实际施工人应当是被告刘某,对此事实,A市B区人民法院作出的民事判决书已予确认,并且该关联案件中A市B区人民法院已认定施工单位将涉案工程转包给被告刘某施工,现施工单位已超付被告刘某工程款,并不存在拖欠工程款的情形,故对于被告刘某在承建本案工程后是否再将工程分包给其他人,施工单位并不知情,也与施工单位无关。

三、法院判决

法院认为,施工单位是案涉工程中标方,孙某在本案中自认案涉工程是刘某转包给其垫资和施工,其找来覃某施工案涉六职校二期工程挡土墙,并与覃某签订了《挡土墙工程承包合同书》。虽然该《挡土墙工程承包合同书》加盖了"技术资料专用章",但孙某并非施工单位员工,亦无施工单位的委托授权,且该技术资料专用章并非施工单位公章、合同专用章或项目专用章,因此,孙某的签约行为不能代表施工单位,该《挡土墙工程承包合同书》的合同相对方是孙某与覃某,覃某系案涉挡土墙工程的实际施工人,施工单位与覃某不存在合同关系。因此,孙某作为覃某的合同相对方,应向覃某支付尚欠工程111561元。施工单位与覃某不存在合同关系,亦非案涉工程发包方,覃某请求施工单位承担支付工程款及利息的责任,没有法律依据,法院不予支持。连带责任的承担,属于对当事人的不利负担,除法律有明确规定或当事人有明确的约定之外,不宜径行适用。合同的相对性原则,亦属于合同法的基本原理,须具备严格的适用条件方可突破。

四、律师评析

所谓"技术资料专用章",顾名思义,就是专门在技术资料上加盖的印章。通常情况下,若没有施工单位事先明确约定或者授权,技术资料专用章仅能在施工工序、施工材料申报等内部资料上加盖,而不能用于对外签订合同或者价款结算。加盖了技术资料专用章的合同或者结算单通常也不能反映施工单位的真实意思表示,对施工单位不具有法律约束力。但司法实践中,也有部分法院或者仲裁机构会认为,行为人使用"技术资料专用章"订立合同符合表见代理构成要件或存在被代理人对加盖"技术资料专用章"行为的默认或追认等情形的,施工单位也受用"技术资料专用章"订立的合同的约束并承担相应责任。对于使用"技术资料专用章"订立的合同,施工单位应否承担责任的问题,主要从以下几个方面考虑。

第一,"技术资料专用章"是否限定使用范围。正常情况下,"技术资料专用章"是用于项目部的技术资料管理或施工资料报审等。但是如果项目资料章上没有任何限制使用范围,盖章人的身份又能够代表施工单位。那么,此时对于用"技术资料专用章"对外签署的合同,如采购合同、租赁合同等,施工单位也要承担付款责任,即此时的项目资料章能够起到设立、变更、消灭债权债务的效力。例如,最高人民法院在(2016)最高法民申347号案中认为:"中建某局公司项目部印章的使用范围不明确,不足以对抗善意相对人。中建某局公司主张其项目部资料专用章、财务专用章不能代表公司行为,不能使合同产生效力系众所周知的事实,依据不足。二审判决认定'中建某局公司未举证证明其项目部各印章的使用范围,因此不足以证明244万元系个人债务',并无不当。"在该案件中,因为施工单位的项目部资料章的使用范围不明确,最终被法院认定用项目部资料章签署的借款合同有效,并判决施工单位承担还款责任。因此,从施工单位风险防控的角度出发,笔者建议施工单位在刻制技术资料专用章时,在印章中增加"仅限于资料专用"或"签订经济合同无效"的字样。

第二,"技术资料专用章"是否超越限定的使用范围。如施工企业的项目部资料章上已明确备注"仅限于资料专用"或"签订经济合同无效"等字样,以表示该印章不能用于对外签订合同。在这种情形下,如果项目部资料章的使用超越限定范围,如签署采购合同、租赁合同、借款合同或结算协议等,则一般认为合同的订立超越了项目部资料章限定的使用范围,从而认定对施工单位不发生法律效力。比如,最高人民法院在(2014)民申字第1号案中认为:"中某公司项目部资料专用章具有特定用途,仅用于开工报告、设计图纸会审记录等有关工程项目的资料上。尽管诉争借款用于涉案工程,但借款合同与建设工程施工合同是两个不同的合同关系,实际施工人对外借款不是对涉案项目建设工程施工合同的履行,《借款协议》也不属于工程项目资料,故在《借款协议》上加盖中某公司项目部资料专用章超越了该公章的使用范围,在未经中某公司追认的情况下,不能认定《借款协议》是中某公司的意思表示。"在该案中,施工单位限制了项目资料章的具体用途为仅用于开工报告、设计图纸会审记录等有关工程项目的资料。如果超越了该用途,合同中约定的权利义务就不再对施工单位发生法律拘束力,所以人民法院判决施工单位不承担因此产生的付款责任。

第三,"技术资料专用章"是否曾经被默认或者在同类材料中使用。如前文所述,项目技术资料专章在超越限制用途的情况下使用,对施工单位不产生效力,但是,也有特殊情况。如果项目资料章超越限制用途,被用于签订某类经济合同,但施工单位主动认可了该合同的效力,或者默认技术资料专用章可用于订立技术资料以外的合同的,则项目资料章再被用于订立同类合同中时,施工单位也同样要承担合同中的责任。最高人民法院在(2018)最高法民再418号案中认为:"泰某公司再审期间提交加盖中某公司项目部资料专用章的《材料单》,可以证实案涉电线电缆等材料款由泰某公司提供。该笔费用应当从工程款中扣除。对于中某公司辩称其未使用过材料单上加盖的材料专用章,对此不予认可的理由,经查,中某公司提交给鉴定机构的作为计算工程造价依据的单据中显示中某公司使用过此专用章,并被鉴定机构在鉴定意见中予以采信。因此,泰某公司主张的该部分材料款应从工程造价中扣除的再审理由成立。"该案之所以能够认定技术资料专用章的对外效力,是因为在该项目工程施工过程中某公司曾对外使用技术资料专用章签署合同,这使原本作为内部印章使用的技术资料专用章逐渐形成了对外的公信力,相对方据此有理由相信中某公司在计算工程造价的单据中加盖技术资料专用章的行为,同样能够反映出中某公司认可《材料单》内容的真实意思表示。由上文可知,加盖技术资料专用章的工程结算单并非必然对施工单位无拘束力,若在工程项目施工过程中,施工单位存在多次对外使用技术资料专用章的行为,便足以使技术资料专用章形成对外公信力,从而使加盖技术资料专用章的合同或结算单据对施工单位产生法律约束力。在此,笔者也建议施工单位全面加强对项目部各种印章的管理和使用,不能先入为主地认为技术资料专用章不具有对外代表项目部的效力而放松了对该类印章的管理和使用。

五、案例索引

南宁市中级人民法院民事判决书,(2021)桂 01 民终 14150 号。

(代理律师:袁海兵、李妃)

案例 36

实际施工人使用私刻的施工单位印章与第三人签订合同，对施工单位不具备法律拘束力

【案例摘要】

施工单位承建案涉工程后转包给邓某、唐某实际组织施工，邓某、唐某在组织施工的过程中与韦某签订《某农村公路工程劳务分包协议 B》约定邓某、唐某将其实际承包的案涉工程再转包给韦某施工，该《某农村公路工程劳务分包协议 B》由唐某、韦某签字捺手印并加盖了施工单位字样的印章。项目竣工验收且施工单位与建设单位完成最终结算后，韦某向人民法院起诉称其系案涉工程的实际施工人，以施工单位、建设单位为共同被告要求两被告支付整个项目的工程款。诉讼中，施工单位依法向人民法院申请追加邓某、唐某为第三人，并申请就《某农村公路工程劳务分包协议 B》中字样为施工单位名称的印章进行鉴定，经鉴定确认《某农村公路工程劳务分包协议 B》中所加盖的印章与施工单位的印章不是同一枚印章。人民法院经审理认为，唐某在与韦某签订《某农村公路工程劳务分包协议 B》时并非施工单位的法定代理人，也没有施工单位出具的对外签订合同的授权委托书，并且施工单位对上述协议没有进行追认，故依法认定该协议书不对施工单位产生约束力。

一、案情概要

2017 年 9 月 30 日，施工单位中标建设单位某交通运输局招标的某通村水泥路及桥梁工程 No.3 标段，双方于 2017 年 10 月 10 日签订《某农村公路工程建设项目合同文件》，约定由施工单位对案涉工程承建施工，合同价款为 8263646 元。

2017 年 10 月 20 日，施工单位与唐某、邓某签订《某农村公路工程劳务分包协议 A》，将施工单位承包的案涉工程实际交由唐某、邓某组织施工，且合同约定

唐某、邓某不得就案涉工程进行分包、转包。

2017年12月8日，唐某与韦某签订《某农村公路工程劳务分包协议B》，又将案涉工程交给韦某实际组织施工，合同价款为8263646元。该合同中的甲方委托代理人落款处及签订时间处、合同封面有唐某的签字且加盖了有施工单位名称字样的印章，乙方落款处有韦某的签字捺印。

2019年10月15日，邓某、唐某告知其安排的劳务队组拒不施工，须更换新的队组进场，施工单位作出《关于更换劳务队的决定》，载明：因原劳务队韦某承建的某农村公路工程，工期已超一年（2017年10月签订施工合同，工期240日历天），进度极其缓慢，严重损害了公司的声誉，我公司多次收到业主约谈和通报。经与韦某充分沟通，其本人也自愿退场，故施工单位将案涉工程的剩余未完成部分，全部交由新的劳务队并由侯某接手施工。

2019年10月16日，侯某组织人员进场施工。2020年11月20日，工程完工。2020年12月2日，案涉工程竣工验收确认合格并实际交付使用。

2021年6月2日，建设单位、监理单位、施工单位就案涉工程作出《工程结算证书》，载明合同价为8263646元，结算价为12383320元。

现韦某称其系案涉整个项目的实际施工人，项目结算价为12383320元，其仅收到工程款2778864元，故以施工单位、建设单位为被告向人民法院起诉要求支付工程款9604456元。

二、代理方案

主办律师审阅和分析本案具体情况后认为，施工单位作为案涉项目的总承包人，韦某能否诉请施工单位承担付款责任的关键在于以下三方面：一是韦某是否为实际施工人；二是假设韦某是实际施工人，《某农村公路工程劳务分包协议B》对施工单位是否具备法律拘束力；三是假设上述两点均为肯定答案，韦某实际完成的施工内容及应当取得的工程款数额是多少，应当由谁承担支付责任。针对其中第二点，拟定的代理意见含以下几方面内容。

假设韦某是实际施工人，《某农村公路工程劳务分包协议B》对施工单位是否具备法律拘束力。

第一，《最高人民法院关于在审理经济纠纷案件中涉及经济犯罪嫌疑若干问题的规定》第五条规定："行为人盗窃、盗用单位的公章、业务介绍信、盖有公章的空白合同书，或者私刻单位的公章签订经济合同，骗取财物归个人占有、使用、处分或者进行其他犯罪活动构成犯罪的,单位对行为人该犯罪行为所造成的经济损失不承担民事责任。行为人私刻单位公章或者擅自使用单位公章、业务介绍信、盖有公章的空白合同书以签订经济合同的方法进行的犯罪行为,单位有明显过错,且该过错行为与被害人的经济损失之间具有因果关系的,单位对该犯罪行为所造成的经济损失,依法应当承担赔偿责任。"由于韦某在本案提交的《某农村公路工程劳务分包协议B》中加盖的有施工单位名称字样的印章并非施工单位的备案印章,施工单位申请印章鉴定,且鉴定确认《某农村公路工程劳务分包协议B》中加盖的印章与施工单位的印章并非同一枚印章,即用该私刻的印章签订的合同产生的民事责任不应当由施工单位承担。

第二,《某农村公路工程劳务分包协议B》中有唐某的签字,但是诉讼过程中韦某并没有提供任何证据证明唐某有权作为代理人,订立涉及金额数千万的工程合同时,作为甲乙双方的当事人应当持有谨慎态度,而韦某没有核实唐某身份也不要求出具任何授权或代理材料,证明韦某主观上存在重大过失。

第三,诉讼过程中,施工单位对《某农村公路工程劳务分包协议B》中加盖的含施工单位名称字样的印章持否认态度,并且对印章申请了司法鉴定,即证明施工单位对该印章没有进行追认。客观上,施工单位与韦某没有合同关系,也没有合同履行的事实,更没有工程收付款的事实。

第四,韦某没有充分举证证明唐某与其签订《某农村公路工程劳务分包协议B》的行为构成表见代理,即便该合同中加盖的施工单位的印章使唐某的行为具备了权利外观,但因韦某主观上非善意且无过失,不满足表见代理的构成要件。

第五,施工单位已经充分举证证明对涉案项目的实际施工人邓某、唐某已超额支付工程款,即施工单位在本案中不存在欠款的情形。

2017年9月30日,施工单位中标承建案涉工程。2017年10月20日,施工单位与邓某、唐某签订《某农村公路工程劳务分包协议A》,约定施工单位将承包的案涉工程实际交由邓某、唐某组织施工。2020年12月2日,项目竣工验收确认合格并实际交付使用。2021年6月10日,施工单位与实际承包人邓某、唐某一致结算确认,施工单位已超额支付工程款72819.51元。因此,施工单位已对涉案项目的实际施工人邓某、唐某超额支付工程款,在项目中不存在应付款或欠款行为,至于邓某、唐某与韦某之间是否存在债务纠纷,与施工单位无关。

综上，上述在由唐某私刻施工单位的印章形成的《某农村公路工程劳务分包协议B》中，当事人仅限于唐某与韦某，该合同对施工单位不具备法律拘束力。因此，施工单位作为总承包人并非法律意义上的发包人且《某农村公路工程劳务分包协议B》对施工单位无拘束力，故施工单位并非本案的适格被告，即便韦某属于部分工程的实际施工人，也不能以施工单位为被告主张工程款。

三、法院判决

法院认为，关于如何确定合同相对方的问题。根据《民法典》第一百七十一条第一款之规定："行为人没有代理权、超越代理权或者代理权终止后，仍然实施代理行为，未经被代理人追认的，对被代理人不发生效力。"本案中，韦某与唐某于2017年12月8日签订的《某农村公路工程劳务分包协议B》，虽然协议上载明甲方为施工单位，以及在合同首页、合同生效时间、合同落款甲方处等四个部位加盖了施工单位的印章，在本案第一次庭审过程中，施工单位对韦某提供的《某农村公路工程劳务分包协议B》上加盖的施工单位印章的真实性有异议，认为并非该公司的备案公章以及经常使用的印章。于庭后向法院申请就本案韦某所提交的证据标注落款日期为2017年12月8日的《某农村公路工程劳务分包协议B》中显示施工单位字样的印章与施工单位在本案中提交的证据落款日期为2017年8月1日《施工单位内部承包合同》中施工单位的印章、2017年10月10日《某农村公路工程建设项目合同文件》中施工单位的印章以及施工单位在公安局正式备案的施工单位印章是否为同一枚印章进行司法鉴定。法院依法定程序移送至司法技术管理科，随后委托鉴定公司对上述事宜进行鉴定。鉴定公司于2022年6月28日作出《司法鉴定意见书》："五.鉴定意见。检材标注时间2017年12月8日《某农村公路工程劳务分包协议B》内施工单位印章印文与样本内同名印章印文不是同一枚印章所盖印。"由此可知，在唐某并非施工单位的法定代理人以及没有施工单位法定对外签订合同授权委托的情况下，合同签订后施工单位也未通过加盖公章的方式就上述合同进行追认，该合同不对施工单位产生约束力。

对于是否符合表见代理的构成要件，《民法典》第一百七十二条规定："行为人没有代理权、超越代理权或者代理权终止后，仍然实施代理行为，相对人有理由相信行为人有代理权的，代理行为有效。"本案中，从本案现有证据来看，韦某也未提供证明，在签订合同时，诸如授权委托书等唐某具备代表施工单位对外签订合同的权限以及足以使其相信唐某具备代表施工单位对外签订合同的证据,应承担举证不能的不利后果。唐某、邓某为合伙关系,因此,分包合同相对方应当为唐某、邓某与韦某。

四、律师评析

《民法典》第四百九十条第一款规定:"当事人采用合同书形式订立合同的,自当事人均签名、盖章或者按指印时合同成立。在签名、盖章或者按指印之前,当事人一方已经履行主要义务,对方接受时,该合同成立。"如果合同加盖的印章是未经备案的私刻印章,对于合同是否发生法律效力的问题在司法实践中存在争议。一般情况下,合同上加盖项目经理、实际施工人或其他人伪造或私刻的印章,不代表建筑施工企业的真实意思表示,不对建筑施工企业发生法律效力。但是,如果综合全案其他证据,能够认定行为人的行为构成有权代理或表见代理行为,仍应由建筑施工企业承担相应的合同责任。虽然本案中没有认定唐某用私刻施工单位的印章订立的合同对施工单位具备法律拘束力,但是如果韦某能进一步证明构成表见代理,即便是私刻印章也可能要求施工单位对此担责。

(一)关于"盖章"行为的效力认定

《全国法院民商事审判工作会议纪要》(法〔2019〕254号)第四十一条规定:"司法实践中,有些公司有意刻制两套甚至多套公章,有的法定代表人或者代理人甚至私刻公章,订立合同时恶意加盖非备案的公章或假公章,发生纠纷后法人以加盖的是假公章为由否定合同效力的情形并不鲜见。人民法院在审理案件时,应当主要审查签约人于盖章之时有无代表权或者代理权,从而根据代表或者代理的相关规则来确定合同的效力。法定代表人或者其授权之人在合同上加盖法人公章的行为,表明其是以法人名义签订合同,除《公司法》第16条等法律对其职权有特别规定的情形外,应当由法人承担相应的法律后果。法人以法定代表人事后已无代表权、加盖的是假章、所盖之章与备案公章不一致等为由否定合同效力的,人民法院不予支持。代理人以被代理人名义签订合同,要取得合法授权。代理人取得合法授权后,以被代理人名义签订的合同,应当由被代理人承担责任。被代理人以代理人事后已无代理权、加盖的是假章、所盖之章与备案公章不一致等为由否定合同效力的,人民法院不予支持。"

除此之外,《最高人民法院关于当前形势下审理民商事合同纠纷案件若干问题的指导意见》(法发〔2009〕40号)第十三条规定:"合同法第四十九条①规定的表见代理制度不仅要求代理人的无权代理行为在客观上形成具有代理权的表象,而且要求相对人在主观上善意且无过失地相信行为人有代理权。合同相对人主张构成表见代理的,应当承担举证责任,不仅应当举证证明代理行为存在诸如合同书、公章、印鉴等有权代理的客观表象形式要素,而且应当证明其善意且无过失地相信行为人具有代理权。"

代理人伪造印章构成表见代理的,被代理人须承担相应责任。

《民法典》第一百七十一条规定:"行为人没有代理权、超越代理权或者代理权终止后,仍然实施代理行为,未经被代理人追认的,对被代理人不发生效力。相对人可以催告被代理人自收到通知之日起三十日内予以追认。被代理人未作表示的,视为拒绝追认。行为人实施的行为被追认前,善意相对人有撤销的权利。撤销应当以通知的方式作出。行为人实施的行为未被追认的,善意相对人有权请求行为人履行债务或者就其受到的损害请求行为人赔偿。但是,赔偿的范围不得超过被代理人追认时相对人所能获得的利益。相对人知道或者应当知道行为人无权代理的,相对人和行为人按照各自的过错承担责任。"第一百七十二条规定:"行为人没有代理权、超越代理权或者代理权终止后,仍然实施代理行为,相对人有理由相信行为人有代理权的,代理行为有效。"

《民法典总则司法解释》第二十八条规定:"同时符合下列条件的,人民法院可以认定为民法典第一百七十二条规定的相对人有理由相信行为人有代理权:(一)存在代理权的外观;(二)相对人不知道行为人行为时没有代理权,且无过失。因是否构成表见代理发生争议的,相对人应当就无权代理符合前款第一项规定的条件承担举证责任;被代理人应当就相对人不符合前款第二项规定的条件承担举证责任。"

《最高人民法院关于当前形势下审理民商事合同纠纷案件若干问题的指导意见》(法发〔2009〕40号)中第四点"正确把握法律构成要件,稳妥认定表见代理行为"中明确:"12、当前在国家重大项目和承包租赁行业等受到全球性金融危机冲击和国内宏观经济形势变化影响比较明显的行业领域,由于合同当事人采用转

---

① 《合同法》已失效,现行规定为《民法典》第一百七十二条:"行为人没有代理权、超越代理权或者代理权终止后,仍然实施代理行为,相对人有理由相信行为人有代理权的,代理行为有效。"

包、分包、转租方式,出现了大量以单位部门、项目经理乃至个人名义签订或实际履行合同的情形,并因合同主体和效力认定问题引发表见代理纠纷案件。对此,人民法院应当正确适用合同法第四十九条关于表见代理制度的规定,严格认定表见代理行为。13、合同法第四十九条规定的表见代理制度不仅要求代理人的无权代理行为在客观上形成具有代理权的表象,而且要求相对人在主观上善意且无过失地相信行为人有代理权。合同相对人主张构成表见代理的,应当承担举证责任,不仅应当举证证明代理行为存在诸如合同书、公章、印鉴等有权代理的客观表象形式要素,而且应当证明其善意且无过失地相信行为人具有代理权。14、人民法院在判断合同相对人主观上是否属于善意且无过失时,应当结合合同缔结与履行过程中的各种因素综合判断合同相对人是否尽到合理注意义务,此外还要考虑合同的缔结时间、以谁的名义签字、是否盖有相关印章及印章真伪、标的物的交付方式与地点、购买的材料、租赁的器材、所借款项的用途、建筑单位是否知道项目经理的行为、是否参与合同履行等各种因素,作出综合分析判断。"

综上,如包工头私刻施工单位印章构成表见代理,包工头的代理行为有效,施工单位须对该行为承担责任。判断是否构成表见代理,综合上述规定,须同时满足包工头的代理行为具备了代表施工单位的权利外观,且与包工头订立合同的相对人主观上为善意且没有过失。

(二)最高人民法院类案中亦认同,私刻印章不构成表见代理的,私刻印章所形成的合同对施工单位不具备拘束力

最高人民法院在(2021)最高法民申2345号案中认为,根据《最高人民法院关于当前形势下审理民商事合同纠纷案件若干问题的指导意见》第十三条规定:"合同法第四十九条规定的表见代理制度不仅要求代理人的无权代理行为在客观上形成具有代理权的表象,而且要求相对人在主观上善意且无过失地相信行为人有代理权。合同相对人主张构成表见代理的,应当承担举证责任,不仅应当举证证明代理行为存在诸如合同书、公章、印鉴等有权代理的客观表象形式要素,而且应当证明其善意且无过失地相信行为人具有代理权。"在处理无资质企业或个人挂靠有资质的建筑企业承揽工程引发的纠纷时,应区分内部和外部关系,挂靠人与被挂靠人之间的协议因违反法律禁止性规定,属无效协议。挂靠人以被挂靠人名义对外签订的合同的效力,应根据合同相对人在签订协议时是否善意、是否知道挂靠事实来作出认定。首先,本案中李某盛与张某磊、奚某军之间签订施工

合同,张某磊、奚某军作为承包方,将案涉工程外墙保温部分转包给李某盛施工,该合同上落款处只有李某盛与张某磊、奚某军的签名和手印,并无天瑞圣源公司公章。其次,李某盛实际施工期间,从未向天瑞圣源公司主张支付案涉工程款,也未在天瑞圣源公司处取得任何工程款。最后,天瑞圣源公司在与示范区管委会签订的《工程合同协议书》上盖章及其与王某成建筑工程施工合同案事后追认的行为,并不能代表其认可张某磊、奚某军与李某盛的转包行为,且李某盛在得知案涉工程农民工上访追讨工资事件发生后,仍与张某磊、奚某军签订案涉施工合同,未尽到合理审查义务。因此,李某盛并非属于善意且无过失,原审据此认定张某磊、奚某军的行为不能构成表见代理,继而驳回李某盛对天瑞圣源公司的诉讼请求,并无不当。最高人民法院在(2019)最高法民终1535号案中认为:关于青海宏信公司与海天青海分公司之间担保合同是否成立的问题,《合同法》第三十二条①规定:"当事人采用合同书形式订立合同的,自双方当事人签字或者盖章时合同成立。"本案中,案涉《协议书》中有海天青海分公司负责人崔某辉的签字并加盖了海天青海分公司印章。虽然经鉴定案涉《协议书》中海天青海分公司的印章印文与备案印章印文不一致,但因同一公司刻制多枚印章的情形在日常交易中大量存在,故不能仅以合同中加盖的印章印文与公司备案印章或常用业务印章印文不一致来否定公司行为的成立及其效力,而应当根据合同签订人盖章时是否有权代表或代理公司,或者交易相对人是否有合理理由相信其有权代表或代理公司进行相关民事行为来判断。本案中,崔某辉作为海天青海分公司时任负责人,其持海天青海分公司印章以海天青海分公司名义签订案涉《协议书》,足以令作为交易相对人的青海宏信公司相信其行为代表海天青海分公司,并基于对其身份的信任相信其加盖的海天青海分公司印章的真实性。事实上,从海天集团公司单方委托鉴定时提供给鉴定机构的检材可以看出,海天青海分公司在其他业务活动中亦多次使用同一枚印章。因此,海天集团公司、海天青海分公司以案涉《协议书》中海天青海分公司印章印文与其备案印章印文不一致为由认为海天青海分公司并未作出为案涉债务提供担保的意思表示的主张不能成立。青海宏信公司与海天青海分公司在案涉《协议书》上签章时,双方当事人之间的担保合同关系成立。虽然

---

① 《合同法》已失效,现行规定为《民法典》第四百九十条第一款:"当事人采用合同书形式订立合同的,自当事人均签名、盖章或者按指印时合同成立。在签名、盖章或者按指印之前,当事人一方已经履行主要义务,对方接受时,该合同成立。"

经鉴定案涉《协议书》中安多汇鑫公司的印章印文与安多汇鑫公司提交的样本印章印文不一致,但如前文所述,不能仅以合同中加盖的印章印文与公司备案印章印文或常用业务印章印文不一致来否定公司行为的成立及其效力,而应当根据合同签订人是否有权代表或代理公司进行相关民事行为来判断。根据查明的事实,案涉《协议书》签订时,崔某辉为安多汇鑫公司的股东,但并非安多汇鑫公司法定代表人,亦无证据证明其在安多汇鑫公司任职或具有代理安多汇鑫公司对外进行相关民事行为的授权。仅因崔某辉系安多汇鑫公司股东,不足以成为青海宏信公司相信崔某辉有权代理安多汇鑫公司在案涉《协议书》上签字盖章的合理理由,故崔某辉的行为亦不构成表见代理,对安多汇鑫公司不具有约束力。因此,青海宏信公司与安多汇鑫公司之间并未形成有效的担保合同关系,其主张安多汇鑫公司承担连带保证责任的请求不能成立。"

五、案例索引

三江侗族自治县人民法院民事判决书,(2021)桂0226民初2126号。

(代理律师:袁海兵、李妃)

案例 37

连带责任的承担必须有法律明确规定或当事人约定

【案例摘要】

施工单位中标承建案涉工程后将工程交给A公司实际组织施工,A公司在施工过程中与覃某签订《分包合作合同》,约定A公司将土方开挖与运输工作交给覃某完成。覃某完成施工内容后与A公司签订退场结算清单,确认结算金额为260万元。因A公司出具上述结算清单后没有支付款项,覃某以承包人施工单位、建设单位、A公司以及A公司的股东张某为被告向人民法院起诉,要求4被告承担向其支付工程款的连带责任。人民法院经审理认为,覃某的合同相对人是A公司,且是与A公司进行结算,施工单位与建设单位之间尚未进行最终结算,覃某要求施工单位、建设单位承担连带支付责任没有依据,最终仅判决A公司向覃某承担支付工程款的责任,驳回覃某其他诉讼请求。

一、案情概要

2018年8月27日,建设单位与施工单位签订了《某段高速公路工程NO.2标段工程合同文件》,约定将某段高速公路工程发包给施工单位承建。

2018年8月24日,施工单位与A公司签订《内部项目承建责任合同》确认施工单位将案涉工程交由A公司实际组织施工。

2020年5月25日,A公司与覃某签订《分包合作合同》,双方约定案涉项目土石方开挖、运输、分层填筑凭证的内容由覃某负责完成。该《分包合作合同》有A公司盖章及覃某签字捺手印确认。

2021年1月17日,覃某与A公司就分包给覃某的部分工程进行结算,并签订《工程退场结算清单》确认A公司应付覃某的工程款合计为260万元,且加盖了 A 公司的公章。在覃某施工队进场后，A 公司及其单位负责人张某未支付任何工程款。案涉工程已于 2020 年下半年开始处于停工状态，此时施工单位已退场，直至诉讼发生之日，施工单位与建设单位未进行最终结算。覃某因未收到《工程退场结算清单》中所记载的款项，遂以建设单位、施工单位、A 公司及其单位负责人张某为被告提起诉讼，诉请 4 被告承担向其支付《工程退场结算清单》中所记载的款项的连带责任。

二、代理方案

本案中，覃某提起本案诉讼的核心证据是其与 A 公司签订的《分包合作合同》及《工程退场结算清单》，主办律师经过审阅和分析本案具体情况后得知，该《分包合作合同》及《工程退场结算清单》均不是由作为承包人的施工单位签订，也没有施工单位的盖章或代理人签字，而是覃某与 A 公司所签订的。因此，覃某据此要求施工单位承担连带责任，既没有合同约定也没有法律上的规定，人民法院不应支持覃某对施工单位连带责任的诉请，具体理由有四个方面。

1.覃某提起本案诉讼的核心证据均是与 A 公司形成，与项目总承包人施工单位没有任何关联，即覃某据此要求施工单位承担连带责任没有事实依据。

2020 年 5 月 25 日，覃某与 A 公司签订《分包合作合同》，其双方约定就案涉工程 NO.2 标段的土石方工程提供"合作活动"，内容包括完成土石方开挖、运输、分层填筑平整（不含分层碾压）等所需的所有工作内容，采用包工包料，包质量，包工期，包所需设备、机械，包安全文明施工的承包方式。2021 年 1 月 17 日，A 公司及其公司股东张某签署二标土石方收方工程数量表和《工程退场结算清单》，对相应工程量进行结算。

2.施工单位与建设单位之间存在合法有效的施工合同关系，施工单位与 A 公司之间因转包违反法律强制性规定而存在无效的合同关系，A 公司与覃某之间因覃某不具备施工资质，其双方之间亦属于无效施工合同关系，覃某作为部分工程的实际施工人要求与其没有合同关系的施工单位与 A 公司连带向其支付工程款没有法律依据。

第一，建设单位与施工单位签订《工程合同文件》《补充协议》，建设单位通过招投标程序将案涉工程施工发包给施工单位，施工单位系具备建筑施工企业资质的建筑企业，与建设单位之间形成了有效的施工合同关系。根据《建设工程司法解释》第一条①规定:"建设工程施工合同具有下列情形之一的,应当根据合同法第五十二条第(五)项的规定,认定无效:(一)承包人未取得建筑施工企业资质或者超越资质等级的;(二)没有资质的实际施工人借用有资质的建筑施工企业名义的;(三)建设工程必须进行招标而未招标或者中标无效的。"本案中,施工单位通过签署《内部项目承建责任合同》将案涉工程转包给未取得建筑施工企业资质的 A 公司,该责任合同依法应认定为无效合同。A 公司在施工过程中与覃某签订的《分包合作合同》亦因覃某不具备建筑施工企业资质而无效。

第二,《合同法》第四十四条第一款②规定:"依法成立的合同,自成立时生效。"合同相对性是基本原则,依法成立的合同,仅对当事人具有法律约束力。连带责任具有严格的适用条件,非基于法律的明文规定或当事人的明确约定,不产生连带责任之债。同时,基于合同的相对性,物的性质或流转方向发生变化亦不能突破合同相对性,使非合同相对方承担本应由相对人承担的责任。

第三,《建设工程司法解释一》第一条规定:"建设工程施工合同具有下列情形之一的,应当依据民法典第一百五十三条第一款的规定,认定无效:(一)承包人未取得建筑业企业资质或者超越资质等级的……"《建设工程司法解释》第二条③规定:"建设工程施工合同无效,但建设工程经竣工验收合格,承包人请求参照合同约定支付工程价款的,应予支持。"施工单位与 A 公司签署的《内部项目承建责任合同》为无效合同,但是案涉工程经验收合格的,可以参照该合同关于工程价款的约定折价补偿。A 公司与覃某签订《分包合作合同》,将案涉工程的土石方工程再分包给不具备建筑施工企业资质的自然人覃某,覃某亦可依照上述法律规定,就其施工完成且验收合格的部分,参照该分包合同关于工程价款的约定

---

① 《建设工程司法解释》已失效,现行规定为《建设工程司法解释一》第一条:"建设工程施工合同具有下列情形之一的,应当依据民法典第一百五十三条第一款的规定,认定无效:(一)承包人未取得建筑业企业资质或者超越资质等级的;(二)没有资质的实际施工人借用有资质的建筑施工企业名义的;(三)建设工程必须进行招标而未招标或者中标无效的。承包人因转包、违法分包建设工程与他人签订的建设工程施工合同,应当依据民法典第一百五十三条第一款及第七百九十一条第二款、第三款的规定,认定无效。"

② 《合同法》已失效,现行规定为《民法典》第五百零二条第一款:"依法成立的合同,自成立时生效,但是法律另有规定或者当事人另有约定的除外。"

③ 《建设工程司法解释》已失效,现行规定为《建设工程司法解释一》第二十四条第一款:"当事人就同一建设工程订立的数份建设工程施工合同均无效,但建设工程质量合格,一方当事人请求参照实际履行的合同关于工程价款的约定折价补偿承包人的,人民法院应予支持。"

或其双方之间的结算确认向 A 公司主张折价补偿。

第四,《建设工程司法解释二》第二十四条①规定:"实际施工人以发包人为被告主张权利的,人民法院应当追加转包人或者违法分包人为本案第三人,在查明发包人欠付转包人或者违法分包人建设工程价款的数额后,判决发包人在欠付建设工程价款范围内对实际施工人承担责任。"施工单位不属于该条款中规定的"发包人",覃某也不得据此要求施工单位承担付款责任。

3. 施工单位在履行案涉工程施工合同的过程中,在收取建设单位支付工程款范围内,已超额支付工程款,目前无欠款或应付款。

根据本案的基本事实,在案涉工程施工合同履行过程中,建设单位向施工单位支付工程款共计 9824 万元;施工单位超额支出约 337 万元,在案涉工程中无应付款或者尚欠款情形,具体付款详见表 5-1。

表 5-1 项目支出情况表

序号	统计项目		已支出数额(元)	支付依据(相应证据)	备注
1	施工单位付款	支付农保金	1600000.00	证据4《内部项目承建责任合同》第三条	每个标段80万元
2		支付张某工程款	26386046.00	证据4《内部项目承建责任合同》	/
3		支付张某借款	9920000.00	证据4《内部项目承建责任合同》	/
4	建设单位付款	交通事故赔偿款	510000.00	证据32、33《关于工伤死亡赔偿金的借款》	建设单位直接按照 A 公司的指示已付款
5	施工单位付款	A公司张某委托代付工程款	38158644.54	证据6、7、8 张某的委托和指定	/

---

① 《建设工程司法解释二》已失效,现行规定为《建设工程司法解释一》第四十三条第二款:"实际施工人以发包人为被告主张权利的,人民法院应当追加转包人或者违法分包人为本案第三人,在查明发包人欠付转包人或者违法分包人建设工程价款的数额后,判决发包人在欠付建设工程价款范围内对实际施工人承担责任。"

续表

序号	统计项目		已支出数额（元）	支付依据（相应证据）	备注
6	应扣款	差旅费	774054.97	证据4《内部项目承建责任合同》第四条	/
7		税金	6276443.55	证据4《内部项目承建责任合同》第六条	合同约定按照15%计算,由于项目未全部完工,此为实际已缴纳数额
8		管理费	2028277.86	证据4《内部项目承建责任合同》第二条	NO.1标、NO.2标结算总造价为101413893.12元×2%=2028277.86元
9		保险费	551565.33元	证据4《内部项目承建责任合同》第六条、证据36《NO.1、NO.2标段工程项目保险费支出汇总表》及《发票》	合同价为(NO.1标102660443元+NO.2标142482006元)×1‰=245142.50元
10		建造师费（2人）	396000.00	证据4《内部项目承建责任合同》第二条	每月6000元/人,实发期间为2018年7月至2021年3月,共33个月。6000元/人×2人×33个月=396000.00元
11		驻地管章员工资(2人)	462000.00	证据4《内部项目承建责任合同》第四条	每月7000元/人,实发期间为2018年7月至2021年3月,共33个月。7000元/人×2人×33个月=462000.00
12		检查费	14345.00	证据4《内部项目承建责任合同》第四条	每次1000元/人,现金实际发放数额
13		工期逾期业主扣款	1094001.01	证据4《内部项目承建责任合同》第九条及证据11《审核结算书》	NO.1标工期扣款415227.94+NO.2标工期扣款678773.07元=1094001.01元
14	施工单位付款	NO.1标-劳务费	3440882.00	证据24、25	施工单位已实际支出给劳务人员
15		NO.1标-材料费	5610500.35	证据26、27	施工单位已实际支出给材料商
16		NO.1标-机械/运输费	3188705.12	证据28、29	施工单位已实际支出机械费
17		NO.1标-其他费	1203600.00	证据30、31	施工单位已实际支出其他费用
合计	合计已支出数额		101615065.73	—	超额支出=已收98241669.75元-已支101615065.73元=-3373395.98元

施工单位超额支出3373395.98元,将向A公司追索。

作为特殊承揽合同的一类,无论有效或者无效的建设工程合同,《内部项目承建责任合同》第二条工程承包方式中约定A公司"负责承担本项目施工和管理事实的一切风险和责任",并依照该合同约定获得相应对价/折价补偿款。A公司在具体施工过程中,通过《分包合作合同》再将案涉工程的土石方工程部分发包给实际施工人覃某,覃某亦应当依照上述法律规定向A公司主张相应的折价补偿款,在施工单位已足额且超额向A公司支付完毕"工程价款"的情况下,若法院再判决施工单位与A公司连带向实际施工人覃某支付"工程价款",不仅缺乏事实和法律依据,且施工单位对多支付给覃某的"工程价款",无从进行追偿,有违法律的公平原则。

4. 最高人民法院在类案中亦明确,连带责任具有严格的适用条件,非基于法律的明文规定或当事人的明确约定,不产生连带责任之债。

最高人民法院在(2020)最高法民申4454号案中认为,该案再审审查主要涉及黑龙江建工是否应对齐某平向江西建工的赔偿责任承担连带或补充赔偿责任的问题。江西建工在该案中主张的损失,系齐某平以其名义对外购买钢材而支付的钢材款、资金占用费和利息损失等。江西建工在再审申请中以齐某平挂靠黑龙江建工施工和钢材实际用于案涉工程项目为由主张黑龙江建工应对其损失承担连带或补充赔偿责任。对此,最高人民法院认为,连带责任具有严格的适用条件,非基于法律法规的明文规定或当事人的明确约定,不产生连带责任之债。同时,基于合同的相对性,亦不能因物的性质或流转方向发生变化而突破合同相对性,让非合同相对方承担本应由相对人承担的责任。就该案而言,黑龙江建工虽然将案涉工程非法转包给齐某平施工,但在实际施工过程中,齐某平向案外人五矿公司和中泰公司购买的钢材,均系利用江西建工项目负责人身份以江西建工名义签订购销合同。黑龙江建工与江西建工并不存在直接的合同关系,也非钢材购销合同的签订方,在并无证据表明黑龙江建工与齐某平存在共同冒用江西建工名义签订钢材购销合同侵害其利益的情况下,齐某平以江西建工名义对外签订合同所应承受的权利义务,并不当然及于其与黑龙江建工间基于《内部承包合同》所产生的法律关系,原审法院认定黑龙江建工对江西建工的案涉损失不承担连带或补充赔偿责任具有事实和法律依据。该案中,江西建工在该案诉前保全中并未明确提出要求黑龙江建工停止向齐某平支付案涉工程款的申请,亦无证据表明黑龙江建工曾被要求停止向齐某平支付工程款,故黑龙江建工基于实际施工的法律关系向齐某平支付相应工程款属履行合同义务的合理行为,并不以是否知晓齐某平欠付江西建工债务为支付要件。江西建工未提供证据证明黑龙江建工系恶意转移齐某平财产,原审法院认为黑龙江建工不具有协助江西建工控制案涉工程款的法定或约定义务,并据此认定黑龙江建工支付工程款行为与江西建工遭受的该案损失之间不具有因果关系并无不当。江西建工关于黑龙江建工在财产保全期间不停止工程款支付构成侵权,应对齐某平无法实际清偿的该案损失承担连带或补充赔偿责任的再审申请理由不能成立。

三、法院判决

法院认为,原告覃某诉讼请求主张的是劳务费,关于覃某与 A 公司签订的《分包合作合同》的合同性质。首先,从合同的抬头来看,合同抬头为分包合作合同,合同的抬头是确认合同性质的形式要件,合同抬头中具有分包字样,可以确认形式上满足分包合同的要件;其次,从《分包合作合同》的合同条款来看,其中合同内容记载着"No2 标段部分土石方工程"以及第二条里"提供合作活动内容:1、完成土石方开挖、运、分层填筑平整(不含分层碾压)等所需的所有工作内容,包工包料、包质量、包工期、包所需设备、机械包安全文明施工的承包方式。2、食宿、工具、水电等施工设施由乙方自行解决并承担相关费用,甲方可协助"。从合同的实质内容条款来看,合同也是以完成土石方工程任务为目的,包含了工程范围、竣工时间、工程质量、结算等内容,符合建设工程分包合同的实质要件,而非覃某所主张劳务费的劳务。覃某与 A 公司进行退场结算时,结算清单上做了项目内容也是分项工程名称路基土石方,由此可知,双方在合同履行过程中也是按照建设工程分包合同履行,与单纯的劳务作业明显不符。综上,从形式要件、合同实质要件及合同履行可以看出,覃某与 A 公司签订的《分包合作合同》合同性质为建设工程分包合同。合同相对方为 A 公司,覃某主张合同相对方为施工单位的主张没有依据,不予采纳。张某为 A 公司的股东,在找到覃某合作分包后,A 公司即以其项目部的名义与覃某签订《分包合作合同》,且结算单最后结算也由 A 公司加盖公章最后确认,因此合同相对方为亦非张某。

关于《分包合作合同》的合同的效力问题。根据我国法律的规定,承包人不得将其承包的工程支解后再分包,禁止分包单位将其承包的工程再分包、禁止承包人将工程分包给不具有相应资质条件的单位。本案中,A 公司在与施工单位签订《内部项目承建责任合同》后,再将合同项下 NO.2 标段下土石方工程分包给覃某并签订《分包合作合同》,且覃某不具备相关资质,《分包合作合同》因违反法律的强制性规定而无效。虽然合同无效,覃某确实在标段上进行了施工,且与 A 公司签订了结算单,工程量确实存在,因此 A 公司应当向覃某支付拖欠的工程款。同时,因 NO.2 标段工程整体停工、未竣工验收,无法确认工程质量,因此效力不能及于建设单位与施工单位,仅由 A 公司负担、支付。

关于建设单位、施工单位、张某是否应当承担连带责任的问题。法院认为,根据法律规定,承担连带责任必须有法律的明确规定以及当事人的约定,本案中建设单位、施工单位不存在应承担连带责任的法律情形,也未以有合同约定承担连带责任的合同文件以及意思表示,故对该部分诉讼请求法院不予支持。

四、律师评析

连带责任是一种法定责任,由法律规定或者当事人约定产生。连带责任是对当事人的不利负担,对责任人产生较为严格的共同责任,使责任人处于较为不利地位,因此对连带责任的适用应当遵循严格的法定原则,即法院不能通过行使自由裁量权的方式任意将多人责任关系认定为连带责任,而必须具有明确的法律规定或合同约定,才能适用连带责任。

上述案件的事实发生在《民法典》施行之前,故代理方案均引用了此前的法律规定。《民法典》施行之后,明确了连带责任的承担必须由法律规定或者当事人约定才能适用,即《民法典》第一百七十八条:"二人以上依法承担连带责任的,权利人有权请求部分或者全部连带责任人承担责任。连带责任人的责任份额根据各自责任大小确定;难以确定责任大小的,平均承担责任。实际承担责任超过自己责任份额的连带责任人,有权向其他连带责任人追偿。连带责任,由法律规定或者当事人约定。"

《民法典》施行后与连带责任承担有关的比较经典的案例还有(2022)最高法民再 91 号案,最高人民法院认为:连带责任是一种法定责任,由法律规定或者当事人约定产生。由于连带责任对责任人苛以较为严格的共同责任,使责任人处于较为不利地位,因此对连带责任的适用应当遵循严格的法定原则,即不能通过自由裁量权行使的方式任意将多人责任关系认定为连带责任,而必须具有明确的法律规定或合同约定,才能适用连带责任。该案中,首先,原审判决判令海成公司对黄某荣向伟富公司支付服务报酬义务承担连带责任并无明确法律依据。其次,案涉《咨询中介协议》系黄某荣以其个人名义签署,海成公司并非该协议的签约当事人,伟富公司也无充分证据证明黄某荣与其签订上述协议的行为系代表海成公司而实施或海成公司在该协议之外与其达成过为黄某荣的案涉债务承担付款责任的补充约定。虽然海成公司客观上从案涉资产重组方案中获得了利益,但是根据合同相对性原则,海成公司不是合同相对人,不应承担该合同责任。因此,原审判决判令海成公司承担连带责任也缺乏当事人约定依据。最后,原审判决不应直接适用公平原则,行使自由裁量权判令海成公司对黄某荣向伟富公司支付服务报酬义务承担连带责任。民事审判中,只有在法律没有具体规定的情况下,为了实现个案正义,法院才可以适用法律的基本原则和基本精神进行裁判。通常情况下,法院不能直接将"公平原则"这一法律基本原则作为裁判规则,否则就构成向一般条款逃逸,违背法律适用的基本规则。该案原审判决以公平原则认定非合同当事人的实际受益人海成公司对黄某荣的付款义务承担连带责任,既缺乏当事人的意思自治,又无视当事人在民商事活动中的预期,还容易造成自由裁量的滥用。综上,在既无法律规定也无合同约定的情况下,原审判决仅以黄某荣系海成公司的法定代表人,其委托伟富公司提供案涉融资服务实际系为海成公司的利益而实施为由,判令海成公司对黄某荣支付服务报酬的义务承担连带责任,确属不当,最高人民法院再审予以纠正。

五、案例索引

三江侗族自治县人民法院民事判决书,(2021)桂 0226 民初 833 号。

(代理律师:袁海兵、李妃)

案例 38

施工单位与第三方作出共同虚假意思表示，施工单位不承担付款义务

【案例摘要】

实际施工人在承包建设工程的过程中，因施工需要会进行货物采购、设备租赁、聘请施工人员，但出于某种原因，实际施工人往往会委托施工单位与第三方签订相关合同。如第三方明知实际施工人才是实际相对方并确认继续与施工单位签订相关合同，此时，施工单位与第三方签订的合同是双方共同虚假意思表示，双方之间并没有真正的效果意思，故该合同应不发生法律效力，施工单位因此也无须对承担该合同的付款义务。

一、案情概要

2020年2月，施工单位与被告实际施工人签订《内部管理协议》，约定施工单位将其中标的改造工程施工转包给实际施工人施工。实际施工人承接该工程之后，实际施工人交由梁某负责施工现场管理工作。2020年10月22日，施工单位与原告供应商签订《水泥稳定级配碎石基层销售合同》，主要约定：就施工单位承建的改造工程项目，由原告供应水泥稳定级配碎石基层（以下简称稳定层），需方签收人员、结算员均为梁某；付款方式为从供货当天算起，每15日结算一次，结算完成5个工作日内付清货款，如需方不能按约定付款，每推迟一日需方按所欠货款总额的每日6‰支付违约金，直至付清为止；发生纠纷后，双方可向工程项目地辖区人民法院诉讼解决等，梁某作为委托代理人在该合同上签字。该合同签订后，供应商向施工单位改造工程项目部（以下简称施工单位项目部）供应稳定层。2020年12月经供应商与施工单位项目部对账，2020年10月、11月稳定层货款合计108万元；2021年4月经双方对账，2021年3月稳定层货款为7万元，全部稳

定层货款合计115万元；施工单位支付货款50万元，尚欠稳定层货款65万元。

另查明，2022年5月14日，实际施工人向施工单位出具《承诺书》，载明："实际施工人系改造工程项目的实际投资和实际施工责任者。2020年10月22日施工单位系受其委托与供应商签订《水泥稳定级配碎石基层销售合同》，该合同履行、结算及付款责任均由其承担，施工单位不承担付款义务。"同时，供应商向施工单位出具《知情同意书》，载明："供应商与施工单位于2020年10月22日签订的货物买卖合同，标的额为108万元，该合同实际相对方为实际施工人。供应商对以上情形知情，并同意继续签订该合同。"该标的额108万元与施工单位项目部确认的截至2020年11月的稳定层货款数额一致。

供应商就该欠付货款提起本案诉讼，要求判令施工单位向供应商支付稳定层货款65万元及逾期付款利息。庭审中，施工单位辩称，施工单位与供应商签订案涉买卖合同是基于实际施工人委托，供应商对此明知，故施工单位与供应商并未建立买卖合同关系的真实意思表示，该买卖合同是施工单位与供应商的共同虚假表示，应属无效合同。施工单位不是供应商的合同相对人，也不是实际采购人，与供应商之间不存在买卖合同关系，无须承担付款责任。后该案经人民法院审理，判决实际施工人向供应商支付货款，施工单位无须支付供应商货款。

二、代理方案

本案供应商要求施工单位支付货款的依据是供应商与施工单位签订的销售合同。在形式上，施工单位确实与供应商签订了书面合同，且在合同履行过程中，施工单位存在支付货款的行为，此种情况下，一般会认定供应商与施工单位之间存在买卖合同关系，从而要求施工单位承担支付货款责任。如何否认供应商与施工单位之间存在买卖合同关系是本案的关键。作为施工单位的代理律师，笔者通过查阅案件相关证据材料发现，供应商与施工单位签订的《水泥稳定级配碎石基层销售合同》是由实际施工人委托其签订的，供应商对此明知，还就合同的签订出具了一份《知情同意书》，供应商明确表示其知道实际施工人是实际采购方且其愿意继续签订合同，同时施工单位在合同履行过程中是根据实际施工人的委托支付的货款。主办律师认为，表面上是施工单位与供应商之间存在买卖合同关系，事实上是实际施工人与供应商之间存在买卖合同关系，相当于存在"阴阳合同"，则可从合同效力方面着手分析。为此，主办律师拟定如下代理方案。

1.施工单位与供应商签订的《水泥稳定级配碎石基层销售合同》是双方共同

虚假意思表示,应被认定为无效合同,施工单位与供应商不存在买卖合同关系。

《民法典》第一百四十六条规定:"行为人与相对人以虚假的意思表示实施的民事法律行为无效。以虚假的意思表示隐藏的民事法律行为的效力,依照有关法律规定处理。"

本案中,施工单位与供应商签订的《水泥稳定级配碎石基层销售合同》是基于实际施工人的委托签订的,为此,实际施工人向施工单位出具《承诺书》,载明:"实际施工人系改造工程项目的实际投资和实际施工责任者。2020年10月22日施工单位系受其委托与供应商签订《水泥稳定级配碎石基层销售合同》,该合同履行、结算及付款责任均由其承担,施工单位不承担付款义务。"对于此事实,供应商是明知的,其向施工单位出具《知情同意书》,载明:"供应商与施工单位于2020年10月22日签订的货物买卖合同,标的额为108万元,该合同实际相对方为实际施工人。供应商对以上情形知情,并同意继续签订该合同。"由此可知,施工单位与供应商并非基于双方建立买卖合同关系的意思表示签订《水泥稳定级配碎石基层销售合同》,该合同是双方的共同虚假意思表示,该合同的实际当事人是实际施工人与供应商,施工单位与供应商的共同虚假意思表示隐藏了真实的买卖合同关系即实际施工人与供应商之间的合同关系。因此,应认定施工单位与供应商签订的《水泥稳定级配碎石基层销售合同》为无效合同,施工单位不是供应商的真实合同相对方,供应商无权依据该无效合同向施工单位主张支付货款。

2. 实际施工人才是供应商的买卖合同相对方,供应商对此是明知的,故供应商无权突破合同相对性要求施工单位支付货款。

《民法典》第四百六十五条第二款规定:"依法成立的合同,仅对当事人具有法律约束力,但是法律另有规定的除外。"该款是关于合同相对性的约定。"合同相对性"是指合同只对缔约当事人具有法律约束力,对合同关系以外的第三人不产生法律约束力;除合同当事人以外的任何其他人不得请求享有合同约定的权利;除合同当事人外,任何人不承担合同约定的责任。

本案中,实际施工人才是供应商的买卖合同相对方,供应商对此是明知的,具体表现在如下五个方面。

第一,从合同的签订上看,案涉买卖合同的合同当事人是供应商与实际施工人,供应商对此明知。根据《承诺书》可知,施工单位并非基于与供应商建立买卖合同关系的意思表示签订案涉《水泥稳定级配碎石基层销售合同》,该合同实际是实际施工人委托施工单位签订的,施工单位并无与供应商之间建立该合同的真实意思表示。对此,供应商是明知的,供应商还盖章出具了《知情同意书》,该《知情同意书》载明"合同实际相对方为实际施工人,我司对此情形知情,并同意继续履行签订该合同",其确认了《水泥稳定级配碎石基层销售合同》的合同签订主体、相对方实际是实际施工人。故施工单位与供应商签订案涉《水泥稳定级配碎石基层销售合同》是双方的虚假合意,该合同应认定为无效合同。事实上达成买卖合同合意的是实际施工人与供应商。

第二,从合同的实际履行上看,供应商供应的货物均是由实际施工人的人员签收的,施工单位从未签收过案涉货物。根据供应商提供的"送货单"可知,该送货单上签收的人员均是实际施工人的人员,并无施工单位的人员签收确认,也无施工单位加盖公章确认。事实上,施工单位从未签收过案涉货物,而供应商明知实际购买人、实际合同相对方是实际施工人,相应的货物也不可能是由施工单位签收的。

第三,从合同的结算上看,案涉货物的结算均是供应商与实际施工人之间履行的。根据供应商提供的"结算单"可知,该些结算单均是由实际施工人雇佣的梁某签字的,施工单位没有加盖任何公章进行确认结算。

第四,从合同的付款上看,货款是实际施工人支付的。案涉《水泥稳定级配碎石基层销售合同》项下的50万元是实际施工人委托施工单位支付的,实际施工人对此予以确认。在施工单位受托付款给供应商前,供应商已出具《知情同意书》表明其明知实际施工人是实际购买人、实际合同相对方,也就是说,在施工单位付款时供应商就明知施工单位是受实际施工人委托代付货款的。故实际付款人是实际施工人。

第五,在案涉整个买卖交易过程中,供应商均明知实际合同相对方、实际采购方是实际施工人。

综上,实际施工人才是供应商的买卖合同相对方,施工单位不是供应商的买卖合同相对方,供应商无权突破合同相对性要求施工单位支付货款。

3.施工单位已将案涉项目施工交由实际施工人组织施工,案涉工程项目部实际由实际施工人掌控、管理,因该施工产生的经济纠纷由实际施工人承担全部责任,本案是因实际施工人的施工引发的债务纠纷,应由实际施工人自行承担付款责任。

第一,施工单位与实际施工人签订的《内部管理协议》实质上是转包合同,施工单位与实际施工人之间实质上是施工合同关系。且《内部管理协议》中明确约定,案涉工程由实际施工人组织施工,案涉工程项目部实际由实际施工人掌控、管理,相关的货物采购、设备租赁、聘请施工人员等事项均由实际施工人自行负责,实际施工人对案涉项目自担风险、自负盈亏。

第二,在案涉工程施工过程中,施工单位并未对案涉项目部及实际施工人的施工进行过干预、控制和管理,故因实际施工人自行采购材料、租赁设备、聘请施工人员组织施工所产生的经济纠纷由实际施工人承担全部责任。

第三,实际施工人在出具的《承诺书》中明确并承诺,《水泥稳定级配碎石基层销售合同》系其委托施工单位签订,因该合同所产生的所有债权债务等纠纷及案涉项目所有债权债务纠纷,由实际施工人自行承担,与施工单位无关。故如本案确因《水泥稳定级配碎石基层销售合同》存在欠款,应由实际施工人承担付款责任,与施工单位无关。

三、法院判决

法院认为,关于案涉货款责任承担主体如何确定的问题。本案中,施工单位中标案涉工程之后,将案涉工程转包给实际施工人施工。案涉《水泥稳定级配碎石基层销售合同》是供应商与施工单位签订,但是根据供应商向施工单位出具的《知情同意书》,可知该合同的实际相对方为实际施工人,供应商对此明知且同意继续签订该合同,供应商与施工单位之间构成共同虚假表示。因为双方之间并没有真正的效果意思,从而不构成意思表示,故该合同应不发生法律效力。但施工单位与供应商之间虚假的意思表示隐藏了实际施工人与供应商之间真实的买卖合同关系,从双方之后履行合同的过程可以看出,该意思表示是双方的真实意思,双方达成了合意,且不违反法律、法规的效力性强制性规定,也不违背公序良俗,该隐藏行为不因无效果意思而无效。因此,供应商和实际施工人应当按照《水泥稳定级配碎石基层销售合同》全面履行各自的义务。实际施工人作为《水泥稳定级配碎石基层销售合同》的买方,在收到供应商提供的稳定层之后,依据合同相对性原则,负有向供应商支付货款的义务。施工单位与供应商之间不具有事实上的权利义务关系,法律并未要求承包人与实际施工人对买卖合同的债权人承担连带责任,故供应商要求施工单位支付稳定层货款没有事实和法律依据,应不予支持。

四、律师评析

建设工程领域中,施工单位常常会因实际施工人采购材料、租赁设备、雇佣劳务人员等行为陷入诉讼纠纷甚至承担责任。实际施工人在采购材料、租赁设备、雇佣劳务人员过程中,出于种种原因,一般会以施工单位名义与第三方签订相关合同,但实际履行相关合同的当事人是实际施工人,相关款项的付款责任人也是实际施工人。此时,就会存在两层法律关系。一层是在形式上,施工单位与第三方存在合同关系;另一层是在事实上,实际施工人与第三方存在合同关系。如实际施工人未及时支付相应款项,第三方往往会依据其与施工单位签订的合同起诉施工单位,要求施工单位承担付款责任。但就施工单位而言,实际施工人才是付款义务人,甚至有时工程款已全部支付给实际施工人,在此种情形下,施工单位并不愿意承担付款责任。因此,如使施工单位承担付款责任,不仅会损害施工单位的合法权益、造成施工单位损失,也会增加施工单位的诉累,施工单位在承担付款责任后还需另案起诉实际施工人进行追偿,对施工单位来说是劳神伤财的事。

施工单位要想在此困境下不承担责任,可从合同效力方面着手。因为根据《民法典》第一百五十五条的规定:"无效的或者被撤销的民事法律行为自始没有法律约束力。"无效合同自始不发生效力,如施工单位与第三方签订的合同无效,该合同则对施工单位无法律约束力,施工单位则无须承担合同约定的付款责任。同时,根据实际施工人与第三方的事实合同关系,主张由实际施工人承担相应的付款责任。

《民法典》第一百四十四条规定:"无民事行为能力人实施的民事法律行为无效。"第一百四十六条规定:"行为人与相对人以虚假的意思表示实施的民事法律行为无效。以虚假的意思表示隐藏的民事法律行为的效力,依照有关法律规定处理。"第一百五十三条规定:"违反法律、行政法规的强制性规定的民事法律行为无效。但是,该强制性规定不导致该民事法律行为无效的除外。违背公序良俗的民事法律行为无效。"第一百五十四条规定:"行为人与相对人恶意串通,损害他人合法权益的民事法律行为无效。"由此可知,以下五种合同无效:一是无民事行为能力人签订的合同,二是以虚假意思表示签订的合同,三是违反强制性规定签订的合同,四是违背公序良俗签订的合同,五是恶意串通损害他人利益的合同。

在施工单位因实际施工人采购材料、租赁设备、雇佣劳务人员等陷入纠纷的案件中,最常用到的是以虚假意思表示签订的合同。施工单位可以根据具体案件情形，考虑主张施工单位与第三方签订的合同是以虚假意思表示签订的合同。具体的论述思路已在本篇案例的代理方案部分进行阐述，此处不再赘述。

需要注意的是，此种合同无效情形需以第三方明知且确认为前提，如缺少这一关键要素，则不能证明施工单位与第三方签订的合同是共同虚假意思表示。因此，笔者建议施工单位基于实际施工人要求在与第三方签订合同时，应披露实际施工人，并明确告知第三方实际合同相对方是实际施工人，要求第三方对此确认。具体做法如本案例中供应商出具《知情同意书》，或在合同中明确实际施工人是实际相对方、施工单位函告第三方、施工单位提供其与实际施工人签订的合同和往来函件等披露实际施工人等，总而言之，所有方法都是为了让第三方明知实际相对方另有他人。

五、案例索引

北海市铁山港区人民法院民事判决书，(2022)桂0512民初619号。

（代理律师：李妃、乃露莹）

案例 39

实际施工人的雇佣人员以个人名义对外签订合同，施工单位不承担付款义务

【案例摘要】

实际施工人邓某雇佣的项目管理人员以个人名义对外签订机械租赁合同后，实际施工人邓某拒不支付租赁商合同价款，供应商将实际施工人邓某和与其没有合同关系的施工单位诉至法院，要求共同承担付款义务。一审、二审法院均判决施工单位承担连带责任。施工单位不服判决结果，申请再审。再审法院认为，实际施工人邓某雇佣的项目管理人员以个人名义对外订立合同，不构成约束施工单位的职务代理行为；根据合同相对性理论，相应的法律后果不应由施工单位承担，故提审本案并改判施工单位不承担付款义务。

一、案情摘要

2017年，施工单位中标承建某公路工程后，将该公路工程转包给实际施工人邓某负责组织施工。施工过程中，实际施工人邓某聘请的管理人员冯某与供应商达成租赁机械设备的口头协议。2019年5月，实际施工人邓某及其聘请的管理人员冯某与供应商共同对机械设备租赁费用进行结算，并签署结算单。结算单记载，案涉租赁费用合计20万元，已支付10元，剩余应支付10万元。后经实际施工人邓某委托，施工单位向供应商付款合计3万元。就剩余租赁费用，供应商多次催款未果，遂将施工单位、实际施工人邓某、实际施工人聘请的管理人员冯某共同诉至法院，要求三者共同向其支付租赁费用。诉讼中，供应商主张施工单位是机械租赁合同的当事人，且案涉机械亦是用于施工单位承建的公路工程。同时，施工单位还支付了部分的租赁费用，故施工单位虽未在结算单上盖章，但仍应当承担付款责任。施工单位辩称，施工单位不是案涉租赁合同的相对人，施工单位

将案涉公路工程转包给了实际施工人,案涉机械租赁合同是实际施工人邓某所聘请的管理人员冯某与供应商口头订立的,应当由实际施工人邓某或者其管理人员冯某承担相应的合同义务。一审法院认为,机械租赁合同是由案涉项目的管理人员冯某与供应商口头订立的,且由冯某在结算单签字确认,故冯某应当支付供应商相应的租赁费用。此外,案涉机械设备用于施工单位承建的公路工程,故施工单位亦应承担付款责任。据此,一审法院判决管理人员冯某与施工单位共同支付租赁费用。施工单位不服提起上诉,二审法院认为,冯某是实际施工人邓某聘请的管理人员,其向供应商租赁机械设备及结算的行为均属职务行为,相应的后果由实际施工人邓某承担。同时,本案没有证据证明施工单位已全部支付实际施工人邓某工程款,故施工单位亦应当承担付款责任。施工单位认为本案一审、二审判决存在法律适用错误的情形,遂提出再审申请。再审法院认为,施工单位不是案涉租赁合同的相对人,且现行法律没有规定在租赁合同关系下突破合同相对性的事由。最终,再审法院提审改判施工单位不承担任何付款义务。

二、代理方案

本案中,一审、二审法院均判决施工单位承担付款义务,但一审判决和二审判决中法院认为施工单位承担付款义务的理由却不尽相同。一审判决认为施工单位承担付款义务的理由是案涉机械设备用于施工单位承建的公路工程,施工单位是受益人。二审法院则认为,施工单位未全部支付实际施工人邓某工程款,故对实际施工人邓某对外的欠款应承担付款责任。笔者作为施工单位的代理人,认为本案一审、二审判决对各方当事人的法律地位、法律关系的认定存在错误,应当启动再审程序予以纠正。首先,本案是租赁合同纠纷,应当严格遵循合同相对性原则。案涉租赁合同是由实际施工人邓某雇佣的管理人员以个人名义与供应商协商订立的,该管理人员并没有以施工单位的名义订立合同,施工单位也未在合同上盖章确认。故施工单位不是案涉租赁合同的当事人,不应承担案涉租赁合同项下的租金支付责任。其次,案涉租赁合同的出租方(供应商)也不能提供证据证明在租赁合同上签字的管理人员与施工单位之间构成法定代表关系、职务代理关系、委托代理关系甚至表见代理关系,不应适用代理制度的规定认定管理人员的签字行为代表施工单位。最后,根据本案律师对在案证明材料的细心梳理与经过协同多方的核实询问,发现在租赁合同上签字的管理人员实为案涉工程实际施工人邓某雇佣进场实施管理活动的人员,案涉租赁合同的租金是实际施工人邓某委托施工单位代付的,且实际施工人邓某以承诺的形式承认其为承担案涉项目付款责任的责任名义人。综上,笔者拟定的本案再审程序的代理方案含如下几方面内容。

1. 供应商请求支付租金所依据的案涉《机械租赁结款单》是以"冯某"作为承租方、供应商作为出租方签字捺印订立的。施工单位没有签订《机械租赁结款单》,冯某也没有以施工单位的名义签订《机械租赁结款单》。依照"合同相对性"法律规则,施工单位不应当承担《机械租赁结款单》项下的租金支付义务。

《民法典》第四百六十五条第二款规定:"依法成立的合同,仅对当事人具有法律约束力,但是法律另有规定的除外。"

《中华人民共和国民法典合同编理解与适用(一)》一书中载明,合同相对性包括合同主体的相对性、合同内容的相对性以及合同责任的相对性。合同主体的相对性,是指合同的权利义务关系只对合同当事人产生约束力,只有合同当事人能够依据合同权利向对方提出请求或诉讼,合同当事人之外的第三人不得向合同当事人提出请求或提起诉讼。合同内容的相对性,是指合同所产生的权利义务,只有合同当事人才能享有和承担,任何当事人以外的第三人都不能主张合同的权利或承担合同义务。合同责任的相对性,是指合同责任只能由合同当事人来承担,非合同当事人的第三人不能承担合同的责任。

合同仅对签署合同的当事人产生拘束效力,具体表现为,在无特别约定的情况下,合同权利仅能由合同当事人享有、合同义务仅能由合同当事人履行、合同责任仅能由合同当事人承担。非合同当事人,无须履行合同义务、不必承担合同责任。

本案中,供应商诉请支付租金所依据的案涉《机械租赁结款单》并不是以施工单位的名义签订的,不应当约束施工单位,也不应当由施工单位承担租金支付责任。首先,案涉《机械租赁结款单》中,在出租方落款处签字的是供应商,在承租方落款签字的是被告之一冯某,并未体现施工单位的名义。其次,承租方冯某并未以施工单位的名义签订案涉《机械租赁结款单》并租赁机械,也不构成代理行为的适用前提条件。最后,案涉《机械租赁结款单》的"承租方"处并未出现施工单位的名义,由该事实可以推定供应商并不知道租赁机械的使用方是施工单位,也可以说明供应商对于《机械租赁结款单》项下的义务承担主体是施工单位这一事实并没有可预见性,供应商不具有值得法律保护的合理信赖。故供应商要求非《机械租赁结款单》的签订主体施工单位承担租金支付责任，欠缺事实依据与法律依据，法院应当不予支持。

2. 即便冯某抗辩其订立《机械租赁结款单》是出于履行工作职务的需要、供应商也抗辩其有理由相信冯某背后承租方是施工单位、冯某代表的是施工单位，但供应商未能提供证据证明冯某订立《机械租赁结款单》构成对施工单位的职务代理行为，其要求施工单位承担租金支付义务，欠缺事实依据。

从《机械租赁结款单》承租方的名义主体冯某提交的《答辩状》来看，冯某辩称其仅是案涉工程雇佣进场管理工程项目的工作人员，其签订《机械租赁结款单》仅是出于履行项目管理的职务需要，冯某不应当承担《机械租赁结款单》项下的租金支付责任。从供应商在庭审过程中的抗辩理由来看，供应商认为，即便《机械租赁结款单》的承租方一栏中签章的是"冯某"而非"施工单位"，但供应商有理由相信冯某是施工单位的工作人员，其签订《机械租赁结款单》实际上构成职务代理行为。但是，解构"职务代理"的成立要件并结合供应商在本案提交的证据，可以发现，并无充分证据证明冯某是施工单位的工作人员，冯某以自己的名义签署《机械租赁结款单》的行为也不构成足以认定适用"职务代理"规则的前提情形。

（1）从实体层面看，冯某是以自己的名义签订《机械租赁结款单》，不满足"职务代理"的前提条件，且供应商也无法提供证据证明冯某是施工单位的工作人员，故冯某签订《机械租赁结款单》的行为不构成约束施工单位的职务代理。

一方面，冯某以自己的名义签订《机械租赁结款单》，不满足"职务代理"的前提条件。《民法典》第一百七十条第一款规定："执行法人或者非法人组织工作任务的人员，就其职权范围内的事项，以法人或者非法人组织的名义实施的民事法律行为，对法人或者非法人组织发生效力。"《中华人民共和国民法典合同编理解与适用（一）》一书中载明："职务代理的构成必须满足：第一，代理人是法人或者非法人组织的工作人员；第二，代理人实施的必须是其职权范围内的事项；第三，必须以该法人或者非法人组织的名义实施民事法律行为。"根据法律规定，构成"职务代理行为"必须同时满足：①行为人是公司的工作人员；②行为人以公司的名义从事交易；③行为人的交易行为在性质上在其职务授权的客观范围内。以上成立要件缺一不可。但在本案中，冯某是以自己的名义在《机械租赁结款单》的"承租方"处签字，冯某并没有以施工单位的名义签订上述《机械租赁结款单》，故冯某自己名义签署合同的行为,使其并不具备构成"职务代理行为"的前提条件。

另一方面,供应商无法提供证据证明在《机械租赁结款单》上签字的冯某是施工单位的工作人员。《关于确立劳动关系有关事项的通知》第一条规定:"用人单位招用劳动者未订立书面劳动合同,但同时具备下列情形的,劳动关系成立。(一)用人单位和劳动者符合法律、法规规定的主体资格;(二)用人单位依法制定的各项劳动规章制度适用于劳动者,劳动者受用人单位的劳动管理,从事用人单位安排的有报酬的劳动;(三)劳动者提供的劳动是用人单位业务的组成部分。"第二条规定:"用人单位未与劳动者签订劳动合同,认定双方存在劳动关系时可参照下列凭证:(一)工资支付凭证或记录(职工工资发放花名册)、缴纳各项社会保险费的记录;(二)用人单位向劳动者发放的'工作证'、'服务证'等能够证明身份的证件;(三)劳动者填写的用人单位招工招聘'登记表'、'报名表'等招用记录;(四)考勤记录;(五)其他劳动者的证言等。其中,(一)、(三)、(四)项的有关凭证由用人单位负举证责任。"在本案中,施工单位并没有按照固定时间结合固定岗位向冯某发放固定工资、没有为冯某代扣代缴社保、也并未对冯某施加制度管理与考勤约束,且供应商没有证据证明施工单位与冯某之间存在诸如上述工资发放关系、社保代缴关系与考勤管理关系,故冯某并非施工单位的工作人员。

(2)从程序层面看,供应商无法提供证据证明冯某是施工单位的工作人员,应当承担举证不能的不利后果,即其事实主张不能得到法院支持,法院应当认定"冯某不是施工单位的员工,其行为不构成约束施工单位的职务代理行为"。

《民事诉讼法》第六十七条第一款规定:"当事人对自己提出的主张,有责任提供证据。"

《民事诉讼法司法解释》第九十条规定:"当事人对自己提出的诉讼请求所依据的事实或者反驳对方诉讼请求所依据的事实,应当提供证据加以证明,但法律另有规定的除外。在作出判决前,当事人未能提供证据或者证据不足以证明其事实主张的,由负有举证证明责任的当事人承担不利的后果。"

供应商主张在《机械租赁结款单》签字的冯某是施工单位的员工,其应当提供充分证据证明冯某与施工单位之间存在工资发放关系、社保代缴关系、考勤管理关系与制度约束关系等。但如前文所述,供应商并不能提供证据证明上述关系的存在,则应当承担举证不能的不利后果,即法院应当认定"冯某不是施工单位的员工,其行为不构成约束施工单位的职务代理行为",而对供应商主张的有关事实不予采信。

3. 即便冯某以自己的名义订立《机械租赁结款单》是对施工单位的"隐名代理",但供应商并没有证据证明其"在订立《机械租赁结款单》时知道冯某与施工单位的代理关系",且冯某与施工单位之间确实不存在任何法律关系,冯某的签约行为不构成约束施工单位的"隐名代理行为"。

《民法典》第九百二十五条规定:"受托人以自己的名义,在委托人的授权范围内与第三人订立的合同,第三人在订立合同时知道受托人与委托人之间的代理关系的,该合同直接约束委托人和第三人;但是,有确切证据证明该合同只约束受托人和第三人的除外。"

该条是有关"隐名代理"的规定,当行为人以自己的名义而非以被代理人的名义订立合同时,被代理人是否受到合同约束,关键在于"合同相对人在订立合同时是否知道受托人(行为人)与委托人(被代理人)之间的代理关系",若合同相对人明知,则被代理人承担合同之责。本案中,供应商无法提供证据证明其知道在《机械租赁结款单》签字的冯某与施工单位之间存在代理关系:首先,供应商完全可以在国家企业信用信息公示系统上查询到,冯某并非施工单位的法定代表人,故冯某的行为不构成针对施工单位的代表行为;其次,如前文所述,供应商没有证据证明,施工单位对冯某发放工资、代缴社保或考勤管理,故冯某的行为不构成针对施工单位的职务代理行为;最后,施工单位从未向冯某出具过《授权委托书》或《管理委任书》等文件,授权冯某代表施工单位对案涉工程项目进行管理,故冯某的行为也不构成针对施工单位的代理行为。

因此,事实上,供应商无法通过施工单位的行为痕迹得知施工单位与冯某之间存在代理关系;程序上,供应商也无法据以提供证据证明其知道施工单位与冯某之间存在代理关系,故冯某以自己的名义在《机械租赁结款单》上签字的行为不构成对施工单位的"隐名代理行为",《机械租赁结款单》不当然约束施工单位。

4. 施工单位已有充分证据证明,冯某是受案涉工程项目的实际施工人邓某雇佣到案涉工程项目进行管理的工作人员,故冯某签订《机械租赁结款单》的行为实际上代表的是实际施工人邓某,应当由实际施工人邓某承担《机械租赁结款单》项下的付款义务。

事实上,案涉《机械租赁结款单》是出于满足实际施工人邓某完成施工任务的需求的目的而订立的,案涉《机械租赁结款单》的签署完全满足了实际施工人邓某的现实需要,也体现了实际施工人邓某的真实意志。冯某以自己的名义签订《机械租赁结款单》的行为,其实是代表实际施工人邓某的行为,《机械租赁结款单》应当约束的是实际施工人邓某,应当由实际施工人邓某履行合同项下的付款任务。对此,施工单位有下列几项证据予以证明。

(1)证据《内部承包经营合同》与相关生效法院判决书,充分证明,施工单位承接案涉工程后,转交陈某承接;后陈某又将案涉工程转包给邓某承接,且邓某实际组织劳务、安排管理、购买材料并租赁机械投入案涉工程中,故邓某是案涉工程的实际施工人。该事实已为生效法院判决所认定,根据《民事诉讼证据的若干规定》第十条规定:"下列事实,当事人无须举证证明:(一)自然规律以及定理、定律;(二)众所周知的事实;(三)根据法律规定推定的事实;(四)根据已知的事实和日常生活经验法则推定出的另一事实;(五)已为仲裁机构的生效裁决所确认的事实;(六)已为人民法院发生法律效力的裁判所确认的基本事实;(七)已为有效公证文书所证明的事实。前款第二项至第五项事实,当事人有相反证据足以反驳的除外;第六项、第七项事实,当事人有相反证据足以推翻的除外。"若供应商、签字人冯某或实际施工人邓某无法提供充分证据推翻上述事实,则本案足以凭此认定:其一,邓某是案涉工程的实际施工人,承担案涉工程的施工责任;其二,实际施工人邓某与施工单位的身份相互独立,是不同的民事主体;其三,结合一、二,又鉴于《机械租赁结款单》所示的机械设备用于案涉工程,实际施工人邓某订立《机械租赁结款单》承租机械存在租赁目的、履行利益与现实需求。

(2)证据《转款委托书》与《邓某承诺书》充分证明,首先,虽然施工单位已经向供应商曾经支付案涉《机械租赁结款单》项下的租金,但是施工单位是基于实际施工人邓某出示的《转款委托书》上载明的委托代付指示意思而支付的,邓某是租金支付的委托主体,施工单位是租金支付的受托主体,故向供应商支付租金的行为是出于实际施工人邓某的意志,而非施工单位的意思。其次,案涉工程有关款项的支付,如材料款、其他机械使用的租金、劳务费等,均是由实际施工人邓某统计核算后上报施工单位委托代付的,故实际施工人在案涉工程中是以自己的名义完成有关款项的支付活动的。最后,实际施工人邓某出具《承诺函》承诺绝不拖欠完成案涉工程所产生的款项,如有拖欠由自己解决而与施工单位无关,故实际施工人邓某存在以自己的名义使用与案涉工程有关的机械设备并承担由此产生的付款责任的真实意思。据此足以认定:一方面,《机械租赁结款单》的租金支付义务的履行是以实际施工人邓某的名义作出的,《机械租赁结款单》的合同当事人应当包括实际施工人邓某;另一方面,从实际施工人邓某的委托代付行为与付款承诺意思来看,实际施工人邓某存在以自己的名义承担案涉工程有关欠款债务的真实意思,由实际施工人邓某承担《机械租赁结款单》项下的付款责任,合情合理,也不违反实际施工人邓某的真实意思。

(3)案涉工程的《工资发放表》《劳务费发放表》《资金使用明细表》《机械租赁结款单》的签字人冯某的当事人陈述。在庭审过程中,笔者作为施工单位的代理人,向冯某补充询问了一个事实问题:冯某是经何人邀请、受何人雇佣来到案涉工程提供管理劳务服务?冯某对此的回答是,其是受实际施工人邓某雇佣到案涉工程中帮助邓某进行管理的,且案涉工程用于确认材料款、机械租金或劳务费支出等事实的《工资发放表》《劳务费发放表》《资金使用明细表》等一系列证明文件明确显示,实际施工人邓某在"项目负责人"处签字,《机械租赁结款单》签字人冯某在上述文件的"部门主管"处签字,也可佐证冯某实际上是实际施工人邓某雇佣的、代表实际施工人邓某利益的案涉工程工作人员。由此本案法院足以认定:在《机械租赁结款单》签字的冯某是经实际施工人邓某聘请、雇佣的管理人员,其签订《机械租赁结款单》是出于实现实际施工人邓某的利益、体现邓某的意思,故《机械租赁结款单》应当约束实际施工人邓某。

综上所述,首先,供应商诉请租金所依据的《机械租赁结款单》并未体现出施工单位的名义,供应商不存在认为合同义务承担主体是施工单位的内心意思,《机械租赁结款单》对施工单位无约束力。其次,供应商也无法提供证据证明《机械租赁结款单》的签字名义人冯某与施工单位之间构成法定代表关系、职务代理关系、授权代理关系与表见代理关系,供应商也不存在值得法律保护的、有理由相信施工单位是承租方的合理信赖。最后,施工单位反而提供证据证明,邓某是案涉工程的实际施工人,根据邓某的承诺付款意思与委托代付行为,施工单位是案涉工程的责任承担人与付款名义人,且《机械租赁结款单》的签字名义人冯某承认其是实际施工人邓某雇佣进场管理的工作人员。故《机械租赁结款单》对实际施工人邓某有约束力,但不应当约束施工单位,《机械租赁结款单》项下的付款责任应当由实际施工人邓某承担。

三、法院判决

再审程序的争议焦点为:施工单位应否对案涉租赁费用承担付款责任。再审法院认为,首先,施工单位中标承建案涉工程后将工程转包给实际施工人邓某。根据在案证据来看,实际施工人邓某将每笔工程款项用途、委托发放机械租赁费、人工费等直接核算并上报至施工单位处,由施工单位从建设单位收到的工程款中代为支付至指定账户。因此,施工单位向管理人员冯某转账支付工资及向供应商支付租赁费用,均是代实际施工人邓某支付。管理人员冯某向供应商租赁机械的事实发生在实际施工人邓某承包施工期间,结合管理人员冯某再审庭审中关于其系实际施工人邓某聘请到工地负责管理相应事务的陈述,足以认定管理人员冯某向供应商租赁机械及签订结算协议的行为系代表实际施工人邓某,均属履行职务行为,产生的后果应由实际施工人邓某来承担。施工单位提出案涉机械实际使用人是实际施工人邓某,管理人员冯某租赁机械及签订结算协议的行为系代表实际施工人邓某的主张,与本案查明事实相符,予以支持。其次,本案纠纷法律关系为建筑设备租赁合同纠纷,根据合同相对性原则,实际施工人邓某和供应商系租赁合同的相对人,施工单位并非租赁合同的相对人,故供应商起诉主张施工单位承担付款责任,缺乏事实和法律依据,不予支持。原审判决以施工单位没有证据证明已将应当支付给实际施工人邓某的工程款支付完毕为由,判决施工单位和实际施工人邓某共同向供应商支付租金及资金占用费损失有误,再审法院予以纠正。最终,再审法院判决撤销一审和二审判决书,改判施工单位不承担支付义务。

四、律师评析

本案的法律适用涉及职务代理制度的运用,需要分析职务代理制度的概念内涵,辨明职务代理制度与其他代理制度的根本区别,并拆解职务代理制度的构成要件,方能正确适用职务代理制度处理当事人的争议纠纷。

(一)"职务代理"概述

公司法人是法律拟制的"人",并非现实存在且肉眼可察的"人",本身不具备能够形成意思并表达意思的生物功能,只能依托"股东决议制度""股东一致同意制度""法定代表人制度"觉醒自我意识,并借助"印章表示制度""法定代表制度""授权代理制度""职务代理制度"将民事意思表达出来。在其中,"职务代理制度"在减轻公司法定代表人处理多重交易往来、烦琐商业事务的有关压力方面起到重要作用,并在扩张公司法人商业意志、意思自治的效力范围方面起到推动作用。一方面,职务代理行为是公司法人交易意志的延伸,也体现了公司法人拓展经营版图的需求;另一方面,面对公司法人安排的有关代表公司对外结成交易关系的工作,除了交易性质损害国家利益、公共利益、他人合法利益或公序良俗以外,身为公司法人雇佣的员工,似乎没有更多的选择资格与拒绝余地。如此看来,职务代理行为仅体现公司法人的决策安排,不体现工作人员的真实意志;职务代理行为产生的利益归公司法人享有,而非由工作人员取得,故职务代理行为的法律效果归属于公司法人,这是不言而喻的。

《民法典》第一百七十条第一款规定:"执行法人或者非法人组织工作任务的人员,就其职权范围内的事项,以法人或者非法人组织的名义实施的民事法律行为,对法人或者非法人组织发生效力。"职务代理行为,是指法人或非法人组织的工作人员在与其岗位职责性质相关的职务授权范围内,以法人或非法人组织的名义从事的交易活动。依照常理推演以及法律规定,职务代理行为的法律后果,由法人或非法人组织直接承担,而非由实施职务代理行为的工作人员承担。

(二)"职务代理"与其他性质代理的区分

我国民事代理法律制度的内容丰富、规则合理,不仅包括便于公司法人从事交易活动的"法定代表人制度""职务代理制度",还出于满足民事主体延伸交易能力的意图、维护意思自治原则的需要设定了"授权代理制度(意定代理制度)",并且考虑到保护交易相对人对授权外观的合理信赖、维护交易安全的现实需求,设立了"表见代理制度"。但以上多种代理制度的设计构造与适用场景迥然不同,须在性质上进行分辨,方不至于适用混淆。

职务代理行为有别于法定代表行为。其一,职务代理行为的实施主体是公司法人的内部职工,而法定代表行为的实施主体是公司法人经公示登记的法定代表人。其二,职务代理行为的权限产生于能为商业理性人依其社会经验正常识别并认知的职务身份,反映到内部即为公司法人对在某一职责岗位的职工默示赋予的职务权限;法定代表行为的权限产生于法定代表人的身份,而法定代表人基于这一身份享有的公司法人代表权限又是源于法律的强制性规定。其三,职务代理行为的权限受制于职务岗位本身的常态性质,如销售经理以房地产公司的名义与购房者签订《商品房买卖合同》,这是可以的,但后勤采买负责人以公司的名义签订《投资合作协议》,这是不允许的;法定代表行为的权限几乎不受限制,法定代表人本身就被法律拟制为公司法人的"代表机构",在公司法人的层面上看法定代表人被剥夺独立人格且被物化为公司法人的职能部门之一,其以公司法人的名义进行的所有交易,均由公司法人承受法律后果。其四,虽然在某些情况下职务身份信息能够公开出来为交易相对人所知晓,但由于法律对职务身份的公示不作强制要求,全凭公司或者职工的意愿,职务身份信息仍然具有一定程度的隐秘性,而公示不足则不能认为相信是充分的、合理的。此时若有第三人别有用心冒充公司职工代表公司签订合同,相对人不能仅相信片面之词或表面材料,仍负有进一步审查其代理资格的审慎义务,其仅能在"善意无过失"的范围内要求公司负合同之责;但鉴于法定代表人的身份公示具有强制性、长期性、稳定性的特点,且法定代表人本身就被视为行使"代表职责"的职能机构,法律认为"法定代表人身份"结合"以公司名义"可以产生十分强烈的、令人安心的公司代表外观,交易相对人看到法定代表人的身份信息后会产生坚不可摧的合理信赖,不要求交易相对人另外审查其他有关代理权限存在的有关信息,只要交易相对人是"善意"的即成立法定代表行为。由此可见,相较于对"职务代理"项下交易相对人的保护,法律对"法定代表"项下交易相对人的保护更为偏重。

  职务代理行为不同于授权代理行为(意定代理行为)。首先,职务代理行为的实施主体局限于公司法人的内部职工,而且是与公司法人建立了劳动合同关系的内部职工;授权代理行为的实施主体可以是公司法人以外的、与公司法人无关的不特定第三人,只要公司法人的授权意愿真实,任何人都可以成为公司法人的授权代理人。其次,职务代理行为的授权体现出稳定性与持续性,只要公司职工处于公司任命的职位,公司职工与公司法人维持劳动合同关系,职务授权便会在一段时间内持续存在,且难以被轻易撤回;授权代理行为的授权呈现出变化性与偶发性,依公司法人的授权意愿,授权期限可长可短,且授权是单方行为,公司法人有权随时撤回。再次,职务代理的权限内容具有固定性,其权限范围必须与职务岗位的固有性质相关联,与职务岗位的工作内容息息相关;授权代理的权限内容具有恣意性,只要委托事项不违反法律强制性规定、不伤害社会公序良俗,允许公司法人随时授权任何人以公司法人的名义、为公司法人的利益从事交易活动。最后,职务代理授权公示性较强,即职务信息的公示路径较为丰富多样,只要交易相对方能够通过员工名牌、公司职务公示栏、公司宣传文案、员工出示名片并主动告知等方式识别出员工的身份,则交易相对方便当然有理由相信员工的职务身份,进一步相信员工有权代表公司法人;委托代理授权公示方式较为单一,隐蔽性有余而公示性不足,在委托代理人未出示公司法人同意授权的有关《授权委托书》等文件的情况下,交易相对人往往难以探明使用公司法人名义的行为人究竟与公司法人之间存在何种关联性。

(三)"职务代理"的构成要件

最高人民法院认为,成立职务代理,事实情节需契合以下构成要件:(1)代理人是法人或者非法人组织的工作人员;(2)代理人实施的民事交易行为的性质必须框定在其职权范围内;(3)代理人必须以该法人或者非法人组织的名义实施民事交易行为。① 该构成要件是最高人民法院根据《民法典》第一百七十条第一款作意思拆解后重新建构所得出的要件分析成果,贴合法律的规范目的意旨与现实的职务纠纷处理需要,值得肯定,应当遵循。

1.代理人是法人或者非法人组织的工作人员

职务代理行为的授权来源于岗位职责、职务身份本身,若代理人与法人或非法人组织并未构建劳动雇佣关系,岗位任命便无从谈起,更不必说职务授权,故代理人与法人或非法人组织之间的劳动关系,是产生职务授权进而适用职务代理的前提和基础。根据劳动争议纠纷的普遍处理习惯,认定员工与公司之间是否存在劳动关系所依据的证明材料是双方已经签署的《劳动合同》、公司要求员工签认的《公司管理制度》《考勤记录表》等文件,但现实中,许多公司往往出于规避责任这一趋利避害的考虑将上述证明材料隐匿起来,不为审判人员或仲裁人员所知晓,进而避免"劳动关系"的证成。

在交易相对人这一边,为了构建适用"职务代理行为"的进路,一方面,其可以在诉讼或仲裁过程中适用《民事诉讼证据的若干规定》第四十五条规定的"书证提出命令申请"请求法院责令公司提交劳动合同、考勤记录等能够证明构成劳动关系的书面证据;另一方面,交易相对人可以结合《关于确立劳动关系有关事项的通知》(劳社部发〔2005〕12号)的规定从其他方面证明其与公司之间存在"劳动关系",如公司向员工出具的《岗位任职通知》、公司按照固定时间向员工发放固定工资、公司联系社保局为员工代缴社保、载明公司名称与岗位职务的员工工牌等。

2.代理人实施的民事行为的性质局限于其职务授权范围之内

工作人员实施的民事交易行为性质紧密关联其岗位职责要求是"职务代理

---

① 参见最高人民法院民法典贯彻实施工作领导小组主编:《中华人民共和国民法典总则编理解与适用》(下册),人民法院出版社2023年版,第850页。

行为"的核心特征之所在,也是平衡对被使用名义的公司法人的正常预见保护与对交易相对人的合理信赖保护的这对利益的"砝码"之所在,前者体现民事公平原则,后者体现交易安全保护。这要求:一方面,若依一般商事理性人凭借其社会经验可以认定,工作人员使用公司的名义所从事的交易行为的性质与工作人员所就职的职务岗位内容密切关联,即工作人员以公司的名义签订合同所成立的交易是出于履行其岗位职责的需要,并未超出一般人所认知的职务性质范围的,则为保护交易相对人对岗位职责与交易性质的正常关联认知以及《民法典》"职务代理制度"的安定性,可以径直认定工作人员的签约行为构成对公司的职务代理行为。另一方面,根据常态认知与经验法则,交易性质与岗位职责存在客观关联,交易性质并未超出岗位职责的客观内涵,即便法人在内部特地限制工作人员的职务授权范围,使职务授权范围实际上小于岗位职责所应当划定的边界,如公司不允许后勤主任使用公司的名义购买公用电脑,或不同意设计部门负责人使用公司的名义购买绘图软件等,在交易相对人对该限制不得而知的情况下,为了保护交易相对人的常态关联认知与交易合理信赖,也会认定上述交易对公司有约束力,这就是《民法典》第一百七十条第二款关于"法人或者非法人组织对执行其工作任务的人员职权范围的限制,不得对抗善意相对人"的主要内涵。在公司没有作出明确意思表示的情形下,应依据法律(如《公司法》关于有限责任公司经理之职权的规定)、行政法规、交易习惯、相对人是否知悉公司章程或合伙协议以及法人或非法人组织的规定来具体判断职务代理人的职权范围。

3. 代理人以法人或非法人组织的名义实施民事行为

代理行为的特征就是"名义的借用",即从事交易活动的行为人并非以自己的名义而是以他人的名义实施民事行为,"职务代理制度"作为"代理制度"的其中一类,当然遵循这样的特征规律。工作人员为公司的利益实施民事法律行为时,须显示出公司的名义,此为显名原则。显名原则主要是为了保护第三人的利益,让第三人知悉究竟是哪一主体在与其发生法律关系,由哪一主体对其享有权利或承担义务。若工作人员实施民事活动未体现公司的名义,则交易相对人便无从知道合同当事人包括公司,其对于公司作为合同权利享有者、合同义务履行者缺乏值得法律保护的可预见性,也就欠缺要求公司承担合同项下责任的正当性基础。

上述案例中,《机械租赁结款单》的签字主体并未以公司(施工单位)的名义订立合同,《机械租赁结款单》的交易相对方(供应商)无从得知合同当事人包括施工单位;且其无法提供证据证明《机械租赁结款单》上的签字名义人是施工单位雇佣进场实施管理的工作人员、与施工单位之间存在劳动合同关系。故上述情形不满足"代理人以法人或非法人组织的名义实施民事行为""代理人是法人或者非法人组织的工作人员"两个构成要件,当然不得适用"职务代理"的法律规定要求施工单位承担租金支付责任。

五、案例索引

广西壮族自治区高级人民法院民事判决书,(2022)桂民再434号。

(代理律师:袁海兵、乃露莹)

案例 40

实际施工人擅自以承包人的名义对外签订合同的,由实际施工人自行承担法律责任

【案例摘要】

实际施工人擅自以承包人的名义与供应商签订《购销合同》,实际施工人的员工签收货物,实际施工人支付部分货款,并在合同履行完毕后向供应商出具了《还款协议书》,确认尚欠货款。人民法院认为,承包人并未实际履行合同,并非该买卖合同的相对方,供应商诉请承包人支付货款缺乏事实依据,该买卖合同项下的责任均应由实际施工人承担。

一、案情概要

2019年12月1日,因案涉项目承建的需要,实际施工人与供应商达成约定,由供应商向施工项目供应柴油,实际施工人以承包人项目部的名义拟定了书面的购销合同,合同中还明确约定了实际施工人的员工作为指定收货人。该份购销合同仅有供应商签字,并无承包人盖章,也无实际施工人签字。

供应商签订合同后向施工项目供应柴油,并就每次供应的柴油量出具供货清单。供应商出具的所有清单均由实际施工人指定的签收人签字确认。同时,供应商就其供应的柴油按月与实际施工人办理结算,所出具的结算表也均由实际施工人的员工签字确认。

2020年11月12日,供应商与实际施工人就已经供应的柴油进行最终结算,双方最终确认供应商已经实际供应284249.3元的柴油,实际施工人就欠付供应商的货款出具了《还款协议书》,约定在签订协议后的3日内先支付19633元,剩余的在2021年5月31日前支付完毕,该《还款协议书》由实际施工人的员工代其与供应商签订。还款协议签订后,与供应商签订《还款协议书》的实际施工人的

员工向供应商支付了 19633 元，其余的货款未再支付。

2023 年 5 月，供应商以未支付货款为由将承包人、实际施工人一并诉至人民法院，要求承包人与实际施工人一并承担支付责任。

在庭审中，供应商主张与其签订《购销合同》的相对方系承包人，在《购销合同》中承包人处签字确认的一方系承包人的授权代表，承包人就案涉项目曾向该授权代表出具过"授权委托书"，供应商有理由相信其代表的是承包人，且货物确实也已经供应到承包人的项目中并已经实际使用，故承包人应当承担付款责任。人民法院审理查明，以承包人名义与供应商签订买卖合同的一方系实际施工人的授权代表，庭审中该授权代表也自认其受雇于实际施工人，且出具《还款协议书》及支付部分货款的行为均是受实际施工人的委托，故人民法院认定实际施工人与供应商之间存在真实的买卖合同关系，承包人与供应商之间无真实的买卖合同关系，本案项下的付款责任均应由实际施工人承担，供应商诉请承包人支付货款无事实依据。

二、代理方案

本案是关于实际施工人擅自以承包人名义与供应商签订合同，该《购销合同》项下所产生的付款责任由谁承担的问题。作为承包人的代理人，主办律师认为最关键的是否认定承包人是合同相对人，以及在《购销合同》及《还款协议书》上签字的人员的行为不能代表承包人。关于承包人不是合同的当事人的代理思路，从以下三个方面入手：第一，从合同签订上看，案涉《购销合同》是否有承包人的盖章或签字确认；第二，从合同履行上看，承包人是否参与合同的履行即是否有签收货物、结算货款等行为；第三，从付款行为上看，承包人是否有支付过供应商货款的行为。关于在《购销合同》及《还款协议书》上签字人员的行为不能代表承包人的代理思路，从两个方面展开：一是该签字人员无代理权，二是该签字人员的行为也不构成代表承包人的表见代理行为。具体拟定的代理方案包含如下几方面内容。

1.承包人不是供应商的合同相对人，本案系买卖合同纠纷，应当遵循合同的相对性，供应商突破合同相对性向承包人主张货款不应得到支持。

《民法典》第四百六十五条规定："依法成立的合同，受法律保护。依法成立的合同，仅对当事人具有法律约束力，但是法律另有规定的除外。"

从合同签订上看，案涉《购销合同》上并没有承包人的盖章或签字确认。根据庭审中各方陈述,案涉《购销合同》是实际施工人与供应商协商后达成的,并由实际施工人拟定后给供应商盖章的。虽然该《购销合同》的"需方"处落款为承包人的项目部,但承包人对该《购销合同》的存在不知情,没有参与合同磋商且没有在《购销合同》上盖章或签字确认,该《购销合同》完全是实际施工人擅自以承包人名义拟定的,未告知承包人也未取得承包人同意。故承包人与供应商未达成口头或书面买卖合同,案涉《购销合同》对承包人没有法律约束力。

从合同履行上看,供应商供应的材料都是由实际施工人指定的人员签收的,供货清单、每月的对账结算也都是与实际施工人或其指定的人员进行签收,承包人未曾签收货物也未参与其中。

从合同结算和付款上看,供应商主张的最终结算是以《还款协议书》作为依据,但该《还款协议书》上并无承包人的盖章或签字确认,承包人对该《还款协议书》的存在甚至不知情。同时,无论是合同履行过程中的付款行为,还是签订该《还款协议书》后的付款行为,都是由实际施工人履行的付款行为,承包人从未支付供应商任何款项。特别是《还款协议书》签订后的付款行为,是实际施工人实施的,进一步说明了该《还款协议书》是由实际施工人自行与供应商签订并结算的。

综上,虽然案涉《购销合同》是以承包人的名义签订的,但在合同的签订、履行、结算、付款等整个买卖合同的过程中,承包人都未参与也不知情,案涉《购销合同》的拟定完全是实际施工人的个人行为。故承包人不是供应商的合同相对人,根据合同相对性原则,承包人无须承担付款责任。

2.案涉《购销合同》及《还款协议书》上签名的人员并非承包人的员工或代理人,无权代表承包人,也不构成表见代理,承包人无须对该些人员的行为承担责任。

《民法典》第一百七十一条第一款规定:"行为人没有代理权、超越代理权或者代理权终止后,仍然实施代理行为,未经被代理人追认的,对被代理人不发生效力。"

本案中,第一,承包人已经将案涉项目转包给实际施工人承建,其根本就没有向供应商采购货物的前提,也未授权任何人代表其与供应商签订任何形式的合同。实际施工人的员工擅自以承包人的名义与供应商签订《购销合同》及《还款协议书》,属于无权代理。根据《民法典》第一百七十一条的规定,在未被承包人追认的情况下,该合同项下的权利义务与承包人无关,承包人无须承担任何责任。

第二,供应商主张其有理由相信签名的人员代表的是承包人,并提供相应的委托书。该委托书虽是由承包人出具,但该委托书明确授权范围仅限于"爆破业务",除此之外并无签订和履行《购销合同》等其他权限。故签字人员签订和履行案涉购销合同并不具有代表承包人的权利外观,且委托书上明确了授权范围,供应商对此授权范围仅限于"爆破业务"是明知的,供应商未履行审慎审查义务,非善意相对人。因此,签名人员的行为也不构成代表承包人的表见代理行为。

第三,供应商既认为签字人员以及实际施工人代表承包人,又要求承包人与实际施工人共同承担付款,显然是自相矛盾的。退一步讲,如供应商认为签字人员以及实际施工人是承包人的员工,则签字人员以及实际施工人是履行的是职务行为,供应商应直接向承包人主张货款即可,不应再向实际施工人主张货款。但该供应商却要求实际施工人一并承担付款责任,明显不符合日常的交易习惯。

因此,《购销合同》及《还款协议书》对承包人无法律约束力,承包人无须对签字人员的行为以及实际施工人的行为承担责任。

三、法院判决

法院归纳本案的争议焦点是:供应商的诉请有无事实依据?

法院认为,关于供应商诉请的货款由谁承担的问题,供应商提供的《供应合同》没有承包人的盖章确认,也未得到承包人的追认,对于该合同的三性,法院无法认定,在无其他证据佐证的情况下,不能以承包人为合同的相对方而要求承包人承担本案纠纷的责任。供应商以承包人出具的《授权委托书》证明实际施工人的员工为承包人的授权代表,系代表承包人与供应商签订《供应合同》的,故承包人应当承担本案的责任。法院认为,首先,该员工在其证言中明确其身份为实际施工人的聘用在案涉项目上的出纳,并非承包人的员工。其次,《授权委托书》中该员工的授权范围为与第三方公司办理爆破业务,并非授权其与供应商签订买卖合同。最后,《还款协议书》也系该员工签订并代实际施工人履行。故法院对上述《授权委托书》拟证明的内容不予采信,供应商要求承包人承担本案纠纷责任没有事实依据和法律依据,法院不予支持。通过供应商提供的《货物使用明细表》《结算单》及《还款协议书》足以证实供应商与实际施工人之间存在买卖合同关系,供应商主张欠付的货款由实际施工人承担有事实依据,法院予以支持。

四、律师评析

建材买卖合同纠纷在施工行业时有发生,其纠纷的实质并不复杂,复杂的是在承担责任的主体上,最为常见的就是项目班组上的负责人或者是实际施工人为能顺利与供应商签订买卖合同,常常冒用承包人或者工程项目部的名义与供应商签订合同,从而能顺利购得材料。但是结合这些年建筑行业的萧条,工程进度款的支付一拖再拖,从而给原本能按时支付的班组负责人或者是实际施工人带来了巨大的压力,在供应商经多次催告无果的情况下,提起诉讼就成了主张欠付货款的有力途径。供应商在起诉时往往以被冒用的承包人或者工程项目部作为被告,要求其与实际施工人共同承担责任,这无疑给那些被冒名的主体带来了一定的涉诉风险。

在此类诉讼中确定合同正当当事人是最为关键的。在形式上,此类案件中的合同、送货清单、结算等文件往往是以被冒名一方的名义拟定的。但在实质上,被冒名一方从未在该些文件上进行过确认或追认,甚至对该些文件的存在完全不知情。合同正当当事人的确定,可从合同的签订、履行、结算、付款等方面切入,以此表明在整个交易过程中,被冒名一方都是"无辜"的。除此之外,人民法院审理该类案时,往往会对被冒名的当事人是否存在追认合同的签订或者以其实际行为参与到合同中来作为审查重点,如在供应商供应货物后由承包人签收,或者承包人直接向供应商支付货款,或者是供应商向承包人开具发票,承包人直接抵扣发票,上述行为在司法审判过程中均大概率会被认为是对冒名行为的追认。如存在追认,人民法院将认为被冒名的当事人是正当当事人,因此判决被冒名的当事人承担法律责任。因此。笔者建议承包人对于实际施工人的委托付款或者是与其没有直接合同关系的主体在签收货物、发票或者支付货款时一定要慎重,避免出现可能构成追认的行为从而给自己带来涉诉的风险。

当然,在此类案件中,还可能存在冒名行为人的行为构成对被冒名当事人的表见代理。因此,在处理此类案件时,还应从表见代理角度进行分析。《最高人民法院关于当前形势下审理民商事合同纠纷案件若干问题的指导意见》(法发〔2009〕40号)第十三条规定:"合同法第四十九条规定的表见代理制度不仅要求代理人的无权代理行为在客观上形成具有代理权的表象,而且要求相对人在主观上善意且无过失地相信行为人有代理权。合同相对人主张构成表见代理的,应当承担举证责任,不仅应当举证证明代理行为存在诸如合同书、公章、印鉴等有权代理的客观表象形式要素,而且应当证明其善意且无过失地相信行为人具有代理权。"在司法实践中,最高人民法院一直对于是否构成表见代理持较为审慎的态度。比如,对相对人是否善意无过失的问题从严把握。所谓善意,是指相对人不知道或者不应当知道行为人的行为实际上构成无权代理;所谓无过失,是指相对人的这种不知道不是因为其大意,没有主观上的过失。如果相对人明知或者理应知道行为人没有代理权、超越代理权或者代理权已终止,而仍与行为人签订合同,则不构成表见代理,不能受到保护。

对于相对人善意的认定,2013年9月最高人民法院公报案例"李某与中国农业银行重庆云阳支行储蓄合同纠纷案"的判决主文中,最高人民法院强调了如要证明相对人善意,不能仅凭介绍信等形式文件,而更要从相对人是否在客观上追求高利,是否按照正常程序履行常规手续等方面认定。对于相对人主观过失的认定,最高人民法院在(2014)民提字第58号案中认为,虽然农业银行工作人员是在鞍山银行立山支行的工作时间、工作地点要求立山支行的工作人员办理核保手续,但农业银行工作人员在明知依据其内部规定,对大额存单进行核保应见存单出具银行的行长,且对存单真实性产生怀疑时,却应存单持有人的要求放弃面见鞍山银行立山支行行长,亦未要求……农业银行在核保过程中有重大过失……未尽到应尽的注意义务,非善意相对人。总之,最高人民法院在认定相对人善意且无过失时是比较严格的,即对于相对人善意的要求程度较高,相对人不仅主观上不能有重大过失,而且应无一般过失。需要说明的是,对相对人是否存在过失的判断,取决于相对人对于代理人有无代理权是否已尽到合理注意义务。在司法实践中,对于相对人应尽到的合理注意义务应当倾向于理解为积极义务,而不是消极义务。例如,最高人民法院在(2013)民申字第2016号案中认为,相对人对行为人的身份及有无代理权未进行核实,认定相对人主观上存在过失;又如,最高人民法院在(2013)民提字第95号案中认为,相对人对订立合同过程中的异常做法发生合理怀疑而不向被代理人核实,认定相对人主观上存在过失;再如,最高人民法院在(2013)民申字第312号案中认为,相对人在订立违反常规的合同时未尽合理注意义务,也认定其主观上存在过失。

五、案例索引

宾阳县人民法院民事判决书,(2023)桂0126民初2302号。

(代理律师:闫凯、李妃)

案例 41

挂靠人以个人名义与第三人签订合同的，被挂靠单位不承担付款义务

【案例摘要】

挂靠人以个人名义与第三人签订了分包合同，挂靠人、被挂靠人向第三人支付工程款。一审法院认为，被挂靠人对于第三人为案涉项目进行施工的事实是知晓并默认的，故应对本案未付的工程款承担连带支付责任。被挂靠人不服提出上诉，二审法院认为，案涉分包合同是挂靠人以其个人名义与第三人签订的，根据合同相对性原则，涉案款项应当由挂靠人承担支付责任，一审法院判决被挂靠人承担支付责任于法无据。

一、案情概要

2017年5月，挂靠人以个人名义与第三人签订《防腐木施工合同》，约定将防腐木部分的工程分包给第三人施工。后第三人进场施工，自2017年5月至2019年2月，被挂靠人（承包人）共向第三人支付工程款318万元、退还第三人保险费用6000元，挂靠人向第三人支付工程款140万元。2017年8月，工程竣工。2021年9月15日，工程经竣工验收合格。随后，案涉工程经发包人委托第三方核定整个工程造价为9754万元。2021年12月24日，第三人与挂靠人签署《结算请款说明书》，载明：防腐木工程结算价款为958万元，减去被挂靠人拨付的703万元材料款，剩余254万元劳务人工款未付。第三人因未催款未果，以挂靠人、被挂靠人、发包人为被告提起诉讼，要求挂靠人、被挂靠人支付欠款和利息，发包人在欠付工程款范围内承担连带责任。一审判决认为，根据《建筑法》第二十六条，挂靠人以自己的名义与第三人（原告）签订施工合同，挂靠人应履行合同约定的付款义务。但涉案项目对外系以被挂靠人的名义进行施工，虽然挂靠人以自己的名义

与第三人签订施工合同,但被挂靠人自 2017 年 5 月 19 日至 2019 年 2 月 1 日,共向第三人支付工程款 318 万元,挂靠人向第三人支付工程款 140 万元,第三人的大部分工程款是由被挂靠人支付。因此,被挂靠人对于第三人为案涉项目防腐木制作及安装工程的施工人的事实是知晓并默认的。故被挂靠人应对本案未付工程款承担连带支付责任。被挂靠人不服一审判决,提起上诉要求撤销一审判决,改判被挂靠人不承担连带责任。

二、代理方案

作为被挂靠人的二审代理律师,主办律师详细分析一审判决书以及在卷证据材料,认为本案二审争议焦点为本案适用连带责任是否正确。围绕该焦点,具体拟定了如下代理方案。

1. 一审判决被挂靠人承担连带责任无事实和法律依据,属于适用法律严重错误,应当纠正。

《民法典》第一百七十八条第三款规定:"连带责任,由法律规定或者当事人约定。"连带责任的承担,属对当事人的不利负担,除法律有明确规定或者当事人有明确约定外,不宜径行适用。合同相对性原则,属合同法上的基本原理,须具备严格的适用条件方可有所突破。承担连带责任的前提有两个:一是有法律规定,二是有合同约定。

(1) 一审判决被挂靠人承担连带责任无法律依据:即便被挂靠人与挂靠人之间是挂靠关系,但目前我国没有任何法律规定被挂靠人需对挂靠人的债务承担连带责任,且案涉施工合同是挂靠人是以其个人名义与第三人签订合同的,被挂靠人对此合同的签订不知情。一审已查明案涉的施工合同均是挂靠人以其名义签订的,合同的甲方签名处只有"挂靠人"的名字,被挂靠人不属于合同的任何一方,且被挂靠人对此也不知情。在此事实认定下,一审判决突破合同相对性原则判决被挂靠人向第三人承担连带付款责任的做法是错误的,严重违反《民法典》第四百六十五条关于合同相对性原则的规定,根据《民法典》第四百六十五条关于合同相对性原则的规定,第三人无权突破合同相对性向与其无任何合同关系的被挂靠人主张付款。

(2) 一审判决被挂靠人承担连带责任无事实依据:一审判决未认定被挂靠人与第三人之间存在合同关系,且无任何合同约定被挂靠人需承担连带责任。对于该事实,一审法院是认可的。同时,被挂靠人未对案涉债权债务进行过确认,也没有与第三人或其他人约定或承诺对第三人主张的款项承担连带清偿责任。因此，一审判决被挂靠人向第三人承担连带付款责任无任何法律和事实依据，是错误的。

（3）案涉分包合同是挂靠人以其个人名义与一审原告签订合同的，该合同并非以被挂靠人名义签订，被挂靠人对此合同的签订并不知情，应由挂靠人自行承担付款责任，被挂靠人不承担连带责任。

福建省高级人民法院指导意见：挂靠人以自己名义与材料设备供应商签订买卖合同，材料设备供应商要求被挂靠单位承担责任的，不予支持。挂靠人以被挂靠单位名义签订合同，一般应由被挂靠单位和挂靠人共同承担责任，但材料设备供应商签订合同时明知挂靠事实的除外。

挂靠人以被挂靠人的名义承接工程后，又将工程进行分包或转包，实际施工人主张挂靠人和被挂靠人承担欠付工程款连带责任的，应区分情形处理：挂靠人以被挂靠人名义对外签订分包或转包合同的，挂靠人和被挂靠人承担连带付款责任；挂靠人以自己名义对外签订分包或转包合同的，挂靠人承担付款责任。

河北省高级人民法院发布的《河北省高级人民法院建设工程施工合同案件审理指南》中规定："挂靠人以自己名义与材料设备供应商签订买卖合同，材料设备供应商起诉要求被挂靠单位承担合同责任的，不予支持。挂靠人以被挂靠单位名义签订合同，一般应由被挂靠单位和挂靠人共同承担责任，但材料设备供应商签订合同时明知挂靠的事实，并起诉要求被挂靠人承担合同责任的，人民法院不予支持。"

根据上述规定可知，挂靠人以自己名义对外签订合同的，由挂靠人承担付款责任，被挂靠人不承担连带付款责任。本案中，根据一审判决书中的事实认定可知，一审已查明案涉的分包合同均是以挂靠人名义签订的，合同的甲方签名处均只有"挂靠人"的名字，被挂靠人不属于合同的任何一方，且被挂靠人对此也不知情。

2. 被挂靠人是依据挂靠人委托支付款项给第三人的，该付款行为是基于委托关系，而不是基于与第三人的合同关系，不能以此作为被挂靠人知晓第三人为案涉项目防腐木工程的施工人的事实。

至于被挂靠人支付第三人的款项，均是被挂靠人受挂靠人委托支付的，这一事实可由被挂靠人提交的证据"工程款支付承诺书""用款申请表"充分证明，挂靠人承诺案涉工程的劳务费、材料款等支出均由其委托被挂靠人以工程款代付，且每笔被挂靠人委托支付第三人的款项都经过了挂靠人同意。因此，被挂靠人付款的行为不足以证明被挂靠人对合同的签订知情，反而被挂靠人已提交的证据充分证明其仅仅作为受托人付款，该付款行为是基于委托关系，而不是基于与第三人的合同关系。根据《民法典》关于委托关系的法律规定，受托人的行为代表的是委托人，相应的法律后果仍应由委托人挂靠人自行承担。

除此之外，一审法院在认定事实过程中遗漏了关键问题，即在合同履行过程中，被挂靠人除支付过款项外是否还有其他能证明被挂靠人知晓第三人为案涉项目防腐木工程的施工人的事实。综观全案，被挂靠人除支付款项外，并未与第三人进行过关于防腐木工程施工以及案涉施工合同履行情况的沟通，第三人的整个施工过程，均是与挂靠人单线进行，被挂靠人未曾参与其中。由此可见，仅仅一个付款行为，并不足以证明被挂靠人"知晓"，更不能证明被挂靠人"默认"。

因此，被挂靠人不承担连带责任。

3.被挂靠人已支付所有工程款，甚至超付300万余元，被挂靠人在案涉工程中不存在任何欠款，无须对案涉挂靠人与第三人的债权债务承担付款责任。

案涉工程的审定结算造价为9754万元，截至起诉时，发包人已支付被挂靠人工程款共计9633万元。被挂靠人收到工程款后，在扣除管理费、税费等成本后已将剩余款项全部用于直接支付给被挂靠人或代付劳务费、材料款、机械费等，甚至超付被挂靠人工程款300万余元，被挂靠人在案涉工程中不存在任何欠款。需要强调的是，在被挂靠人已超付被挂靠人工程款情形下，如被挂靠人仍对被挂靠人的债务承担付款责任，明显有失公平，将损害被挂靠人的合法权益。

三、法院判决

二审法院认为，关于被挂靠人是否应当承担责任的问题。案涉分包合同是挂靠人是以其个人名义与第三人签订合同的，根据合同相对性原则，涉案款项应当由挂靠人承担支付责任，一审法院判决被挂靠人承担支付责任于法无据，二审法院予以纠正。

四、律师评析

在建设工程领域中，挂靠人对外签订购销合同，被挂靠人是否承担责任问题的处理，主要关注以下几方面要点。

一是合同签订的主体，一般从合同是以谁的名义签订的来判断。如果以挂靠人名义签订,则司法实践一般认定应由挂靠人承担责任;如果以被挂靠人名义签订,还需要进一步考察被挂靠人是否签字盖章,以确定签订主体究竟是被挂靠人还是挂靠人。因为即使以被挂靠人名义签订,若被挂靠人没有签字盖章,也没有参与合同履行,则签订主体也并非被挂靠人。

二是履行主体。虽然合同不是以被挂靠人名义签订,被挂靠人也不是签订主体,但如果被挂靠人参与了合同的履行,如签收货物、支付货款等,也有可能被认定与供货人形成事实上的合同关系,从而作为合同相对人承担付款责任。但对履行合同的行为要进行多角度综合判断,不能仅依据其中一种行为就断然下定论。就如本篇案例,被挂靠人支付过款项,但不足以将支付行为认定为实际履行施工合同的行为。在挂靠关系中,因挂靠人往往以被挂靠人的身份对外进行民事活动,挂靠人与被挂靠人内部之间就第三人款项的支付,一般采用挂靠人委托被挂靠人代付的方式进行。因此,如果被挂靠人能够举证证明其仅受挂靠人委托实施了代付行为,此时并不能够证明被挂靠人因实际履行合同从而存在与供货人建立合同关系的意思表示。

三是交货地点。如果交货地点就在案涉工地现场,尤其是供货人能够举证证明工地现场有明显的被挂靠人标识,如工地大门、项目部牌匾等,也是司法实践中综合认定是否存在构成表见代理要件事实的考虑因素之一。

五、案例索引

贺州市中级人民法院民事判决书,(2023)桂 11 民终 622 号。

(代理律师:李妃、乃露莹)

第六章

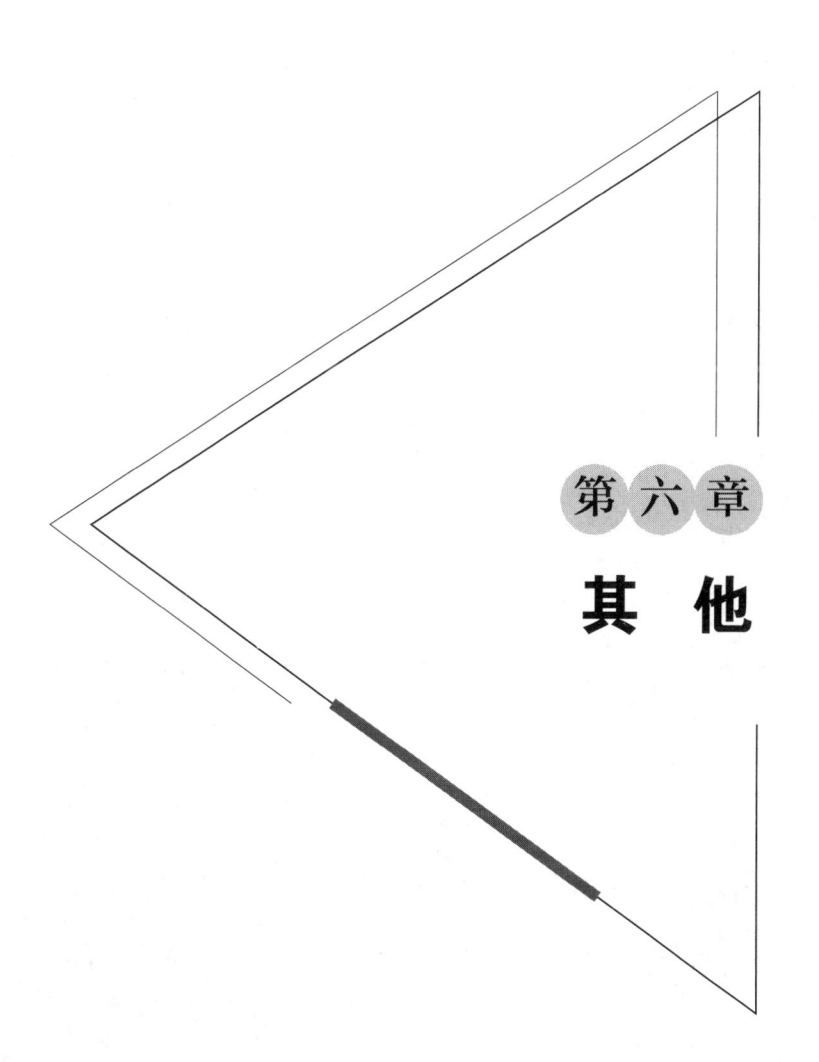

其他

案例 42

伪造施工单位印章涉嫌经济犯罪，法院应裁定驳回起诉

【案例摘要】

行为人私刻、伪造项目部印章后，以施工单位项目部的名义对外与供应商签订买卖合同。一审判决认定，行为人订立合同的行为可代表施工单位，判决施工单位承担付款责任。施工单位不服提出上诉，二审判决认定，行为人涉嫌伪造公司印章罪、合同诈骗罪，裁定撤销原判，驳回起诉。

一、案情概要

2017年，实际施工人伪造施工单位项目部字样的印章后，以某施工单位项目部负责人名义，与供应商签订《水泥买卖合同》，约定供应商按所列产品、规格及价格不定量向施工单位项目部供应水泥货物。合同需方落款处加盖了实际施工人伪造的施工单位项目部印章，同时，实际施工人在需方代表人处签字捺印。合同履行期间，实际施工人与供货商进行多次结算，最后一次结算，实际施工人在结算单上签字确认累计尚欠货款40万元。供应商追偿货款未果，遂以买卖合同纠纷为由，对施工单位提起诉讼，要求施工单位支付剩余货款。

诉讼中，施工单位称，案涉合同中落款的项目部印章由实际施工人私刻、伪造，其加盖印章的行为并不能体现施工单位的意志，施工单位不是案涉《水泥买卖合同》的当事人，且实际施工人不是施工单位的员工，也没有取得施工单位的授权，其擅自以施工单位项目部的名义与供应商订立《水泥买卖合同》，相应的法律后果应当由实际施工人本人承担。

一审判决认为，本案实际施工人虽属无权代理，但其在合同签订、履行、结算、付款等过程中已经形成了权利外观，使供应商有理由相信行为人具有施工单位的

代理权限,因此构成表见代理。同时,案涉水泥货物实际亦是运至施工单位中标的道路工程项目现场。最终,一审法院依照《民法典》第一百七十二条"行为人没有代理权、超越代理权或者代理权终止后,仍然实施代理行为,相对人有理由相信行为人有代理权的,代理行为有效"的规定判决施工单位直接向供应商支付剩余货款以及相应违约金。

施工单位不服一审判决提起上诉。二审期间,实际施工人因伪造案涉印章涉嫌刑事犯罪被公安机关立案侦查。二审法院认为实际施工人伪造印章并签订案涉合同的行为已涉嫌经济犯罪,遂裁定驳回供应商起诉,撤销一审判决,将有关材料移送公安机关。

二、代理方案

鉴于实际施工人因伪造案涉印章已被公安机关立案侦查的事实,主办律师认为,案涉合同的订立主体即实际施工人已涉嫌刑事犯罪,本案的争议焦点应当为实际施工人私刻、伪造印章是否涉嫌刑事犯罪、是否应当裁定驳回起诉。主办律师作为施工单位的代理人,决定充分利用实际施工人涉嫌经济犯罪被公安机关追究刑事责任的关键事实,在代理中重点分析实际施工人伪造案涉施工单位项目印章、使用伪造印章签订经济合同等行为已构成犯罪,本案不属于民事纠纷,不属于法院民事案件受理范围,法院应依法驳回供应商起诉,将本案移送公安机关,从而达到施工单位无须向供应商承担付款责任的最终诉讼目的。据此,主办律师拟定二审的代理方案具体包含如下几方面内容。

(一)实际施工人存在伪造印章的事实,涉嫌伪造公司印章罪

《刑法》第二百八十条第二款规定:"伪造公司、企业、事业单位、人民团体的印章的,处三年以下有期徒刑、拘役、管制或者剥夺政治权利,并处罚金。"本案中,实际施工人伪造施工单位项目部的印章,与供应商签订《水泥买卖合同》的行为已经涉嫌犯罪。更重要的是,本案证据《提请批准逮捕书》明确记载:"实际施工人因伪造印章罪被我局刑事拘留",即实际施工人涉嫌犯罪的事实不仅是施工单位的单方主张,而且得到了公安机关的侦查确认,已达到高度盖然的民事诉讼证明标准,故应当依法予以认定。

(二)实际施工人以非法占有为目的,使用伪造印章签订买卖合同,涉嫌合同诈骗罪

在欺诈(诈骗)问题上,民法虽规定了被欺诈方享有撤销权,但在现实中,仅

通过民法上的撤销权往往无法有效填补被欺诈方所受的损害，亦很难对欺诈行为进行有效惩治。《刑法》第二百二十四条规定："有下列情形之一，以非法占有为目的，在签订、履行合同过程中，骗取对方当事人财物，数额较大的，处三年以下有期徒刑或者拘役，并处或者单处罚金；数额巨大或者有其他严重情节的，处三年以上十年以下有期徒刑，并处罚金；数额特别巨大或者有其他特别严重情节的，处十年以上有期徒刑或者无期徒刑，并处罚金或者没收财产：（一）以虚构的单位或者冒用他人名义签订合同的；（二）以伪造、变造、作废的票据或者其他虚假的产权证明作担保的；（三）没有实际履行能力，以先履行小额合同或者部分履行合同的方法，诱骗对方当事人继续签订和履行合同的；（四）收受对方当事人给付的货物、货款、预付款或者担保财产后逃匿的；（五）以其他方法骗取对方当事人财物的。"当欺诈一方以非法占有为目的订立合同时，其行为性质已经超越民事合同纠纷范畴，转入刑事犯罪领域。换言之，合同纠纷与合同诈骗罪分属不同部门法，其相应的法律后果亦有所差异。具体而言，前者属于合同违约行为，承担的是违约责任；后者属于犯罪行为，承担的是刑事责任。二者区分的关键是：行为人主观上是否存在非法无偿占有对方财物的目的，客观方面表现为虚构事实或隐瞒真相，骗取公私财物，数额较大。本案中，实际施工人在订立及履行合同过程中，出于非法占有的目的，故意虚构事实或隐瞒真相，使供应商对于虚构的事实或隐瞒的真相发生认识错误，"自愿"订立合同，以获取非法利益。具体而言，实际施工人通过冒充施工单位使供应商陷入认识错误，借机与供应商签订《水泥买卖合同》。此后，实际施工人以部分履行合同的方式，进一步骗取供应商的信任，从而诱使供应商不断供应水泥货物，最终骗取供应商财产42万元。故实际施工人的行为已经违反《刑法》关于合同诈骗罪的有关规定，涉嫌合同诈骗罪。

（三）实际施工人的行为涉嫌经济犯罪，依法应当裁定驳回供应商的起诉，同时将有关犯罪线索移送公安机关

《最高人民法院关于在审理经济纠纷案件中涉及经济犯罪嫌疑若干问题的规定》第十一条规定："人民法院作为经济纠纷受理的案件，经审理认为不属经济纠纷案件而有经济犯罪嫌疑的，应当裁定驳回起诉，将有关材料移送公安机关或检察机关。"据此，处理民刑交叉或者涉嫌刑事犯罪的案件，人民法院应当遵循"先刑后民"的原则。具体法理如下：首先，抽象地看，刑事犯罪侵犯的法益不仅仅是被害人的个人权益，更是对国家或者社会法益的侵犯，公权力机关（公安机

关、检察机关）当然有权介入其中并依法履行职能，以维护国家秩序。一般认为，刑法所维护的国家秩序，相较于民法所保护的个体权益而言更具基础性，故刑事诉讼程序更具优先性。其次，刑事程序中，案件事实的证明标准是"排除合理怀疑"。在民诉程序中，证明标准达到"高度盖然"即可。这意味着，刑事诉讼活动更具周密性、严谨性，采用该程序认定的法律事实，概率上更贴近客观真实。因此，对于在刑事诉讼程序中已经认定的事实，除非有证据推翻，否则民事诉讼中均应当采纳。这不仅可有效提高司法效率，更重要的意义在于，其可有效避免人民法院生效法律文书之间既判力的冲突，并有效维护法律秩序的统一、稳定与和谐。

承前所述，本案中，实际施工人作为合同当事人之一，在订立、履行合同过程中，已经涉嫌伪造印章罪、合同诈骗罪，故法院应当裁定驳回起诉，移送公安机关处理。

三、法院判决

二审法院认定本案的争议焦点为：本案是否应当因实际施工人涉嫌犯罪而裁定驳回起诉。

二审法院认为，本案涉及实际施工人涉嫌通过伪造施工单位项目部印章的手段，以非法占有为目的，在签订、履行合同过程中，冒用施工单位项目部名义签订案涉《水泥买卖合同》，以及没有实际履行能力，以先部分履行合同的方法，诱骗对方当事人签订和继续履行合同，骗取对方当事人财物 42 万元，涉嫌触犯《刑法》第二百八十条和第二百二十四条第一款第一项、第三项的规定，《最高人民检察院、公安部关于公安机关管辖的刑事案件立案追诉标准的规定（二）》第六十九条规定："以非法占有为目的，在签订、履行合同过程中，骗取对方当事人财物，数额在二万元以上的，应予立案追诉。"实际施工人涉嫌犯伪造公司印章罪和合同诈骗罪。本案涉及经济犯罪嫌疑不属经济纠纷案件，根据《最高人民法院关于在审理经济纠纷案件中涉及经济犯罪嫌疑若干问题的规定》第十一条关于"人民法院作为经济纠纷受理的案件，经审理认为不属经济纠纷案件而有经济犯罪嫌疑的，应当裁定驳回起诉，将有关材料移送公安机关或检察机关"和《民事诉讼法司法解释》关于"人民法院依照第二审程序审理案件，认为依法不应由人民法院受理的，可以由第二审人民法院直接裁定撤销原裁判，驳回起诉"的规定，法院依法应当裁定撤销一审判决，驳回供应商的起诉，将有关材料移送公安机关。一审判决认定事实部分有误，适用法律错误，二审法院予以纠正。二审法院裁定撤销原判,驳回供应商起诉。

四、律师评析

民法与刑法有着本质的差异:"前者是损害调整,而后者是规范的报应。"前者强调意思自治,后者恪守罪刑法定。因此,"民刑交叉"的处理,一直以来都是学界和实践中的热点问题。有学者将司法实践中的刑民冲突归为两类:第一类是(牵连型),即"因同一法律事实同时侵犯了刑事法律关系和民事法律关系,从而构成刑民案件交叉"。第二类是(竞合型),即"同一法律事实涉及的法律关系一时难以确定是刑事法律关系还是民事法律关系而造成的刑民交叉案件"。本案中,实际施工人的行为应当属于牵连型民刑交叉,即其伪造印章、欺骗合同相对人的行为,既构成民法上的欺诈,亦构成刑法上的合同诈骗罪。在代理此类民刑交叉案件中,应当开阔视野,对刑事法律规范要有必要的敏感度,而不能仅局限于民法领域。从施工单位(被告)的角度上看,若能将本案定性为民刑交叉,则可达到驳回供应商(原告)起诉的诉讼目的。

目前,私刻印章已成为常见的侵害市场秩序的犯罪行为,在建设工程合同纠纷类案件中,私刻印章的违法犯罪行为尤为高发。在代理疑似存在印章伪造等民刑交叉案件时,首先,代理律师可建议当事人向公安机关报案。如果公安机关已经进行立案调查,甚至在询问笔录中行为人已经自认伪造印章,则可将相关材料作为证据向人民法院提交,以进一步证实本案具有涉嫌刑事犯罪的情形,相关材料包括《立案通知书》《讯问笔录》《提请逮捕书》等公文书证。其次,被告一方的代理人可考虑援引《最高人民法院关于在审理经济纠纷案件中涉及经济犯罪嫌疑若干问题的规定》第十一条的规定进行抗辩,在证实确属民刑交叉案件的情况下,往往会有意想不到的代理效果。

五、案例索引

北海市中级人民法院民事判决书,(2020)桂05民终1135号。

(代理律师:李妃、乃露莹)

案例 43

《承诺书》加盖施工单位分公司的印章并非备案印章,施工单位应当承担责任

【案例摘要】

施工单位分公司的负责人在分公司经营场所以分公司的名义加盖分公司印章出具《承诺书》,承诺返还履约保证金,即便该印章为私刻印章,相对人也有理由相信《承诺书》为施工单位分公司作出,若施工单位分公司或施工单位不能提供证据证明相对人对于负责人有权代表施工单位分公司作出承诺的行为非善意或者有过失,施工单位分公司与施工单位均应当承担返还责任。施工单位、施工单位分公司以《承诺书》上的印章为私刻印章、不能代表施工单位真实意思表示为由拒绝承担返还责任的,法院不予支持。

一、案情概要

2021年5月7日,劳务单位(原告)与施工单位(被告)分公司负责人李某在分公司经营场所订立《建设工程施工劳务分包合同》,合同列明承包人为施工单位,劳务分包人为劳务单位,合同约定总包工程为生猪养殖(育肥基地)和生态种植项目(一期)。合同落款承包人处加盖了印文为施工单位分公司名称的印章,李某在"承包人的法定代表人或其委托代理人"处签字。

2021年5月10日,劳务单位向施工单位分公司名下账户转账200万元,用途一栏备注为"合同履约保证金"。

2021年11月7日,李某向劳务单位出具一份《承诺书》,载明:你劳务单位负责的施工队伍与施工单位分公司签订的生猪养殖(育肥基地)和生态种植项目(一期)项目施工合同,受项目业主方影响开工时间要推后,不具备施工条件,原合同到期。现经双方协商,达成如下处理方案:承诺2021年11月30日前由施工

单位分公司负责退还劳务单位所交的本项目履约金200万元。该《承诺书》下方加盖了印文为施工单位分公司名称的印章,李某在代表签字处签字。

2021年12月3日,李某再次向劳务单位出具一份《承诺书》,载明:……双方于2021年11月7日第一次协商达成的承诺书约定,于2021年11月30日施工单位分公司退还工程履约金200万元给劳务单位,施工单位分公司未能及时退还;双方于2021年12月3日再次协商,施工单位分公司再次承诺于2021年12月25日前无条件退回工程履约保证金200万元,超过期限不归还,施工单位分公司向劳务单位支付逾期付款利息,以欠款数额为计算基数,按全国银行间同业拆借中心公布的贷款市场报价利率的4倍计息,自2021年9月10日合同到期日起计算至最终付清之日止。李某分别在该《承诺书》落款"承诺方(甲方)"处及"法定代表人签字并盖章"处签字,该《承诺书》并未加盖施工单位分公司的印章。

此后经劳务单位多次催促李某及施工单位分公司,李某及施工单位分公司均未向劳务单位退还履约保证金。劳务单位遂向法院起诉,请求李某、施工单位分公司与施工单位三方向劳务单位共同返还200万元履约保证金并共同支付相应利息。

二、代理方案

本案中,对于李某、施工单位分公司是否应当承担200万元履约保证金的返还责任,关键是判断两份《承诺书》实际上是由谁作出的。分析两份《承诺书》的落款形式可知,虽然两份《承诺书》的意思表示内容均是施工单位分公司向劳务单位承诺退还200万元履约保证金,但2021年11月7日出具的《承诺书》的落款是施工单位分公司,且不论加盖的印章是否为真实印章,该印章确实为显示施工单位分公司身份的印章,说明分公司负责人李某是以施工单位分公司的名义作出的承诺;2021年12月3日出具的《承诺书》的落款是李某签署本人的名字,即李某是以自己的名义作出的承诺。因此可以得出结论,2021年11月7日出具的《承诺书》是李某代表施工单位分公司作出的,2021年12月3日出具的《承诺书》是李某自己作出的意思表示。

接下来应当解决的问题就是,李某是否具备代表施工单位分公司作出意思表示的代理权限,这涉及《民法典》第一百六十二条有权代理规则、第一百七十一条无权代理规则或第一百七十二条狭义无权代理规则(表见代理)的适用。若有真实授权,则直接适用有权代理规则将意思表示的约束效果归属于施工单位分公司。若无真实授权,则判断李某以施工单位分公司的名义出具《承诺函》是否已经对施工单位分公司形成授权外观,足以使客观上不知情的相对人有理由相信李某为有权代理。若依照交易习惯或法律适用经验可以认定授权表象已经形成,则即使无真实授权,也可直接推定相对人有理由相信李某有代理权,于此情形若施工单位分公司或李某无法提供证据证明相对人通过其他情形即应知或确实明知李某为无权代理,则直接遵循表见代理制度的路径将承诺的返还责任归属于施工单位分公司;若无法认定李某的无权代理行为确实形成了足以引发他人合理信赖的授权外观,则根据无权代理规则,被代理人施工单位分公司不承担返还责任,而是由李某承担返还责任。

据此,主办律师拟定如下代理思路。

1.李某身为施工单位分公司工商登记公示的负责人,在分公司的经营场所以分公司的名义对劳务单位出具《承诺书》,以上情形足以产生使劳务单位有理由相信李某有权代表分公司,故施工单位分公司应当依表见代理之规定承担履约保证金的返还责任。

《民法典》第一百七十二条规定:"行为人没有代理权、超越代理权或者代理权终止后,仍然实施代理行为,相对人有理由相信行为人有代理权的,代理行为有效。"

《民法典总则司法解释》第二十八条规定:"同时符合下列条件的,人民法院可以认定为民法典第一百七十二条规定的相对人有理由相信行为人有代理权:(一)存在代理权的外观;(二)相对人不知道行为人行为时没有代理权,且无过失。因是否构成表见代理发生争议的,相对人应当就无权代理符合前款第一项规定的条件承担举证责任;被代理人应当就相对人不符合前款第二项规定的条件承担举证责任。"

根据上述规定可知,适用表见代理规则的前提条件包括:(1)实施无权代理行为;(2)无权代理人存在表见授权的情形,使相对方有理由相信其为有权代理;(3)相对方与无权代理人实施的行为是善意且无过失。本案李某的代理行为与劳务单位的主观状态已经符合表见代理的构成要件。

(1)李某以施工单位分公司名义实施的一系列行为,已经足以使劳务单位有理由相信李某存在有权代理的授权外观。

本案中,尽管施工单位竭力否认其授权李某收取劳务单位支付的履约保证金并出具返还履约保证金的承诺,但是以下事实足以说明李某的无权代理行为具备代表施工单位分公司的权利外观,使相对方劳务单位有理由相信李某为有权代理:①李某是施工单位分公司公示登记的负责人,本身就具备代表分公司从事民事交易的法定职务授权;②李某曾经代表施工单位分公司与劳务单位签订《建设工程施工劳务分包合同》,落款处加盖了施工单位分公司的印章,李某在"委托代理人"处签字,且劳务单位也依照《建设工程施工劳务分包合同》的要求将200万元履约保证金支付到施工单位分公司名下账户,可以认为就《建设工程施工劳务分包合同》履约保证金的事宜,施工单位分公司是认可李某的代理行为的;③李某以施工单位分公司的名义出具《承诺书》,并加盖施工单位分公司的印章,可以认定《承诺书》为施工单位分公司的意思表示;④李某在施工单位分公司的经营场所向劳务单位出具同意返还履约保证金的《承诺书》,且李某本身又是施工单位分公司的负责人,劳务单位当然没有理由怀疑李某不具备代理权限。

(2)施工单位分公司或李某没有证据证明劳务单位确实知悉李某不具备代理权限,从交易性质、往来细节中足以证实劳务单位是善意且无过失地相信李某有权代理施工单位。

本案中,如前文所述,在客观层面,李某是施工单位分公司的负责人、李某在施工单位分公司的经营场所并加盖主体身份为施工单位分公司的印章,出具《承诺书》,且施工单位分公司名下账户确实收取了李某要求劳务单位支付的200万元履约保证金,以上情形足以使劳务单位有理由相信李某有权代表施工单位分公司,可以认为劳务单位已经履行注意审慎义务,系善意且没有过失地相信李某有代理权。

在主观层面,一方面,李某本身是施工单位分公司的负责人,本身就具备较高的职务代理权限,本案不存在李某的职务身份与其代理实施的交易金额不匹配的情形,且本案也未出现其他异常情况使劳务单位有理由怀疑李某的代理权限不存在——如李某坚持要求自己而非分公司返还履约保证金,或是以李某自己的账户收取履约保证金,或者分公司罢免李某的负责人身份,或是施工单位或施工单位分公司发函告知劳务单位李某不具备权限等。另一方面,施工单位分公司或李某也没有证据证明劳务单位对于李某无权代理的事实确实知情。故针对李某无权代理的情形,劳务单位是善意且无过失的。

由此可知,李某的无权代理行为已经构成使他人有理由相信其存在有权代理的授权外观(表见情形),且相对人劳务单位对李某无权代理的事实在主观上为善意无过失,故李某无权代理的行为已经构成表见代理,施工单位分公司应当负履约保证金的返还之责。

2. 即便李某以施工单位分公司的名义于2021年11月7日出具的《承诺书》上加盖的分公司印章是私刻印章,也不能动摇李某行为已经形成的授权外观,不能推翻对施工单位分公司构成的表见代理。

即便施工单位执意抗辩,2021年11月7日出具的《承诺书》加盖的施工单位分公司印章非施工单位认可的、经由公安机关备案的公章,而是他人私刻的印章,不能代表施工单位或施工单位分公司的意思表示。但是,2021年11月7日出具的《承诺书》上加盖的印章为私刻印章并不能推翻李某授权表象的形成,也不能动摇表见代理的适用:首先,200万元履约保证金本就是施工单位分公司自行收取的,李某以施工单位分公司的名义作出返还承诺,合情合理,根本不具备使劳务单位怀疑李某构成无权代理的事实基础;其次,李某作为施工单位分公司负责人的身份地位、李某曾经以施工单位分公司代理人的身份签订的《建设工程施工劳务分包合同》为施工单位分公司真实认可且李某在施工单位分公司的经营场所出具《承诺书》,这三个因素足以使承诺对象即劳务单位产生李某有权代表施工单位分公司从事民事行为的充分的、合理的信赖,此时加盖于《承诺书》上施工单位分公司印章的真伪状态,已经不能动摇合理信赖的内心确认,也不能推翻代表外观的事实成立,也就是说,印章已经不是认定本案构成表见代理的必要条件,印章的真伪不影响表见代理的认定;最后,加盖于2021年11月7日《承诺书》上的印章非经专业的印章鉴定手续不能证伪,为了保障交易安全,在交易过程中未出现任何极端异常的情形足以使人怀疑交易行为人的授权的真实性的情况下,不能苛求交易相对人对于印章真伪有极高的鉴别能力或审查义务,而是在肉眼可察的范围内推定加盖印章的书面文件即为印章名义人作出的意思表示,推定持有印章的交易行为人具有印章名义人的真实授权。故在本案的情形下,即便于2021年11月7日出具的《承诺书》上加盖的印章是私刻的伪印章,也不能苛求相对方劳务单位能够清晰辨明并作出相应处理,在此层面劳务单位在主观上为善意且无过失,为了保护劳务单位的合理信赖利益,不得以2021年11月7日《承诺书》上加盖的印章是私刻印章为由推翻表见代理的适用。

3. 2021年11月7日出具的《承诺书》是施工单位分公司作出的,施工单位作为总公司,应当对施工单位分公司不能清偿的部分承担连带返还责任。

《民法典》第七十四条第二款规定:"分支机构以自己的名义从事民事活动,产生的民事责任由法人承担;也可以先以该分支机构管理的财产承担,不足以承担的,由法人承担。"

《公司法》第十三条第二款规定:"公司可以设立分公司。分公司不具有法人资格,其民事责任由公司承担。"

李某于2021年11月7日以施工单位分公司的名义作出的《承诺书》对施工单位分公司产生约束力,施工单位分公司应当承担履约保证金的返还责任。根据上述法律规定,施工单位作为设立施工单位分公司的总公司,应当对分公司不能返还的部分承担连带责任。

4.李某于2021年12月3日自己签字出具的《承诺书》构成债的加入,李某应当承担200万元履约保证金的连带返还责任。

《民法典》第五百五十二条规定:"第三人与债务人约定加入债务并通知债权人,或者第三人向债权人表示愿意加入债务,债权人未在合理期限内明确拒绝的,债权人可以请求第三人在其愿意承担的债务范围内和债务人承担连带债务。"

《民法典担保制度司法解释》第三十六条第二款规定:"第三人向债权人提供的承诺文件,具有加入债务或者与债务人共同承担债务等意思表示的,人民法院应当认定为民法典第五百五十二条规定的债务加入。"

本案中,一方面,李某于2021年12月3日又出具了与2021年11月7日出具的《承诺书》的承诺内容一致的《承诺书》,但未见施工单位分公司盖章,只见李某于"承诺方(甲方)"处及"法定代表人签字并盖章"处签字,可见2021年12月3日的《承诺书》是李某以个人名义作出的意思表示;另一方面,2021年12月3日出具的《承诺书》与2021年11月7日出具的《承诺书》的内容一致,均是关于同意向劳务单位返还200万元履约保证金的内容,且劳务单位并未明确拒绝。故李某于2021年12月3日作出的《承诺书》构成对向劳务单位返还200万元履约保证金的"债的加入",李某应当与施工单位分公司承担连带返还责任。

三、法院判决

法院认为,关于合同主体及效力。虽然《建设工程施工劳务分包合同》上加盖的施工单位分公司的印章并非在公安机关备案的公章,但该印章系由施工单位分公司的负责人李某加盖,且合同系在施工单位分公司的经营场所签订,该合同亦获得施工单位分公司的负责人李某签字确认,作为善意相对人的原告有理由相信合同的相对方为施工单位分公司,原告没有义务审核合同加盖的施工单位分公司的印章是否为公安机关备案的公章。因此,法院认定《建设工程施工劳务分包合同》主体为原告与被告施工单位分公司,该合同系双方在平等自愿的基础上所签订,意思表示真实,内容合法,属有效合同,对双方具有约束力。

关于原告主张的履约保证金及利息。签订合同后,原告向施工单位分公司的银行账户转账了200万元履约保证金。2021年11月7日,加盖了施工单位分公司印章的《承诺书》承诺施工单位分公司于2021年11月30日前向原告退还工程履约金200万元,虽然该《承诺书》上加盖的印章亦不是施工单位分公司在公安机关备案的公章,但与前述理由一致,法院认定该《承诺书》系施工单位分公司的真实意思表示。因此,施工单位分公司应当向原告退还履约保证金200万元。2021年12月3日,被告李某再次向原告出具的《承诺书》约定了逾期退款的利息,虽然该《承诺书》未获得施工单位分公司的盖章确认,但施工单位分公司的负责人分别在"承诺方(甲方)"处及"法定代表人签字并盖章"处签字,可见,李某系以自己名义及分公司负责人的名义分别签字,该《承诺书》应视为李某及施工单位分公司的共同意思表示,李某系自愿加入施工单位分公司的本案债务。因此,李某应当与施工单位分公司共同承担本案债务。李某及施工单位分公司均未按照2021年12月3日出具的《承诺书》的承诺向原告退还履约保证金,因此,李某及施工单位分公司应共同向原告支付利息,利息计算方式为:以200万元为基数,按照全国银行间同业拆借中心公布的一年期贷款市场报价利率的四倍,从2021年9月10日起计算至付清之日止。

关于施工单位的责任承担问题。施工单位分公司并非独立法人但自主经营,其责任应当先以其管理的财产承担,不足以承担的,由其总公司施工单位承担,因此,被告施工单位应对施工单位分公司的本案债务承担补充清偿责任。

四、律师评析

关于表见代理"相对人善意"要件事实的推定与认定。施工领域中表见代理的适用是老生常谈的法律问题,关于表见代理的构成要件在前文已经分析得十分详细了,本处不再讨论表见代理的构成要件,而是着重分析表见代理中"相对人善意"这一单独要件的认定路径。根据表见代理规则适用的司法实践与经验法则,构成表见代理的前提要件之一"相对人善意"遵循"事实推定→事实认定"的事实查明路径。

(一)事实认定与事实推定的区别

我国是成文法国家,法律适用的过程实际上是"小前提(要件事实)"对应"大前提(构成要件)"得出法律效果的逻辑演绎过程,也是将案件事实涵摄法律规范前提要件从而得出规范结果的过程。为了适用法律规范去判断哪方诉讼主体提出的哪项诉讼请求应当得到支持,法院应当通过分配案件事实的举证责任、提示诉讼主体提交证据、审核在案证据的证明资格、判断待证事实的证明标准、审查证据对待证事实的关联程度、考察单一证据在案件事实中的证明地位与证明效力、考察不同证据之间的逻辑关联程度的方式去查明案件事实,并以能够为证据所证明的案件事实提供适用法律的必要前提,据以作出裁判。以此角度观察,案件事实的查明是适用法律得出法律效果结论的前提条件,也是法院作出裁定判决的关键基础。

事实认定就是事实查明,是法官依照法定程序,全面、客观地审核证据的证明能力(证据资格),在遵循法官职业道德的基础上运用逻辑推理和日常生活经验评判待证事实的证明标准,并据以独立判断证据有无证明力、证明力大小以及在案证据能否有效证明待证事实的行为过程。由此可见,事实认定的标准比较严格,即便事实认定的结果样态极大取决于法官的心证状态,也要考虑证据资格、事实的证明标准、证据的证明效力、证据的证明地位、举证责任分配等诸多因素,以与这些因素有关的证据规则条款作为约束和限制法官心证历程的条条框框,保证法官不会大幅度偏离法定程序与证据规则而枉法恣意认定事实,避免诉讼裁判陷入不可预见的困境进而破坏诉讼规范的稳定性。

事实推定,就是《民事诉讼证据的若干规定》第十条第一款第四项规定的"根据已知的事实和日常生活经验法则推定出的另一事实"的推定过程。事实推定的上位外延概念是"推定",是指某一个主体从基础事实出发,假定(假设)推定事实存在的一种证据判断方法,他是一种寻找证据(暂时找到证据、暂时确定证据或者假定证据暂时存在)的方法。[①] 推定本身就是对日常生活经验进行归纳总结的过程,若该经验逐渐常态化,则生活经验得以上升为经验法则。推定包括"事实推定"与"法律推定",事实推定是法律推定的对称,二者属于并列关系。事实

---

① 参见叶自强:《论推定的概念、性质和基础事实》,载《法律适用》2021年第9期。

推定是指法院依据某一已知事实,根据经验法则,推论与之相关的诉讼中需要证明的另一事实是否存在,前一事实被称为前提事实,后一事实被称为推定事实。法律推定是由法律明文规定的推定,具体是指,当某法律规定(A)的要件事实(甲)有待证明时,立法者为避免举证困难或举证不能的现象发生,乃明文规定只需在较易证明的其他事实(乙)获得证明时,如无相反的证明(甲事实不存在),则认为甲事实因其他法律规范(B)的规定而获得证明,其本质在于,通过证明前提事实的存在,来使某法律效果的要件事实之一也获得证明。① 可以发现,法律推定中的法律前提就是将高频用于通过日常经验法则推定出另一事实的前提事实予以固定化、法规化的产物,如《民法典》第五百四十四条规定的"当事人对合同变更的内容约定不明确的,推定为未变更"。此种做法将具有某种因果关联的两类事实的因果关系通过法律规范明确、稳定下来,有利于提高法律适用的效率,减轻当事人举证与法官论证的负担。也可以说,广义的事实推定可以包含法律推定,毕竟法律推定也是从事实推定的实践经验中总结归纳而成的衍生品。

事实认定与事实推定是两种截然不同的查明事实的方法,二者在以下方面有着泾渭分明的区别。

1. 严格程度不同。在事实认定的过程中,所有诉讼参与人不仅要将证据资格、证明效力、证明标准等证据规则纳入考量范围,还要受制于法定程序的强行约束,具体表现在,如果事实认定的过程背离法律规定的程序,则该事实视为未能查明、不得认定,也无法作为裁判前提,如《民事诉讼法》第八十一条"当事人对鉴定意见有异议或者人民法院认为鉴定人有必要出庭的,鉴定人应当出庭作证。经人民法院通知,鉴定人拒不出庭作证的,鉴定意见不得作为认定事实的根据;支付鉴定费用的当事人可以要求返还鉴定费用"的规定。事实推定的过程并不受限于法定程序的规制或证据能力、证明标准等规则的框定,只要已知事实是确定的,且在运用推定的过程中符合正常的、客观的、一般的日常生活经验法则即可。

2. 功能目的不同。事实认定的目的是在查清案件事实的基础上,助力法官不偏不倚地适用法律,从而支持或驳回有关诉讼请求,事实认定是适用法律的必要前提;事实推定的目的虽说也包括适用法律,但其核心功能是针对某些在客观上无法直观证明、直接反映的事实,譬如当事人的主观过错,需要基于现实存在的某

---

① 参见肖建国、肖建华:《民事诉讼证据操作指南》,中国民主法制出版社2002年版,第82、84页。

些间接证据或行为痕迹予以推定成立,以减轻权利主张方的举证负担,保护权利主张方的赔偿权利,如《民法典》第一千二百二十二条"患者在诊疗活动中受到损害,有下列情形之一的,推定医疗机构有过错:(一)违反法律、行政法规、规章以及其他有关诊疗规范的规定;(二)隐匿或者拒绝提供与纠纷有关的病历资料;(三)遗失、伪造、篡改或者违法销毁病历资料"的规定。

3. 运用频率不同。事实认定具有常态性,几乎每个诉讼案件都要运用事实认定的方式查明案件事实;事实推定具有偶发性,当某些待证事实无法通过客观存在的证据所直观反映时,如合同中的意思表示不明确但当事人又各执一词时,或数个被继承人在一场事故中身亡且根本无法确定死亡时间时,才能出于减轻举证压力的考虑根据日常生活经验法则采用事实推定。

4. 举证责任不同。事实认定采用常规的举证责任制度,即提出权利主张的一方负本证的举证责任,且本证的证明标准需满足"高度盖然性"的要求,才能确保待证事实成立;反对权利行使的一方负反证的举证责任,且反证的证明标准需满足使待证事实处于"真伪不明"的状态,才能推翻本证确认的事实,未达到证明标准的一方承担举证不能的诉讼不利后果。事实推定认为本证事实已经存在,可直接免除提出权利主张一方的举证责任,若反对权利行使的一方意图推翻本证事实,则负证明反证之责,且反证的证明标准高于"真伪不明",采用的是"高度盖然性"的证明标准。若反证无法达到"高度盖然性"标准,则直接认定本证事实成立,产生相应法律后果,如《民法典》第一千一百六十五条"行为人因过错侵害他人民事权益造成损害的,应当承担侵权责任。依照法律规定推定行为人有过错,其不能证明自己没有过错的,应当承担侵权责任"的规定。再如,在建设工程纠纷领域,当发包人对承包人行使工期索赔权利,或向承包人追究工期延误产生的违约责任时,发包人仅需证明"实际工期多于约定工期"此要件事实即可,针对"出于承包人原因导致工期延误"这一要件,则采用事实推定,即只要实际工期超出计划工期,就假设承包人自身原因引发工期延误这一事实成立,如若承包人不能提供证据证明工期延误是基于发包人事由产生,则直接认定承包人违约这一事实成立,由承包人承担工期延误之责。故可以认为,事实认定的结构机理是"本证确认事实+反证推翻不能→认定事实",事实推定的结构机理是"前提事实+

经验法则→推定事实＋反驳不能→认定事实"①。

5.思考路径不同。承前所述,事实认定严重依赖于在卷证据的信息呈现,且受制于证据规则的要求,故事实认定的思考路径为"在卷证据＋证据规则→事实认定";事实推定基于客观存在的前提事实(又称基础事实),根据具备常态性(发生具有一定频率)与或然性(存在一定程度的关联)的经验法则得出结论,故事实推定的思考路径为"前提事实＋经验法则→事实推定"。

一言以蔽之,事实认定是出于适用法律的需要,事实推定是在事实认定无法实现时的退而求其次的选择,是客观举证困难时的顺势而为,是出于减轻权利主张方对待证事实的举证负担、提高诉讼效率、维护实体公平的需要。

(二)"相对人善意"要件事实的推定与认定

根据《民法典总则司法解释》第二十八条第一款第二项的规定,表见代理中的"相对人善意"要件实际上包括两个必不可少的事实前提:其一,在实然层面,交易相对人确实不知道行为人根本不持有真实授权;其二,在应然层面,对于其不知道行为人无权代理这一情形,由于授权外观的形成,交易相对人确实对行为人持有真实授权产生了合理信赖,且没有出现异常情形使得交易相对人出现信赖裂痕进而产生应当进一步核查行为人是否具备代理权的必要性,此时交易相对人合乎常理地、无过失地相信行为人为有权代理。总而言之,表见代理中的"相对人善意"要件可以浓缩为一句话,即交易相对人无过失地确实不知行为人无权代理。

在实务中,出于实现债权利益的考虑,交易相对人不可能如"自证其罪"一般去承认自己"对于行为人无权代理是明知"的,他只会去"扮演"一个善意的人,去争取表见代理的适用结果;行为人或被代理人并非交易相对人本人,其不可能充分知悉交易相对人脑海中、心目中的"不知情"的具体内容,而交易相对人为了自身利益考虑,也不可能将自己脑海中、心目中的善恶状态表露于外。也就是说,鉴于"相对人善意"这一要件的主观性、隐匿性与非直观性,任何诉讼主体都无法百分之百还原交易相对人在交易时所呈现的"善意"状态,除非交易相对人愿意诚实守信并准确无误地公开说明,否则"相对人善意"是一个难以由客观证据与现实痕迹所直接、充分、完全反映的事实。

---

① 余文唐:《事实推定:概念重塑与界限甄辨》,载《法律适用》2023年第3期。

为了解决这一问题,只能通过交易相对人借由观察表见外观(授权表象)而在内心所反映的授权信赖来推定"相对人善意",且这种授权信赖是合乎常理且普遍客观的,从而循序渐进地实现"相对人主观善意"的客观证成。该推定是一种假设,假设"相对人对授权事实是不知情的"事实成立,以回避"相对人主观善意"难以直接证明的这一现实困境。当表见外观的要素足够且充分,足以在客观普适的层面产生合理信赖时,则推定交易相对人主观上表现为善意。进入善意推定阶段后,如果没有证据证明存在足以动摇对真实授权的合理信赖进而产生进一步核查真实授权的必要性的情形,或者没有证据证明交易相对人在交易时已经知道行为人无权代理的事实,即缺乏反驳事实,则直接认定交易相对人主观持有善意。经过善意认定后,此时客观的授权表象与主观的善意无过失相互结合,表见代理的适用条件已经全部满足,被代理人应当承担合同之责。

也就是说,"相对人善意"要件的事实推定是在"授权外观"这一事实被证实的前提下,以假设"相对人善意"这一事实的存在为出发点,若合同相对方无法提供证据证明用以反驳的事实存在,譬如相对人"应当尽到合理的审慎义务却因过失未察觉授权不真"或相对人"明确知悉行为人为无权代理",则将"情况假设"转化为"客观真实",直接认定相对人是善意的,进而证成表见代理。由此可见,表见代理的"相对人善意"这一要件的特征包含以下三方面内容。

1. "相对人善意"要件是借由授权外观推定的事实。"相对人善意"这一主观形态无法借由客观证据直接证成,而是需要借由授权外观、代理表象的形成而进行推定。常见的授权外观包括:(1)行为人持有被代理人的印章或者加盖被代理人印章的空白文件;(2)行为人持有能说明其具备一般代理授权的《授权委托书》或《委托函》;(3)行为人持有能说明其具备职务代理授权的职务身份;(4)行为人持有能说明其具备法定代表授权的法定代表人身份;(5)被代理人明知行为人滥用其名义从事交易但不持任何异议;(6)被代理人曾在关联交易中授予行为人权限但未明确表示撤销授权的;(7)被代理人曾在以往交易中授予行为人权限但未明确表示撤销授权的。当交易相对人提供证据证明案件事实出现多种情形的,则先行、直接推定交易相对人对于行为人有权代理的判断是善意的。

2. "相对人善意"经授权外观形成而推定成立,由被代理人负反证推翻之责。事实推定产生举证责任倒置的后果,授权外观的形成导致"相对人善意"这一事实的推定成立,则交易相对人的举证义务已经履行完毕,根据"谁获益、谁主张、谁举证"的原理,否认"相对人善意"的受益人是被代理人,故提供证据推翻"相对人善意"这一事实的举证责任在于被代理人,这也符合《民法典总则司法解释》第二十八条第二款的规定。

3. 被代理人负阻止表见代理构成的消极举证之责,若举证不能则承担表见代理的适用后果。"相对人善意"这一构成要件的事实推定与举证责任倒置要求被代理人进入表见代理构成要件的证成体系,而非仅要求交易相对人对表见代理的所有构成要件负举证责任,被代理人的目标是反对"相对人善意"、阻碍表见代理的适用。若被代理人的举证不能否认"相对人善意",即无法证明交易相对人在交易时确实知道行为人没有真实授权,或者不足以使法官对于"相对人善意"这一事实的内心确认陷入"真伪不明",如无法举证证明交易时存在使交易相对人有理由怀疑行为人代理授权真实性与可靠性的异常情形,产生进一步核实代理授权的客观需要,进而得以苛责交易相对人未尽注意义务、主观上存在过失;在实体法层面,善意推定提升为善意认定,直接认定交易相对人主观善意这一事实成立;在程序法层面,由负举证责任的被代理人承担举证不能的后果。二者结合产生的后果是,由被代理人承受诉讼不利后果,即依照表见代理的归责途径承担合同之责。

综上所述,表见代理中"相对人善意"的主观要件的认定模式为"授权外观+依日常经验形成有权代理的合理信赖→推定相对人善意+被代理人无法反驳善意:无法举证相对人恶意或有过失→认定相对人善意",与事实推定的结构"前提事实+经验法则→推定事实存在+反驳不能→认定事实存在"的推导过程是相一致的,故"相对人善意"要件事实的证实遵循"事实推定→事实认定"的查明路径。

《民法典》中也有不少规范制度与表见代理制度一致,其构造进路也遵循"事实推定→事实认定"的事实查明路径,如《民法典》第一千二百五十二条第一款"建筑物、构筑物或者其他设施倒塌、塌陷造成他人损害的,由建设单位与施工单位承担连带责任,但是建设单位与施工单位能够证明不存在质量缺陷的除外。建设单位、施工单位赔偿后,有其他责任人的,有权向其他责任人追偿"的规定。若发生建筑物倒塌导致人身财产损害的情形,应先行作出有利于受害人的推定,即推定建设单位或施工单位对于建筑物倒塌致人损害有共同过错;若建设单位或施工单位无法证明不属于工程质量缺陷导致的致损情形,则认定建设单位或施工单位对于建筑物倒塌致害有共同过错,要求其二者承担连带赔付责任。

五、案例索引

南宁市西乡塘区人民法院民事判决书,(2022)桂 0107 民初 4914 号。

(代理律师:李妃、陆碧梅)

案例 44

有相反证据足以推翻已生效裁判文书所认定的事实,该事实不能作为另案认定事实的依据

【案例摘要】

同一工程项目中,施工单位、实际施工人、不同供应商之间往往存在多份生效裁判文书。另案生效裁判文书所认定的事实虽为免证事实,但可由本案当事人提供的相反证据予以推翻的,另案裁判认定的事实不能作为本案事实认定依据。

一、案情概要

2016年9月,施工单位与某水利局签订《河段整治工程承包合同》,约定水利局将某河段整治工程项目发包给施工单位。施工单位承接该工程后,将该工程转包给马某。后马某又将案涉河段整治工程转包给实际施工人黄某。

2018年6月,实际施工人黄某进场施工。2018年11月,实际施工人黄某因案涉工程施工之需,与供应商订立口头协议,约定其向供应商采购砂石料。后经实际施工人黄某与供应商结算确认,自2018年11月起至2019年3月止,供应商累计交付砂石4000立方,产生货款共计40万元,实际施工人尚欠货款20万元。因多次向实际施工人黄某追讨剩余货款未果,供应商将实际施工人黄某诉至法院,要求实际施工人黄某支付剩余货款20万元,并将转包人马某、施工单位列为本案第三人。一审审理过程中,实际施工人黄某辩称其系马某雇佣的管理人员,其对外签订合同及结算单的行为是履行职务行为,相应的法律后果应当由马某承担。

一审法院根据另案判决书所认定的"案涉项目由施工单位进行施工,马某是项目经理,黄某是马某聘请的员工"这一事实,认为黄某构成表见代理,并判令黄某、马某、施工单位对案涉货款承担连带清偿责任。一审判决作出后,施工单位、

马某均不服该份判决,提起上诉。

二审法院审理查明,在另案判决书中,马某和黄某均未作为当事人参加诉讼,未能就各方当事人之间的关系陈述意见。现该另案判决书所认定的事实已为本案当事人提供的相反证据推翻,故一审法院判令施工单位、马某承担连带付款责任缺乏事实及法律依据。最终,二审法院判决撤销一审判决,并改判施工单位不承担付款责任。

二、代理方案

作为施工单位的代理律师,笔者对一审判决的查明的事实进行重点分析,并据此确定了二审阶段的代理要点。具体而言,首先,在本案一审中各方已提供相反证据足以推翻另案生效判决所认定的事实的前提下,一审法院径直以另案生效判决所认定的事实作为判决依据明显违反了《民事诉讼证据的若干规定》第十条规定。其次,马某和实际施工人黄某未参与另案的诉讼,而马某和实际施工人黄某与另案存在关联性和利害关系,其未能陈述意见难免会导致另案生效判决所认定的事实存在错漏。对于另案生效判决所认定的事实,在本案一审中实际施工人黄某明确称其与施工单位无任何关系,不是施工单位委派的工作人员。最后,案涉买卖合同及结算单是实际施工人黄某以其个人名义与供应商签订,施工单位未在合同及结算单上盖章,实际施工人黄某的行为不构成表见代理,即施工单位不是案涉合同的相对人,不应承担任何付款责任。综上,本案二审阶段的代理方案含如下几方面内容。

1. 一审法院以另案判决书所认定的事实,认定案涉工程系由施工单位实际施工,马某是施工单位的施工负责人,与事实不符。一审中施工单位及马某均提供相反证据证实黄某才是实际施工人,足以推翻另案判决所认定的事实,故本案应依据在案证据进行事实认定,一审法院径行以另案生效判决书认定的事实作为裁判依据是错误的。

《民事诉讼法司法解释》第九十三条规定:"下列事实,当事人无须举证证明:(一)自然规律以及定理、定律;(二)众所周知的事实;(三)根据法律规定推定的事实;(四)根据已知的事实和日常生活经验法则推定出的另一事实;(五)已为人民法院发生法律效力的裁判所确认的事实;(六)已为仲裁机构生效裁决所确认的事实;(七)已为有效公证文书所证明的事实。前款第二项至第四项规定的事实,当事人有相反证据足以反驳的除外;第五项至第七项规定的事实,当事人有相反证据足以推翻的除外。"

《民事诉讼证据的若干规定》第十条规定:"下列事实,当事人无须举证证明:(一)自然规律以及定理、定律;(二)众所周知的事实;(三)根据法律规定推定的事实;(四)根据已知的事实和日常生活经验法则推定出的另一事实;(五)已为仲裁机构的生效裁决所确认的事实;(六)已为人民法院发生法律效力的裁判所确认的基本事实;(七)已为有效公证文书所证明的事实。前款第二项至第五项事实,当事人有相反证据足以反驳的除外;第六项、第七项事实,当事人有相反证据足以推翻的除外。"

根据上述规定可知,如要推翻人民法院作出的已生效裁判文书所认定的事实,应当提供足以"推翻"已生效裁判文书的"相反"证据。另案生效判决书中记载,案涉工程是由施工单位承建的,而马某是施工单位聘请的项目负责人,属于施工单位的员工,其行为属于职务行为。实际施工人黄某则是马某聘请的人员,也就是马某代表施工单位聘请的黄某,故黄某也属于施工单位的员工,其与供应商签订的合同以及所做的结算也代表施工单位,黄某的行为属于职务行为。

本案中,施工单位及马某、实际施工人黄某在一审中均提供了"相反"证据足以推翻已生效的另案判决书上述认定的事实。另案中,马某未作为当事人参与案件审理,未能对其身份问题进行陈述以及举证。在本案中,马某在一审庭审中明确了其在承接案涉工程后,又转包给实际施工人黄某的事实,也提供了相应证据加以证明,足以推翻另案判决认定的事实。同样地,黄某也未作为另案当事人参与案件审理,未出庭说明其与施工单位的关系。在另案民事判决书中认定黄某是施工单位委派的工作人员,但在本案中,黄某在一审庭审中明确表示他是马某个人聘请的,工资是马某支付的,他与施工单位之间不存在任何关系,并提供了相应证据,足以推翻另案判决认定的事实。施工单位也提供相应证据证明,案涉工程并非施工单位组织施工建设。据此,另案生效判决书中所认定的事实与本案中马某、黄某的自认以及提供的相应证据所反映的事实相反,足以推翻另案生效判决书认定的事实。故一审法院直接依据另案民事判决书认定本案事实的做法,是错误的,应依据本案的证据认定相关事实。

经本案各方提供的证据可证实,案涉工程是施工单位中标后交由马某施工,施工单位与马某之间是施工合同关系,双方约定马某对案涉工程自主施工、自负盈亏,故双方之间并无隶属关系,不能认定马某是施工单位的负责人,马某不是施工单位的员工,其行为不是职务行为。马某聘请或者转包的对象黄某与施工单位也无关系,其行为也不是职务行为,不能代表施工单位。

2.施工单位与供应商之间不存在任何合同关系,根据合同相对性原则,施工单位无须承担本案付款责任。

《民法典》第四百六十九条第一款规定:"当事人订立合同,可以采用书面形式、口头形式或者其他形式。"第四百七十一条规定:"当事人订立合同,可以采取要约、承诺方式或者其他方式。"第四百七十二条规定:"要约是希望与他人订立合同的意思表示,该意思表示应当符合下列条件:(一)内容具体确定;(二)表明经受要约人承诺,要约人即受该意思表示约束。"据此可知,应以要约、承诺的作出主体来认定合同当事人。

本案中,施工单位不是案涉买卖合同的当事人。

第一,从合同签订上看,施工单位从未与供应商洽谈、协商和签订过砂石采购合同或口头约定过相关事宜,也没有授权任何人与供应商进行上述行为,施工单位与供应商间不存在签订合同的意思表示。根据供应商提交的《民事起诉状》陈述及证据显示,供应商一直主张并认可的是其向实际施工人黄某出售砂石并供应给实际施工人黄某,双方口头约定了砂石采购的相关事宜。

第二,从合同履行上看,施工单位从未受领供应商提供的砂石材料。供应商在一审中也陈述,案涉砂石是由实际施工人黄某签收的。

第三,从结算上看,案涉的《砂石结算单》仅有供应商与实际施工人黄某签字,并无施工单位的任何盖章确认。

第四,从付款上看,施工单位从未向供应商支付过货款,供应商在一审中也陈述,案涉货款都是实际施工人黄某支付的。

第五,实际施工人黄某在其《民事答辩状》中辩称,其是转承包人马某聘请的现场管理人员,工资是马某支付的。若确实如实际施工人黄某所述,实际施工人黄某与供应商采购砂石、结算、支付货款等行为也与施工单位无关。如实际施工人黄某的行为是代表行为,也仅能代表马某,不能代表施工单位。根据《民法典》关于委托代理的相关规定,黄某行为所产生的法律后果应归属于马某。

第六,《民事诉讼证据的若干规定》第三条规定:"在诉讼过程中,一方当事人陈述的于己不利的事实,或者对于己不利的事实明确表示承认的,另一方当事人无需举证证明。在证据交换、询问、调查过程中,或者在起诉状、答辩状、代理词等书面材料中,当事人明确承认于己不利的事实的,适用前款规定。"本案中,供应商、实际施工人黄某均在各自的起诉状、答辩状、证据中自认了对其不利的事实,应依法作为认定本案事实的依据。

由此可知,案涉买卖合同从合同签订、履行、结算到付款,均是供应商与实际施工人黄某进行的。因此,实际施工人黄某或者转包人马某系供应商所主张的买卖合同的相对人,应仅由实际施工人黄某或者转包人马某承担相应的付款责任。施工单位与供应商之间不存在任何合同关系,根据合同相对性规则,施工单位无须支付本案货款。

三、法院判决

二审法院查明,在另案中,马某及黄某均未作为当事人参加诉讼,未能其就与施工单位之间的关系陈述意见,该案中施工单位单方的答辩意见不足以认定各方当事人的法律关系。本案施工单位、马某、黄某之间的法律关系不是审理范围,在案证据亦不足以对此进行认定。一审法院认定此部分事实有误,二审法院予以纠正。

二审法院认为,砂石料买卖合同订立人为实际施工人黄某与供应商。首先,实际施工人黄某在与供应商订立买卖合同时没有向供应商表明其是受到施工单位或转承包人马某的委托,且《砂石结算单》的结算主体为实际施工人黄某与供应商,该结算单未加盖涉案项目部或施工单位的公章,也无马某的签名确认。实际施工人黄某与供应商发生买卖行为过程中,并无代理施工单位或马某的外观表象,使供应商存在其是与施工单位或马某进行交易的主观意识,一审判决以实际施工人黄某所购买的砂石料用于涉案工程项目,认定实际施工人黄某的买卖行为构成表见代理有误,应予以纠正。其次,实际施工人黄某主张其与马某之间是雇佣关系,其所订立买卖合同的法律后果应由马某及施工单位承受,但未提交充分证据予以证实,故对于该主张不予采纳。因此,根据合同相对性规则,合同交易双方为实际施工人黄某与供应商,现供应商已经依照买卖合同履行完货物给付义务,作为买卖合同相对人的实际施工人黄某应当依照约定履行剩余货款支付义务。最后,二审法院撤销了一审判决,并改判施工单位不承担付款义务。

四、律师评析

免证事实,又称无须举证的事实,在民事诉讼中法院可以直接认定该事实存在。免证事实制度的法律依据主要是《民事诉讼法司法解释》第九十三条和《民事诉讼证据的若干规定》第十条规定的情形。其中,已为人民法院发生法律效力的裁判确认的基本事实属于免证事实。这意味着,在后续的诉讼中,当事人在主张人民法院已生效的法律文书中认定的事实时,不需要再提供证据来证明。例如,在一起建设工程纠纷中,如某工程已经由人民法院已生效的裁判文书确认为合格或符合标准,那么在后续的诉讼中,后诉当事人无须再提供证据来证明该项整体工程或分项工程是否合格或符合标准。这对减少当事人的举证负担、提高审判效率、维护法律秩序稳定等具有重要意义。

当然,免证事实的适用也有例外情形,即在后诉的另一方当事人提出了足以推翻这些基本事实的相反证据的,那么相对方当事人仍然需要提供证据来支持自己的主张。这是因为免证事实并不是绝对的,当存在足够强有力的相反证据时,人民法院仍然需要对其进行审查和评估。

在建设工程合同纠纷案件中,免证事实的适用具有重要意义,在适用免证事实的规定时,应注意以下四方面内容。

(一)在生效裁判文书所认定的事实中,只有属于"基本事实"才能适用免证事实制度

《民事诉讼法司法解释》第三百三十三条规定:"民事诉讼法第一百七十七条第一款①第三项规定的基本事实,是指用以确定当事人主体资格、案件性质、民事权利义务等对原判决、裁定的结果有实质性影响的事实。"免证事实中的"基本事实",是指在已生效的法院裁判文书中所认定的确定当事人主体资格、案件性质、民事权利义务等对判决、裁定的结果有实质性影响的事实。比如本篇案例中,马某和实际施工人黄某的身份的认定是影响裁判结果的实质性因素,属于"基本事实"。

(二)人民法院已生效的裁判文书中的裁判理由所涉及的事实不属于免证事实,不适用免证事实制度

只有裁判文书中的事实认定部分才属于生效裁判文书所认定的事实,法院认

---

① 《民事诉讼法》第一百七十七条第一款规定:"第二审人民法院对上诉案件,经过审理,按照下列情形,分别处理:(一)原判决、裁定认定事实清楚,适用法律正确的,以判决、裁定方式驳回上诉,维持原判决、裁定;(二)原判决、裁定认定事实错误或者适用法律错误的,以判决、裁定方式依法改判、撤销或者变更;(三)原判决认定基本事实不清的,裁定撤销原判决,发回原审人民法院重审,或者查清事实后改判;(四)原判决遗漏当事人或者违法缺席判决等严重违反法定程序的,裁定撤销原判决,发回原审人民法院重审。"

为部分的论述不能作为免证事实,当事人仍需要承担举证责任。

例如,在最高人民法院在(2021)最高法民申7088号案中认为:"民事诉讼裁判文书所确认的案件事实,是在诉讼各方当事人的参与下,人民法院通过开庭审理等诉讼活动,组织各方当事人围绕诉讼中的争议事项,通过举证、质证和认证活动依法作出认定的基本事实。一般来说,经人民法院确认的案件事实应在裁判文书中有明确无误的记载或表述。而裁判文书中的裁判理由,则是人民法院对当事人之间的争议焦点或其他争议事项作出评判的理由,以表明人民法院对当事人之间的争议焦点或其他争议事项的裁判观点。裁判理由的内容,既可能包括案件所涉的相关事实阐述,也可能包括对法律条文的解释适用,或者事实认定与法律适用二者之间的联系。但裁判理由部分所涉的相关事实,并非均是经过举证、质证和认证活动后有证据证明的案件事实,因此不能被认定为裁判文书所确认的案件事实。一般来说,裁判文书中裁判理由的内容无论在事实认定还是裁判结果上对于其他案件均不产生拘束力和既判力。"

(三)当事人应对"存在"免证事实举证,一般情况下法院不主动采纳另案生效裁判文书所认定的基本事实

另案的生效裁判文书具有一定的隐秘性。比如,建设工程领域引发的纠纷案件中,施工合同纠纷适用的是专属管辖,即由工程所在地法院管辖,而同一项目引发的买卖合同纠纷、租赁合同纠纷等不适用专属管辖的案件,有可能合同约定的是被告所在地法院管辖甚至约定了仲裁条款,此时将会出现同一项目的同一事实由不同法院审理的情况。如当事人不提供另案生效裁判文书,人民法院很难得知某一事实已有生效裁判文书确认。因此,免证事实所指的仅仅是裁判文书认定的事实,但是提供已生效裁判文书的这一举证责任,仍然由负举证义务的一方当事人承担。

(四)提供的证据必须是"相反"且足以"推翻"的程度,才能否定人民法院已生效裁判文书所确认的基本事实

由《民事诉讼法司法解释》第九十三条和《民事诉讼证据的若干规定》第十条规定可知,如要推翻人民法院作出的已生效裁判文书所认定的事实,应当提供足以"推翻"已生效裁判文书的"相反"证据,即必须满足"相反"和"推翻"这两个条件。所谓"相反"证据,顾名思义是与另一方当事人所主张的免证事实相反的证据,也就是我们常说的"反证"。比如,本篇案例中,另案生效判决书认定案涉工

程是由施工单位实际施工完成的事实,施工单位需提供案涉工程不是施工单位实际施工而是由其他人实际施工的证据,此为相反证据。所谓的"推翻",则要求反证的证明力需要达到高度盖然性的证明标准,即相较于已生效裁判文书所认定的事实,反证所证明的事实的证明力更大,更具有优势,能使人民法院确信待证事实的存在具有高度可能性,能让法院认定相反的事实存在。

五、案例索引

百色市中级人民法院民事判决书,(2022)桂10民终2205号。

(代理律师:李妃、乃露莹)

案例 45

挂靠经营所获取的管理费属于违法收益，不受司法保护，当事人无权诉请分配管理费

【案例摘要】

本案中，施工单位成立分公司后，将分公司交由龙某承包经营。龙某以分公司的名义对外招揽工程交由他人施工，同时收取一定比例的管理费。经营过程中，龙某与施工单位就管理费的分配问题发生争议，并将施工单位诉至法院，要求施工单位支付 100 万元管理费。法院认为，案涉管理费属于违法收益，非合法民事权益，应驳回原告的起诉。

一、案情概要

2019 年 3 月，施工单位与龙某签订《经营管理承包协议书》约定，施工单位成立分公司后，将分公司交由龙某承包经营。龙某利用其人脉资源及分公司的建筑资质，以分公司的名义对外招揽、承接工程项目，并将承接的工程项目转包给他人施工，从而收取一定比例的管理费。施工单位与龙某约定，龙某有权按 55% 的比例分配管理费。

2020 年 4 月，施工单位与龙某签订的《付款承诺书》载明，从 2019 年 7 月至 2020 年 4 月，分公司已签约工程项目 65 个，总中标价约 7.1 亿元，项目管理费共计约 619 万元。因分公司原总经理龙某提出辞职，双方同意由施工单位将上述项目管理费中的 100 万元支付给龙某，作为龙某的个人提成，并于 2021 年 12 月前一次性结清。同时，龙某应积极协助分公司处理工程项目存在的问题。至此，施工单位与龙某的财务关系已全部厘清，不存在任何纠纷。

签订《付款承诺书》后，施工单位未按约定向龙某支付管理费 100 万元。龙某多次催告未果，遂将施工单位诉至法院，要求施工单位履行《付款承诺书》中载

明的付款义务。诉讼中,龙某明确陈述,分公司对承接的工程并不进行实际施工,而是出借被告施工单位的建筑资质给不具备建筑资质的单位或个人,由挂靠的单位或个人进行施工。分公司与挂靠人签订内部协议,双方约定由挂靠人负责工程施工,分公司按比例向挂靠人收取管理费。人民法院认为,本案龙某诉请的管理费个人提成不属于合法的民事权益,不受法律保护,应驳回龙某的起诉。

二、代理方案

本案属于挂靠管理费分配问题引起的纠纷。作为施工单位的代理律师,主办律师认为本案于施工单位而言,存在较多不利的因素。首先,龙某提供的证据足以证明其是分公司的实际经营者。其次,施工单位与龙某签订的《付款承诺书》已经明确记载了施工单位需支付给龙某的金额及付款期限,极有可能被认定为结算协议。针对以上不利情况,施工单位在本案中应围绕管理费的合法性问题进行抗辩。具体而言,龙某利用其自身人脉资源以及施工单位分公司的建筑业资质,以分公司的名义对外招揽、承接工程项目后交由他人施工,并收取管理费的行为,违反了法律、行政法规的效力性强制性规定。该行为所产生的"收益",属于违法收益,不受法律保护,不属于人民法院的受理范围,故应当驳回龙某的起诉。基于上述分析,拟定本案的代理方案,具体含如下几方面内容。

(一)本案龙某的诉讼请求并非合法的民事权益,不属于人民法院受理民事诉讼的范围,应依法驳回龙某的起诉

《民法典》第一条规定:"为了保护民事主体的合法权益,调整民事关系,维护社会和经济秩序,适应中国特色社会主义发展要求,弘扬社会主义核心价值观,根据宪法,制定本法。"第三条规定:"民事主体的人身权利、财产权利以及其他合法权益受法律保护,任何组织或者个人不得侵犯。"第八条规定:"民事主体从事民事活动,不得违反法律,不得违背公序良俗。"《民事诉讼法》第二条规定:"中华人民共和国民事诉讼法的任务,是保护当事人行使诉讼权利,保证人民法院查明事实,分清是非,正确适用法律,及时审理民事案件,确认民事权利义务关系,制裁民事违法行为,保护当事人的合法权益,教育公民自觉遵守法律,维护社会秩序、经济秩序,保障社会主义建设事业顺利进行。"根据前述法律规定可知,民事诉讼活动以民事主体享有合法权益为前提,现行法律亦仅对合法的民事权益予以保护。

本案中,根据《建筑法》第二十六条的规定:"承包建筑工程的单位应当持有依法取得的资质证书,并在其资质等级许可的业务范围内承揽工程。禁止建筑施

工企业超越本企业资质等级许可的业务范围或者以任何形式用其他建筑施工企业的名义承揽工程。禁止建筑施工企业以任何形式允许其他单位或者个人使用本企业的资质证书、营业执照,以本企业的名义承揽工程。"施工单位与龙某签订《经营管理承包协议书》,约定施工单位将其分公司交由龙某承包经营。在履行《经营管理承包协议书》的过程中,龙某利用分公司的建筑资质,对外招揽工程业务后交由不具备资质的其他主体施工,其行为违反了前述《建筑法》关于资质的效力性强制性规定。同时,龙某通过分公司账户向实际施工人收取挂靠管理费的行为,亦违反法律规定。

龙某依据《付款承诺书》主张的个人提成100万元,实际是基于上述违约行为所收取的建设工程挂靠管理费。虽然施工单位与龙某之间就管理费的分配比例进行了约定,且施工单位亦承诺支付龙某100万元管理费提成,但因案涉管理费本身不具备合法性,故施工单位承诺支付给龙某的案涉款项属于不法原因之债,施工单位的付款承诺并未使龙某取得合法的请求权。

因此,龙某主张的挂靠管理费收入属非法收益,龙某不享有合法的民事权益,无权向人民法院提起本案诉讼。

(二)龙某已在庭审中明确自认其自身的违法行为,变相自认案涉管理费属非法收益,龙某应承担相应的不利法律后果

《民事诉讼证据的若干规定》第三条规定:"在诉讼过程中,一方当事人陈述的于己不利的事实,或者对于己不利的事实明确表示承认的,另一方当事人无需举证证明。在证据交换、询问、调查过程中,或者在起诉状、答辩状、代理词等书面材料中,当事人明确承认于己不利的事实的,适用前款规定。"第四条规定:"一方当事人对于另一方当事人主张的于己不利的事实既不承认也不否认,经审判人员说明并询问后,其仍然不明确表示肯定或者否定的,视为对该事实的承认。"

本案庭审中,龙某明确陈述分公司的盈利模式为:分公司承接工程项目后,并不进行实际施工,而是将工程交由不具备资质的单位或者个人施工,由分公司按比例向实际施工人收取管理费。龙某上述陈述已构成自认。施工单位对于其主张的龙某的行为违法、管理费属于非法收益等事实,依法无须举证证明。人民法院应当依法对该部分事实予以确认,并作为本案的定案依据。因此,龙某无权就案涉管理费分配事宜向人民法院提起诉讼,人民法院亦无权就该纠纷行使审判职权。

三、法院裁定

本案的争议焦点为:龙某诉请的管理费个人提成是否属于合法权益。

法院认为,诉讼中,原告龙某陈述分公司并非工程的实际施工人,而是出借施工单位建筑资质给不具备建筑资质的单位或个人对外承揽工程,由挂靠人进行施工,分公司与挂靠人签订内部协议,双方约定工程问题由挂靠人负责,分公司按点数向挂靠人收取管理费。根据《民事诉讼证据的若干规定》第三条"在诉讼过程中,一方当事人陈述的于己不利的事实,或者对于己不利的事实明确表示承认的,另一方当事人无需举证证明。在证据交换、询问、调查过程中,或者在起诉状、答辩状、代理词等书面材料中,当事人明确承认于己不利的事实的,适用前款规定"以及第五条第一款"当事人委托诉讼代理人参加诉讼的,除授权委托书明确排除的事项外,诉讼代理人的自认视为当事人的自认"的规定,对原告龙某陈述的上述事实,法院依法予以确认。《建筑法》第二十六条规定:"承包建筑工程的单位应当持有依法取得的资质证书,并在其资质等级许可的业务范围内承揽工程。禁止建筑施工企业超越本企业资质等级许可的业务范围或者以任何形式用其他建筑施工企业的名义承揽工程。禁止建筑施工企业以任何形式允许其他单位或者个人使用本企业的资质证书、营业执照,以本企业的名义承揽工程。"借用资质行为违反法律、行政法规效力性强制性规定,原告龙某未提供证据证明分公司对挂靠人施工的工程有实施管理行为,故分公司向挂靠人收取的管理费不能理解为分公司出借被告施工单位资质的对价或好处,而是一种通过出借资质违法套取利益的行为。《民法典》第八条规定:"民事主体从事民事活动,不得违反法律,不得违背公序良俗。"上述管理费属于违法收益,不受司法保护。故上述管理费个人提成不是法律所应当保护的民事主体的合法权益,本案不属于人民法院受理民事诉讼的范围,应依法驳回起诉。

最终,法院裁定驳回龙某的起诉。

四、律师评析

由于建筑工程是涉及公共安全的特殊产品,为保证建筑工程质量,法律法规对建筑市场主体规定了较为严格的准入条件,即实行资质许可制度。本案便属于因规避建筑业资质制度而引发的管理费分配纠纷。

本案龙某诉请施工单位支付管理费个人提成,实质是在向施工单位主张不法原因之债。不法原因之债是指基于违反强制性法规或公序良俗的原因而为的给付或者给付承诺。司法实践中，由"管理费""好处费""办事费""培训费""委托费"等引发的纠纷屡见不鲜。针对不法原因之债的法律后果，司法实践中尚未形成统一裁判观点。主要有如下几种观点。

(一)收缴非法所得

该观点认为，非法款项的给付或者承诺给付违背了社会公序良俗，一方当事人无论是基于不法原因给付而提出返还请求，还是基于不法原因给付承诺而提出给付请求，均不应得到支持。若支持返还，无疑将助长此类违法行为，有违公平正义。对该部分非法款项，应予收缴。在(2018)苏04民终16号民事判决书、(2020)粤01民终21629号民事判决书中，案涉法院均持此类观点。

笔者认为，原《民法通则》第一百三十四条第三款将"收缴"作为一种民事责任承担方式之一，这种方式过于强调公权力对公民私权利的介入，混淆了公私关系，亦与民法的私法属性相悖。从性质上看，"收缴"作为一种严厉的惩罚手段，在行政或刑事领域发挥着重要作用，但在民事领域并不适宜采用。2017年通过的《民法总则》第一百七十九条已经取消了将"收缴"列入民事责任承担方式的规定，《民法典》亦沿袭之。因此，民事诉讼中，法院判决收缴诉讼当事人的非法款项的做法，已经丧失法律依据。

(二)裁定驳回起诉

该观点认为，当事人的行为违背社会公德，损害社会公共利益，系不法原因给付或者不法原因承诺给付，对此法律不予保护。此类案件不属于人民法院受理民事诉讼的范围，应裁定驳回原告起诉。

本案中，法院亦采用此种观点驳回了龙某的起诉。

(三)判决驳回诉讼请求

该观点认为，如果当事人之间存在不法原因导致的债务，即合同具有不法性质，违反了法律的强制性规定和公序良俗；那么这样的合同应该被视为无效，并且不受法律保护。虽然在合同无效后应该返还财产，但是返还财产并不是唯一的处理方式。根据民法原则中的不法原因给付不能请求返还的原则，应该判决驳回诉讼请求。

(四)判决支持诉讼请求

该观点认为，根据《民法典》第一百五十七条的规定："民事法律行为无效、被撤销或者确定不发生效力后，行为人因该行为取得的财产，应当予以返还；不能返还或者没有必要返还的,应当折价补偿。有过错的一方应当赔偿对方由此所受到的损失;各方都有过错的,应当各自承担相应的责任。法律另有规定的,依照其规定。"虽当事人之间的民事法律行为因违反法律强制性规定或者公序良俗而无效,但民事法律行为无效的法律后果已为《民法典》所明确规定,即应返还财产或者折价补偿。在此情况下,法官仅需适用法律,如确存在管理行为且已物化于工程建设中,也可判令对管理行为产生的对价进行折价补偿,从而支持给付。

五、案例索引

贺州市平桂区人民法院民事裁定书,(2023)桂1103民初2212号。

(代理律师:乃露莹、杨广杰)

案例 46

各方当事人均在其各自合同中约定了仲裁条款的，不属于人民法院的主管范围，法院应裁定驳回起诉

【案例摘要】

实际施工人因未能足额受偿工程价款，而将施工单位、代建单位、建设单位一并诉至法院。经查明，本案各方诉讼当事人均在其各自的合同中约定了仲裁条款。据此，法院认为案涉各主体均有自愿采用仲裁方式解决纠纷的意思表示，故裁定驳回起诉。

一、案情概要

2017年4月，实际施工人李某与施工单位签订《土石方施工分包合同》约定，施工单位将其承建的某中学项目土石方分项工程分包给实际施工人李某施工。双方对工程概况、承包内容、工程承包方式及单价、工期、质量、双方责任、付款方式与结算等均进行了明确的约定。

《土石方施工分包合同》签订后，实际施工人李某进场施工。2021年4月，实际施工人李某与施工单位就案涉工程项目的土石方分项工程进行结算对账。双方确认，实际施工人李某累计完成产值2200万元，施工单位尚欠工程款450万元。

实际施工人李某多次向施工单位追讨尚欠工程款未果，遂将施工单位、代建单位、建设单位一并诉至法院，请求施工单位承担工程款支付义务，并要求代建单位、建设单位在其欠付施工单位工程款的范围内承担连带责任。经查明，本案建设单位与代建单位、代建单位与施工单位、施工单位与实际施工人之间均分别约

定了仲裁条款,且各方所约定的仲裁机构均为南宁仲裁委员会。

诉讼中,代建单位于首次开庭前向管辖法院提出主管权异议,认为本案各方诉讼当事人之间存在合法有效的仲裁条款,应依法驳回起诉。最终,法院采纳了代建单位的主管权异议,裁定驳回实际施工人李某的起诉。

二、代理方案

《建设工程司法解释一》第四十三条赋予了实际施工人突破合同相对性而向发包人主张工程款的权利。突破合同相对性所产生的影响不仅局限于实体权利义务层面,更对程序性事项产生了深远影响,本案即为例证。具体而言,本案属于建设工程施工合同纠纷,且案涉的各方主体两两之间均约定了仲裁条款。通常而言,前述事实一经查明,法院据此裁定驳回起诉理应不存在障碍。

作为代建单位的代理律师,笔者在分析案件材料后随即向管辖法院提出了主管权异议,经与主办法官沟通得知,本案的特殊之处在于,实际施工人李某在向人民法院提起本案诉讼之前,就已依据其与施工单位的仲裁条款向仲裁机构申请了仲裁。后仲裁机构向实际施工人李某出具的《不予受理通知书》载明,实际施工人仅与施工单位达成了仲裁合意,而与代建单位、建设单位之间均未约定仲裁条款,不符合《仲裁法》第四条所规定的仲裁自愿原则。故本案主办法官就代建单位提出的主管权异议,采取较为审慎的态度。同时,根据《仲裁法》第二十六条的规定:"当事人达成仲裁协议,一方向人民法院起诉未声明有仲裁协议,人民法院受理后,另一方在首次开庭前提交仲裁协议的,人民法院应当驳回起诉,但仲裁协议无效的除外;另一方在首次开庭前未对人民法院受理该案提出异议的,视为放弃仲裁协议,人民法院应当继续审理。"截至目前,与实际施工人李某达成仲裁合意的施工单位并未提出主管权异议。代建单位与实际施工人并不存在仲裁协议,在此情况下,代建单位是否有权代施工单位提出主管权异议,在法律方面尚需进一步论证。针对以上情况,主办律师拟定的代理方案具体含以下几方面内容。

(一)各方当事人之间均存在合法有效的仲裁条款,本案纠纷应由仲裁机构主管,故应当依法裁定驳回原告起诉

《仲裁法》第五条规定:"当事人达成仲裁协议,一方向人民法院起诉的,人民法院不予受理,但仲裁协议无效的除外。"第二十六条规定:"当事人达成仲裁协议,一方向人民法院起诉未声明有仲裁协议,人民法院受理后,另一方在首次开庭前提交仲裁协议的,人民法院应当驳回起诉,但仲裁协议无效的除外;另一方在首

次开庭前未对人民法院受理该案提出异议的,视为放弃仲裁协议,人民法院应当继续审理。"

《仲裁法司法解释》第六条规定:"仲裁协议约定由某地的仲裁机构仲裁且该地仅有一个仲裁机构的,该仲裁机构视为约定的仲裁机构。该地有两个以上仲裁机构的,当事人可以协议选择其中的一个仲裁机构申请仲裁;当事人不能就仲裁机构选择达成一致的,仲裁协议无效。"

《民事诉讼法》第一百二十七条第二项规定:"依照法律规定,双方当事人达成书面仲裁协议申请仲裁、不得向人民法院起诉的,告知原告向仲裁机构申请仲裁。"

《民事诉讼法司法解释》第二百零八条第三款规定:"立案后发现不符合起诉条件或者属于民事诉讼法第一百二十七条①规定情形的,裁定驳回起诉。"

本案中,包括实际施工人李某在内的各方当事人之间均存在合法有效的仲裁条款,各方之间的争议解决应由仲裁机构主管。具体理由包含如下三点内容。

第一,实际施工人李某与施工单位之间存在合法有效的仲裁约定。双方签订的《土石方施工分包合同》第八条约定:"合同履行期间,双方发生争议时,在不影响工程正常施工的前提下,双方可采取协商解决或由有关部门进行调解。经过调解不成时可向工程所在地仲裁部门申请仲裁。"案涉工程位于南宁市兴宁区,南宁市仅有一个仲裁机构即南宁仲裁委员会,故该合同条款视为对仲裁机构有明确约定,该仲裁约定合法有效。故本案不属于人民法院主管范围,应驳回实际施工人李某的起诉。

第二,施工单位与代建单位之间存在合法有效的仲裁约定。双方签订的《建设工程施工合同》专用条款20.4条约定:"因合同及合同有关事项发生的争议,按下列第(1)种方式解决:(1)提请南宁仲裁委员会按照该会仲裁规则进行仲裁,

---

① 《民事诉讼法》第一百二十七条规定:"人民法院对下列起诉,分别情形,予以处理:(一)依照行政诉讼法的规定,属于行政诉讼受案范围的,告知原告提起行政诉讼;(二)依照法律规定,双方当事人达成书面仲裁协议申请仲裁、不得向人民法院起诉的,告知原告向仲裁机构申请仲裁;(三)依照法律规定,应当由其他机关处理的争议,告知原告向有关机关申请解决;(四)对不属于本院管辖的案件,告知原告向有管辖权的人民法院起诉;(五)对判决、裁定、调解书已经发生法律效力的案件,当事人又起诉的,告知原告申请再审,但人民法院准许撤诉的裁定除外;(六)依照法律规定,在一定期限内不得起诉的案件,在不得起诉的期限内起诉的,不予受理;(七)判决不准离婚和调解和好的离婚案件,判决、调解维持收养关系的案件,没有新情况、新理由,原告在六个月内又起诉的,不予受理。"

仲裁裁决是终局的,对合同双方均有约束力……"实际施工人李某列代建单位为被告,要求代建单位也承担付款责任。但是,代建单位与实际施工人李某之间并不存在合同关系,如实际施工人拟要求代建单位承担责任,势必要审理施工单位与代建单位之间的法律关系以及合同履行情况,而根据施工单位与代建单位约定,审理该双方之间的法律关系仅能由仲裁机构管辖,排除了人民法院的管辖权。因此,实际施工人主张代建单位承担责任的诉讼案件,也不属于人民法院主管范围。

第三,代建单位与建设单位之间存在合法有效的仲裁约定。双方签订的《南宁市政府投资建设项目委托代建通用合同》第十一条约定:"如有未尽事宜,协商后另行签订补充协议。若协商不能达成一致,任何一方均有权向南宁仲裁委员会申请仲裁。"如上文所述,代建单位与实际施工人李某并不存在合同关系,如实际施工人拟要求代建单位承担责任,因代建单位是代表建设单位履行职责,本案实际施工人的主张还涉及建设单位,即本案还要审理建设单位与代建单位之前的法律关系以及合同履行情况。根据建设单位与代建单位约定,该双方之间的法律关系仅能由仲裁机构管辖,排除了人民法院的管辖权。因此,实际施工人主张代建单位承担责任的诉讼,也不属于人民法院主管范围。

综上所述,本案实际施工人、施工单位、代建单位、建设单位两两之间均存在合法有效的仲裁合意。故本案纠纷不属于人民法院的主管范围,应当依法驳回实际施工人李某的起诉。

(二)案件主管权属于程序性问题,法院可依职权主动查明,各方当事人亦有权提出异议,并不限于与实际施工人李某存在仲裁协议的当事人才能提出

第一,《民事诉讼法司法解释》第九十四条规定:"民事诉讼法第六十七条第二款①规定的当事人及其诉讼代理人因客观原因不能自行收集的证据包括:(一)证据由国家有关部门保存,当事人及其诉讼代理人无权查阅调取的;(二)涉及国家秘密、商业秘密或者个人隐私的;(三)当事人及其诉讼代理人因客观原因不能自行收集的其他证据。当事人及其诉讼代理人因客观原因不能自行收集的证据,可以在举证期限届满前书面申请人民法院调查收集。"据此可知,诸如是否

---

① 《民事诉讼法》第六十七条第二款规定:"当事人及其诉讼代理人因客观原因不能自行收集的证据,或者人民法院认为审理案件需要的证据,人民法院应当调查收集。"

属于法院主管、管辖、有关人员的回避、当事人诉讼行为能力、当事人能力、当事人的举证是否已过举证时限、是否符合上诉的条件、诉讼中止、诉讼终结等，属于程序合法、正当性问题的事项，法院具有主动进行调查取证的职权。因此，本案中，即使没有任何一方当事人提出主管权异议，人民法院依然需要主动介入进行调查。更何况，目前代建单位已经对本案纠纷提出主管权异议，故人民法院应予以审查。

第二，主管和管辖有着密切的关系（在司法实务中，二者常被视为一体）。管辖权解决的是法院内部的分工问题，主管权解决的是法院与其他国家机关、社会机构的分工问题。被告可依法提出管辖权异议。因主管系管辖的前提和基础，故被告亦应有权对主管问题提出异议。据此，虽然本案代建单位与实际施工人李某之间并不存在仲裁合意，但基于被告的诉讼地位，代建单位仍可以就实际施工人李某的起诉提出主管权异议。对此，法院应当予以审查，并依法驳回实际施工人李某的起诉。

三、法院裁定

法院认为，实际施工人李某与施工单位之间签订的《土石方施工分包合同》第八条约定："合同履行期间，双方发生争议时，在不影响工程正常施工的前提下，双方可采取协商解决或由有关部门进行调解。经过调解不成时可向工程所在地仲裁部门申请仲裁。"案涉工程位于南宁市兴宁区，且南宁市仅有一个仲裁机构即南宁仲裁委员会，故该合同条款应视为对仲裁机构有明确约定，该仲裁约定具体明确，未违反法律的强制性规定，故对双方当事人均具有法律效力。《仲裁法》第二十六条规定："当事人达成仲裁协议，一方向人民法院起诉未声明有仲裁协议，人民法院受理后，另一方在首次开庭前提交仲裁协议的，人民法院应当驳回起诉，但仲裁协议无效的除外；另一方在首次开庭前未对人民法院受理该案提出异议的，视为放弃仲裁协议，人民法院应当继续审理。"虽然本案中以存在仲裁协议为由提出管辖异议的代建单位并非以实际施工人李某为相对人的仲裁协议的合同主体，但是代建单位提供的其与建设单位之间签订的《委托代建通用合同》、其与施工单位之间签订的《建设工程施工合同》均约定有仲裁条款，并均以南宁仲裁委员会作为仲裁机构，表明本案各案涉主体均具有自愿采用仲裁方式解决纠纷的意思表示，符合《仲裁法》第四条规定的仲裁自愿原则，在此情形下，代建单位提出的前述异议亦于法有据，法院予以支持。故本案应由南宁仲裁委员会处理,法院依法驳回实际施工人李某的起诉。

四、律师评析

在建设工程领域中,发包人、承包人和实际施工人是三个重要的法律主体。就发包人和承包人之间的仲裁条款是否对实际施工人具有约束力的问题,司法实践中尚未形成统一的裁判观点。当实际施工人以承包人、发包人为共同被告诉至法院时,目前主要有以下两种观点。

(一)观点一:以发包人和承包人之间的仲裁协议对实际施工人具有约束力为由,不予受理或驳回起诉

实际施工人突破合同相对性向发包人主张权利,原则上不能超出发包人向承包人履行合同的预期。首先,《建设工程司法解释一》第四十三条规定,发包人仅在欠付承包人工程款范围内向实际施工人承担责任,这种结算关系体现了实际施工人对发承包双方之间合同的承继性,这种承继性也应及于仲裁条款。其次,实际施工人向发包人主张权利,需以发包人与承包人之间的工程价款结算为前提,而前述事实的认定因仲裁条款的约定而排除人民法院管辖。

在(2015)民一终字第366号案中,最高人民法院认为,本案涉案工程系由祈福公司发包给广州分公司承包建设,广州分公司转包给肖某大,肖某大属于实际施工人,上诉人肖某大作为涉案工程实际施工人向祈福公司提起诉讼。但祈福公司与三公司及广州分公司工程承包合同约定,就本案涉案工程发生争议,提交仲裁解决,且广州市仲裁委(2009)穗仲案字第1521号裁决书、(2010)穗仲案字第939号裁决书对祈福公司与三公司及广州分公司的工程款结算事宜实际进行了裁决,上述仲裁委裁决事项,均由当地执行法院通过执行程序予以解决。上诉人肖某大与祈福公司有关工程款争议解决的方式,亦应受祈福公司与三公司及广州分公司建设工程合同仲裁条款的约束。故原审法院以祈福公司与三公司之间签订的协议中约定有明确的仲裁条款为由支持祈福公司所提的对人民法院案件受理异议并无不当。

(二)观点二:实际施工人不受发承包双方仲裁协议的约束,法院应当受理实际施工人提起的诉讼

《仲裁法》第四条规定:"当事人采用仲裁方式解决纠纷,应当双方自愿,达成仲裁协议。没有仲裁协议,一方申请仲裁的,仲裁委员会不予受理。"仲裁遵循自愿原则,如实际施工人并非发包人与承包人协议的当事人,亦未与发包人或者承

包人达成仲裁合意,则实际施工人不应受仲裁协议约束。

此观点亦有最高人民法院的判例予以支撑。在(2014)民申字第 1575 号案中,最高人民法院认为:"需要指出的是,存在于双方当事人之间的、合法有效的仲裁协议,是当事人排除人民法院主管采取仲裁方式解决纠纷的必要条件。实际施工人在一定条件下可以向与其没有合同关系的发包人主张权利。该规定是一定时期及背景下为解决拖欠农民工工资问题的一种特殊制度安排,其不等同于代位权诉讼,不具有代位请求的性质。同时,该条款规定发包人只在欠付工程价款范围内对实际施工人承担责任,目的是防止无端加重发包人的责任,明确工程价款数额方面,发包人仅在欠付承包人的工程价款数额内承担责任,这不是对实际施工人权利范围的界定,更不是对实际施工人程序性诉讼权利的限制。实际施工人向发包人主张权利,不能简单地理解为是对承包人权利的承继,也不应受承包人与发包人之间仲裁条款的约束。"

此外,《湖南省高级人民法院关于审理建设工程施工合同纠纷案件若干问题的解答》(湘高法〔2022〕102 号)第二条第一款规定:"发包人与承包人在建设工程施工合同中约定仲裁条款的,除非实际施工人表示认可或表示受发包人与承包人之间的仲裁条款约束,否则仲裁条款仅对合同双方具有约束力。实际施工人、合法分包人起诉承包人或直接起诉发包人的,人民法院应当审理。如果本案诉讼需要以发包人与承包人之间的仲裁结果作为依据的,可中止审理,待仲裁程序结束后再恢复审理。人民法院对已为仲裁机构的生效裁决所确认的事实应根据《最高人民法院关于民事诉讼证据的若干规定》第十条之规定予以认定。"

五、案例索引

南宁市兴宁区人民法院民事裁定书,(2023)桂 0102 民初 7656 号。

(代理律师:李妃、杨广杰)